Zschenderlein
Kompakt-Training
Buchführung 1 – Grundlagen

Besuchen Sie uns im Internet unter www.kiehl.de

Kompakt-Training
Praktische Betriebswirtschaft
Herausgeber Professor Klaus Olfert

www.kiehl.de

Buchführung 1 – Grundlagen

Von
OStR Dipl.-Hdl. Oliver Zschenderlein

10., aktualisierte Auflage

Herausgeber:
Prof. Klaus Olfert
76530 Baden-Baden

ISBN 978-3-470-**52230**-2 · 10., aktualisierte Auflage 2020

Kiehl ist eine Marke des NWB Verlags

Satz: Ansichtssachen, Egelsbach
Druck: medienHaus Plump GmbH, Rheinbreitbach

Kompakt-Training Praktische Betriebswirtschaft

Das Kompakt-Training Praktische Betriebswirtschaft ist aus der Notwendigkeit entstanden, dass Wissen immer häufiger unter erheblichem Zeit- und Erfolgsdruck erworben oder reaktiviert werden muss. Den vielfältigen betriebswirtschaftlichen Fakten und Zusammenhängen, die aufzunehmen sind, stehen eng begrenzte Zeitbudgets gegenüber.

Die vorliegende Fachbuchreihe ist darauf ausgerichtet, die Leser darin zu unterstützen, rasch und fundiert in die verschiedenen betriebswirtschaftlichen Themenbereiche einzudringen sowie diese aufzufrischen. Sie eignet sich in besonderer Weise für:

- Studierende an Fachhochschulen, Akademien und Universitäten
- Fortzubildende an öffentlichen und privaten Bildungsinstitutionen
- Fach- und Führungskräfte in Unternehmen und sonstigen Organisationen.

Das Kompakt-Training Praktische Betriebswirtschaft ist auch zum Selbststudium sehr gut geeignet, nicht zuletzt wegen seiner herausragenden Gestaltungsmerkmale. Jeder einzelne Band der Fachbuchreihe zeichnet sich u. a. aus durch:

- kompakte und praxisbezogene Darstellung
- systematischen und lernfreundlichen Aufbau
- viele einprägsame Beispiele, Tabellen, Abbildungen
- 50 praxisbezogene Übungen mit Lösungen
- MiniLex mit 150 - 200 Stichworten.

Für Anregungen, die der weiteren Verbesserung dieses Lernkonzeptes dienen, bin ich dankbar.

Prof. Klaus Olfert
Herausgeber

Vorwort

Jeder Kaufmann ist nach § 238 HGB verpflichtet, Bücher zu führen und in diesen seine Geschäfte und die Lage seines Vermögens nach den Grundsätzen ordnungsmäßiger Buchführung ersichtlich zu machen, sofern keine Befreiung von dieser Verpflichtung nach § 241a HGB vorliegt.

Mit dem vorliegenden Titel wird ein komprimierter Überblick zu dem Themengebiet der Buchführung gegeben. Die inhaltliche Zusammenstellung orientiert sich an den in der Praxis alltäglich vorkommenden Problemstellungen. Auf Themen, die den Jahresabschluss betreffen, wurde bewusst verzichtet. Hierzu wird auf das Buch „Kompakt-Training Bilanzen" hingewiesen, welches die Erstellung des Jahresabschlusses behandelt.

Die ideale Ergänzung zu dem vorliegenden Grundlagenbuch bildet der Vertiefungsband „Kompakt-Training Buchführung 2", der u. a. steuerliche Besonderheiten, die Vorbereitung des Jahresabschlusses und die Auswertung der gewonnenen Daten behandelt.

Das vorliegende Buch eignet sich für Praktiker, die sich in das Themengebiet der Buchführung einarbeiten oder bereits früher erworbene Kenntnisse auffrischen und aktualisieren möchten, für Studenten in den ersten Semestern eines wirtschaftswissenschaftlichen Studiengangs, für Schüler, die einen kaufmännischen Ausbildungsberuf absolvieren, aber auch für Lernende in Umschulungslehrgängen, an Volkshochschulen und anderen Bildungseinrichtungen. Bei der Aufbereitung der Inhalte wurde darauf geachtet, dass ein hohes Maß an Realitätsbezug und Verständlichkeit gewährleistet wird. Dies geschieht insbesondere dadurch, dass nahezu alle Problemstellungen anhand von Beispielen dargestellt werden, die aus der betrieblichen Realität abgeleitet sind. Die exemplarische Darstellungsform erleichtert das Nachvollziehen und Lernen dieses oft als „trocken" bezeichneten Lerngebietes.

Für die Neuauflage wurde das Buch vollständig durchgesehen und dem aktuellen Rechtsstand (Sommer 2020) angepasst. Auf die Berücksichtigung der Umsatzsteuer-Absenkung von 19 % auf 16 % und von 7 % auf 5 % für den Zeitraum vom 01.07. bis zum 31.12.2020 wurde bewusst verzichtet, da es sich nur um eine temporäre Regelung handelt, die zum 01.01.2021 ihre Gültigkeit verliert. Beispiele, Fälle und Aufgaben, die zeitlich in diesen „Absenkungszeitraum" fallen, sind deshalb mit den zum 30.06.2020 geltenden Umsatzsteuersätzen von 19 % bzw. 7 % dargestellt und gelöst.

Im Hinblick auf zukünftige Überarbeitungen sind Verfasser und Verlag für konstruktive Kritik, Hinweise auf Fehler (die sich trotz mehrfacher und gewissenhafter Korrektur leider nicht ganz vermeiden lassen) und Verbesserungsvorschläge stets dankbar; gern auch auf elektronischem Wege an die folgende E-Mail-Adresse: **buchkompakt@aol.com**.

Oliver Zschenderlein
Koblenz, im Juli 2020

Benutzungshinweise

Aufgaben/Fälle

Die Aufgaben/Fälle im Übungsteil dienen der Wissens- und Verständniskontrolle. Auf sie wird jeweils im Textteil hingewiesen:

Aufgabe 1 > Seite 249
Aufgabe 2 > Seite 249

Der Übungsteil befindet sich am Ende des Buches. Es wird empfohlen, die Aufgaben/Fälle unmittelbar nach Bearbeitung der entsprechenden Textstellen zu lösen.

Diese Symbole erleichtern Ihnen die Arbeit mit diesem Buch:

 TIPP

Hier finden Sie nützliche Hinweise zum Thema.

 MERKE

Das X macht auf wichtige Merksätze oder Definitionen aufmerksam.

 ACHTUNG

Das Ausrufezeichen steht für Beachtenswertes, wie z. B. Fehler, die immer wieder vorkommen, typische Stolpersteine oder wichtige Ausnahmen.

 INFO

Hier erhalten Sie nützliche Zusatz- und Hintergrundinformationen zum Thema.

 RECHTSGRUNDLAGEN

Das Paragrafenzeichen verweist auf rechtliche Grundlagen, wie z. B. Gesetzestexte.

 MEDIEN

Das Maus-Symbol weist Sie auf andere Medien hin. Sie finden hier Hinweise z. B. auf Download-Möglichkeiten von Zusatzmaterialien, auf Audio-Medien oder auf die Website von Kiehl.

Aus Gründen der Praktikabilität und besseren Lesbarkeit wird darauf verzichtet, jeweils männliche und weibliche Personenbezeichnungen zu verwenden. So können z. B. Mitarbeiter, Arbeitnehmer, Vorgesetzte grundsätzlich sowohl männliche als auch weibliche Personen sein.

Feedbackhinweis

Kein Produkt ist so gut, dass es nicht noch verbessert werden könnte. Ihre Meinung ist uns wichtig. Was gefällt Ihnen gut? Was können wir in Ihren Augen verbessern? Bitte schreiben Sie einfach eine E-Mail an: **feedback@kiehl.de**

Als kleines Dankeschön verlosen wir unter allen Teilnehmern einmal pro Monat ein Buchgeschenk!

Bearbeitungshinweis

Das vorliegende Buch ist so konzipiert, dass jeder Buchführungslernende – unabhängig von dem in der Praxis verwendeten Kontenrahmen – den Stoff erarbeiten und vertiefen kann.

Aufgrund der mittlerweile in allen Berufs- und Industriezweigen weiten Verbreitung der DATEV-Kontenrahmen SKR 03 und SKR 04 sind zusätzlich zu den neutralen Kontobezeichnungen die Kontonummern des SKR 03 und des SKR 04 angegeben. Die vollständigen Kontenrahmen finden Sie im Anhang des Buches ab S. 341.

ABKÜRZUNGSVERZEICHNIS

A Aktiva
Abschn. Abschnitt
AB Anfangsbestand
Abs. Absatz
AfA Absetzung für Abnutzung
AG Arbeitgeber, Aktiengesellschaft
AK Anschaffungskosten
AktG Aktiengesetz
a LuL aus Lieferungen und Leistungen
AM Automatik
AN Arbeitnehmer
ANK Anschaffungsnebenkosten
AO Abgabenordnung
ArblV Arbeitslosenversicherung
Art. Artikel
AV Anlagevermögen

BdF, BMF Bundesministerium der Finanzen
BFH Bundesfinanzhof
BGA Betriebs- und Geschäftsausstattung
BGB Bürgerliches Gesetzbuch
BGBl Bundesgesetzblatt
BilMoG Bilanzrechtsmodernisierungsgesetz
BLP Bruttolistenpreis
BNK Bezugsnebenkosten
BStBl Bundessteuerblatt
BV Betriebsvermögen

DATEV, Datev Datenverarbeitungsorganisation des steuerberatenden Berufes in der Bundesrepublik Deutschland eG

e. G., eG eingetragene Genossenschaft
e. K. eingetragener Kaufmann
EK Eigenkapital
EStDV Einkommensteuer-Durchführungsverordnung
EStG Einkommensteuergesetz
EStH Amtliches Einkommensteuer-Handbuch
EStR Einkommensteuer-Richtlinien
EU Europäische Union
EUR Euro
EUSt Einfuhrumsatzsteuer
e. V. eingetragener Verein

FA Finanzamt
FK Fremdkapital
Ford. a LuL Forderungen aus Lieferungen und Leistungen

GKR Gemeinschaftskontenrahmen der Industrie
GmbH Gesellschaft mit beschränkter Haftung
GoB Grundsätze ordnungsmäßiger Buchführung
GuVK Gewinn- und Verlustkonto
GuVR Gewinn- und Verlustrechnung
GWG geringwertiges Wirtschaftsgut

H Hinweis, Haben
HGB Handelsgesetzbuch
HK Herstellungskosten
HR Handelsregister

IKR Industriekontenrahmen
i. V. in Verbindung

KG Kommanditgesellschaft
KiSt Kirchensteuer
Kj. Kalenderjahr
KV Krankenversicherung

LSt Lohnsteuer
LStDV Lohnsteuer-Durchführungsverordnung
LStR Lohnsteuerrichtlinien
LuL Lieferungen und Leistungen

ND Nutzungsdauer
NWB Neue Wirtschafts-Briefe

OHG Offene Handelsgesellschaft

P	Passiva
p. a.	per anno (= pro Jahr)
PublG	Publizitätsgesetz
PV	Pflegeversicherung
R	Richtlinie
RV	Rentenversicherung
Rz.	Randziffer/Randzahl
S	Soll
SachbezV	Sachbezugsverordnung
SB	Schlussbestand
SBK	Schlussbilanzkonto
SKR	Standardkontenrahmen
SolZ	Solidaritätszuschlag
StGB	Strafgesetzbuch
SV	Saldovortrag
Tz.	Textziffer/Textzahl
USt	Umsatzsteuer
UStAE	Umsatzsteuer-Anwendungserlass
UStDV	Umsatzsteuer-Durchführungsverordnung
UStG	Umsatzsteuergesetz
USt-IdNr.	Umsatzsteuer-Identifikationsnummer
UStR	Umsatzsteuerrichtlinien
UV	Umlaufvermögen
Verb. a LuL	Verbindlichkeiten aus Lieferungen und Leistungen
VermBG	Vermögensbildungsgesetz
VoSt	Vorsteuer
vwL	vermögenswirksame Leistung
VZ	Veranlagungszeitraum
Wj.	Wirtschaftsjahr
WoPG	Wohnungsbau-Prämiengesetz

A. Grundlagen

1. Buchführung als Teil des Rechnungswesens

Das betriebliche Rechnungswesen befasst sich mit der zahlenmäßigen Abbildung der im Betrieb auftretenden Geld- und Leistungsströme. Diese sollen dokumentiert, zusammengefasst und ausgewertet werden.

Im Hinblick auf seine Funktionen kann es in die folgenden Teilbereiche untergliedert werden (vgl. *Falterbaum/Bolk/Reiß/Kirchner*, S. 45):

- **Buchführung** (Zeitraumrechnung)
- **Kosten- und Leistungsrechnung** (Betriebsabrechnung und Kalkulation)
- **Statistik** (Vergleichsrechnung)
- **Planung** (Vorschaurechnung).

Damit überhaupt Daten zur Verfügung stehen, müssen die Vermögensgegenstände und Schulden und die auftretenden Geschäftsvorfälle lückenlos **dokumentiert** (aufgezeichnet) werden. Diese Funktion wird der Buchführung zugeordnet.

Die anderen Teilgebiete des Rechnungswesens sind dann mit der Aufbereitung, Weiterverarbeitung und Auswertung der in der Buchführung gewonnenen Daten beschäftigt.

In einer weiten Definition schließt die Buchführung auch die Zusammenfassung und Darstellung der gewonnenen Daten, also den **Jahresabschluss**, mit ein. Die besonderen Inhalte und Problemstellungen dieses Spezialgebietes der Buchführung sind im „Kompakt-Training Bilanzen" dargestellt.

2. Aufgaben der Buchführung

Die Buchführung bildet die Grundlage für die unterschiedlichsten Steuerungsinstrumente eines Unternehmens.

Großes Interesse an Daten, die das Unternehmensgeschehen abbilden, haben zunächst die Entscheidungsträger des Unternehmens. Hieraus leiten sich die so genannten **internen** Aufgaben der Buchführung her.

Der **Unternehmer** benötigt Informationen über die Zusammensetzung und Veränderung des Vermögens, den Stand der Schulden und über die Finanz- und Ertragslage, damit er die Lage und Entwicklung des Unternehmens verfolgen und steuern kann. Diese als **Selbstinformation** bezeichnete Aufgabe der Buchführung ist wohl die wichtigste interne Aufgabe.

Auch **Betriebs- oder Abteilungsleiter** brauchen Daten der Unternehmensentwicklung zur Beurteilung ihrer getroffenen Entscheidungen. Sie müssen beispielsweise wissen, wie sich eine bestimmte Investitionsentscheidung auf die Produktionskosten und die erbrachten Leistungen auswirkt (**Effizienz- und Wirtschaftlichkeitskontrolle**). Hieraus können dann Erkenntnisse für die in die Zukunft gerichteten Entscheidungen abgeleitet werden.

Außerhalb des Unternehmens gibt es auch zahlreiche Informationsinteressen. Aus diesen leiten sich die **externen** Aufgaben der Buchführung her.

Eine externe Aufgabe besteht darin, **die für die Besteuerung notwendigen Daten** (z. B. Gewinn oder Verlust aus Gewerbebetrieb) zur Verfügung zu stellen. Bei kleinen bis mittelgroßen Unternehmen steht dieser Aspekt der Buchführung oftmals derart im Vordergrund, dass andere Ziele verdrängt oder zumindest zurückgedrängt werden.

Bei größeren Unternehmen (insbesondere bei Kapitalgesellschaften) haben die **Kapitalgeber** Interesse an **Informationen über die Vermögens-, Finanz- und Ertragslage des Unternehmens**, in welches sie investiert haben. Sie möchten wissen, wie sicher ihr Kapital angelegt ist und wie sich das Gesamtkapital des Unternehmens verzinst. Vergleiche mit Konkurrenzunternehmen, dem Branchendurchschnitt und alternativen Anlagemöglichkeiten verschaffen dann einen Eindruck über den relativen Erfolg der getätigten Investition.

Ähnliche Informationsinteressen sind potenziellen, also (möglichen) **zukünftigen Investoren** und natürlich auch den **Fremdkapitalgebern (insbesondere Banken)** zuzuschreiben. Bevor diese in ein Unternehmen investieren oder Kredite gewähren, möchten sie detaillierte Daten über das Unternehmen haben.

Weiterhin finden die Unterlagen der Finanzbuchhaltung **bei Rechtsstreitigkeiten** (z. B. als **Beweismittel**) und bei Vermögensauseinandersetzungen (z. B. im Erbfall) Verwendung.

MERKE

Als **Aufgaben der Buchführung** können also insbesondere genannt werden (vgl. *Kliewer/Zschenderlein/Schneider*, S. 386):

- **Selbstinformation** des Unternehmers bzw. der Unternehmensleitung
- **Rechenschaftslegung** gegenüber Dritten (Gesellschafter, Gläubiger, Banken etc.)
- Bereitstellung von **Daten für die Besteuerung**
- Zurverfügungstellung von Daten und Unterlagen für **Rechtsstreitigkeiten und Vermögensauseinandersetzungen**.

3. Gesetzliche Buchführungspflicht

3.1 Handelsrechtliche Buchführungspflicht

Nach § 238 Handelsgesetzbuch (HGB) ist grundsätzlich jeder **Kaufmann** verpflichtet, Bücher zu führen und in diesen seine Handelsgeschäfte und die Lage seines Vermögens nach den Grundsätzen ordnungsmäßiger Buchführung ersichtlich zu machen.

Die handelsrechtliche Buchführungspflicht knüpft also zunächst am Vorliegen der **Kaufmannseigenschaft** an.

Das HGB nennt in den §§ 1 - 6 vier unterschiedliche Kaufmannsarten:

- **Istkaufmann** (§ 1)
- **Kannkaufmann** (§ 2)
- **Scheinkaufmann** (§ 5)
- **Formkaufmann** (§ 6).

Istkaufmann ist, wer ein **Handelsgewerbe** betreibt (vgl. § 1 Abs. 1 HGB).

Unter einem Handelsgewerbe ist jeder **Gewerbebetrieb** zu verstehen, der einen in **kaufmännischer Weise** eingerichteten Geschäftsbetrieb, also eine kaufmännische Organisation, benötigt (vgl. § 1 Abs. 2 HGB).

Nach § 15 Abs. 2 Einkommensteuergesetz (EStG) liegt ein Gewerbebetrieb vor, wenn die folgenden Merkmale erfüllt sind:

- **Selbstständigkeit** (keine Arbeitnehmertätigkeit)
- **Nachhaltigkeit** (mit Wiederholungsabsicht)
- **Gewinnerzielungsabsicht**
- **Beteiligung am allgemeinen wirtschaftlichen Verkehr**
- **keine Ausübung von Land- und Forstwirtschaft** nach § 13 EStG
- **keine freie Berufstätigkeit** und **keine andere selbstständige Arbeit** nach § 18 EStG.

Beispiele

Gewerbebetriebe:

- Einzelhandelsunternehmen
- Großhandelsunternehmen
- Gastwirtschaft
- Handelsverstreter (§ 84 Abs. 1 HGB)

Ein nach Art und Umfang **in kaufmännischer Weise eingerichteter Geschäftsbetrieb** ist i. d. R. dann erforderlich, wenn bestimmte Größenmerkmale erfüllt sind (aus der Rechtsprechung abgeleitet):

- **Umsatz:** z. B. Einzelhandel, Handwerk, Dienstleistungsgewerbe mehr als 250.000 €/Jahr; industrielle Produktion mehr als 600.000 €/Jahr; Handelsvertreter mehr als 100.000 €/Jahr
- **Zahl der Mitarbeiter:** z. B. mehr als 10 Arbeitnehmer
- **Warenangebot:** z. B. großes Warensortiment
- **Kundenkreis:** z. B. großer Kundenkreis, Absatz auch im Ausland.

Entscheidend ist aber **nicht** das Überschreiten **einer** der genannten „Grenzen", sondern das **Gesamtbild** der tatsächlichen Verhältnisse.

Sofern die **Gesamtabwägung** zu dem Ergebnis gelangt, dass ein in kaufmännischer Weise eingerichteter Geschäftsbetrieb erforderlich ist, liegt ein Handelsgewerbe mit der Folge vor, dass dann die Kaufmannseigenschaft und damit auch die handelsrechtliche Buchführungspflicht – unabhängig von der Eintragung der Firma im Handelsregister – gegeben sind.

Beispiel

Pascal Desoye betreibt in Koblenz ein Einzelhandelsgeschäft für Geschenkartikel. Er hat ein Ladenlokal in der Innenstadt von Koblenz, in dem er insgesamt vier Vollzeit- und zwei Teilzeitkräfte beschäftigt. Ergänzend verkauft er die Geschenkartikel per Internethandel. Hierfür beschäftigt er zwei Vollzeitkräfte. Für die kaufmännischen Arbeiten (Buchhaltung, Fakturierung, Zahlungsverkehr etc.) beschäftigt Herr Desoye eine Vollzeitkraft. Sein Umsatz schwankt in den vergangenen Jahren zwischen 230.000 € und 280.000 €, sein Gewinn schwankt zwischen 55.000 € und 70.000 €.

Das Gesamtbild der tatsächlichen Verhältnisse führt zu dem Ergebnis, dass das Unternehmen von Herrn Desoye eine kaufmännische Organisation erfordert. Er ist somit Kaufmann gem. § 1 HGB.

Wenn **kein** in kaufmännischer Weise eingerichteter Geschäftsbetrieb erforderlich ist, liegt **kein** Handelsgewerbe, sondern ein **„Kleingewerbebetrieb"** vor. Kleingewerbetreibende sind **keine** Kaufleute im Sinne des § 1 HGB. **Kleingewerbetreibende** können aber durch freiwillige Eintragung in das Handelsregister Kaufmannseigenschaft erwerben (Eintragungsoption nach § 2 HGB).

Beispiel

Michael Müller betreibt im Hauptbahnhof in Koblenz einen Zeitungskiosk mit Buchhandlung. Er beschäftigt zwei Arbeitnehmerinnen ganztags und zwei geringfügig beschäftigte Arbeitnehmerinnen. Sein Jahresumsatz beträgt rund 350.000 €, sein Gewinn rund 45.000 € im Kalenderjahr.

Herr Müller ist Kleingewerbetreibender, weil sein Gewerbebetrieb weder nach der Art noch nach dem Umfang eine kaufmännische Organisation erfordert. Er ist kein Kaufmann.

Wenn Herr Müller im Geschäftsverkehr als Kaufmann handeln und eine Firma führen möchte (z. B. „Bahnhofsbuchhandlung Müller e. K."), dann kann er die Firma gem. § 2 HGB im Handelsregister eintragen lassen. Durch die Eintragung wird er zum Kaufmann.

Die Eintragungsoption gilt auch für ein **land- und forstwirtschaftliches Unternehmen**, welches einen in kaufmännischer Weise eingerichteten Geschäftsbetrieb erfordert (vgl. § 3 Abs. 2 HGB). Durch die Eintragung werden solche Land- und Forstwirte zu Kaufleuten. Sie unterliegen dann auch der Buchführungspflicht nach § 238 HGB.

Kaufleute im Sinne des HGB sind auch die so genannten **Scheinkaufleute** nach § 5 HGB. Diese Vorschrift besagt, dass jeder, dessen Firma im Handelsregister eingetragen ist, sich nicht darauf berufen kann, dass er kein Kaufmann sei. § 5 HGB dient der Rechtssicherheit und betrifft insbesondere Gewerbetreibende, die im Handelsregister eingetragen sind, ihr Gewerbebetrieb aber nicht oder nicht mehr einen in kaufmännischer Weise eingerichteten Geschäftsbetrieb erfordert („Kleingewerbebetrieb").

Buchführungspflichtig nach Handelsrecht sind ferner die **Kaufleute kraft Rechtsform** nach § 6 Abs. 2 HGB (so genannte **Formkaufleute**). Hierzu gehören:

- die **Aktiengesellschaft** (AG)
- die **Kommanditgesellschaft auf Aktien** (KGaA)
- die **Gesellschaft mit beschränkter Haftung** (GmbH)
- die **eingetragene Genossenschaft** (e. G.).

Formkaufleute sind unabhängig von der Art und dem Umfang des Geschäftsbetriebs immer Kaufleute ab dem Zeitpunkt der Eintragung in das Handelsregister (vgl. *Sorg*, S. 15).

Kaufleute im Sinne des Handelsgesetzbuchs			
Istkaufmann (§ 1)	**Kannkaufmann (§§ 2 und 3)**	**Scheinkaufmann (§ 5)**	**Formkaufmann (§ 6)**
Kaufmann kraft **Gewerbebetrieb**,	Kaufmann kraft **gewählter (berechtigter) Eintragung**:	Kaufmann kraft **(faktischer) Eintragung im HR**	Kaufmann kraft **Rechtsform**
der nach Art und Umfang einen in kaufmännischer Weise eingerichteten Geschäftsbetrieb **(kaufmännische Organisation) erfordert**. **Beachte:** Kleingewerbetreibende sind **keine** Kaufleute nach § 1.	▸ Kleingewerbetreibende nach § 2 Satz 2 oder ▸ Land- und Forstwirte nach § 3.	Ob die Eintragung berechtigt oder unberechtigt ist, spielt keine Rolle (der Eingetragene wird wie ein Kaufmann behandelt). § 5 gilt **nicht** für fälschlicherweise im HR eingetragene Freiberufler (z. B. Ärzte, Steuerberater, die kein Gewerbe betreiben).	Hierunter fallen Unternehmen, die aufgrund ihrer Rechtsform Kaufmannseigenschaft erlangen. Dies sind Kapitalgesellschaften (z. B. GmbH oder AG) und Genossenschaften (e. G.).

Befreiung von der Buchführungspflicht nach § 241a HGB

Durch § 241a werden **Einzelkaufleute** von der Buchführungspflicht befreit, wenn am Ende von **zwei aufeinander folgenden Geschäftsjahren** von dem betrachteten Unternehmen **nicht mehr als**

- **600.000 € Umsatzerlöse** und
- **60.000 € Jahresüberschuss (= Gewinn)**

erzielt wurden. Im Fall der **Neugründung** tritt die Befreiung bereits ein, wenn die vorgenannten Werte **am ersten Abschlussstichtag** nach der Neugründung nicht überschritten werden.

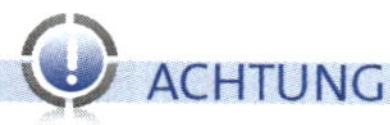

ACHTUNG

Diese Erleichterung gilt **nur für Einzelkaufleute;** also **nicht** für **Personen-** und **Kapitalgesellschaften**!

3.2 Steuerrechtliche Buchführungspflicht

Die steuerrechtliche Buchführungspflicht geht aus den §§ 140 und 141 Abgabenordnung (AO) hervor.

§ 140 AO bezieht sich auf die bereits bestehende Verpflichtung zur Führung von Büchern nach anderen Gesetzen (z. B. nach dem HGB): *„Wer nach anderen Gesetzen Bücher und Aufzeichnungen zu führen hat, die für die Besteuerung von Bedeutung sind, hat die Verpflichtungen, die ihm nach den anderen Gesetzen obliegen, auch für die Besteuerung zu erfüllen."*

Weil diese Buchführungspflicht aus anderen Gesetzen abgeleitet ist, wird sie als **derivative (= abgeleitete)** Buchführungspflicht bezeichnet. Sie gilt vor allem für die Gewerbetreibenden, die in ihrer Eigenschaft als Kaufmann bereits nach dem HGB verpflichtet sind, Bücher zu führen (vgl. *Falterbaum/Bolk/Reiß/Kirchner*, S. 49).

Viele Gewerbetreibende sind als **„Kleingewerbetreibende"** keine Kaufleute im Sinne des HGB (siehe S. 22). Sie sind somit **nicht** buchführungspflichtig **nach Handelsrecht**. Da die Besteuerung jedoch möglichst gleichmäßig durchgeführt werden soll, verpflichtet das **Steuerrecht** viele dieser Gewerbetreibenden durch die **originäre (= ursprüngliche)** Buchführungspflicht des Steuerrechts nach § 141 AO dennoch zur Buchführung.

Nach **§ 141 AO** sind **Gewerbetreibende** und **Land- und Forstwirte** zur Buchführung verpflichtet, wenn sie nach den Feststellungen der Finanzbehörde für den einzelnen Betrieb eine der folgenden Grenzen im **vergangenen** Kalenderjahr bzw. Wirtschaftsjahr **überschritten** haben (hier verkürzt wiedergegeben – siehe im Einzelnen § 141 Abs. 1 AO):

► **Umsatz**	**600.000 €**
► **Gewinn aus Gewerbebetrieb**	**60.000 €**
► **Wirtschaftswert** (Land- und Forstwirte)	**25.000 €**
► **Gewinn aus Land- und Forstwirtschaft**	**60.000 €**

Diese steuerrechtliche Buchführungspflicht ist aber erst vom Beginn desjenigen Wirtschaftsjahres an zu erfüllen, welches dem Jahr folgt, in dem die Finanzbehörde den Steuerpflichtigen auf die Buchführungspflicht **hingewiesen** hat (vgl. § 141 Abs. 2 Satz 1 AO). Es ist also eine Mitteilung der Finanzbehörde an den Steuerpflichtigen notwendig.

Zu beachten ist, dass die originäre Buchführungspflicht des § 141 AO nur für **Gewerbetreibende** und für **Land- und Forstwirte**, nicht jedoch für Freiberufler und andere selbstständig Tätige mit Einkünften aus selbstständiger Arbeit nach § 18 EStG gilt.

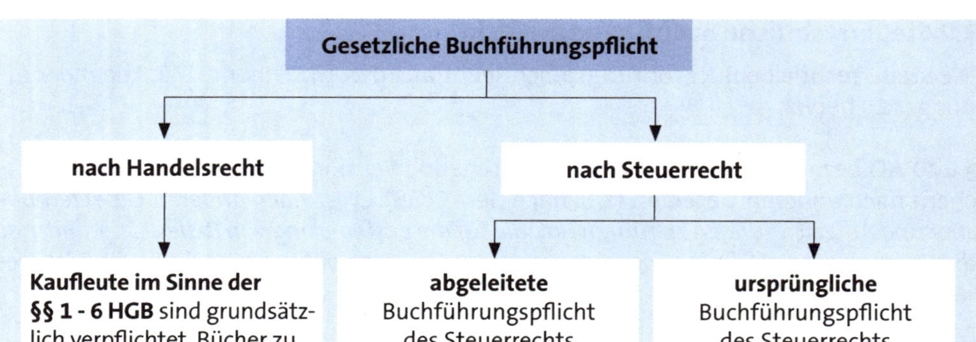

Kaufleute im Sinne der §§ 1 - 6 HGB sind grundsätzlich verpflichtet, Bücher zu führen und Abschlüsse zu erstellen (§ 238 Abs. 1 HGB).

Dies sind

- **Istkaufleute** (§ 1 HGB)
- **Kannkaufleute** (§§ 2 und 3 HGB)
- **Scheinkaufleute** (§ 5 HGB)
- **Formkaufleute** (§ 6 HGB).

Befreiung für Einzelkaufleute, wenn am Ende von zwei aufeinander folgenden Geschäftsjahren

- nicht mehr als **600.000 € Umsatzerlöse** und
- nicht mehr als **60.000 € Jahresüberschuss (= Gewinn)**

erzielt wurden; im Fall der **Neugründung** bereits dann, wenn diese Grenzen **am ersten Abschlussstichtag** nach der Neugründung nicht überschritten werden.

abgeleitete Buchführungspflicht des Steuerrechts **(§ 140 AO)**

Wer nach anderen Gesetzen (z. B. nach dem HGB) Bücher zu führen hat, muss diese Verpflichtung auch für die Besteuerung erfüllen.

ursprüngliche Buchführungspflicht des Steuerrechts **(§ 141 AO)**

Gewerbetreibende und **Land- und Forstwirte**

sind zur Buchführung verpflichtet, wenn sie **eine** der folgenden Grenzen im **vergangenen** Kalender- bzw. Wirtschaftsjahr **überschritten** haben (verkürzt dargestellt):

- **Umsatz** **600.000 €**
- **Gewinn** **60.000 €**
- **Wirtschaftswert** (nur Land- und Forstw.) **25.000 €**

Beginn der Buchführungspflicht erst mit dem Beginn desjenigen Wirtschaftsjahres, das dem Jahr folgt, in dem die Finanzverwaltung den Steuerpflichtigen auf diese Verpflichtung hingewiesen hat (§ 141 Abs. 2 Satz 1 AO).

Nicht buchführungspflichtig sind nach diesen Vorschriften

- **Freiberufler**, weil bei diesen i. d. R. kein Gewerbebetrieb vorliegt
- **Kleingewerbetreibende** (Gewerbetreibende, deren Unternehmen **keine** kaufmännische Organisation erfordert und die auch nicht nach § 2 HGB in das Handelsregister eingetragen sind und keine der in § 141 AO genannten Grenzen überschritten haben).

Aufgabe 1 > Seite 249

3.3 Sanktionen bei Verstößen gegen die Buchführungspflicht

Ein Verstoß gegen die Buchführungspflicht besteht beispielsweise darin, dass der Gewerbetreibende oder Land- und Forstwirt **keine** Bücher führt, obwohl er nach Handels- oder Steuerrecht dazu verpflichtet ist.

Für diesen Fall sieht das **HGB keine** unmittelbaren Sanktionen vor. Dies bedeutet, dass ein Kaufmann durch das Handelsrecht **nicht** zur Erfüllung der Buchführungspflicht gezwungen werden kann (vgl. *Bornhofen*, S. 14).

Eine **Bestrafung** kann jedoch nach den **§§ 283 und 283b Strafgesetzbuch (StGB)** erfolgen, wenn der Buchführungspflichtige, der keine Bücher führt, seine Zahlungen eingestellt hat oder über sein Vermögen das Insolvenzverfahren eröffnet oder der Eröffnungsantrag mangels Masse abgewiesen worden ist (vgl. *Falterbaum/Bolk/Reiß/Kirchner*, S. 67). Mögliche Folge ist dann eine **Geld- oder Freiheitsstrafe**. Im Gegensatz zum Handelsrecht sieht das **Steuerrecht** bei Verstößen gegen die steuerlichen Buchführungs- und Aufzeichnungsvorschriften **direkte Sanktionen** vor.

Die Finanzbehörde kann gegen denjenigen, der trotz Verpflichtung keine Bücher führt, ein **Zwangsgeld** in Höhe von **bis zu 25.000 €** festsetzen (vgl. §§ 328 - 329 AO). Vor der Festsetzung muss die Finanzbehörde diese Maßnahme jedoch androhen (vgl. § 332 AO), wodurch der „Erziehungscharakter" dieser Maßnahme deutlich wird. Dem Steuerpflichtigen wird die Möglichkeit eingeräumt, seine Verpflichtung doch noch zu erfüllen und die Zwangsmaßnahme dadurch abzuwenden.

Wenn der Steuerpflichtige dennoch **keine** Bücher führt und Aufzeichnungen macht, die für die Besteuerung notwendig sind, hat das Finanzamt die Besteuerungsgrundlagen zu **schätzen** (vgl. § 162 AO).

Von dem völligen Fehlen von Buchführungsunterlagen ist die **fehlerhafte Führung** von Büchern zu unterscheiden, die in bestimmten Fällen auch als Verstoß gegen die Buchführungspflicht gewertet werden kann. Hierbei ist zwischen formellen und sachlichen (materiellen) Mängeln zu unterscheiden (vgl. *Bornhofen*, S. 15; *Kliewer/Zschenderlein/Schneider*, S. 401 f.).

Formelle Mängel liegen dann vor, wenn die Aufzeichnungen zwar inhaltlich richtig, aber hinsichtlich ihrer Form nicht den gesetzlichen Vorgaben oder den allgemein gültigen Koventionen entsprechen. Formelle Mängel liegen beispielsweise vor, wenn Abkürzungen, Ziffern oder Buchstaben nicht eindeutig und nachvollziehbar verwendet werden oder wenn Buchungen nicht in der tatsächlichen zeitlichen Abfolge, sondern zeitlich ungeordnet vorgenommen werden.

Sofern die formellen Mängel so gering sind, dass die sachliche Richtigkeit nicht beeinträchtigt wird, ist die Ordnungsmäßigkeit der Buchführung grundsätzlich nicht zu beanstanden (vgl. R 5.2 Abs. 2 Satz 1 EStR).

Enthält die Buchführung dagegen **schwere und gewichtige formelle Mängel**, kann dies die **Verwerfung der Buchführung** zur Folge haben, die zu einer **Vollschätzung** der Besteuerungsgrundlagen nach § 162 AO führen würde. Denkbar ist beispielsweise der Fall, bei dem die Buchführung durch vielzählige Stornobuchungen, Umbuchungen und Nachtragsbuchungen so unübersichtlich ist, dass ein sachverständiger Dritter innerhalb einer angemessenen Frist keinen Überblick über die Geschäftsvorfälle und die Vermögenslage gewinnen kann.

Sachliche Mängel liegen dann vor, wenn die Buchführung in inhaltlicher (materieller) Hinsicht nicht das tatsächliche Geschehen wiedergibt. Dies ist beispielsweise dann der Fall, wenn buchungspflichtige Geschäftsvorfälle nicht oder falsch gebucht wurden oder wenn die Buchführung fingierte Geschäftsvorfälle enthält, die nicht stattgefunden haben (vgl. *Bornhofen*, S. 14).

Wenn es sich um **unwesentliche (geringe) sachliche Mängel** handelt (z. B. die Buchführung enthält eine überschaubare Zahl von Falschbuchungen oder es fehlen einige wenige Buchungen), wird die Ordnungsmäßigkeit der Buchführung dadurch nicht berührt. Die **Fehler** sind zu **berichtigen**, oder das Buchführungsergebnis ist durch eine **Zuschätzung** zu korrigieren (vgl. R 5.2 Abs. 2 Satz 3 EStR).

Bei **schwerwiegenden materiellen Mängeln** ist der Gewinn unter Berücksichtigung der Verhältnisse des Einzelfalls **vollständig zu schätzen** (vgl. R 5.2 Abs. 2 Satz 4 i. V. mit R 4.1 Abs. 2 Satz 3 EStR).

Werden buchungs- oder aufzeichnungspflichtige Geschäftsvorfälle leichtfertig nicht oder falsch gebucht, kann der Tatbestand der **Steuergefährdung** (§ 379 Abs. 1 AO) gegeben sein. Diese Ordnungswidrigkeit kann mit einer **Geldbuße von bis zu 5.000 €** bestraft werden (vgl. § 379 Abs. 4 AO). Bei einer leichtfertigen **Steuerverkürzung** nach § 378 AO (z. B. durch fehlende Buchungen oder Aufzeichungen, die zu einer Verkürzung der Steuern oder zu ungerechtfertigten Steuervorteilen führt) kann die **Geldbuße bis zu 50.000 €** betragen.

In den Fällen der Steuerhinterziehung nach § 370 AO können **Geld- oder Freiheitsstrafen** von bis zu 5 Jahren, in besonders schweren Fällen sogar bis zu 10 Jahren, verhängt werden (vgl. § 370 Abs. 1 und Abs. 3 AO).

Aufgabe 2 > Seite 249

4. Steuerliche Aufzeichnungspflichten

Der Begriff Buchführung ist von dem Begriff Aufzeichnungen abzugrenzen.

Eine **Buchführung** ist **umfassender** als Aufzeichnungen im steuerlichen Sinn. Sie erfasst **alle** Geschäftsvorfälle nach einem bestimmten **System**.

Aufzeichnungen erfassen dagegen nur **bestimmte** bedeutsame Sachverhalte. Sie sind so vorzunehmen, dass der Zweck erreicht wird, den sie erfüllen sollen. Das Steuerrecht enthält vielzählige Aufzeichnungspflichten, die über verschiedene Einzelsteuergesetze verstreut sind. Es sollte sichergestellt werden, dass diese Pflichten im Rahmen der Buchführung beachtet bzw. mit erfüllt werden.

Beispiele

... für steuerliche Aufzeichnungspflichten:

- Pflicht zur **Aufzeichnung des Wareneingangs** (§ 143 AO):
  - Tag des Wareneingangs oder Datum der Rechnung
  - Namen oder Firma und die Anschrift des Lieferers
  - handelsübliche Bezeichnung der Ware(n)
  - Preis der Ware(n)
  - Hinweis auf den Beleg
- Pflicht zur **Aufzeichnung des Warenausgangs** (§ 144 AO):
  - Tag des Warenausgangs oder Datum der Rechnung
  - Namen oder Firma und die Anschrift des Abnehmers
  - handelsübliche Bezeichnung der Ware(n)
  - Preis der Ware(n)
  - Hinweis auf den Beleg
- Pflicht zur gesonderten **Aufzeichnung bestimmter Betriebsausgaben** (§ 4 Abs. 7 EStG), z. B.
  - Aufwendungen für Geschenke aus betrieblichem Anlass (z. B. an Kunden)
  - Aufwendungen für Bewirtungen aus geschäftlichem Anlass
- **besondere Aufzeichnungspflichten**, die sich **aus dem Umsatzsteuergesetz** ergeben (siehe §§ 22 UStG und 63 - 68 UStDV sowie Kapitel Umsatzsteuer in diesem Buch)
- Pflicht zur **täglichen** Einzelaufzeichnung von **Kasseneinnahmen und -ausgaben** (§ 146 Abs. 1 AO)

5. Grundsätze ordnungsmäßiger Buchführung

Buchführungspflichtige müssen bei der Führung ihrer Bücher die Grundsätze ordnungsmäßiger Buchführung (GoB) beachten (vgl. § 238 Abs. 1 HGB und §§ 140, 141 AO).

Eine Buchführung gilt dann als ordnungsgemäß, wenn die für die kaufmännische Buchführung erforderlichen Bücher geführt werden, die Bücher **förmlich in Ordnung** und der **Inhalt sachlich richtig** ist (vgl. H 5.2 (Grundsätze ordnungsgemäßer Buchführung) EStH 2019).

Bei den GoB ist also zwischen **formeller** und **materieller** (sachlicher) Ordnungsmäßigkeit zu unterscheiden (vgl. *Bolin/Stephani/Wyrwa/Grefe*, S. 40 - 41).

Die **formelle** Ordnungsmäßigkeit betrifft die **Art und Weise** der Dokumentation, d. h. die **Klarheit und Übersichtlichkeit** der Buchführung. Hierbei sind die folgenden Aspekte zu beachten (vgl. *Bolin/Stephani/Wyrwa/Grefe*, S. 41):

- **Verständlichkeit**
  Die Buchführung muss so beschaffen sein, dass sie einem sachverständigen Dritten innerhalb einer angemessenen Zeit einen Überblick über die Geschäftsvorfälle und die Geschäftslage des Unternehmens vermitteln kann (vgl. § 238 Abs. 1 Satz 2 HGB).

  Die Führung der Bücher und der sonst erforderlichen Aufzeichnungen muss deshalb in einer **lebenden Sprache** vorgenommen werden (vgl. § 239 Abs. 1 Satz 1 HGB; § 146 Abs. 3 AO).

  Sofern **Abkürzungen** verwendet werden, müssen diese **eindeutig und nachvollziehbar** sein (vgl. § 239 Abs. 1 Satz 2 HGB).
- **Unveränderlichkeit der Aufzeichnungen**
  Buchungen und sonst erforderliche Aufzeichnungen dürfen nicht in der Weise verändert werden, dass der ursprüngliche Inhalt nicht mehr festgestellt werden kann (vgl. § 239 Abs. 3 HGB; § 146 Abs. 4 AO).

  Radieren, Rasieren, Überkleben, Löschen, Überspielen usw. sind deshalb unzulässig (vgl. *Kliewer/Zschenderlein/Schneider*, S. 393). Fehlerhafte Buchungen dürfen somit nicht entfernt bzw. gelöscht werden. Sie sind durch Stornierungen und Neubuchungen bzw. durch Umbuchungen zu berichtigen.
- **Beachtung der Aufbewahrungsfristen**
  Bücher, Konten, Buchungsbelege und die sonstigen erforderlichen Aufzeichnungen (z. B. Arbeitspapiere) müssen **zehn Jahre**, Handels-/Geschäftsbriefe und sonstige für steuerliche Zwecke bedeutsame Unterlagen müssen **sechs Jahre** aufbewahrt werden (vgl. § 257 HGB; § 147 AO; zu Einzelheiten siehe Kapitel 6. Aufbewahrungsfristen).

Die **materielle** Ordnungsmäßigkeit betrifft den **Inhalt** der Aufzeichnungen. Hierbei sind insbesondere die folgenden Aspekte zu beachten (vgl. *Grefe*, S. 40):

- **systematischer Aufbau der Buchführung**
  Die Buchführung muss eine formal korrekte Erfassung und Dokumentation aller buchungspflichtigen Vorgänge gewährleisten, also systematisch aufgebaut sein. Im

System der doppelten Buchführung muss deshalb ein systematisch angeordneter **Kontenrahmen** zu Grunde gelegt werden (siehe Anhang zu diesem Buch), aus dem der betriebsindividuelle **Kontenplan** abgeleitet wird; siehe S. 66 ff.).

- **Vollständigkeit und Richtigkeit**
  Die Aufzeichnungen müssen vollständig und richtig vorgenommen werden (vgl. § 239 Abs. 2 HGB und § 146 Abs. 1 AO).

  Vollständigkeit bedeutet, dass alle buchungsrelevanten Geschäftsvorfälle aufgezeichnet werden müssen (quantitativer Aspekt). Nicht stattgefundene Vorgänge dürfen natürlich nicht aufgezeichnet werden (**Verbot fiktiver Buchungen**).

  Der Grundsatz der **Richtigkeit** bezieht sich auf den **Inhalt** der erfassten Vorgänge. Es muss gewährleistet sein, dass die Buchungen bzw. Aufzeichnungen den tatsächlichen Inhalt der ihnen zu Grunde liegenden Sachverhalte wiedergeben (Erfassung auf den richtigen Konten mit den richtigen Beträgen).

- **zeitnahe und geordnete Eintragungen**
  Die Eintragungen in den Büchern bzw. auf den Datenträgern und die sonst erforderlichen Aufzeichnungen müssen zeitgerecht und geordnet vorgenommen werden (vgl. § 239 Abs. 2 HGB).

  Dies bedeutet, dass eine zeitnahe Erfassung grundsätzlich nur dann als gewährleistet angesehen werden kann, wenn sie „unverzüglich", d. h. **ohne schuldhafte Verzögerung**, vorgenommen wird.

  Die Frage der zeitlichen Nähe ist allerdings **vom jeweiligen Sachverhalt abhängig** (vgl. *Bolin/Stephani/Wyrwa/Grefe*, S. 41). Die Erfassung der Anschaffung eines Pkw innerhalb eines Zeitraums von 1 - 2 Monaten ab der Anschaffung wird wohl noch als zeitnah anzusehen sein, wohingegen die Erfassung von **Kassenbewegungen täglich** erfolgen soll (vgl. 146 Abs. 1 Satz 2 AO).

- **Belegprinzip**
  Buchungen und Aufzeichnungen erfolgen auf der Grundlage vorliegender Belege. Es gilt der Grundsatz: **„Keine Buchung ohne Beleg!"** (vgl. § 238 Abs. 1 Satz 3 HGB).

  Die Ordnungsmäßigkeit einer EDV-gestützten Buchführung ist grundsätzlich nach den gleichen Prinzipien zu beurteilen wie die einer manuellen Buchführung (vgl. § 146 Abs. 5 AO). Spezielle Aspekte, die bei EDV-Buchführungen jedoch zusätzlich zu beachten sind, gehen u. a. aus § 146a AO sowie dem Schreiben „Grundsätze zur ordnungsmäßigen Führung und Aufbewahrung von Büchern, Aufzeichnungen und Unterlagen in elektronischer Form sowie zum Datenzugriff (GoBD)" des Bundesfinanzministeriums vom 14.11.2014 hervor (siehe dort).

Aufgabe 3 > Seite 250

6. Aufbewahrungsfristen

Sowohl nach Handels- als auch nach Steuerrecht müssen Buchführungs- und Aufzeichnungsunterlagen aufbewahrt werden. Die Dauer der Aufbewahrung ist in den §§ 257 HGB und 147 AO gesetzlich geregelt.

Die Aufbewahrungsfristen betragen:

- **zehn Jahre** für
  - Bücher und Aufzeichnungen
  - Inventare
  - Eröffnungsbilanzen
  - Jahresabschlüsse
  - Lageberichte
  - die zum Verständnis der oben genannten Unterlagen erforderlichen Arbeitsanweisungen und sonstigen Organisationsunterlagen
  - Buchungsbelege (Rechnungen, Quittungen, Bankauszüge usw.)

  Bei empfangenen Lieferscheinen, die keine Buchungsbelege sind, endet die Aufbewahrungsfrist mit dem Erhalt der Rechnung, für abgesandte Lieferscheine, die keine Buchungsbelege sind, endet sie mit dem Versand der Rechnung (vgl. § 147 Abs. 3 Sätze 3 und 4 AO).
- **sechs Jahre** für
  - empfangene Geschäftsbriefe (Originale oder bildliche Wiedergaben)
  - Wiedergaben (Kopien, Duplikate oder Dateien) der verschickten Geschäftsbriefe
  - sonstige Unterlagen, soweit sie für die Besteuerung von Bedeutung sind.

Die Aufbewahrungsfrist **beginnt** mit dem **Schluss des Kalenderjahrs** in dem das Schriftgut entstanden ist (vgl. § 257 Abs. 5 HGB; § 147 Abs. 4 AO).

Beispiel

Die Eingangsrechnung mit dem Datum 01.03.2020 ist bis zum 31.12.2030 um 24:00 Uhr aufzubewahren (Beginn der Frist ist am 31.12.2020 um 24:00 Uhr; die Frist läuft 10 Jahre, also bis zum 31.12.2030 um 24:00 Uhr).

Aufgabe 4 > Seite 250

Seit dem 01.01.2002 hat die Finanzverwaltung das Recht auf Datenzugriff, wenn die Unterlagen der Buchführung mithilfe eines Datenverarbeitungssystems, also per EDV, erstellt wurden (vgl. § 147 Abs. 6 AO). Es ist deshalb nicht mehr ausreichend, dass die mithilfe eines Computerprogramms erstellten Daten allein in ausgedruckter Form („auf Papier“) aufbewahrt werden. Vielmehr müssen die ursprünglichen Daten auf Datenträgern archiviert werden, die maschinell verwertbar und von der Finanzverwaltung im Bedarfsfall ausgewertet werden können (vgl. *Fleischmann*, S. 2262).

B. Inventar und Bilanz

1. Inventur

Jeder Kaufmann ist nach § 240 Abs. 1 und 2 HGB verpflichtet, zu Beginn seines Handelsgewerbes und zum Ende jedes Geschäftsjahres eine **Bestandsaufnahme** (Inventur) aller Vermögensgegenstände und Schulden durchzuführen. Diese Verpflichtung gilt auch für Gewerbetreibende und Land- und Forstwirte, die nur nach Steuerrecht buchführungspflichtig sind, weil die Vorschrift des Handelsrechts nach § 141 Abs. 1 Satz 2 AO auch für sie bindend ist. **Buchführungspflichtige sind also auch immer inventurpflichtig** (vgl. *Bornhofen*, S. 25).

Die Inventur ist also der Vorgang, bei dem die Vermögensgegenstände und die Schulden **mengen- und wertmäßig** erfasst werden. Dies geschieht grundsätzlich durch **körperliche** Bestandsaufnahme, also durch Zählen, Wiegen oder Messen. Vermögensgegenstände, die sich nicht durch eine körperliche Bestandsaufnahme erfassen lassen (z. B. Forderungen und Schulden), werden durch eine **buchmäßige** Bestandsaufnahme anhand von Belegen und Aufzeichnungen (**Buchinventur**) erfasst.

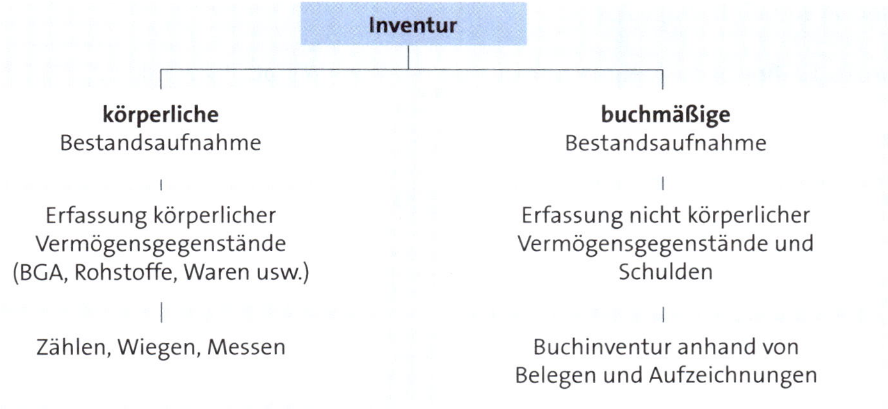

Der Bestand der Vermögensgegenstände darf in bestimmten Fällen, wie z. B. bei Warenbeständen großer Menge oder Anzahl, auch **aufgrund von Stichproben** ermittelt werden (vgl. § 241 Abs. 1 HGB). Bei dieser Vorgehensweise, die als **Stichprobeninventur** bezeichnet wird, muss aber gewährleistet sein, dass anerkannte mathematisch-statistische Methoden angewendet werden und dass der Aussagewert der Ergebnisse dem einer vollständigen körperlichen Bestandsaufnahme gleichkommt.

Wird **keine** Inventur durchgeführt oder enthalten die dazugehörigen Aufzeichnungen erhebliche Mängel, so ist die **Buchführung** als **nicht ordnungsgemäß** anzusehen (vgl. R 5.3 Abs. 4 EStR).

In zeitlicher Hinsicht ist zwischen den folgenden Inventurverfahren zu unterscheiden:

- **Stichtagsinventur**
- **zeitverschobene Inventur**
- **permanente Inventur.**

Die **Stichtagsinventur** wird am Bilanzstichtag selbst – zum Beispiel am 31.12. – oder zeitnah (innerhalb eines Zeitraums von bis zu zehn Tagen vor oder nach diesem Termin) durchgeführt (vgl. *Bilke/Heining/Mann*, S. 27). Bei der Inventur einige Tage vor oder nach dem Bilanzstichtag muss aber sichergestellt sein, dass die Bestandsveränderungen zwischen dem Bilanzstichtag und dem Tag der Bestandsaufnahme **mengen- und wertmäßig** anhand von Belegen oder Aufzeichnungen ordnungsgemäß berücksichtigt werden (vgl. R 5.3 Abs. 1 EStR).

Beispiel

Der Warenbestand der Ware A wird am 22.12. durch körperliche Bestandsaufnahme aufgenommen. Hierbei wird festgestellt, dass 1.156 Einheiten vorhanden sind. Der Wert je Einheit beträgt 2,50 €.

Am 28.12. findet noch ein Wareneinkauf der Ware A statt. Es werden 2.000 Einheiten zum Preis von 2,60 €/Einheit eingekauft. Ein Duplikat des Wareneingangsbelegs wird bei den Inventurunterlagen abgelegt.

Der Warenbestand der Ware A beträgt am 31.12. somit:

Menge		Wert
1.156 Einheiten	· 2,50 €	2.890,00 €
2.000 Einheiten	· 2,60 €	5.200,00 €
3.156 Einheiten		**8.090,00 €**

Die jährliche körperliche Bestandsaufnahme kann aber auch innerhalb der letzten **drei Monate** vor oder der ersten **zwei Monate** nach dem Bilanzstichtag durchgeführt werden (**zeitverschobene Inventur**). Voraussetzung ist aber, dass die ordnungsgemäße Bewertung zum Inventurstichtag durch ein Fortschreibungs- oder Rückrechnungsverfahren sichergestellt ist (vgl. § 241 Abs. 3 HGB; R 5.3 Abs. 2 EStR).

Bei der zeitverschobenen Inventur wird ein **besonderes Verzeichnis** auf den Bilanzstichtag aufgestellt. In dieses Verzeichnis werden nicht mehr die mengenmäßigen Bestände, sondern nur deren Werte, aufgenommen. Die Veränderungen zwischen dem Zeitpunkt der körperlichen Bestandsaufnahme und dem Bilanzstichtag werden **nur wertmäßig durch Wertfortschreibung bzw. -rückrechnung** berücksichtigt (vgl. *Kliewer/Zschenderlein/Schneider*, S. 409).

Bei der zeitlich **vorverlegten** Inventur (z. B. körperliche Bestandsaufnahme am 30.11.) erfolgt die Wert**fortschreibung** auf den Bilanzstichtag (z. B. 31.12.) nach der folgenden Formel:

	Wert des Bestandes zum Aufnahmezeitpunkt
+	Wert des Zugangs vom Aufnahmezeitpunkt bis zum Abschlusszeitpunkt
-	Wert des Abgangs vom Aufnahmezeitpunkt bis zum Abschlusszeitpunkt (zu Einstandspreisen)
=	**Wert des Bestandes zum Abschlusszeitpunkt (Bilanzstichtag)**

Bei der zeitlich **nachverlegten** Inventur (z. B. körperliche Bestandsaufnahme am 02.02.) erfolgt die Wert**rückrechnung** nach der folgenden Formel:

	Wert des Bestandes zum Aufnahmezeitpunkt
-	Wert des Zugangs vom Abschlussstichtag bis zum Aufnahmezeitpunkt
+	Wert des Abgangs vom Abschlussstichtag bis zum Aufnahmezeitpunkt (zu Einstandspreisen)
=	**Wert des Bestandes zum Abschlusszeitpunkt (Bilanzstichtag)**

Aufgabe 5 > Seite 251

Bei der nach § 241 Abs. 2 HGB zulässigen **permanenten Inventur** können die Bestände des Abschlussstichtags **anhand von Lagerbüchern (Lagerkarteien)** festgestellt werden, ohne dass zu diesem Zeitpunkt eine körperliche Bestandsaufnahme stattfindet. Es muss dann aber sichergestellt sein, dass die Feststellung der Bestände nach Art, Menge und Wert auch ohne die körperliche Bestandsaufnahme am Abschlussstichtag realistisch möglich ist.

Für die **Zulässigkeit** der permanenten Inventur müssen bestimmte **Voraussetzungen** erfüllt sein. Beispielsweise muss für jeden Bestand des Vorratsvermögens **mindestens einmal je Wirtschaftsjahr** durch **körperliche Bestandsaufnahme** geprüft werden, ob der in den Lagerbüchern oder -karteien ausgewiesene Bestand mit dem tatsächlichen Bestand übereinstimmt. Zu den einzelnen Voraussetzungen siehe H 5.3 (Permanente Inventur) EStH 2019.

2. Inventar

Die durch Inventur ermittelten Vermögensgegenstände und Schulden werden in einem Verzeichnis, dem Inventar, dargestellt. Das Inventar ist somit das **Verzeichnis aller betrieblichen Vermögensgegenstände und Schulden nach Art, Menge und Wert zu einem bestimmten Stichtag**.

Das **besondere** Inventar der **zeitlich verlegten** Inventur enthält die Vermögensgegenstände und Schulden nur nach Art und Wert.

Die Werte der Vermögensgegenstände und der Schulden sind jeweils zu addieren (Summe des Vermögens und Summe der Schulden). Die Differenz zwischen der Summe des Vermögens und der Summe der Schulden wird als **Reinvermögen (Eigenkapital)** bezeichnet.

	Vermögen
-	Schulden
=	**Reinvermögen (Eigenkapital)**

Ist die Summe der Schulden größer als die Summe des Vermögens, so liegt eine buchmäßige Überschuldung vor.

Für das Inventar gibt es **keine gesetzlichen Gliederungsvorschriften**. Es ist jedoch üblich, das Inventar in der auf Seite 36 dargestellten Form – also staffelförmig – aufzubauen und übersichtlich zu untergliedern.

Das Vermögen ist dabei sinnvollerweise in **Anlagevermögen** und **Umlaufvermögen** zu untergliedern.

Zum **Anlagevermögen** gehören diejenigen Vermögensgegenstände, die dazu bestimmt sind, dem Geschäftsbetrieb **dauernd** (länger als ein Jahr) zu dienen. Die folgenden betrieblichen Gegenstände gehören beispielsweise im Normalfall zum Anlagevermögen:

- Grundstück
- Maschine
- Lkw
- Pkw
- Schreibtisch
- Computer.

Sollen die Gegenstände hingegen nur **kurzfristig (vorübergehend)** dem Geschäftsbetrieb dienen, so gehören sie zum **Umlaufvermögen**. Typischerweise gehören hierzu beispielsweise

- Rohstoffe
- Waren
- Forderungen aus Lieferungen und Leistungen
- Bankguthaben und Kassenbestände.

Ausschlaggebend für die Zuordnung zum Anlage- oder Umlaufvermögen ist die **Zweckbestimmung** der Gegenstände und nicht deren tatsächliche Verweildauer im Unternehmen. So gehören beispielsweise die Maschinen eines Produktionsunternehmens zum Anlagevermögen, hingegen die zum Verkauf bestimmten Maschinen eines Maschinenhändlers zum Umlaufvermögen (auch dann, wenn sie länger als ein Jahr im Lager liegen).

Die **Schulden** werden üblicherweise nach ihrer Fälligkeit in langfristige und kurzfristige Schulden unterteilt (vgl. *Bornhofen*, S. 28; *Sorg*, S. 23 f.), obwohl diese Unterteilung vom Gesetzgeber nicht gefordert wird (vgl. *Korth*, S. 314).

Für Kapitalgesellschaften (z. B. GmbH, AG) gelten gem. § 268 Abs. 5 und § 285 Nr. 1 HGB Vermerkpflichten zu den Restlaufzeiten der Verbindlichkeiten. Diese werden üblicherweise im Anhang in einem so genannten **„Verbindlichkeitenspiegel"** angegeben (vgl. *Korth*, S. 314 f.).

Langfristige Schulden haben eine Laufzeit von **mehr als 90 Tagen**. Hierzu gehören insbesondere Schulden gegenüber Kreditinstituten (Darlehen).

Kurzfristige Schulden, also solche Verbindlichkeiten, die i. d. R. **innerhalb von 90 Tagen** fällig werden, sind z. B. Lieferantenverbindlichkeiten oder Steuerschulden.

Der Aufbau eines Inventars sei an dem folgenden Beispiel vereinfacht und verkürzt dargestellt:

Inventar des Sportgeschäfts „Meddys Laufladen e. K.“ für den 31. Dezember 20..			
I.	**Vermögen**	Euro	Euro
1.	**Anlagevermögen**		
1.1	**Grundstücke und Bauten**		
	Grundstück Markenbildchenweg 21	100.000	
	Gebäude Markenbildchenweg 21	600.000	700.000
1.2	**Betriebs- und Geschäftsausstattung**		
	1 Pkw VW Sharan KO-ML 123	18.000	
	30 Warenregale zu je 250 €	7.500	
	1 Verkaufstheke	4.400	
	1 Kasse	900	
	1 Computer	1.200	
	1 Büroschrankwand	3.350	
	1 Schreibtisch	440	
	2 Bürostühle	344	36.134
2.	**Umlaufvermögen**		
2.1	**Waren**		
	Laufschuhe gemäß Anlage 1 (Einzelauflistung)	25.155	
	Laufkleidung gemäß Anlage 2 (Einzelauflistung)	13.122	
	sonstige Waren gemäß Anlage 3 (Einzelauflistung)	4.333	42.610
2.2	**Forderungen**		
	Forderungen gegenüber Kunden gemäß Anlage 4 (Einzelauflistung)		2.135
2.3	**Bankguthaben und Kassenbestand**		
	Sparkasse Koblenz	426	
	Postbank Ludwigshafen	1.112	
	Kassenbestand	371	1.909
Summe des Vermögens			782.788
II.	**Schulden**		
1.	**Langfristige Schulden**		
	Hypothek Sparkasse Koblenz	323.450	
	Darlehen Volksbank Mittelrhein eG	225.540	548.990
2.	**Kurzfristige Schulden**		
	Dispositionskredit Volksbank Mittelrhein eG	5.628	
	Lieferantenverbindlichkeiten gemäß Anlage 5 (Einzelauflistung)	26.144	
	sonstige Verbindlichkeiten gemäß Anlage 6 (Einzelauflistung)	3.897	35.669
Summe der Schulden			584.659
III.	**Ermittlung des Reinvermögens**		
	Summe des Vermögens		782.788
-	Summe der Schulden		584.659
=	**Reinvermögen (Eigenkapital)**		198.129
	Koblenz, 01.01.20..		

Es ist nicht erforderlich, dass der Kaufmann das Inventar unterzeichnet (vgl. *Bornhofen*, S. 28).

ACHTUNG

Zu beachten ist die Ansicht der Finanzverwaltung, dass die Buchführung insgesamt als nicht ordnungsgemäß anzusehen ist, wenn kein Inventar aufgestellt wird oder wenn das Inventar hinsichtlich der Form oder des Inhalts wesentliche Mängel aufweist (vgl. R 5.3 Abs. 4 EStR).

Aufgabe 6 > Seite 252

3. Bilanz

3.1 Inhalt und Form

Jeder buchführungspflichtige Gewerbetreibende und Land- und Forstwirt ist verpflichtet, zu Beginn seines Handelsgewerbes und für den Schluss eines jeden Geschäftsjahres eine **Bilanz** aufzustellen (vgl. §§ 242 Abs. 1 HGB, 141 Abs. 1 Satz 2 AO).

Die Bilanz ist eine kurz gefasste **wertmäßige Gegenüberstellung des Vermögens** einerseits **und des Kapitals** andererseits. In ihr werden die Daten des Inventars in zusammengefasster Form dargestellt. Summenmäßig müssen die Werte der Bilanz mit denen des Inventars übereinstimmen.

In der Bilanz wird das Vermögen als **Aktiva** und das Kapital als **Passiva** bezeichnet. Das **Kapital** setzt sich aus dem **Eigenkapital** und dem **Fremdkapital** (Schulden, Verbindlichkeiten) zusammen.

In stark verkürzter und vereinfachter Form hat die Bilanz die folgende Struktur:

AKTIVA	**Bilanz zum 31.12.20..** **PASSIVA**
Anlagevermögen	**Eigenkapital**
Umlaufvermögen	**Verbindlichkeiten** (Fremdkapital)

Die **rechte** Seite der Bilanz (Passiva bzw. Passivseite) stellt die **Mittelherkunft** dar. Aus ihr ist ersichtlich,

- wie viel Kapital die Eigentümer aus **eigenen Mitteln** zur Finanzierung des Betriebs aufgebracht haben (**Eigenkapital**) und
- wie viel Kapital dem Betrieb von **fremden Kapitalgebern** (z. B. von Kreditinstituten oder Lieferanten) zur Verfügung gestellt wurde (**Fremdkapital**).

Die **linke** Seite der Bilanz (Aktiva bzw. Aktivseite) stellt die **Mittelverwendung** dar. Sie zeigt, in welche Vermögensformen das Eigen- und Fremdkapital investiert wurde. Auf der linken Seite stehen also – bis auf wenige Ausnahmen – **konkret vorhande Vermögensgüter**, während auf der rechten Seite die **Eigentumsverhältnisse als Kapitalangabe** abgebildet werden.

Für Bilanzen gilt, dass die Summe der Aktiva gleich groß der Summe der Passiva sein muss. Hieraus lassen sich die folgenden Gleichungen ableiten:

Aktiva	=	Passiva
Vermögen	=	Eigenkapital + Fremdkapital
Eigenkapital	=	Vermögen - Fremdkapital

Das **Eigenkapital** ist somit die **rechnerische Differenz zwischen dem Vermögen und dem Fremdkapital**, also streng genommen eine Rechengröße, die durch unterschiedliche Bewertung des Vermögens und des Fremdkapitals entsprechend unterschiedlich ausfallen kann.

Aus dem Inventar, das auf S. 36 abgebildet ist, lässt sich die folgende Bilanz ableiten:

AKTIVA		**Bilanz zum 31.12.20..**	**PASSIVA**
	Euro		Euro
I. Anlagevermögen		**I. Eigenkapital**	198.129
1. Grundstücke und Bauten	700.000		
2. Betriebs- und Geschäftsausstattung	36.134	**II. Verbindlichkeiten**	
		1. Verbindlichkeiten gegenüber Kreditinstituten	554.618
II. Umlaufvermögen			
1. Waren	42.610	2. Verbindlichkeiten aus Lieferungen und Leistungen	26.144
2. Forderungen aus Lieferungen und Leistungen	2.135	3. sonstige Verbindlichkeiten	3.897
3. Bankguthaben und Kassenbestand	1.909		
	782.788		782.788

Inventar und Bilanz unterscheiden sich also sowohl im Umfang als auch in der Form. Im **Inventar** oder den dazugehörigen Anlagen sind die Vermögensgegenstände mit ihrer Bezeichnung und ihrem Wert einzeln aufgelistet. In der **Bilanz** sind gleichartige Vermögensgegenstände und Schulden **gebündelt** und **nur wertmäßig** ausgewiesen (keine Mengenangaben). Dadurch ist die Bilanz **übersichtlicher**, aber eben nicht so detailliert.

Im Gegensatz zum Inventar muss der Jahresabschluss (Bilanz und Gewinn- und Verlustrechnung) unter Angabe des Datums vom Kaufmann unterzeichnet werden (vgl. § 245 HGB).

3.2 Gliederung

Ein **allgemeiner Hinweis** zur Gliederung der Bilanz geht aus **§ 247 Abs. 1 HGB** hervor. Danach sind

- das Anlagevermögen
- das Umlaufvermögen
- das Eigenkapital
- die Schulden sowie
- die Rechnungsabgrenzungsposten

gesondert auszuweisen und **hinreichend aufzugliedern**.

Für Gewerbetreibende und Land- und Forstwirte, die **keine Kapitalgesellschaft** sind (also Einzelunternehmung oder Personengesellschaft) enthält das Gesetz **keine weitergehende Regelung zum Bilanzaufbau**. Für diesen Personenkreis herrscht im Rahmen der Grundsätze ordnungsmäßiger Buchführung und Bilanzierung somit **weitgehende Gestaltungsfreiheit** bei der Gliederung der Bilanz.

Beim gesonderten Ausweis und der Gliederung ist allerdings von **allen** Kaufleuten der **Grundsatz der Klarheit und Übersichtlichkeit** zu beachten (vgl. § 243 Abs. 2 HGB).

Für **Kapitalgesellschaften** (z. B. GmbH und AG) enthält das HGB eine **strenge Vorgabe zur Gliederung der Bilanz** in **§ 266** (siehe dort). Die Anordnung und genaue Untergliederung der einzelnen Positionen ist genau vorgegeben. Nur in bestimmten Ausnahmefällen (z. B. größenabhängige Erleichterungen für kleine Kapitalgesellschaften) erlaubt das HGB ein Abweichen von der gesetzlichen Gliederungsvorgabe (siehe z. B. § 274a HGB).

Kapitalgesellschaften und Personengesellschaften mit Haftungsbeschränkung haben die Bilanz in **Kontoform** aufzustellen (vgl. § 266 Abs. 1 Satz 1 HGB). Einzelunternehmen und Personenhandelsgesellschaften wählen im Normalfall ebenfalls diese Darstellungsform, obwohl es für sie keine Rechtsvorschrift gibt, die ihnen die Form der Darstellung vorschreibt (vgl. *Bolin/Stephani/Wyrwa/Grefe*, S. 71). Lediglich sehr große „Nichtkapitalgesellschaften", die dem Publizitätsgesetz unterliegen, müssen sich in dieser Hinsicht an die Vorschriften für Kapitalgesellschaften halten (vgl. § 5 Abs. 1 PublG).

Es ist allgemein üblich, dass sich Einzelunternehmen und Personengesellschaften bei der Gliederung der Bilanz an den Vorschriften für kleine Kapitalgesellschaften orientieren. Eine hieraus abgeleitete Gliederung könnte beispielsweise die folgende Gestalt haben:

AKTIVA	**Bilanz zum ...** **PASSIVA**
A. Anlagevermögen I. Immaterielle Vermögensgegenstände II. Sachanlagen 1. Grundstücke und Bauten 2. technische Anlagen und Maschinen 3. andere Anlagen, Betriebs- und Geschäftsausstattung III. Finanzanlagen **B. Umlaufvermögen** I. Vorräte 1. Roh-, Hilfs- und Betriebsstoffe 2. unfertige Erzeugnisse, Fertigerzeugnisse 3. Waren II. Forderungen und sonstige Vermögensgegenstände 1. Forderungen aus Lieferungen und Leistungen 2. sonstige Vermögensgegenstände III. Wertpapiere IV. Kassenbestand, Guthaben bei Kreditinstituten und Schecks **C. Rechnungsabgrenzungsposten**	**A. Eigenkapital** **B. Rückstellungen** 1. Rückstellungen für Pensionen 2. Steuerrückstellungen 3. sonstige Rückstellungen **C. Verbindlichkeiten** 1. Verbindlichkeiten gegenüber Kreditinstituten 2. Verbindlichkeiten aus Lieferungen und Leistungen 3. sonstige Verbindlichkeiten **D. Rechnungsabgrenzungsposten**

- Die **Aktivseite** der Bilanz ist nach **Flüssigkeit (Liquidität)** der Mittel gegliedert (**Liquiditätsgliederungsprinzip**).

  Dies bedeutet, dass Vermögensgegenstände, welche die geringste „Geldnähe" haben, d. h. bei denen es im Vergleich zu den anderen Vermögensgenständen am längsten dauert, bis sie für den Betrieb „wieder zu Geld werden", stehen auf der Aktivseite oben.

  Vermögensgegenstände mit starker „Geldnähe" (z. B. Forderungen oder Schecks) stehen auf der Aktivseite unten.

- Die **Passivseite** ist grundsätzlich nach der **Fälligkeit des Kapitals (Fälligkeitsprinzip)** gegliedert.

  Kapital, welches dem Betrieb sehr langfristig – im Extremfall unendlich – zur Verfügung steht (z. B. das Eigenkapital), steht auf der Passivseite oben.

  Kapital, welches dem Betrieb für einen kürzeren Zeitraum zur Verfügung steht (z. B. ein Darlehen eines Kreditinstituts oder ein Lieferantenkredit) stehen auf der Passivseite weiter unten.

Aufgabe 7 > Seite 252

C. Systematik der Finanzbuchführung

1. Bilanzveränderungen

Eine Bilanz wird für einen bestimmten Zeitpunkt aufgestellt (z. B. 31.12. um 24:00 Uhr). Unmittelbar nach diesem Zeitpunkt ändern sich normalerweise die Bestände des Vermögens und der Schulden durch Geschäftsvorfälle.

Beispiel

Die Bilanz des buchführungspflichtigen Steuerpflichtigen Christian Kimmel weist folgende Bestände auf (hier verkürzt):

AKTIVA	**Bilanz zum 31.12.20..**		**PASSIVA**
	Euro		Euro
A. Anlagevermögen		**A. Eigenkapital**	90.000
I. Sachanlagen	84.000		
		B. Verbindlichkeiten	
B. Umlaufvermögen		I. Verbindlichkeiten gegenüber Kreditinstituten	130.000
I. Vorräte	26.000		
II. Kassenbestand und Guthaben bei Kreditinstituten	110.000		
	220.000		220.000

Am 02.01. kauft Herr Kimmel für sein Unternehmen ein Grundstück für 100.000 € gegen Bankscheck.

Das **Anlagevermögen erhöht** sich um 100.000 € (die Position Grundstücke und Bauten kommt neu hinzu). Gleichzeitig **vermindert** sich das **Umlaufvermögen** (Position Kassenbestand und Guthaben bei Kreditinstituten) um 100.000 €.

Würde unmittelbar nach diesem Geschäftsvorfall eine neue Bilanz aufgestellt, so hätte sie die folgende Gestalt:

AKTIVA	Bilanz zum 31.12.20..		PASSIVA
	Euro		Euro
A. Anlagevermögen		**A. Eigenkapital**	90.000
I. Grundstücke und Bauten	100.000		
II. Sachanlagen	84.000	**B. Verbindlichkeiten**	
		I. Verbindlichkeiten gegenüber Kreditinstituten	130.000
B. Umlaufvermögen			
I. Vorräte	26.000		
II. Kassenbestand und Guthaben bei Kreditinstituten	10.000		
	220.000		220.000

Die **summenmäßige Übereinstimmung von Aktiva und Passiva** – das so genannte **Bilanzgleichgewicht** – bleibt auch nach den Bilanzveränderungen erhalten (die Summe der Aktiva muss immer gleich groß der Summe der Passiva sein).

Jede Änderung eines Bestandes wird also durch die Änderung eines anderen Bestandes ausgeglichen.

Die folgenden vier Arten der Bestandsveränderungen sind zu unterscheiden:

- **Aktiv-Tausch:**
  Erhöhung einer Aktiva-Position bei gleichzeitiger Verminderung einer anderen Aktiva-Position (z. B. Kauf von Waren gegen Barzahlung: Erhöhung Vorräte und Verminderung Kassenbestand).
- **Passiv-Tausch:**
  Erhöhung einer Passiva-Position bei gleichzeitiger Verminderung einer anderen Passiva-Position (z. B. Bezahlung von Verbindlichkeiten gegenüber Lieferanten durch Aufnahme eines Bankkredits: Erhöhung Verbindlichkeiten gegenüber Kreditinstituten und Verminderung Verbindlichkeiten gegenüber Lieferanten).
- **Aktiv-Passiv-Mehrung:**
  Erhöhung einer Aktiva-Position bei gleichzeitiger Erhöhung einer Passiva-Position (z. B. Kauf eines Pkw gegen Kredit: Erhöhung Sachanlagen und Erhöhung Verbindlichkeiten).
- **Aktiv-Passiv-Minderung:**
  Verminderung einer Aktiva-Position bei gleichzeitiger Verminderung einer Passiva-Position (z. B. Bezahlung einer Lieferantenrechnung durch Barzahlung: Verminderung Verbindlichkeiten gegenüber Lieferanten und Verminderung Kassenbestand).

Aufgabe 8 > Seite 252

2. Erfassung der Bestandsveränderungen

2.1 Bestandskonten

2.1.1 Bildung von Bestandskonten

Im vorangegangenen Kapitel wurde dargestellt, dass die auftretenden Geschäftsvorfälle zur Veränderung der Bestände in der Bilanz führen. Die Bilanz müsste also nach jedem Geschäftsvorfall geändert werden, um das betriebliche Geschehen im Zeitablauf abbilden zu können. Die Buchführungspflicht nach §§ 238 HGB und 140 bzw. 141 AO beinhaltet nämlich nicht nur die Darstellung des Vermögens und der Schulden zu einem bestimmten Zeitpunkt, sondern auch deren Veränderungen im Zeitablauf sowie die Führung von Büchern, in denen die Geschäftsvorfälle als solche erkennbar sind (vgl. *Bussiek/Ehrmann*, S. 46 f.).

Die Aufstellung ständig neuer Bilanzen innerhalb eines Wirtschaftsjahres ist praktisch nicht realisierbar und vom Gesetzgeber auch nicht gewollt. Aus diesem Grund wurde ein Aufzeichnungssystem entwickelt, welches die Möglichkeit eröffnet, die Geschäftsvorfälle festzuhalten und zum Ende des Wirtschaftsjahres zum Jahresabschluss zusammenzuführen.

Hierzu wurden die **Konten** entwickelt. Sie sind **Einzelabrechnungen der Bilanzposten**.

Bestandskonten sind im Prinzip „kleine Bilanzen" einzelner Bilanzposten. Zur besseren Veranschaulichung werden die Konten deshalb in der manuellen Buchführung in der Form der Bilanz dargestellt. Sie haben die Form eines großen **T** und werden deshalb als **„T-Konten"** bezeichnet.

Beispiel

Die Bilanz des Unternehmers Marcel Pohl enthält zum 31.12.2019 die Bilanzposition Grund und Boden mit einem Wert von 100.000 €. Im Laufe des Jahres 2020 kauft er für sein Unternehmen ein weiteres Grundstück für 100.000 €.

Auf dem Konto „Grund und Boden" stellt sich diese Entwicklung im Jahr 2020 wie folgt dar:

S	Konto Grund und Boden		H
Anfangsbestand (AB)	100.000,00	Schlussbestand	200.000,00
Zugang	100.000,00		
	200.000,00		200.000,00

Die Konten haben wie die Bilanz, aus der sie abgeleitet sind, zwei Seiten.

MERKE

Die **linke** Seite heißt **Soll (S)**, die **rechte** Seite heißt **Haben (H)**.

Diese Begriffe haben nicht die Bedeutung, die sie in unserem Sprachgebrauch einnehmen. Ein Betrag im Haben eines Kontos bedeutet also **nicht**, dass der Unternehmer diesen Betrag „hat". Soll und Haben sind in der Buchführung lediglich **Bezeichnungen für die Seiten der Konten** (sie könnten also auch „rot" und „grün" oder anders heißen).

Die Seitenbezeichnungen **Soll** und **Haben** entstammen dem Abrechnungsverkehr mit den Schuldnern und Gläubigern in den frühen Jahren der Buchführung. Heute lassen sie sich nur noch bei Kunden- und Lieferantenkonten erklären. Der Kunde „soll" zahlen. Deshalb wird die Forderung an ihn im Soll auf dem Konto „Forderungen a LuL" gebucht. Die Lieferanten „haben" gut bzw. wir „haben" zu bezahlen. Deshalb wird die Verbindlichkeit, die wir gegenüber einem Lieferanten haben, im Haben auf dem Konto „Verbindlichkeiten a LuL" gebucht (vgl. *Falterbaum/Bolk/Reiß/Kirchner*, S. 111).

Dieser Sinn für die Bezeichnung der Kontenseiten kann aber auf die anderen Konten nicht übertragen werden!

MERKE

Konten, welche die Bestände der Bilanz aufnehmen, heißen **Bestandskonten**. Sie werden unterteilt in

- **Aktivkonten**, welche die Bestände der **Aktivseite** der Bilanz aufnehmen und
- **Passivkonten**, welche die Bestände der **Passivseite** der Bilanz aufnehmen.

Für jeden Posten der Bilanz wird mindestens ein Konto geführt. Die **Anfangsbestände** sind **auf den Konten auf der gleichen Seite wie in der Bilanz** aufzuzeichnen. Bei den **Aktivkonten** steht der Anfangsbestand (AB) also im **Soll** („links") und bei den **Passivkonten** steht dieser im **Haben** („rechts").

Beispiel

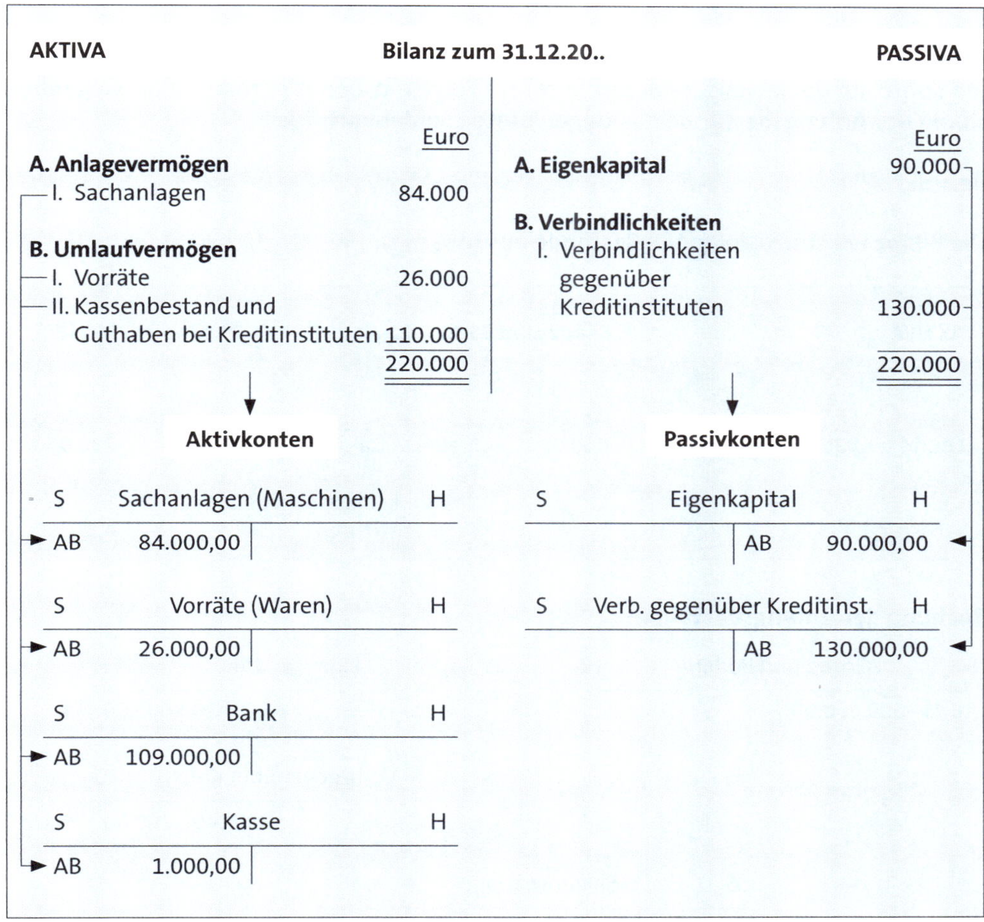

2.1.2 Buchen auf Bestandskonten

Geschäftsvorfälle verändern die Bestände auf den Bestandskonten. Diese Veränderungen müssen auf den Konten dokumentiert (gebucht) werden.

Für die **Aufzeichnung der Geschäftsvorfälle auf den Konten** gelten die folgenden Regeln, die ausnahmslos einzuhalten sind:

- Jeder Geschäftsvorfall betrifft **mindestens zwei** Konten.
- Auf einem Konto wird im **Soll**, auf dem zweiten Konto wird im **Haben** gebucht.
- Die **Summe der Sollbuchungen** muss betragsmäßig gleich groß der **Summe der Habenbuchungen** sein.

Zu Beginn einer konkreten Buchführung sind alle Bestände der **Eröffnungsbilanz** auf den Konten als **Anfangsbestände** zu erfassen (zu buchen).

Weil jede Buchung auf einem Konto eine so genannte **Gegenbuchung** auf einem anderen Konto auf der jeweils „anderen Seite" zur Folge hat, benötigt man für die **Gegenbuchung** der **Anfangsbestände** das **Gegenkonto „Saldenvorträge"**.

Beispiel

Die Bilanz weist u. a. folgende Bestände aus (Auszug):

AKTIVA	**Bilanz zum 31.12.20..**		**PASSIVA**
	Euro		Euro
Grund und Boden	600.000	Eigenkapital	200.000
		Verbindlichkeiten gegenüber Kreditinstituten	400.000

Buchung der Anfangsbestände:

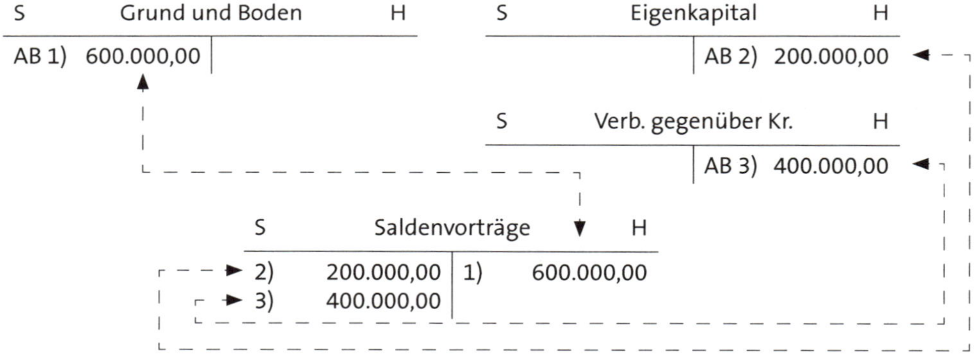

Aufgabe 9 > Seite 253

Die weiteren Buchungsregeln hängen davon ab, um welche Kontenart es sich handelt.

MERKE

Für **Aktivkonten**, die aus den Aktiva abgeleitet sind, gelten die folgenden Buchungsregeln:

- Der **Anfangsbestand** wird im **Soll** (d. h. auf der Sollseite) erfasst.
- **Mehrungen**, also Zugänge zu dem Anfangsbestand, werden auch im **Soll** gebucht.
- **Minderungen**, also Abgänge, werden im **Haben** gebucht.
- Der **Schlussbestand** (Saldo) wird im **Haben** gebucht.

S	Aktivkonto	H
Anfangsbestand (AB) Zugänge (Mehrungen)		Abgänge (Minderungen) Schlussbestand (SB)

Beispiel

Das Konto „Grund und Boden" hat einen Anfangsbestand von 600.000 € (drei Grundstücke). Im Laufe des Geschäftsjahres wird ein weiteres Grundstück für 200.000 € hinzugekauft. Einige Zeit später wird ein Grundstück verkauft. Der Wert des Abgangs beträgt 100.000 €.

Die Entwicklung des Kontos „Grund und Boden" stellt sich nun wie folgt dar:

S	Grund und Boden		H
❶ AB	600.000,00	Abgang	100.000,00 ❸
❷ Zugang	200.000,00	Schlussbestand	700.000,00 ❹
	800.000,00		800.000,00

MERKE

Für **Passivkonten**, die aus den Passiva abgeleitet sind, gelten die folgenden Buchungsregeln:

- Der **Anfangsbestand** wird im **Haben** (d. h. auf der Habenseite) gebucht.
- **Mehrungen**, also Zugänge zu dem Anfangsbestand, werden auch im **Haben** gebucht.
- **Minderungen**, also Abgänge, werden im **Soll** gebucht.
- Der **Schlussbestand** (Saldo) wird im **Soll** gebucht.

S	Passivkonto	H
Abgänge (Minderungen) Schlussbestand (SB)	Anfangsbestand (AB) Zugänge (Mehrungen)	

Beispiel

Das Konto „Verbindlichkeiten gegenüber Kreditinstituten“ hat einen Anfangsbestand von 100.000 €. Im Laufe des Geschäftsjahres wird ein weiterer Kredit in Höhe von 20.000 € aufgenommen. Außerdem erfolgt eine Tilgung (Rückzahlung) in Höhe von 50.000 €.

Die Entwicklung des Kontos „Verbindlichkeiten gegenüber Kreditinstituten“ stellt sich nun wie folgt dar:

S	Vebindlichkeiten gegenüber Kreditinstituten		H
❸ Abgang	50.000,00	AB	100.000,00 ❶
❹ Schlussbestand (SB)	70.000,00	Zugang	20.000,00 ❷
	120.000,00		120.000,00

Aufgabe 10 > Seite 253

2.1.3 Abschluss der Bestandskonten

Zum Ende jedes Abrechnungszeitraums (z. B. 31.12.20..) werden alle Konten abgeschlossen. Dies geschieht dadurch, dass die Buchungen auf den Konten zunächst betragsmäßig addiert werden. Anschließend wird die Summe der Sollseite jedes Kontos mit der Summe der Habenseite dieses Kontos saldiert (verrechnet): Die kleinere Summe wird von der größeren Summe abgezogen; das Ergebnis ist dann der Saldo, der den Schlussbestand (SB) dieses Kontos bildet.

Beispiele

Beispiel 1
Kassenkonto mit Anfangsbestand und drei laufenden Buchungen

S	Kasse		H
AB	500,00	2)	580,00
1)	400,00	3)	110,00

Der Schlussbestand wird bei diesem Konto wie folgt ermittelt (siehe auch nachfolgende Abbildung):

❶ Bildung der Summen (betragsmäßige Summe der Sollseite und betragsmäßige Summe der Habenseite)

❷ Notierung der größeren Summe (hier: Summe der Sollseite) als Summe des Kontos auf beiden Seiten (Summe der Sollseite = Summe der Habenseite)

❸ Subtraktion der Summe der Habenbuchungen (ohne Schlussbestand) von der Summe der Sollbuchungen; die Differenz ist dann der Schlussbestand

❹ Buchung (Eintragung) des Schlussbestandes auf der summenmäßig noch nicht ausgeglichenen Seite (hier die Habenseite).

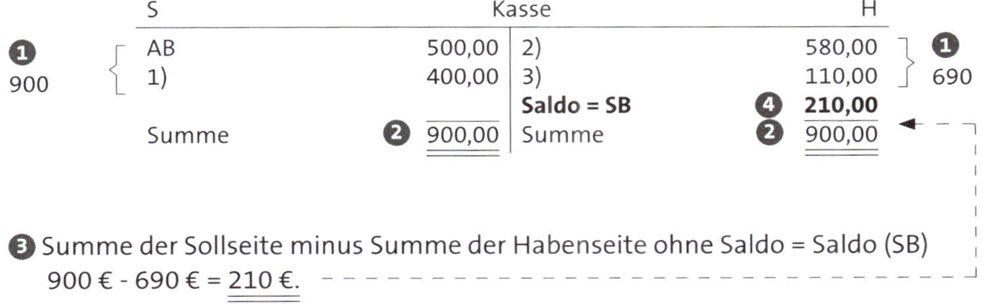

	S	Kasse		H	
❶ 900	AB	500,00	2)	580,00	❶ 690
	1)	400,00	3)	110,00	
			Saldo = SB	❹ **210,00**	
	Summe	❷ 900,00	Summe	❷ 900,00	

❸ Summe der Sollseite minus Summe der Habenseite ohne Saldo = Saldo (SB)
900 € - 690 € = 210 €.

Beispiel 2
Konto Verbindlichkeiten a LuL mit Anfangsbestand und fünf laufenden Buchungen

S		Verbindlichkeiten a LuL	H
2)	30.000,00	AB	30.000,00
3)	5.000,00	1)	5.000,00
		4)	25.000,00
		5)	11.000,00

Der Schlussbestand wird bei diesem Konto wie folgt ermittelt:

❶ Bildung der Summen (betragsmäßige Summe der Sollseite und betragsmäßige Summe der Habenseite)

❷ Notierung der größeren Summe (hier: Summe der Habenseite) als Summe des Kontos auf beiden Seiten (Summe der Sollseite = Summe der Habenseite)

❸ Subtraktion der Summe der Sollbuchungen (ohne Schlussbestand) von der Summe der Habenbuchungen; die Differenz ist dann der Schlussbestand

❹ Buchung (Eintragung) des Schlussbestandes auf der summenmäßig noch nicht ausgeglichenen Seite (hier die Sollseite).

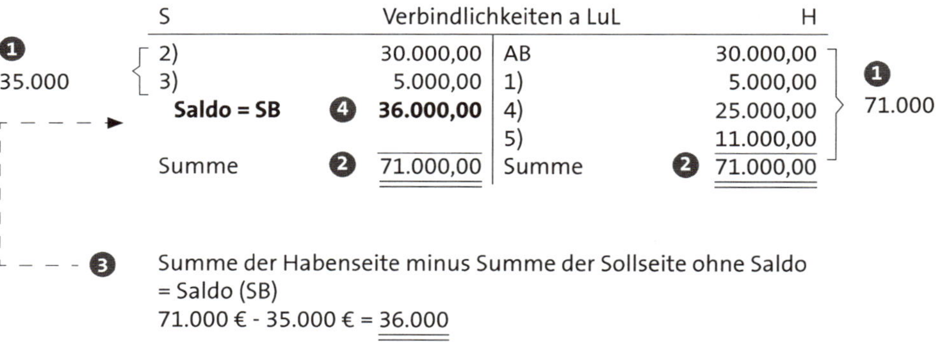

S		Verbindlichkeiten a LuL	H
2)	30.000,00	AB	30.000,00
3)	5.000,00	1)	5.000,00
Saldo = SB ❹	**36.000,00**	4)	25.000,00
		5)	11.000,00
Summe ❷	71.000,00	Summe ❷	71.000,00

❶ 35.000 (Sollseite) ❶ 71.000 (Habenseite)

❸ Summe der Habenseite minus Summe der Sollseite ohne Saldo = Saldo (SB)
71.000 € - 35.000 € = 36.000

Die Eintragung einer Zahl auf einem Konto ist eine Buchung. Somit ist die Eintragung des Schlussbestandes (SB) ebenfalls eine Buchung, die eine Gegenbuchung auf einem anderen Konto erfordert (**keine Buchung ohne Gegenbuchung!**).

Die Gegenbuchung der Schlussbestände der Bestandskonten erfolgt auf dem **„Schlussbilanzkonto"**. Für die zuvor dargestellten Konten „Kasse" und „Verbindlichkeiten a LuL" stellt sich der Abschluss der Konten somit wie folgt dar:

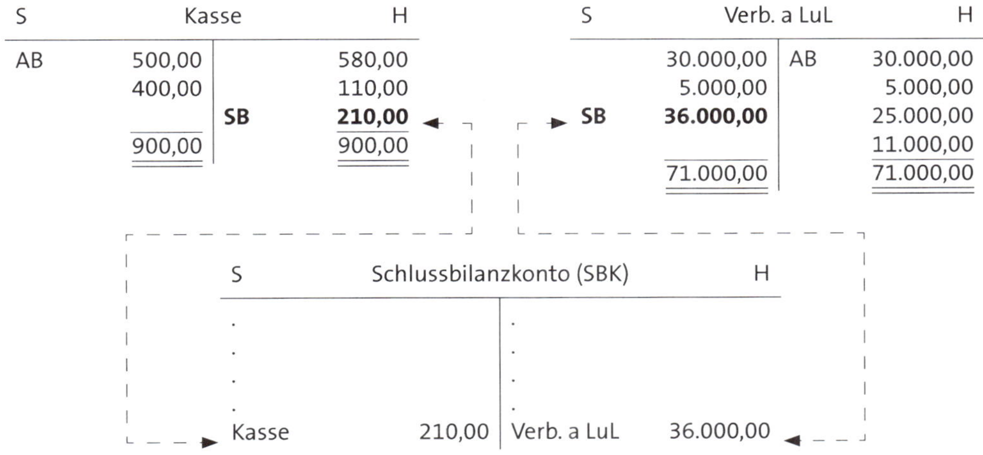

Das Schlussbilanzkonto ist ein **Abschlusskonto**. Es hat die Aufgabe, alle **Schlussbestände der Bestandskonten zusammenfassen**.

Aus dem fertiggestellten **Schlussbilanzkonto** wird die **Bilanz entwickelt**. Hierbei werden in der Regel einzelne Bestände des Schlussbilanzkontos zu Bilanzposten zusammengefasst. Beispielsweise werden Guthaben auf Girokonten und Kassenbestände gemeinsam in dem Bilanzposten „Kassenbestand, Guthaben bei Kreditinstituten und Schecks" ausgewiesen. Wertmäßig muss das Schlussbilanzkonto aber mit der Bilanz übereinstimmen.

Aufgabe 11 > Seite 253

2.2 Buchungssatz

Wie wir bereits feststellen konnten, betrifft jeder Geschäftsvorfall in einer doppelten Buchführung mindestens **zwei** Konten und wird daher zweimal erfasst: zuerst auf der Sollseite eines bestimmten Kontos und dann auf der Habenseite eines bestimmten zweiten Kontos. Diese zweite Buchung wird in der praktischen Buchführung auch als **„Gegenbuchung"** bezeichnet.

Die Buchung eines Geschäftsvorfalls (Soll- und Habenbuchung) kann auch in Sprachform ausgedrückt werden. Die sprachlich ausgedrückte Vorgehensweise bei den Buchungen wird als **„Buchungssatz"** bezeichnet. Dieser gibt an, auf welchem Konto im **Soll**, auf welchem Konto im **Haben** und mit welchem **Betrag** zu buchen ist.

Zuerst wird das Konto, auf dem im **Soll** und **danach** das Konto, auf dem im **Haben** gebucht wird, genannt. Beide Konten sind mit dem Wort „an" zu verknüpfen. Zusätzlich ist der zu erfassende Betrag anzugeben (vgl. *Sorg*, S. 40).

Beispiel

Geschäftsvorfall: Barabhebung vom Bankkonto in Höhe von 200 € und Einzahlung in die Kasse.

Buchungssatz: „Kasse an Bank 200 €“

Buchung:

S	Kasse	H
200,00		

S	Bank	H
		200,00

In der praktischen Buchführung mit Computerprogrammen werden Buchungen kodiert erfasst. Die Kodierung der Geschäftsvorfälle wird auch als **„Buchungsanweisung“** (Anweisung an das Computerprogramm, bestimmte Buchungen vorzunehmen) bezeichnet.

Die Darstellung der Buchungssätze und Buchungsanweisungen kann auf unterschiedliche Weise erfolgen. Eine gut nachvollziehbare Darstellungsform ist die Auflistung der Buchungssätze in Spalten- bzw. Tabellenform (siehe hierzu *Kliewer/Zschenderlein/Schneider*, S. 416 und *Zschenderlein*, S. 61 f.).

Beispiel

Der oben dargestellte Geschäftsvorfall kann in Tabellenform wie folgt dargestellt werden:

Sollkonto	**Betrag (Euro)**	**Habenkonto**
Kasse	200,00	Bank

In der Praxis erfolgt die Erfassung der Buchungssätze mithilfe von **Kontonummern**. Jedes Konto erhält eine Nummer. Beispielsweise könnte in einem bestimmten Buchhaltungsprogramm das Konto „Kasse“ mit der Nummer „1000“ und das Konto „Bank“ mit der Nummer „1200“ belegt werden. Dann würde der obige Geschäftsvorfall wie folgt erfasst:

Sollkonto SKR 03 (SKR 04)	**Betrag (Euro)**	**Sollkonto** SKR 03 (SKR 04)
1000 (1600)	200,00	1200 (1800)

Da es in der praktischen „Buchführungswelt“ eine Vielzahl von Buchführungsprogrammen gibt und diese zum Teil unterschiedliche Erfassungsformen haben, gibt es auch unterschiedliche Darstellungsformen für Buchungssätze und Buchungsanweisungen.

Bei den nachfolgenden Darstellungen wird aus Gründen der guten Nachvollziehbarkeit die obige Darstellungsform verwendet.

Ein Buchungssatz, der nur **ein** Sollkonto und auch nur **ein** Habenkonto enthält, wird als **„einfacher Buchungssatz"** bezeichnet.

In einer manuellen Buchführung ist es aber auch möglich, dass ein Geschäftsvorfall **zwei** Konten gleichzeitig im Soll oder Haben berührt.

Beispiel

Barabhebung vom Bankkonto in Höhe von 500 €, von denen 300 € in die Kasse eingezahlt und 200 € bar an einen Lieferanten zur Begleichung einer Verbindlichkeit bezahlt werden.

Dieser Geschäftsvorfall ist auf dem Konto „Kasse" mit 300 € im Soll, auf dem Konto „Verbindlichkeiten a LuL" mit 200 € im Soll und auf dem Konto „Bank" mit 500 € im Haben zu buchen.

Daraus kann dann der folgende Buchungssatz gebildet werden (so genannter **„zusammengesetzter Buchungssatz"**):

Kasse	300,00 €			
Verbindlichkeiten a LuL	200,00 €			
		an	Bank	500,00 €

Aus Gründen der besseren Übersichtlichkeit werden zusammengesetzte Buchungssätze nachfolgend jeweils in einfache Buchungssätze aufgespalten (einzelne Buchungszeilen):

Kasse	an	Bank	500,00 €
Verbindlichkeiten a LuL	an	Kasse	200,00 €

Sollkonto	**Betrag (Euro)**	**Habenkonto**
Kasse	500,00	Bank
Verbindl. a LuL	200,00	Kasse

Aufgabe 12 > Seite 253

2.3 Erfolgskonten

2.3.1 Eigenkapitalveränderungen durch Erfolgsvorgänge

Nicht alle Geschäftsvorfälle führen zu Bestandsveränderungen ohne Erfolgsauswirkung. Vergleichen wir beispielsweise die folgenden zwei Geschäftsvorfälle miteinander:

1. Kauf eines Grundstücks für 100.000 € (ohne USt) gegen Banküberweisung vom Bankkonto, welches 110.000 € Guthaben ausweist
2. Bezahlung von Miete für die Geschäftsräume in Höhe von 2.000 € (ohne USt) durch Banküberweisung.

Im **ersten** Fall (Grundstückskauf) **erhöht** sich die Sollseite des Kontos „Grund und Boden", somit die Aktivseite der Bilanz, um 100.000 €. Gleichzeitig **vermindert** sich der Bestand des Bankkontos um 100.000 €, somit die Aktivseite der Bilanz um 100.000 €. Es liegt also ein **Aktivtausch** vor (Erhöhung einer Aktivaposition bei gleichzeitiger Verminderung einer anderen Aktivaposition).

Im **zweiten** Fall (Mietzahlung) **vermindert** sich das Bankkonto um 2.000 €, mit der Folge, dass sich die Aktivseite der Bilanz um 2.000 € **verringert**. Durch diese Banküberweisung wird aber außer dem Bankkonto keine weitere Position des Vermögens und auch keine Position der Schulden verändert.

Würde unmittelbar nach der Banküberweisung eine Bilanz erstellt, dann hätte dies zur Folge, dass das **Eigenkapital** um 2.000 € **niedriger** wäre (im Vergleich zu der Situation vor der Überweisung), weil das Vermögen um 2.000 € niedriger ist und die Schulden gleich geblieben sind. Es hat also eine **Eigenkapitalminderung** stattgefunden.

Da das Konto „Eigenkapital" ein Passivkonto ist und die Verminderung eines Passivkontos auf dessen **Sollseite** gebucht wird, kann die Eigenkapitalminderung infolge der Mietzahlung wie folgt gebucht werden:

Sollkonto	Betrag (Euro)	Habenkonto
Eigenkapital	2.000,00	Bank

S	Eigenkapital	H
2.000,00		

S	Bank	H
		2.000,00

Es ist aber auch denkbar, dass ein Geschäftsvorfall zu einer **Erhöhung** des Eigenkapitals führt.

Dies ist beispielsweise der Fall, wenn das Unternehmen eine **Zinsgutschrift** auf dem Bankkonto erhält (z.B. in Höhe von 500 €). In diesem Fall erhöht sich der Bestand des Bankkontos. Es wird aber gleichzeitig keine Aktivaposition vermindert oder eine Position der Schulden erhöht. Würde unmittelbar nach der Zinsgutschrift eine Bilanz erstellt, dann hätte dies zur Folge, dass das Eigenkapital um 500 € höher wäre (im Vergleich zu der Situation vor der Gutschrift). Es hat dann also eine **Eigenkapitalerhöhung** stattgefunden. Die Zinsgutschrift könnte somit wie folgt gebucht werden:

Sollkonto	Betrag (Euro)	Habenkonto
Bank	500,00	Eigenkapital

S	Bank	H
500,00		

S	Eigenkapital	H
		500,00

MERKE

Die oben dargestellten Vorgänge werden, weil sie das Eigenkapital unmittelbar berühren (erhöhen oder vermindern), als **„erfolgswirksame Geschäftsvorfälle“** oder **„Erfolgsvorgänge“** bezeichnet (vgl. *Sorg*, S. 67).

- **Verminderungen** des Eigenkapitals, die nicht durch Privatentnahmen verursacht werden, nennt man **Aufwendungen**.
- **Erhöhungen** des Eigenkapitals, die nicht durch Privateinlagen verursacht werden, nennt man **Erträge**.

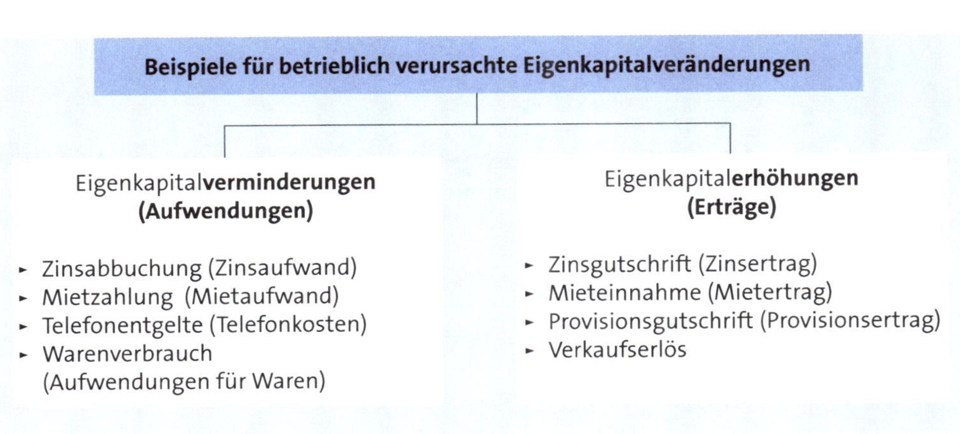

2.3.2 Bildung von Erfolgskonten

Würden alle Aufwendungen und Erträge direkt auf dem Eigenkapitalkonto gebucht, wäre in der Folge eine Vielzahl von Buchungen auf diesem Konto zu verzeichnen; denn Bewegungen wie Telefon-, Porto-, Lohn-, Zinszahlungen etc. kommen in einer laufenden Buchführung häufig vor. Ein sehr unübersichtliches Eigenkapitalkonto wäre die Folge.

Aus Gründen der **Übersichtlichkeit**, werden aus dem Eigenkapitalkonto die **Aufwands- und Ertragskonten** abgeleitet (Unterkonten).

- **Aufwandskonten** sind Unterkonten der **Sollseite** des Eigenkapitalkontos.
- **Ertragskonten** sind Unterkonten der **Habenseite** des Eigenkapitalkontos.

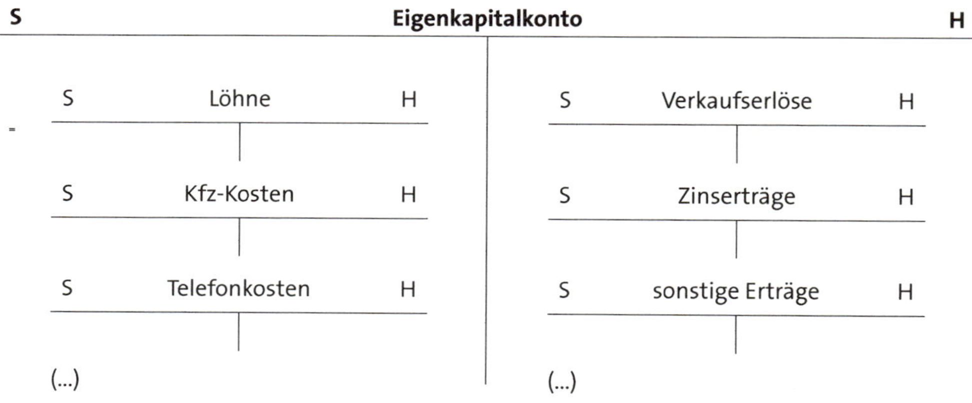

Die **Aufwands- und Ertragskonten** werden – weil sie die Teilbestandteile des Unternehmenserfolgs erfassen – als **Erfolgskonten** bezeichnet (vgl. *Schmolke/Deitermann*, S. 41).

2.3.3 Buchen auf Erfolgskonten

Weil die Erfolgskonten aus dem Eigenkapitalkonto abgeleitet sind, gelten für sie die gleichen Buchungsregeln wie für das Eigenkapitalkonto.

MERKE

Dies bedeutet, dass

- **Aufwendungen** auf den Aufwandskonten im **Soll**
- **Erträge** auf den Ertragskonten im **Haben**

gebucht werden.

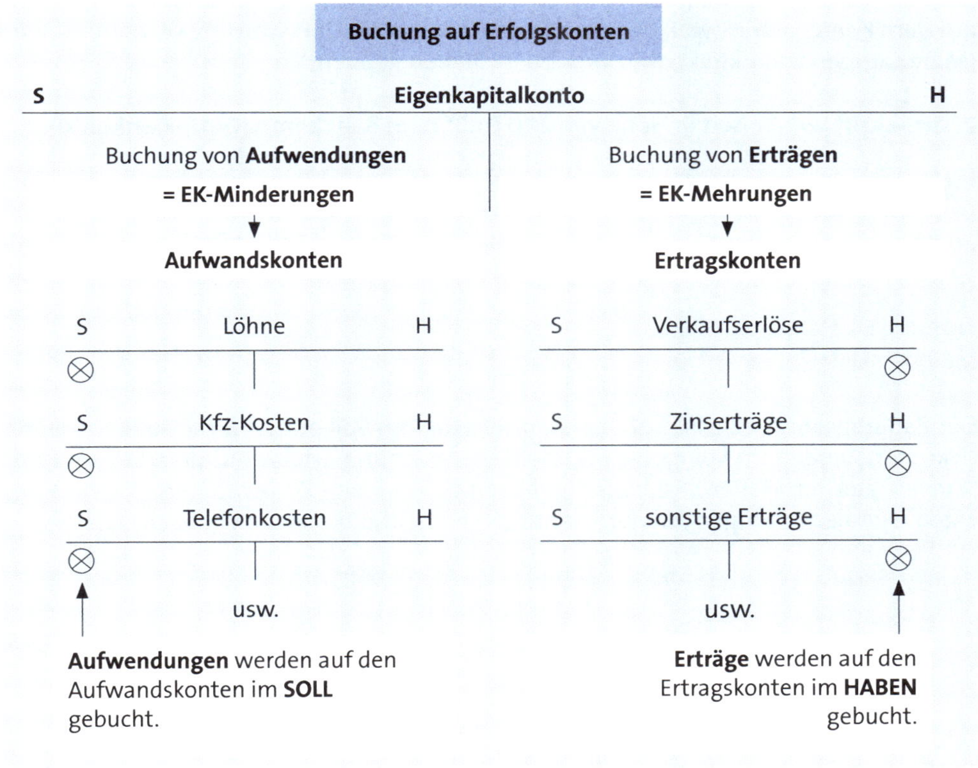

Buchung auf Erfolgskonten

S	Eigenkapitalkonto	H
Buchung von **Aufwendungen** = **EK-Minderungen**		Buchung von **Erträgen** = **EK-Mehrungen**

↓ **Aufwandskonten** | ↓ **Ertragskonten**

S	Löhne	H
⊗		

S	Kfz-Kosten	H
⊗		

S	Telefonkosten	H
⊗		

usw.

Aufwendungen werden auf den Aufwandskonten im **SOLL** gebucht.

S	Verkaufserlöse	H
		⊗

S	Zinserträge	H
		⊗

S	sonstige Erträge	H
		⊗

usw.

Erträge werden auf den Ertragskonten im **HABEN** gebucht.

Beispiele

1. Bezahlung von Miete in Höhe von 1.000 € durch Überweisung vom Girokonto (Guthabenkonto).

Sollkonto	Betrag (Euro)	Habenkonto
Miete	1.000,00	Bank

S	Miete	H
1.000,00		

S	Bank	H
		1.000,00

Die Mietzahlung wird auf dem Aufwandskonto „Miete“ im Soll gebucht, weil das Eigenkapital durch den Mietaufwand gemindert wird und Eigenkapitalminderungen auf dem Konto „Eigenkapital“ im Soll gebucht werden. Die Habenbuchung erfolgt auf dem Konto „Bank“, weil der Bankbestand durch die Überweisung vermindert wird (Minderungen von Aktivkonten werden im Haben gebucht).

2. Gutschrift von Zinsen in Höhe von 200 € auf dem Bankkonto (Guthabenkonto).

Sollkonto	Betrag (Euro)	Habenkonto
Bank	200,00	Zinserträge

S	Bank	H
200,00		

S	Zinserträge	H
		200,00

Der Zahlungseingang wird auf dem Konto „Bank“ im Soll erfasst (Erhöhungen von Aktivkonten werden im Soll gebucht). Die Gegenbuchung erfolgt auf dem Ertragskonto „Zinserträge“ im Haben, weil das Eigenkapital durch den Zinsertrag erhöht wird und Eigenkapitalerhöhungen auf dem Konto „Eigenkapital“ im Haben gebucht werden.

Häufig verwendete Aufwands- und Ertragskonten sind z. B. die folgenden Konten:

Aufwandskonten	**Ertragskonten**
► Löhne/Gehälter	► (Verkaufs-)Erlöse
► Miete	► Zinserträge
► Kfz-Kosten	► sonstige Erträge
► Wareneinsatz	
► Zinsaufwendungen	
► Porto	
► Telefonkosten	
► Bürobedarf	

Aufgabe 13 > Seite 254

2.3.4 Abschluss der Erfolgskonten

Grundsätzlich gilt die Regel, dass ein Konto über das „Oberkonto" abzuschließen ist, von dem es abgeleitet wurde. Aufwands- und Ertragskonten sind also – weil sie vom Eigenkapitalkonto abgeleitet sind – über das Eigenkapitalkonto abzuschließen (vgl. *Bornhofen*, S. 71).

Zur besseren Übersicht und zum Zweck des differenzierten Ausweises der Gewinnkomponenten werden die Erfolgskonten aber nicht direkt über das Eigenkapitalkonto, sondern zunächst über das **„Gewinn- und Verlustkonto" (GuVK)** abgeschlossen:

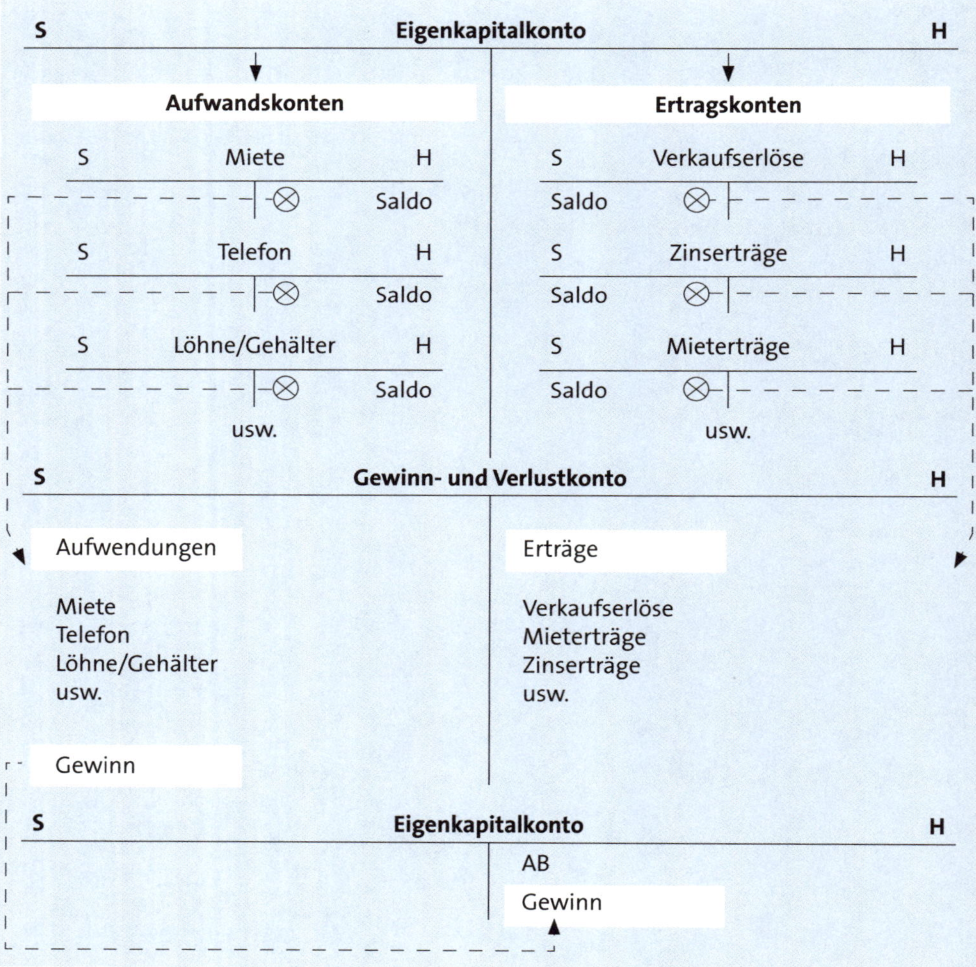

Das Gewinn- und Verlustkonto sammelt alle Salden der **Aufwandskonten** auf der **Sollseite** und die Salden der **Ertragskonten** auf der **Habenseite**. Der Saldo des Gewinn- und Verlustkontos weist den Gewinn oder Verlust der Abrechnungsperiode aus, der dann über das Eigenkapitalkonto abgeschlossen wird.

Die folgende Übersicht stellt diese Abschlussreihenfolge beispielhaft dar.

Ausgangssituation:

S	Löhne	H
	200,00	
	300,00	

S	Zinserträge	H
		200,00
		150,00

S	Telefonkosten	H
	150,00	50,00
	250,00	

S	Mieterträge	H
		500,00
		500,00

Zuerst werden die Summen der Buchungen gebildet. Danach wird auf jedem Konto der Saldo gebildet und eingetragen (gebucht). Die Gegenbuchung erfolgt auf dem Gewinn- und Verlustkonto. Der Saldo des Gewinn- und Verlustkontos wird dann auf dem Eigenkapitalkonto gegengebucht.

Buchungssätze der Abschlussbuchungen:

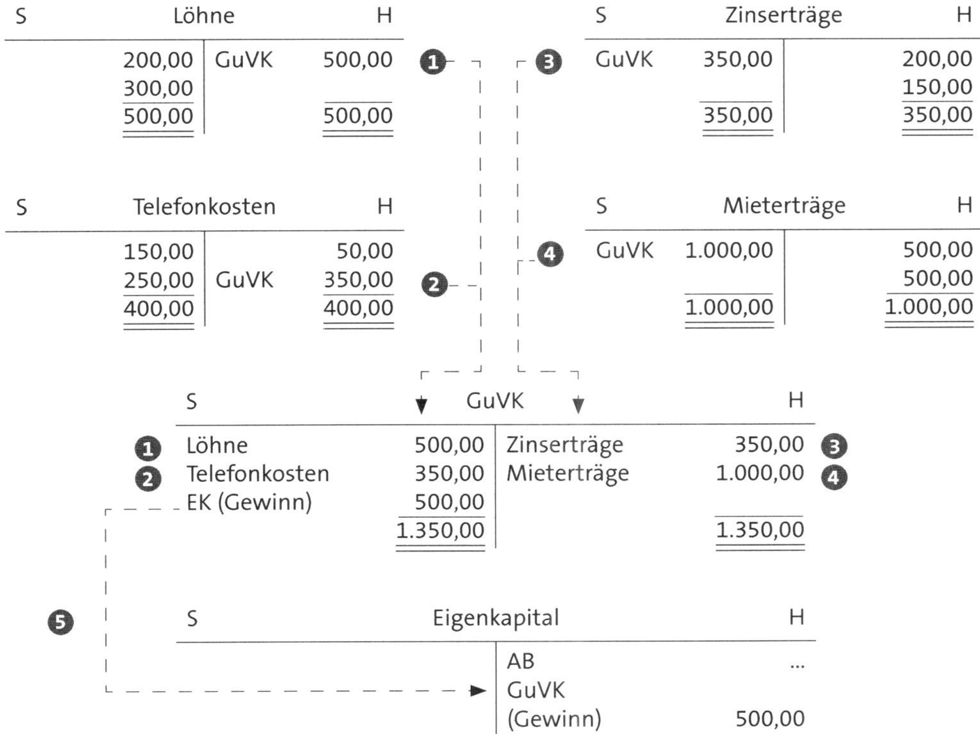

Nr.	Sollkonto	Betrag	Habenkonto
1	GuVK	500,00	Löhne
2	GuVK	350,00	Telefonkosten
3	Zinserträge	350,00	GuVK
4	Mieterträge	1.000,00	GuVK
5	GuVK	500,00	EK

Sofern sich auf dem Gewinn- und Verlustkonto ein **Negativsaldo (Verlust)** ergibt, weil die Summe der Aufwendungen größer als die Summe der Erträge ist, wird die Abschlussbuchung im **Gewinn- und Verlustkonto** im **Haben** und auf dem **Eigenkapitalkonto** im **Soll** vorgenommen.

Aufgabe 14 > Seite 254

2.3.5 Gewinnermittlung

Nach der vollständigen Erfassung der Aufwendungen und Erträge einer Abrechnungsperiode (z. B. Kalenderjahr) kann der Unternehmenserfolg ermittelt werden. In einer doppelten Buchführung wird der Gewinn/Verlust **doppelt** (auf zwei unterschiedlichen Wegen) berechnet.

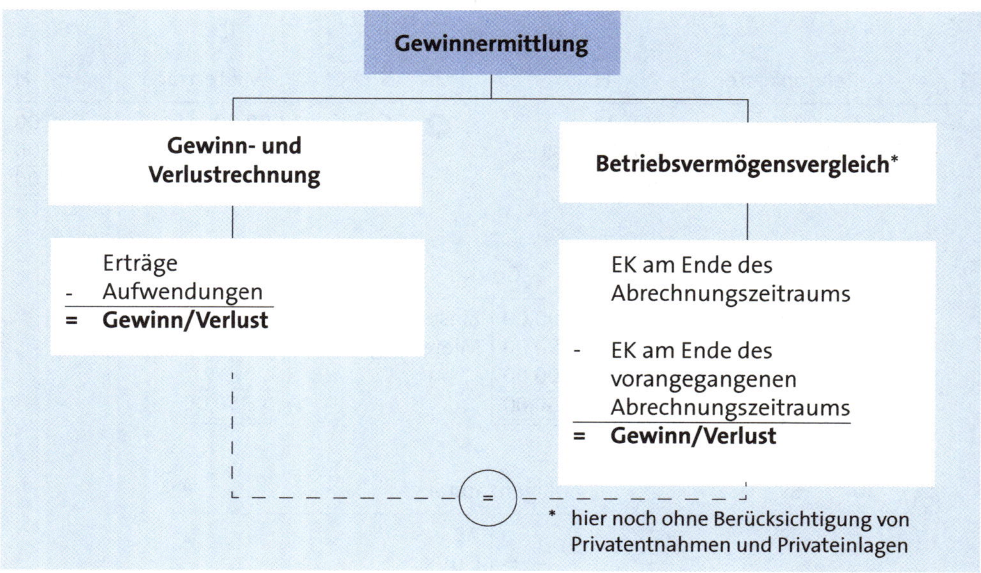

Zunächst werden die Informationen des Gewinn- und Verlustkontos zu einer **Gewinn- und Verlustrechnung** verarbeitet. In ihr werden die Aufwendungen von den Erträgen der selben Abrechnungsperiode abgezogen. Das Ergebnis ist der Gewinn oder Verlust dieses Zeitraums.

Beispiel

Michael Elscheid betreibt in Neuwied das Großhandelsunternehmen „Gartenbedarf Elscheid e. K.“.

Aus der Buchführung für 2020 wird die folgende Gewinn- und Verlustrechnung abgeleitet:

Gartenbedarf Elscheid e. K.
Gewinn- und Verlustrechnung vom 01.01. bis 31.12.2020

		Euro	Euro
1.	**Umsatzerlöse**		
	Erlöse zu 19 % USt	221.573,00	
	Erlöse zu 7 % USt	78.698,00	300.271,00
2.	**Aufwendungen für Roh-, Hilfs- und Betriebsstoffe und für bezogene Waren**		
	Wareneinsatz		186.269,50
3.	**Personalaufwand**		
	Löhne und Gehälter		
	Gehälter	28.349,50	
	Vermögenswirksame Leistungen	400,00	28.749,50
	soziale Abgaben		
	Gesetzliche Sozialaufwendungen		5.749,80
4.	**Abschreibungen auf Vermögensgegenstände des Anlagevermögens**		
	Abschreibungen auf bewegliche Sachanlagen	35.112,00	
	Abschreibungen auf Gebäude	16.000,00	51.112,00
5.	**sonstige betriebliche Aufwendungen**		
	Porto	1.586,60	
	Telefon	4.578,30	
	Bürobedarf	2.389,71	8.554,61
6.	**Zinsen und ähnliche Aufwendungen**		
	Zinsaufwendungen für langfristige Verbindlichkeiten		4.277,70
7.	**Gewinn**		**15.557,89**

Es ist aber auch möglich – sieht man zunächst von Privatentnahmen und Privateinlagen ab (diese werden später behandelt) – das Eigenkapital am Ende eines Abrechnungszeitraums mit dem Eigenkapital zu Beginn des Abrechnungszeitraums (= Ende des vorangegangenen Abrechnungszeitraums) zu vergleichen. Diese Form der Gewinnermittlung wird als **„Betriebsvermögensvergleich“** bezeichnet (vgl. *Falterbaum/Bolk/Reiß/Kirchner*, S. 42). Die Differenz aus den beiden EK-Beständen ist der Gewinn/Verlust der Abrechnungsperiode. Er muss mit dem in der Gewinn- und Verlustrechnung ermittelten Erfolg exakt übereinstimmen.

Beispiel

Das Eigenkapital des Unternehmens „Gartenbedarf Elscheid e. K." (siehe Beispiel zuvor) hatte am 31.12.2019 einen Bilanzwert von 132.457,89 €. Zum 31.12.2020 beträgt der EK-Wert 148.015,78 €. Privatentnahmen und -einlagen sind in 2020 nicht erfolgt.

Gewinnermittlung durch Betriebsvermögensvergleich:

	EK zum 31.12.2020	148.015,78 €
-	EK zum 31.12.2019	132.457,89 €
=	**Gewinn 2020**	**15.557,89 €**

Aufgabe 15 > Seite 255

3. Kontenrahmen und Kontenplan

3.1 Begriff und Bedeutung

In einer realen Buchführung kommen in der Regel viele Konten zur Anwendung. Je nach der Größe der Unternehmung und der Komplexität der Betriebsabläufe können es mehrere Dutzend, manchmal sogar mehrere Hundert Konten sein, die im Laufe eines Buchungsjahres angesprochen werden.

Eine **Vielzahl** von Konten bringt die **Gefahr der Unüberschaubarkeit** mit sich. Zur Ordnungsmäßigkeit einer Buchführung gehört es aber, dass die Konten **übersichtlich gegliedert** sind und dass einem sachverständigen Dritten innerhalb einer angemessenen Zeit ein Überblick über die Geschäftsvorfälle möglich ist (vgl. §§ 238 Abs. 1 HGB und 145 Abs. 1 AO).

Die Einrichtung der Konten darf also nicht planlos erfolgen. Sie muss **systematisch geordnet** und für sachkundige Dritte nachvollziehbar sein.

Diese Ordnungsfunktion erfüllen der **Kontenrahmen** und der **Kontenplan**:

- Der **Kontenrahmen** ist ein systematischer Organisations- und Gliederungsplan der Konten, der den spezifischen Bedürfnissen **einer Branche** (z. B. Großhandel oder Industrie) als **überbetrieblicher Rahmenplan** Rechnung trägt. Er bildet somit die Grundkonzeption für die Buchführung der Unternehmungen eines bestimmten **Wirtschaftszweigs** (vgl. *Bieg/Waschbusch*, S. 189). Siehe hierzu die im **Anhang** abgedruckten Standardkontenrahmen SKR 03 und SKR 04 der Datenverarbeitungsorganisation des steuerberatenden Berufes (DATEV eG).
- Der **Kontenplan** ist der auf ein **einzelnes Unternehmen** zugeschnittene Gliederungsplan der für dieses Unternehmen **relevanten Konten** (vgl. *Bieg/Waschbusch*, S. 189; *Bornhofen*, S. 77). Er wird aus dem zu Grunde liegenden übergeordneten Kontenrahmen dadurch abgeleitet, dass nicht benötigte Konten des Kontenrahmens weggelassen und Konten, die zusätzlich benötigt werden, dort ergänzt werden, wo es die speziellen Verhältnisse der Unternehmung erforderlich machen (vgl. *Bieg/Waschbusch*, S. 189).

3.2 Formaler Aufbau

Der Aufbau der Kontenrahmen und Kontenpläne kann nach unterschiedlichen Gliederungsprinzipien erfolgen. In der Praxis ist die Ordnung der Konten nach dem **dekadischen Prinzip** (numerische Gliederung) üblich.

Hierbei werden zunächst 10 Konten**klassen** (von 0 bis 9) gebildet. Diese werden dann in Konten**gruppen** (ebenfalls von 0 bis 9) untergliedert. Üblicherweise erfolgt dann eine Untergliederung in Konten**untergruppen**, in denen dann die einzelnen **Konten** stehen, die eine weitere Untergliederung der Kontenuntergruppen abbilden (vgl. *Bieg/Waschbusch*, S. 190 f.; *Bornhofen*, S. 80).

Beispiel für den formalen Aufbau eines Kontenrahmens:

	SKR 03	(SKR 04)	
Konten**klasse:**	4	(6)	Betriebliche Aufwendungen
Konten**gruppe:**	41	(60)	Löhne und Gehälter
Konten**untergruppen:**	411	(601)	Löhne
	412	(602)	Gehälter
	...		
spezielle **Konten**	4125	(6050)	Ehegattengehalt
	4127	(6027)	Geschäftsführergehälter

Die Stellung eines einzelnen Kontos innerhalb des Gesamtsystems lässt sich mit Hilfe dieser Systematisierung exakt beschreiben. Eine **leichte Nachvollziehbarkeit** und **Auffindbarkeit** eines bestimmten Kontos ist somit im Einzelfall möglich.

In der EDV-Buchführung werden allen Konten **4-stellige Kontonummern** zugeordnet. Beispiele können den im **Anhang** abgedruckten **Kontenrahmen** entnommen werden.

3.3 Arten von Kontenrahmen und Gliederungsprinzipien

3.3.1 Überblick

Seit der Entwicklung der ersten allgemein anerkannten und in der Praxis verwendeten Kontenrahmen (**Reichskontenrahmen** von 1937 und **Gemeinschaftskontenrahmen** von 1949/50) wurden vielzählige branchenspezifische Kontenrahmen entwickelt.

Hinsichtlich des Aufbaus können die Kontenrahmen auf **zwei Grundprinzipien** zurückgeführt werden (vgl. *Bieg/Waschbusch*, S. 185 f.; *Bussiek/Ehrmann*, S. 66 f.). Sie entstammen entweder dem **Prozessgliederungsprinzip**, welches sich an den betrieblichen Leistungsprozessen orientiert oder dem **Abschlussgliederungsprinzip**, das die Systematisierung der Konten nach deren Anordnung im Jahresabschluss vornimmt.

3.3.2 Prozessgliederungsprinzip

Ein nach dem Prozessgliederungsprinzip aufgebauter Kontenrahmen orientiert sich an der Reihenfolge des Güter- und Geldkreislaufs innerhalb der Unternehmen (Gliederung nach dem **Leistungsprozess bzw. Betriebsablauf**).

- Die ersten **Kontenklassen (0 und 1)** erfassen die Vorgänge im Rahmen der **grundlegenden** Leistungsvorbereitung (Bereitstellung von **Anlagevermögen**, also von Maschinen, Betriebs- und Geschäftsausstattung etc. sowie deren Finanzierung durch **Kapital**, also durch Einlagen der Unternehmer und Kredite bei Banken, Lieferanten usw.).
- Anschließend erfolgt in der **Kontenklasse 2** die Abbildung derjenigen unternehmerischen Vorgänge, die **nicht** durch den eigentlichen betrieblichen Leistungsprozess hervorgerufen werden und deshalb von diesem abgegrenzt werden sollen (**Abgrenzung** der sogenannten **„neutralen"** Aufwendungen und Erträge). Hierzu gehören beispielsweise Aufwendungen und Erträge aus der Vermietung eines Gebäudes von einem Unternehmen, dessen Unternehmenszweck die Produktion von Büchern und Zeitschriften ist (die Erträge und Aufwendungen aus der Vermietung gehören nicht zum eigentlichen Betriebszweck).
- Auf die Abgrenzungskonten folgen weitere Konten der **Leistungsvorbereitung** im **Umlaufvermögen (Kontenklasse 3)**. Dies sind die Konten des Wareneinkaufs, der Warenbestände und der Roh-, Hilfs- und Betriebsstoffe (Aufwands- und Bestandskonten).

- Anschließend folgt in der **Kontenklasse 4** die Abbildung der **betrieblich** verursachten **Aufwendungen** („Kostenarten"), die im Rahmen der **Leistungserstellung** anfallen (z. B. Löhne und Gehälter, Raum-, Kfz-, Werbe-, Reisekosten) und ggf. in den Kontenklassen 5 und 6 deren weitere Verrechnung (z. B. Zuordnung zu Kostenstellen, was heute jedoch unüblich ist, oder Abrechnung von Filialen).
- In weiteren Kontenklassen werden die **Ergebnisse** der betrieblichen Leistungsprozesse (**Kostenträger**) dokumentiert, und zwar in Form von unfertigen oder fertigen **Erzeugnissen**, die im Lager liegen (**Kontenklasse 7**) oder als **Erlöse** für bereits verkaufte Produkte (**Kontenklasse 8**).
- In der letzten Kontenklasse (Kontenklasse 9) befinden sich die **Abschlusskonten**.

Stark vereinfacht ist diese Kontensystematik auf der nachfolgenden Seite schematisch dargestellt.

Der Ansatz der Prozessgliederung geht auf Johann Friedrich Schär (1890 und 1914) sowie auf Eugen Schmalenbach (1927) zurück (vgl. *Bieg/Waschbusch*, S. 188).

Die praktische Umsetzung erfolgte u. a. im **Reichskontenrahmen** von 1937, im **Gemeinschaftskontenrahmen** (GKR) von 1949/1950, seinen aktualisierten Versionen und den hieraus abgeleiteten Branchen- und Spezialkontenrahmen, z. B. **Kontenrahmen für den Groß- und Außenhandel** und **Standardkontenrahmen SKR 03** der Datenverarbeitungsorganisation des steuerberatenden Berufes in der Bundesrepublik Deutschland (DATEV eG), der im Anhang abgedruckt ist.

Kontensystematik des SKR 03:

0	**1**	**2**	**3**	**4**	**5**	**6**	**7**	**8**	**9**
Anlagevermögen und Kapitalausstattung, Rückstellungen und Abgrenzungsposten	Zahlungsverkehr, kurzfristige Forderungen und Verbindlichkeiten sowie Privatentnahmen und -einlagen	„neutrale“ Aufwendungen und Erträge (Abgrenzung von den betrieblich verursachten Aufwendungen und Erträgen)	Einkäufe und Bestände von Waren und Stoffen	betrieblich verursachte Aufwendungen (Kostenarten)	frei für Kostenverrechnungen (z. B. Betriebsabrechnung) – im SKR 03 gesperrt –		Bestände an fertigen und unfertigen Erzeugnissen und Leistungen	Erlöse und andere betrieblich verursachte Erträge	Abschluss und Statistik
grundlegende Leistungsvorbereitung **(„Input 1“)**		Abgrenzung	Waren und Roh-, Hilfs-, Betriebsstoffe **(„Input 2“)**	Aufwendungen des betrieblichen Leistungsprozesses **(„Input 3“)**			Erträge des betrieblichen Leistungsprozesses **(„Output“)**		
Ablauf des betrieblichen Leistungsprozesses (Prozessgliederung)									

3.3.3 Abschlussgliederungsprinzip

Ein nach dem Abschlussgliederungsprinzip aufgebauter Kontenrahmen geht bei der Systematisierung der Konten von deren Anordnung im **Jahresabschluss** aus. Dieser wird in Teilbereiche zerlegt, denen die einzelnen Kontenklassen zugeordnet werden. Die Reihenfolge der Kontenklassen orientiert sich hierbei an der gesetzlich vorgeschriebenen Gliederung der Bilanz und der Gewinn- und Verlustrechnung (vgl. *Bieg/ Waschbusch*, S. 190).

In den ersten Kontenklassen bildet ein nach diesem Gliederungsprinzip aufgebauter Kontenrahmen die **Aktiva** der Bilanz, diffenziert in Anlage- und Umlaufvermögen, und in den nachfolgenden Kontenklassen die **Passiva** ab.

Anschließend werden die betrieblichen **Erträge** und **Aufwendungen**, wie sie in der Gewinn- und Verlustrechnung aufgeführt werden, weiteren Kontenklassen zugeordnet.

„Neutrale“ und **„außerordentliche“ Aufwendungen** und **Erträge**, die von den normalen (regulären) betrieblichen Geschehnissen abgegrenzt werden sollen, werden in einer separaten Kontenklasse dokumentiert.

Zum Schluss folgen **Abschlusskonten** und **Vortragskonten**, die als **Gegenkonten** für die Erfassung von Anfangsbeständen (Eröffnungsbuchungen) verwendet werden.

Das Abschlussgliederungsprinzip wurde u. a. im **Industriekontenrahmen (IKR)** umgesetzt, der 1971 erstmals veröffentlicht und 1986 neu gefasst wurde (vgl. *Bieg/Waschbusch*, S. 198; *Schmolke/Deitermann*, S. 83 ff.).

Die Datenverarbeitungsorganisation des steuerberatenden Berufes in der Bundesrepublik Deutschland (DATEV eG) hat in Anlehnung an den IKR den **Standardkontenrahmen SKR 04** entwickelt, der im Anhang abgedruckt und in der Übersicht auf der nachfolgenden Seite schematisch vereinfacht dargestellt ist.

Aufgabe 16 > Seite 256

Kontensystematik des SKR 04:

0	1	2	3	4	5	6	7	8	9
Anlagevermögen	**Umlaufvermögen** und aktive Rechnungsabgrenzung	**Eigenkapital**	**Fremdkapital** (Verbindlichkeiten), Rückstellungen und passive Rechnungsabgrenzung	**betriebliche Erträge** (Erlöse und andere betriebliche Erträge)	**Materialaufwand** (Aufwendungen für Waren, Roh-, Hilfs- und Betriebsstoffe) und Aufwendungen für Fremdleistungen	**betriebliche Aufwendungen** (ohne Materialaufwand)	**weitere Erträge und Aufwendungen** (insbesondere Zinserträge und Zinsaufwendungen und sonstige betriebliche Aufwendungen und Erträge)	frei	**Vortragskonten** und statistische Konten
Bilanzkonten (Beständerechnung)				Erfolgskonten (Ergebnisrechnung)					
Aktiva		Passiva		betriebliche Erträge	betriebliche Aufwendungen		neutrale Aufwendungen und Erträge		

D. Umsatzsteuer

1. System der Umsatzsteuer

Die Umsatzsteuer (USt) ist eine **Verkehrsteuer**. Dies bedeutet, dass bestimmte Vorgänge des Wirtschafts**verkehrs** mit USt belastet werden.

Sofern die konkreten gesetzlichen Voraussetzungen im Einzelfall erfüllt sind, wird die entsprechende Leistung (z. B. der Verkauf einer Ware oder Dienstleistung durch einen Unternehmer) mit Umsatzsteuer belastet.

Dies geschieht dadurch, dass der Verkaufspreis **ohne** Umsatzsteuer (**Nettowert**), also der reine Waren- oder Leistungswert, mit dem Umsatzsteuersatz (z. B. 19 %) zu multiplizieren ist. Das Ergebnis hieraus ist dann die USt dieser Leistung. Der Verkaufspreis **einschließlich** USt wird dann als **Bruttowert** oder **Bruttoverkaufspreis** bezeichnet.

MERKE

Leistungswert **ohne** Umsatzsteuer (**„netto“**) · Steuersatz = Umsatzsteuer

Nettowert + Umsatzsteuer = Verkaufspreis **inklusive** Umsatzsteuer (**„brutto“**)

Der **Nettowert** der Leistung wird im Umsatzsteuergesetz als **Bemessungsgrundlage** bezeichnet (vgl. § 10 UStG). Es ist der Wert, der die Grundlage für die Berechnung (Bemessung) der Steuer bildet und **auf den die Steuer aufzuschlagen ist**.

Beispiel

Der Unternehmer A verkauft Holzstühle. Nach seiner Kalkulation beträgt der Verkaufspreis eines bestimmten Stuhltyps 100 € (netto). Da der **Verkauf eines Gegenstandes** (Lieferung) durch einen **Unternehmer** im **Inland** gegen **Entgelt** der USt unterliegt (vgl. § 1 Abs. 1 Nr. 1 i. V. mit § 3 Abs. 1 UStG), muss der Unternehmer A einem Käufer 100 € + 19 € USt = 119 € berechnen und die USt (19 €) grundsätzlich an das Finanzamt abführen.

Der **allgemeine** Steuersatz der Umsatzsteuer beträgt **19 %**. Er wird auch als **„Regelsteuersatz“** bezeichnet, weil er „in der Regel“ zur Anwendung kommt (vgl. § 12 Abs. 1 UStG). [Für die Zeit vom 01.07.2020 bis zum 31.12.2020 beträgt der allgemeine Steuersatz 16 %).]

Für bestimmte Waren und Dienstleistungen (z. B. Bücher, bestimmte Lebensmittel oder Bus- und Taxifahrten innerhalb des Gemeinde- bzw. Stadtgebietes) sieht das UStG aus wirtschafts- oder sozialpolitischen Gründen einen **ermäßigten** Steuersatz in Höhe von **7 %** vor (vgl. § 12 Abs. 2 UStG). [Für die Zeit vom 01.07.2020 bis zum 31.12.2020 beträgt der ermäßigte Steuersatz 5 %).]

Das Besondere des Umsatzsteuersystems ist, dass auf jeder Wirtschaftsstufe, d. h. vom Urerzeuger, über den Weiterverarbeiter, den Groß- und Einzelhändler bis hin zum Endverbraucher jeweils nur die von dem jeweiligen Unternehmer durch ihn erbrachte **Wertschöpfung** (der so genannte **„Mehrwert“**) besteuert werden soll. Aus diesem Grund wird die Umsatzsteuer auch als **Mehrwertsteuer** bezeichnet.

Um dieses Ziel zu erreichen, darf ein zum Vorsteuerabzug berechtigter Unternehmer (= Normalfall), die ihm von einem anderen Unternehmer in Rechnung gestellte USt (**Vorsteuer**) grundsätzlich von seiner USt-Schuld gegenüber dem Finanzamt abziehen, also mit seiner USt-Verbindlichkeit verrechnen. Dies hat zur Folge, dass der einzelne Unternehmer nur den Steuerbetrag an das Finanzamt abführen muss, der auf den bei ihm erzeugten **Mehrwert** entfällt.

Beispiel

Der Urerzeuger A verkauft an den Unternehmer B eine Ware für 100 € + 19 € USt.

Der Unternehmer B verkauft diese Ware für 200 € + 38 € USt an den Endverbraucher C weiter.

Bei A unterliegt die Nettowertschöpfung (100 €) der USt, d. h. er muss 19 € an das Finanzamt abführen.

Bei B unterliegt ebenfalls nur die von ihm geschaffene Nettowertschöpfung der USt. Er vereinnahmt 38 € USt von C, die er grundsätzlich an das Finanzamt abführen muss (**USt-Traglast**). Er kann hiervon jedoch die ihm von A in Rechnung gestellt USt (19 €) als **Vorsteuer** abziehen, wodurch er dann 19 € an das Finanzamt zu zahlen hat (**USt-Zahllast**). Dieser Betrag ist die auf seine **Nettowertschöpfung** (100 €) entfallende Steuer (19 %).

Schematisch betrachtet ergibt sich somit das folgende Modell, welches die Überwälzung der Umsatzsteuer über die verschiedenen Wirtschaftsstufen bis zum Endverbraucher vereinfacht darstellt:

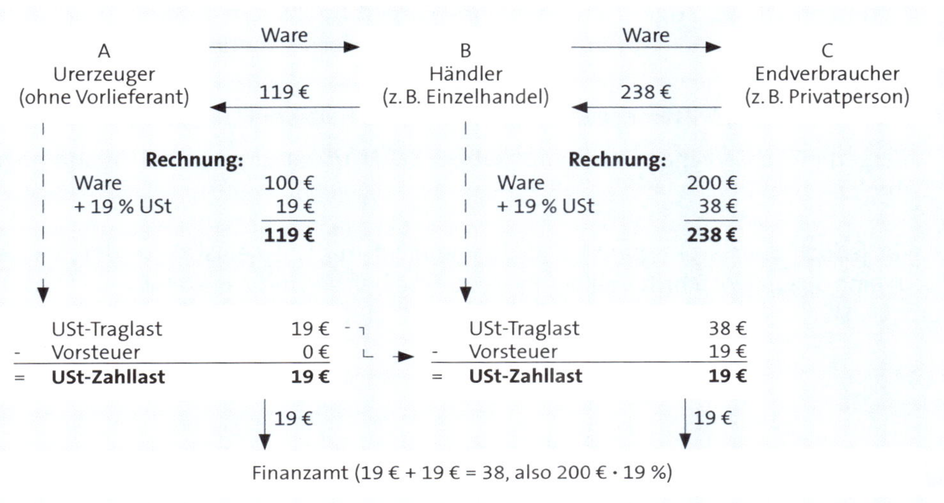

Bezieht man diese Betrachtungsweise auf einen gesamten Abrechnungszeitraum (z. B. Kalendermonat) dann ergibt sich hieraus das folgende **Abrechnungsschema**:

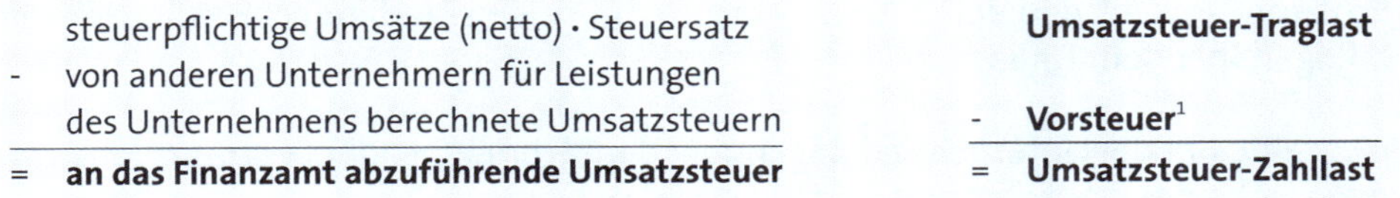

Ein Umsatz, der grundsätzlich mit USt zu belasten ist, wird als **„steuerbarer Umsatz"** bezeichnet (vgl. § 1 UStG).

---

[1] Bestimmte, im Umsatzsteuergesetz genau aufgeführte Vorsteuern, sind jedoch vom Abzug ausgeschlossen (nicht abziehbare Vorsteuerbeträge). Auf diese speziellen Abzugsverbote wird bei den entsprechenden Themen, bei denen diese Ausschlüsse von Bedeutung sind, eingegangen.

Das UStG kennt insbesondere die folgenden steuerbaren Umsätze eines Unternehmers (vgl. *Kliewer/Zschenderlein/Schneider*, S. 33):

- Lieferungen und sonstige Leistungen im Inland **gegen Entgelt**
- Lieferungen und sonstige Leistungen **ohne Entgelt** für Zwecke außerhalb des Unternehmens (insbesondere für private Zwecke des Unternehmers); auch als **„Eigenverbrauch"** bezeichnet
- Einfuhr aus dem „Drittlandsgebiet" (Gebiet ausserhalb der EU) in das Inland
- Innergemeinschaftlicher Erwerb aus einem EU-Mitgliedsstaat in das Inland gegen Entgelt.

Es gibt jedoch auch steuerbare Umsätze, die nicht mit USt belastet werden, weil sie durch eine Spezialvorschrift von der Besteuerung befreit sind z. B. steuerfreie Umsätze gem. § 4 UStG. Auf diese Umsätze wird hier nicht eingegangen.

Aufgabe 17 > Seite 256

2. Buchung der Umsatzsteuer

Die USt, die ein Unternehmer einem Abnehmer seiner Leistungen berechnet, **schuldet** er dem Staat. So lange er diese Steuer noch nicht an das Finanzamt abgeführt hat, besteht aus seiner Sicht also eine **Verbindlichkeit** gegenüber dem Finanzamt.

Lassen wir die Vorsteuer zunächst außer Betracht, dann entsteht aus **jedem** steuerpflichtigen Umsatz, den der Unternehmer ausführt, eine **Verbindlichkeit in Höhe der USt** gegenüber dem Finanzamt.

Gleichzeitig hat der Unternehmer gegenüber dem Empfänger der Leistung eine **Forderung** in Höhe des **Bruttobetrags** (Nettowert + USt).

Beispiel

Der Unternehmer Brück vermietet dem Kunden Rieder einen Kopierer für monatlich 100 € (netto) + 19 € USt = 119 €.

Herr Brück hat aus diesem Vorgang monatlich zunächst eine Forderung gegenüber Herrn Rieder in Höhe von 119 €. Gleichzeitig hat Herr Brück monatlich eine Verbindlichkeit gegenüber dem Finanzamt in Höhe von 19 € (noch nicht abgeführte USt).

Wenn wir die **Bruttoforderung** in den **Nettobetrag** und die **USt** aufspalten, so hat der leistende Unternehmer aus buchhalterischer Sicht **zwei Forderungen** gegenüber dem Kunden: eine Forderung in Höhe des **Nettobetrags** und eine weitere Forderung in Höhe der **USt**. Die USt **schuldet** er dann dem Finanzamt.

Somit können aus dem vorangegangenen Beispiel die folgenden Buchungen abgeleitet werden:

Sollkonto – SKR 03 (SKR 04)	**Betrag (Euro)**	**Habenkonto** – SKR 03 (SKR 04)
Forderungen a LuL 1400 (1200)	100,00	Erlöse zu 19 % USt 8400 (4400)
Forderungen a LuL 1400 (1200)	19,00	Umsatzsteuer 19 % 1776 (3806)

Forderung in Höhe der USt gegenüber dem **Kunden**

Verbindlichkeit in Höhe der USt gegenüber dem **Finanzamt**

S	Forderungen a LuL	H
	100,00	
	19,00	

S	Erlöse zu 19 % USt	H
		100,00

S	Umsatzsteuer 19 %	H
		19,00

Aufgabe 18 > Seite 257

3. Buchung der Vorsteuer

Unternehmer im Sinne des Umsatzsteuergesetzes sind im Rahmen ihrer **unternehmerischen Tätigkeit** grundsätzlich berechtigt, die ihnen von anderen Unternehmern in Rechnung gestellten Umsatzsteuerbeträge als **Vorsteuer** von ihrer Umsatzsteuer-Traglast **abzuziehen** (siehe S. 74 f.). [Ausnahmen von dieser Abzugsberechtigung bleiben hier aus Vereinfachungsgründen zunächst unberücksichtigt.]

Weil der Unternehmer die Vorsteuer „abziehen" darf (vgl. § 15 Abs. 1 Satz 1 UStG), hat er einen **Anspruch** gegenüber dem Finanzamt. Wenn er ausnahmsweise keine Umsatzsteuer-Traglast, aber dennoch abziehbare Vorsteuerbeträge hat, dann hat er gegenüber dem Finanzamt einen **Erstattungsanspruch**. In diesem Fall hat der Unternehmer eine **Forderung** gegenüber dem Finanzamt in Höhe der zu erstattenden Vorsteuer.

Aber auch bei der Betrachtung des „Normalfalls", also der **Verrechnung** der Vorsteuer mit der Umsatzsteuer-Traglast, wird klar, dass die **abziehbare Vorsteuer** eine Forderung gegenüber dem Finanzamt ist. Die Verrechnung mit der USt-Traglast ist in diesem Fall die Verrechnung einer Forderung (Vorsteuer) mit einer Verbindlichkeit (USt-Traglast).

Weil die von anderen Unternehmern in Rechnung gestellten Vorsteuerbeträge also gleichzeitig Forderungen gegenüber dem Finanzamt sind, werden sie auf dem **Forderungskonto „Abziehbare Vorsteuer"** erfasst.

In den DATEV-Kontenrahmen **SKR 03** und **SKR 04** werden u. a. die folgenden **Vorsteuerkonten** zur Verfügung gestellt:

	SKR 03	(SKR 04)
► Abziehbare Vorsteuer	**1570**	**(1400)**
► Abziehbare Vorsteuer 7 %	**1571**	**(1401)**
► Abziehbare Vorsteuer 19 %	**1576**	**(1406)**

Beispiel

Der Unternehmer Florian Kappus erhält von der Telefongesellschaft für seinen betrieblichen Telefonanschluss eine Monatsrechnung in Höhe von 150,00 € (netto) + 28,50 € USt = 178,50 €.

Herr Kappus hat aus diesem Vorgang zunächst eine Verbindlichkeit gegenüber der Telefongesellschaft in Höhe von 178,50 €. Gleichzeitig hat er eine Forderung gegenüber dem Finanzamt in Höhe von 28,50 € (abziehbare Vorsteuer).

Wenn wir den **Bruttobetrag** in den **Nettobetrag** und die **USt (Vorsteuer)** aufspalten, so hat der Unternehmer, der die Leistung erhalten hat (hier: Herr Kappus) aus buchhalterischer Sicht **zwei Verbindlichkeiten** gegenüber dem leistenden Unternehmer (eine Verbindlichkeit in Höhe des Nettobetrags und eine weitere Verbindlichkeit in Höhe der USt). Gleichzeitig hat er eine **Forderung** in Höhe der **Vorsteuer** gegenüber dem Finanzamt.

Aus dem obigen Beispiel können somit die folgenden Buchungen abgeleitet werden:

Sollkonto – SKR 03 (SKR 04)		**Betrag (Euro)**	**Habenkonto** – SKR 03 (SKR 04)	
Telefon	4920 (6805)	150,00	Verbindl. a LuL	1600 (3300)
Abziehbare Vorsteuer 19 %	1576 (1406)	28,50	Verbindl. a LuL	1600 (3300)

Forderung in Höhe der Vorsteuer gegenüber dem **Finanzamt**

(Buchung der Vorsteuer im Soll, weil das Vorsteuerkonto ein **aktives** Bestandskonto ist und Erhöhungen von **Aktiv**konten im **Soll** erfasst werden.)

Verbindlichkeit in Höhe der Vorsteuer gegenüber dem **leistenden Unternehmer**

(Buchung im Haben, weil Erhöhungen von **Passiv**konten im **Haben** erfasst werden.)

Aufgabe 19 > Seite 257

§ 15 Abs. 1 nennt insbesondere die folgenden Arten **abziehbarer** Vorsteuerbeträge:

1. die dem Leistungsempfänger von einem Unternehmer **in einer Rechnung** im Sinne **der §§ 14 oder 14a** berechnete und von diesem gesetzlich geschuldete Umsatzsteuer (Vorsteuer nach § 15 Abs. 1 Nr. 1)
2. die **bei der Einfuhr entstandene Einfuhrumsatzsteuer** nach § 15 Abs. 1 Nr. 2
3. die **Steuer für den innergemeinschaftlichen Erwerb** nach § 15 Abs. 1 Nr. 3.

Vorsteuer nach § 15 Abs. 1 Nr. 1 („normale" Vorsteuer) kann der **Unternehmer** als **Leistungsempfänger** geltend machen, wenn die folgenden Voraussetzungen erfüllt sind:

1. Es liegt eine vollständig und richtig ausgestellte **Rechnung** im Sinne der §§ 14 oder 14a UStG vor
2. von einem anderen **Unternehmer** (Leistungserbringer) ausgestellt
3. für Lieferungen oder sonstige Leistungen, die **für das Unternehmen des Leistungsempfängers** erbracht wurden, und
4. die in Rechnung gestellten **Leistungen** wurden bereits **ausgeführt**.

   Ausnahme: Bei einer in Rechnung gestellten **Anzahlung** kann die Vorsteuer bereits abgezogen werden, wenn

   - die **Anzahlungsrechnung vorliegt und**
   - die **Zahlung geleistet** wurde (die Leistung kann später erbracht werden).

Beim Vorsteuerabzug ist insbesondere darauf zu achten, dass eine ordnungsgemäße Rechnung vorliegt, in der **alle** gesetzlichen Bestandteile erfüllt sind. Sind die gesetzlichen Bestandteile nicht vollständig erfüllt, ist die Vorsteuer **nicht** abziehbar.

Eine **ordnungsgemäße Rechnung** im Sinne von § 14 Abs. 4 UStG liegt vor, wenn sie die folgenden Merkmale aufweist:

1. Vollständiger Name und vollständige Anschrift des leistenden Unternehmers und des Leistungsempfängers
2. Steuernummer oder Umsatzsteuer-Identifikationsnummer des leistenden Unternehmers
3. Ausstellungsdatum
4. Rechnungsnummer, die fortlaufend und einmalig vergeben wurde
5. Menge und Art (handelsübliche Bezeichnung) der gelieferten Gegenstände bzw. Art und Umfang der erbrachen sonstigen Leistungen

6. Zeitpunkt der Lieferung bzw. sonstigen Leistungen oder Zeitpunkte der Anzahlungen vor der Leistungserbringung, sofern die Zahlungszeitpunkte feststehen und nicht mit dem Rechnungsdatum identisch sind
7. Entgelt (Nettobetrag), aufgeschlüsselt nach Steuersätzen und Steuerbefreiungen
8. jede im Voraus vereinbarte Minderung des Entgelts (z. B. Skonto, Rabatt, Bonus), sofern nicht bereits im Entgelt berücksichtigt
9. Steuersatz bzw. Steuersätze, die anzuwenden sind, der auf das Entgelt entfallende Steuerbetrag, und im Fall einer Steuerbefreiung einen Hinweis darauf, dass für die Lieferung oder sonstige Leistung eine Steuerbefreiung gilt.
10. Bei der Ausstellung einer Gutschrift (= Abrechnung des Leistungsempfängers mit dem Leistenden) den Begriff „Gutschrift".

Bei **bestimmten Leistungen** (z. B. Handwerkerleistungen an bzw. in einem Gebäude) muss die Rechnung außerdem einen **Hinweis** auf die **Aufbewahrungspflicht** des Leistungsempfängers enthalten (vgl. § 14 Abs. 4 Satz 1 Nr. 9 UStG).

Das Umsatzsteuergesetz enthält jedoch auch verschiedene **Vereinfachungsregelungen zur Rechnungsausstellung**.

Die wohl wichtigste Vereinfachungsregelung betrifft die so genannten **„Kleinbetragsrechnungen"**. Hierunter sind Rechnungen mit einem Gesamtbetrag von bis zu **250 €** einschließlich USt (also brutto) zu verstehen.

Kleinbetragsrechnungen brauchen nur die folgenden **Merkmale** aufzuweisen, um als ordnungsgemäß im Sinne des UStG zu gelten (vgl. § 33 UStDV):

1. Vollständiger Name und vollständige Anschrift des leistenden Unternehmers
2. Ausstellungsdatum
3. Menge und handelsübliche Bezeichnung des Gegenstandes der Lieferung bzw. Art und Umfang der sonstigen Leistung
4. Entgelt und Steuerbetrag in einer Summe (= Bruttobetrag)
5. Steuersatz.
   [Im Fall einer Steuerbefreiung anstatt der Steuer und des Steuersatzes den Hinweis, dass für die in Rechnung gestellte Leistung eine Steuerbefreiung gilt.]

Der Leistungsempfänger kann in diesem Fall die **Vorsteuer selbst berechnen**. Aus dem Bruttobetrag können der Nettobetrag und die Vorsteuer wie folgt berechnet werden:

bei einem Steuersatz von **19 %**	Bruttobetrag : 1,19 = Nettobetrag Nettobetrag · 19 % = Vorsteuer
bei einem Steuersatz von **7 %**	Bruttobetrag : 1,07 = Nettobetrag Nettobetrag · 7 % = Vorsteuer

Beispiel

Der zum Vorsteuerabzug berechtigte Unternehmer Tim Herschbach, Koblenz, kauft für 98 € (brutto 19 % USt) Büromaterial für sein Unternehmen gegen Barzahlung. Die Kassenquittung erfüllt alle Merkmale einer ordnungsgemäßen Kleinbetragsrechnung (§ 33 UStDV).

Herr Herschbach berechnet den Nettobetrag und die Vorsteuer selbst: 98,00 € : 1,19 = 82,35 € netto · 19 % = 15,65 € Vorsteuer. Er bucht diesen Beleg wie folgt:

Sollkonto – SKR 03 (SKR 04)		**Betrag (Euro)**	**Habenkonto** – SKR 03 (SKR 04)	
Bürobedarf	4930 (6815)	82,35	Kasse	1000 (1600)
Abziehbare Vorsteuer 19 %	1576 (1406)	15,65	Kasse	1000 (1600)

Nicht abziehbare Vorsteuerbeträge werden auf dem Konto erfasst, auf dem der Nettobetrag erfasst wird, wenn die Vorsteuer abziehbar ist.

Beispiel

Fall wie zuvor, jedoch jetzt mit dem Unterschied, dass der Beleg fehlerhaft ist (der Beleg enthält keine Angabe zum Steuersatz).

In diesem Fall ist die Vorsteuer nicht abziehbar und wird zusammen mit dem Nettobetrag auf dem Konto „Bürobedarf" erfasst:

Sollkonto – SKR 03 (SKR 04)		**Betrag (Euro)**	**Habenkonto** – SKR 03 (SKR 04)	
Bürobedarf	4930 (6815)	98,00	Kasse	1000 (1600)

Diese Vorgehensweise erfolgt auch bei **teilweise nicht abziehbaren** Vorsteuerbeträgen. In diesen Fällen wird der abziehbare Vortsteueranteil auf dem Konto „Abziehbare Vorsteuer" und der nicht abziehbare Vorsteueranteil auf dem Konto erfasst, auf dem der Nettobetrag gebucht wird.

4. Umsatzsteuervorauszahlungen

4.1 Anmeldung der Vorauszahlungen

Besteuerungszeitraum der Umsatzsteuer ist grundsätzlich das **Kalenderjahr**. Der Unternehmer hat deshalb für jedes Kalenderjahr seiner unternehmerischen Tätigkeit eine Umsatzsteuererklärung nach amtlich vorgeschriebenem Datensatz durch Datenfernübertragung an das Finanzamt zu übermitteln, in dem er die Steuer oder den Überschuss, der sich zu seinen Gunsten ergibt (Vorsteuerüberhang), selbst berechnet (vgl. § 18 Abs. 3 Satz 1 UStG).

Zur Erhebung von **Vorauszahlungen** (Abschlagszahlungen auf die Steuer des Kalenderjahres) wird der Besteuerungszeitraum in kürzere Zeitabschnitte (**Voranmeldungszeiträume**) zerteilt.

Der Unternehmer hat für jeden dieser Zeiträume eine Umsatzsteuer**voranmeldung** nach amtlich vorgeschriebenem Datensatz auf elektronischem Weg nach Maßgabe der Steuerdaten-Übermittlungsverordnung zu übermitteln, in der er die Steuer selbst berechnet (vgl. § 18 Abs. 1 Satz 1 UStG).

Auf Antrag des Steuerpflichtigen kann das Finanzamt zur Vermeidung von unbilligen Härten in Ausnahmefällen (z. B. der Steuerpflichtige hat keinen Computer oder keinen Internetanschluss) auf eine elektronische Übermittlung verzichten und dem Steuerpflichtigen somit eine Anmeldung „in Papierform" erlauben (§ 18 Abs. 1 Satz 2 und Abs. 3 Satz 3 UStG).

Die **Abgabe- und Bezahlungsfristen** der Voranmeldungen sind abhängig von der Höhe der gesamten Zahllast bzw. des gesamten Überschusses des **vorangegangenen** Kalenderjahres:

Zahllast des vorangegangen Kalenderjahres	→ **Voranmeldungszeitraum des laufenden Kalenderjahres**	→ **Abgabe- und Bezahlungsfrist**
mehr als 7.500 €	Kalendermonat (= monatlich)	bis zum Ablauf des **10.** Tages **des Folgemonats** (z. B. für Januar: 10.02., für Februar: 10.03. usw)
mehr als 1.000 € bis 7.500 €	Kalendervierteljahr (= vierteljährlich)	bis zum Ablauf des **10.** Tages **nach dem Ende jedes Kalendervierteljahres** (z. B. für das 1. Vierteljahr bis zum Ablauf des 10.04. usw.)
0 bis 1.000 € (bzw. Vorsteuer-Überschuss)	–	auf Antrag beim Finanzamt **Befreiung von der Abgabe** von Voranmeldungen und Entrichtung von Vorauszahlungen

- **Verlängerung** der Abgabe- und Bezahlungsfrist um **1 Monat** auf Antrag möglich (**Dauerfristverlängerung** nach §§ 46 - 48 UStDV).
- **Wahl des Kalendermonats** als Voranmeldungszeitraum möglich, **wenn** für das vorangegangene Kalenderjahr ein Überschuss **(Guthaben) von mehr als 7.500 €** zu Gunsten des Steuerpflichtigen gegeben war (§ 18 Abs. 2a UStG).
- Hat der Unternehmer seine unternehmerische Tätigkeit **neu** aufgenommen, so ist für das **Kalenderjahr der Aufnahme** dieser Tätigkeit und das **Folgejahr** generell der **Kalendermonat** Voranmeldungszeitraum (vgl. § 18 Abs. 2 Satz 4 UStG). Für die Besteuerungszeiträume 2021 bis 2026 gilt hiervon abweichend: Nimmt der Unternehmer seine Tätigkeit im laufenden Kalenderjahr neu auf, so ist die voraussichtliche Steuer (Prognose) des laufenden Jahres ausschlaggebend für die Bestimmung des Voranmeldungszeitraums. Für das Folgejahr ist die tatsächliche Steuer des Erstjahres in eine Jahressteuer umzurechnen, die dann ausschlaggebend für die Bestimmung des Voranmeldungszeitraums des Folgejahres ist.

Für jeden Voranmeldungszeitraum (z. B. Kalendermonat) berechnet der Unternehmer die **Umsatzsteuervorauszahlung**, indem er auf der Grundlage der Umsätze dieses Zeitraums die Umsatzsteuer-Traglast berechnet und davon die abziehbaren Vorsteuerbeträge abzieht. Der verbleibende Betrag ist als Vorauszahlung anzumelden und zu bezahlen.

Für die Bezahlung durch **Überweisung** oder **Lastschrift** gilt eine **Schonfrist** von **drei Tagen** (vgl. § 240 Abs. 3 AO), was bedeutet, dass die gesetzliche Frist für die Bezahlung der Umsatzsteuer-Vorauszahlung um diesen Zeitraum verlängert wird.

4.2 Buchung der Vorauszahlungen

Für die **Buchung** der Umsatzsteuer-Vorauszahlungen sind die folgenden zwei Alternativen denkbar:

- Erfassung auf dem Konto „**Umsatzsteuer** 1770 (3800)" im **Soll** oder
- Erfassung auf dem Konto „**Umsatzsteuervorauszahlungen** 1780 (3820)" im **Soll**.

Das Konto **„Umsatzsteuervorauszahlungen"** ist ein **Unterkonto des Umsatzsteuerkontos**. Die Buchung der Vorauszahlungen auf diesem Konto ist in der Praxis häufiger verbreitet als die Buchung auf dem Konto „Umsatzsteuer", weil eine Trennung der Vorauszahlungen von den laufenden Geschäftsvorfällen die Transparenz der Buchführung erhöht und die Abschlussarbeiten erleichtert.

Beispiel

Die Unternehmerin Sofia Bolgert, Neuwied, übermittelt ihre Umsatzsteuer-Voranmeldung mit einer berechneten Vorauszahlung in Höhe von 534 € fristgerecht zum Finanzamt und überweist die Zahllast zeitgleich an die Finanzkasse vom Bankkonto.

Frau Bolgert erfasst diese Vorauszahlung in ihrer Buchführung wie folgt:

Sollkonto – SKR 03 (SKR 04)	**Betrag (Euro)**	**Habenkonto** – SKR 03 (SKR 04)
USt-Vorauszahlungen 1780 (3820)	543,00	Bank 1200 (1800)

S	USt-Vorauszahlungen	H
534,00		

S	Bank	H
		534,00

5. Abschluss der Umsatzsteuerkonten

Im Rahmen der Jahresabschlussvorbereitung müssen die Umsatzsteuerkonten abgeschlossen werden. Der **Abschlusssaldo** nach der Zusammenführung dieser Konten weist die **verbleibende Umsatzsteuerschuld** bzw. das **Vorsteuerguthaben** gegenüber dem Finanzamt aus.

Eine verbleibende **Umsatzsteuerschuld** wird in der Bilanz als **sonstige Verbindlichkeit**, ein **Vorsteuerüberhang** als **sonstiger Vermögensgegenstand** (sonstige Forderung) ausgewiesen (vgl. *Falterbaum/Bolk/Reiß/Kirchner*, S. 145 ff.).

In der Praxis sind die folgenden zwei Vorgehensweisen vorzufinden:

- Zusammenfassung der Salden aller Umsatzsteuer-, Vorsteuer- und Vorauszahlungskonten auf dem **Umsatzsteuerkonto** („Oberkonto") oder
- Zusammenfassung der Salden aller Umsatzsteuer-, Vorsteuer- und Vorauszahlungskonten auf einem **Verrechnungskonto**.

Beispiel

1. Alternative (Abschluss über das Umsatzsteuerkonto):

- Das Vorsteuer-, das Umsatzsteuer- und das Vorauszahlungskonto weisen folgende Bewegungen auf (hier verkürzt dargestellt):

S	Vorsteuer	H
160,00		
321,00		

S	Umsatzsteuer	H
		281,00
		580,00
		16,00

S	USt-Vorauszahlungen	H
121,00		
242,00		

- Das Vorsteuerkonto und das Vorauszahlungskonto werden über das Umsatzsteuerkonto abgeschlossen:

S	Vorsteuer		H
160,00	SB	**481,00**	
321,00			
481,00		481,00	

S	USt-Vorauszahlungen		H
121,00	SB	**363,00**	
242,00			
363,00		363,00	

S	Umsatzsteuer		H
VoSt	**481,00**		281,00
Vorausz.	**363,00**		580,00
			16,00

- Anschließend wird das Umsatzsteuerkonto über das Schlussbilanzkonto abgeschlossen:

S	Schlussbilanzkonto		H
	USt	**33,00**	

S	Umsatzsteuer		H
VoSt	481,00		281,00
Vorausz.	363,00		580,00
SB	**33,00**		16,00
	877,00		877,00

Buchungssätze zum vorstehenden Kontenabschluss:

Sollkonto – SKR 03 (SKR 04)		**Betrag (Euro)**	**Habenkonto** – SKR 03 (SKR 04)	
Umsatzsteuer	1770 (3800)	481,00	Vorsteuer	1570 (1400)
Umsatzsteuer	1770 (3800)	363,00	USt-Vorausz.	1780 (3820)
Umsatzsteuer	1770 (3800)	33,00	SBK	9999 (9999)

Bei dem eher selten vorkommenden Fall eines **Vorsteuerüberhangs** (mehr Vorsteuer als Umsatzsteuer), werden das Umsatzsteuer- und das Vorauszahlungskonto **über das Vorsteuerkonto** abgeschlossen. Anschließend wird der Saldo des Vorsteuerkontos über das Schlussbilanzkonto abgeschlossen.

2. Alternative (Abschluss über ein Verrechnungskonto):

- Das Vorsteuer-, das Umsatzsteuer- und das Vorauszahlungskonto weisen folgende Bewegungen auf (hier verkürzt dargestellt):

S	Vorsteuer	H
	160,00	
	321,00	

S	Umsatzsteuer	H
		281,00
		580,00
		16,00

S	USt-Vorauszahlungen	H
	121,00	
	242,00	

- Das Umsatzsteuer-, das Vorsteuer- und das Vorauszahlungskonto werden über das Verrechnungskonto abgeschlossen (vgl. *Zschenderlein*, S. 102):

- Anschließend wird das Verrechnungskonto über das Schlussbilanzkonto abgeschlossen:

S	Schlussbilanzkonto		H
		USt	**33,00**

S	USt-Verr.-konto		H
VoSt	481,00		877,00
Vorausz.	363,00		
SB	**33,00**		
	877,00		877,00

Buchungssätze zum vorstehenden Kontenabschluss:

	Sollkonto – SKR 03 (SKR 04)		**Betrag (Euro)**	**Habenkonto** – SKR 03 (SKR 04)	
1	Verrechnungskonto	1792 (3630)	481,00	Vorsteuer	1570 (1400)
2	Verrechnungskonto	1792 (3630)	363,00	USt-Vorauszahlungen	1780 (3820)
3	Umsatzsteuer	1770 (3800)	877,00	Verrechnungskonto	1792 (3630)
4	Verrechnungskonto	1792 (3630)	33,00	SBK	9999 (9999)

In der **Praxis (EDV-Buchführung)** kann der **Abschluss** der Umsatzsteuerkonten **programmgesteuert** erfolgen. Die Salden der Umsatzsteuer-, Vorsteuer- und Vorauszahlungskonten werden dann vom Buchführungsprogramm zusammengefasst. Der Gesamtsaldo wird unter der Bilanzposition **„Sonstige Verbindlichkeiten“** (Restschuld) oder **„Sonstige Vermögensgegenstände“** (Guthaben) ausgewiesen.

Aufgabe 20 > Seite 258

E. Warenverkehr

1. Grundmodell des Warenhandels

Unternehmenszweck der **Handelsbetriebe** (Groß- und Einzelhandelsbetriebe) ist der **Handel** mit **Waren**. Aber auch **Industriebetriebe** (verarbeitende Betriebe) handeln oftmals zur Ergänzung des eigenen Verkaufsprogramms mit Waren (vgl. *Schmolke/Deitermann*, S. 123).

- **Waren** sind Produkte, die **von anderen Betrieben hergestellt** wurden. Handelsbetriebe kaufen die Waren von den Herstellern oder anderen Händlern ein und verkaufen sie weiter. Merkmal der **Ware** ist, dass sie zwischen dem Ein- und Verkauf i. d. R. **keine Veränderung** erfährt (vgl. *Bieg/Waschbusch*, S. 87).
- **Erzeugnisse** sind Produkte, die vom eigenen Betrieb **hergestellt** oder wenigstens **teilweise physisch bearbeitet** wurden (vgl. *Bieg/Waschbusch*, S. 87). Es kann sich hierbei um Fertigerzeugnisse, halbfertige oder unfertige Erzeugnisse handeln.

Aus der Sicht der Buchhaltung hat der Handel mit Waren mindestens „zwei Seiten“: Waren werden eingekauft (**Wareneinkauf**) und wieder verkauft (**Warenverkauf**). Die im Warenbereich auch zu betrachtende Lagerung von Beständen soll hier zunächst unbeachtet bleiben.

Einkäufe und **Verkäufe** werden in der Finanzbuchhaltung nicht mit ihren Mengen und Qualitäten, sondern mit ihren **Werten** erfasst, die sich aus deren Mengen und Preisen ergeben. Hierbei ist zu beachten, dass Wareneinkäufe mit ihren **Einkaufspreisen** (Einstandspreise) und Warenverkäufe mit den **Verkaufspreisen** (Absatzpreise) erfasst werden (vgl. *Bieg/Waschbusch*, S. 87).

Betrachtet man **eine** Ware isoliert und verfolgt man vereinfacht ihren Weg durch den Betrieb, dann ergibt sich aus buchhalterischer Sicht das folgende Bild:

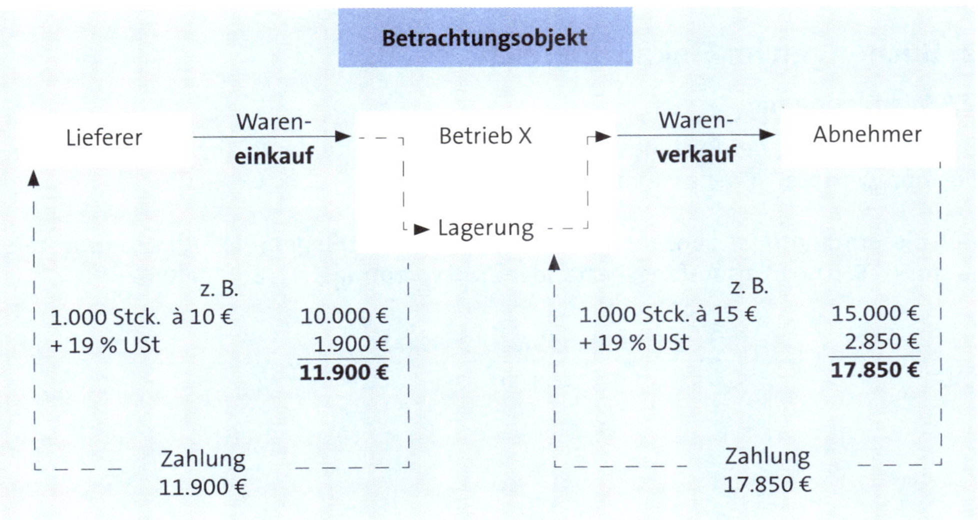

Unterstellt man, dass die eingekauften Waren in der selben Abrechnungsperiode (z. B. Kalenderjahr) auch verkauft werden, also ohne die Höhe des Lagerbestandes zu verändern, dann ist die Differenz aus den **Nettoerlösen** und den **Wareneinkäufen** der „Roherfolg" aus den Warengeschäften (vgl. *Bieg/Waschbusch*, S. 88; *Bornhofen*, S. 105).

Bei dem auf der Seite zuvor dargestellten Beispiel beträgt der Rohgewinn 5.000 €.

Zwischen dem Ein- und Verkauf der Waren fallen aber in der Regel noch **weitere Aufwendungen** (z. B. Gehälter, Mieten, Telefonentgelte) und **weitere Erträge** (z. B. Mieterträge, Zinserträge) an. Deshalb muss der Rohgewinn bzw. -verlust um diese Beträge vermindert bzw. erhöht werden, um zum **Reingewinn** oder **-verlust** der Abrechnungsperiode zu gelangen (vgl. *Bornhofen*, S. 105).

	Umsatzerlöse (Warenmengen · Verkaufspreise netto)* = Erträge
-	Wareneinsatz (Warenmengen · Einkaufspreise netto)* = Aufwendungen
=	**Rohgewinn/Rohverlust**
-	alle übrigen Aufwendungen
+	alle übrigen Erträge
=	**Reingewinn/Reinverlust**

[* Warenbezugskosten („Nebenkosten" des Wareneinkaufs, z. B. Verpackungs- oder Frachtkosten) sowie erhaltene und gewährte Abzüge oder Nachlässe (z. B. Skonto, Rabatt) bleiben hier noch unberücksichtigt; sie werden später behandelt.]

In der Praxis ist es üblich, Waren**einkäufe**, Waren**bestände** und Waren**verkäufe getrennt** voneinander zu erfassen. Gründe hierfür sind die bessere Übersicht über die Warenvorgänge und die Trennung des Vorsteuerbereichs (Wareneinkäufe) vom Umsatzsteuerbereich (Umsatzerlöse).

2. Buchungen im Einkaufsbereich

2.1 Wareneingang

Bei der Ableitung der Bestandskonten aus der Aktivseite der Bilanz entsteht aus der Position **„Vorräte"** u. a. das Konto **„Bestand Waren"**.

Auf diesem Konto ist zunächst der Warenbestand zu Beginn des Abrechnungszeitraums (z. B. 01.01.) als Anfangsbestand im Soll vorzutragen (z. B. 10.000 €):

S	Bestand Waren 3980 (1140)		H
AB	10.000,00		

Werden nun Waren **eingekauft**, dann müssten diese auf dem Konto „**Bestand Waren** 3980 (1140)" als **Zugang im Soll** erfasst werden (Bestandserhöhung).

Wenn diese Waren danach **verkauft** werden, der Bestand also wieder vermindert wird, müsste der Abgang auf dem Konto „**Bestand Waren** 3980 (1140)" **im Haben** erfasst werden (Bestandsverminderung).

Der **Warenabgang** ist der „Einsatz" des Betriebes, um die Umsatzerlöse zu erzielen. Es handelt sich also um **Wareneinsatz**, der für den Betrieb **Aufwand** darstellt.

Aus Vereinfachungsgründen kann in der laufenden Buchführung unterstellt werden, dass alle Wareneinkäufe innerhalb des selben Abrechnungszeitraums wieder verkauft werden, also keine Lagerbestandsveränderung stattfindet. Dann kann die Erfassung der Zu- und Abgänge auf dem Bestandskonto „**Bestand Waren** 3980 (1140)" **unterbleiben**.

MERKE

Stattdessen werden die Nettowerte aller **Wareneinkäufe direkt** auf dem folgenden **Aufwandskonto** zu Einkaufspreisen im **Soll** erfasst:

Kontobezeichnung	Kontonummer SKR 03 (SKR 04)
Wareneingang	3200 (5200)

Die Kontenrahmen SKR 03 und SKR 04 enthalten zudem zahlreiche speziellere Unterkonten dieses Warenkontos (z.B. „3400 (5400)" für Wareneinkäufe mit 19 % USt), die bei der Verwendung der Automatikfunktionen der Konten verwendet werden sollten.

Beispiel

Die zum Vorsteuerabzug berechtigte Unternehmerin Nicole Schmidt, Bonn, kauft für ihr Unternehmen für 5.000 € + 950 € USt Waren auf Ziel ein.

Sie bucht die Eingangsrechnung wie folgt:

Sollkonto – SKR 03 (SKR 04)		**Betrag (Euro)**	**Habenkonto** – SKR 03 (SKR 04)	
Wareneingang	3400 (5400)	5.000,00	Verbindl. a LuL	1600 (3300)
Vorsteuer 19 %	1576 (1406)	950,00	Verbindl. a LuL	1600 (3300)

S	Wareneingang	H
5.000,00		

S	Verbindlichkeiten a LuL	H
		5.950,00

S	Vorsteuer 19 %	H
950,00		

Bei dieser Vorgehensweise wird also unterstellt, dass der Wareneingang in der selben Abrechnungsperiode komplett verkauft wird. Der **Wareneingang** ist dann zugleich der **Wareneinsatz** (Aufwand).

Das Konto „**Wareneingang** 3200 (5200)" wird – weil es ein **Aufwandskonto** ist – über das **Gewinn- und Verlustkonto** abgeschlossen.

Bestandsveränderungen werden bei diesem Buchungsverfahren erst im Rahmen der **Inventur** festgestellt. Die Werte der Buchhaltung werden dann den Inventurwerten angepasst (siehe S. 115 ff.).

2.2 Bezugsnebenkosten

Bei der Beschaffung der Waren fallen oftmals „Nebenkosten", wie Verpackungs-, Versand-, Versicherungs- oder Frachtkosten an. Weil sie im Rahmen der **Anschaffung** anfallen, werden sie als **„Anschaffungsnebenkosten"** bezeichnet (vgl. *Bornhofen*, S. 171).

Anschaffungsnebenkosten gehören zwingend zu den **Anschaffungskosten**, wenn sie dem Vermögensgegenstand **einzeln** zugeordnet werden können (vgl. § 255 Abs. 1 HGB).

Bezogen auf den Wareneinkauf bedeutet dies, dass alle Aufwendungen, die im Rahmen der Beschaffung der Waren anfallen und den Waren einzeln zurechenbar sind, zu den Anschaffungskosten der Waren gehören.

Beispiel

Die Büromaschinengroßhändlerin Marina Stiel, Mayen, kauft 100 Rechenmaschinen für 100 € (netto) pro Stück vom Hersteller auf Ziel. Die Rechenmaschinen sind zum Weiterverkauf bestimmt. Von der Spedition, welche die Rechenmaschinen zu Frau Stiel transportiert hat, erhält sie eine Frachtrechnung in Höhe von 100 € + 19 € USt.

Die Frachtkosten sind den Rechenmaschinen einzeln zurechenbar (1 € pro Rechenmaschine). Somit beträgt der **Warenwert** (Anschaffungskosten) für **1 Rechenmaschine**:

	Kaufpreis (netto)	100,00 €
+	Anschaffungsnebenkosten (netto)	1,00 €
=	**Anschaffungskosten (netto)**	**101,00 €**

Anschaffungsnebenkosten, die im Rahmen des Wareneinkaufs anfallen, können

- entweder – wie die Ware selbst – auf dem Konto **„Wareneingang 3200 (5200)"**
- oder auf dem Unterkonto **„Bezugsnebenkosten 3800 (5800)"**

im **Soll** gebucht werden.

Bei der **getrennten** Erfassung der Bezugsnebenkosten wird der Wareneinkauf des geschilderten Beispiels (Einkauf von 100 Rechenmaschinen) wie folgt gebucht:

Sollkonto – SKR 03 (SKR 04)		**Betrag (Euro)**	**Habenkonto** – SKR 03 (SKR 04)	
Wareneingang	3400 (5400)	10.000,00	Verbindl. a LuL	1600 (3300)
Vorsteuer 19 %	1576 (1406)	1.900,00	Verbindl. a LuL	1600 (3300)
Bezugsnebenkosten	3800 (5800)	100,00	Verbindl. a LuL	1600 (3300)
Vorsteuer 19 %	1576 (1406)	19,00	Verbindl. a LuL	1600 (3300)

S	Wareneingang	H
	10.000,00	

S	Bezugsnebenkosten	H
	100,00	

S	Vorsteuer 19 %	H
	1.900,00	
	19,00	

S	Verbindlichkeiten a LuL	H
		11.900,00
		119,00

Die **getrennte** Erfassung der Bezugsnebenkosten hat den **Vorteil**, dass diese Aufwendungen je Abrechnungszeitraum **gesondert** von den Wareneinkäufen **ausgewiesen** und somit für Kalkulationszwecke oder Zwecke der Aufwandsanalyse verwendet werden können. Hierfür könnte auch eine weitere Unterteilung in einzelne Aufwandsarten (mithilfe von Unterkonten) sinnvoll sein.

Sofern ein getrennter Ausweis nicht notwendig ist – z. B. weil die Daten nicht benötigt oder anderweitig erhoben werden – ist die Erfassung der Bezugsnebenkosten auf dem Konto „Wareneinkauf" sinnvoller, weil das Konto „Bezugsnebenkosten" und auch seine Unterkonten im Rahmen des Jahresabschlusses über das Konto „Wareneinkauf" abgeschlossen werden. Die direkte Erfassung auf dem Konto „Wareneinkauf" reduziert somit den Umbuchungsaufwand bei der Erstellung des Jahresabschlusses.

2.3 Rücksendungen

Fehlerhafte oder mangelhafte Waren werden reklamiert und gegebenenfalls an den Verkäufer zurückgeschickt (Rücksendung).

Durch eine Rücksendung vermindert sich die Verbindlichkeit gegenüber dem Lieferanten. Gleichzeitig werden die ursprünglichen Daten, die auf den Konten „Wareneingang" und „Vorsteuer" erfasst wurden, rückwirkend verändert. Entsprechende Korrekturbuchungen sind also notwendig.

Beispiel

Die ursprüngliche Eingangsrechnung lautete: „100 Wareneinheiten à 100 € = 10.000 € + 1.900 € USt (19 %) = 11.900 €". Sie wurde bereits wie folgt gebucht:

Sollkonto – SKR 03 (SKR 04)		**Betrag (Euro)**	**Habenkonto** – SKR 03 (SKR 04)	
Wareneingang	3400 (5400)	10.000,00	Verbindl. a LuL	1600 (3300)
Vorsteuer 19 %	1576 (1406)	1.900,00	Verbindl. a LuL	1600 (3300)

Kurze Zeit später wird 20 % der Ware wegen erheblicher Mängel zurückgeschickt. Der Verkäufer erteilt eine **Gutschrift** in Höhe von 2.000 € + 380 € USt = 2.380 €.

Der ursprüngliche Rechnungsbetrag wird somit **nachträglich** um 2.380 € vermindert; davon 2.000 € **Reduzierung des Warenwertes** und 380 € **Reduzierung der Vorsteuer**.

Die erhaltene **Gutschrift** wird auf dem Konto „Verbindlichkeiten a LuL" mit 2.380 € im **Soll** und auf den Konten „Wareneingang" mit 2.000 € und „Vorsteuer" mit 380 € jeweils im **Haben** gebucht:

Sollkonto – SKR 03 (SKR 04)		**Betrag (Euro)**	**Habenkonto** – SKR 03 (SKR 04)	
Verbindl. a LuL	1600 (3300)	2.000,00	Wareneingang	3400 (5400)
Verbindl. a LuL	1600 (3300)	380,00	Vorsteuer 19 %	1576 (1406)

2.4 Leergut

Bestimmte Warenlieferungen erfolgen in Transportverpackungen, die der Lieferer zusätzlich zum Warenwert berechnet und bei Rückgabe dem Kunden wieder gutschreibt. Ein typischer Fall hiervon ist die Lieferung von Getränken in Pfandflaschen oder -fässern.

Aus der Sicht des Einkäufers der Ware handelt es sich somit um Bezugsnebenkosten, weil sie als Nebenkosten des Wareneinkaufs anfallen.

Beispiel

Der Gastwirt Philip Luy kauft 6 Fässer Bier für zusammengerechnet 480 € netto beim Getränkegroßhändler ein. Für die Fässer berechnet der Großhändler 30 € Pfand pro Fass.

Die Eingangsrechnung bei Herrn Luy lautet somit:

6 KEG-Fässer befüllt mit XY-Bier:	6 • 80 € =	480,00 €
Pfand für 6 KEG-Fässer:	6 • 30 € =	180,00 €
		660,00 €
+ 19 % USt		125,40 €
zu zahlen		**785,40 €**

Bei Rückgabe der KEG-Fässer erfolgt eine Gutschrift in Höhe von 30 € netto pro Fass.

Es ist zu empfehlen, Pfandverpackungen auf einem getrennten Bezugsnebenkostenkonto zu erfassen, um einen Überblick über die erhaltenen und zurückgegebenen Fässer, Flaschen etc. zu behalten.

Die Datev-Kontenrahmen SKR 03 (SKR 04) stellen hierfür das Konto **„Leergut 3830 (5820)"** zur Verfügung.

Beispiel

Die in dem Beispiel zuvor dargestellte Eingangsrechnung kann wie folgt gebucht werden:

Sollkonto – SKR 03 (SKR 04)		**Betrag (Euro)**	**Habenkonto** – SKR 03 (SKR 04)	
Wareneingang	3400 (5400)	480,00	Verbindl. a LuL	1600 (3300)
Leergut	**3830 (5820)**	**180,00**	**Verbindl. a LuL**	**1600 (3300)**
Vorsteuer 19 %	1576 (1406)	125,40	Verbindl. a LuL	1600 (3300)

Bei **Rückgabe** der Pfandverpackungen erhält der Kunde eine **Gutschrift**, die auf dem Konto, auf dem das Pfand erfasst wurde, im **Haben** gegengebucht wird.

Die **Vorsteuer**, die auf die Nettogutschrift anfällt, ist wie bei einer Rücksendung ebenfalls zu korrigieren (im **Haben** zu buchen).

Beispiel

Herr Luy (Beispiel zuvor) gibt 5 KEG-Fässer an seinen Lieferanten zurück und erhält hierfür eine Gutschrift in Höhe von 150 € + 28,50 € USt.

Die Gutschrift wird dann wie folgt erfasst:

Sollkonto – SKR 03 (SKR 04)		**Betrag (Euro)**	**Habenkonto** – SKR 03 (SKR 04)	
Verbindl. a LuL	1600 (3300)	150,00	Leergut	3830 (5820)
Verbindl. a LuL	1600 (3300)	28,50	Vorsteuer 19 %	1576 (1406)

2.5 Preisnachlässe und Preisabzüge

Lieferanten gewähren ihren Kunden regelmäßig **Preisnachlässe** (z. B. Rabatt) oder **Preisabzüge** (z. B. Skonto) auf ihre Listenpreise.

- **Rabatte** werden normalerweise direkt bei der Vereinbarung des Kaufpreises oder bei der Rechnungsstellung berücksichtigt. Sie werden aus den unterschiedlichsten Motiven gewährt, beispielsweise bei der Abnahme von größeren Mengen als **Mengenrabatt** oder bei dauernder Geschäftsbeziehung als **Treuerabatt**. Der Listenpreis wird dann entweder um einen bestimmten Prozentsatz (z. B. „5 % vom Nettolistenpreis") oder um einen festen Betrag (z. B. „abzüglich 100 € Rabatt") vermindert.

  Sofern der Rabatt als sog. **„Sofort-Rabatt"** gewährt wird, **vermindert der Verkäufer** bereits **den Listenpreis** um den Rabattbetrag. Die Umsatzsteuer wird dann auf den verminderten Nettorechnungsbetrag bemessen.

Beispiel

	Lieferung von 100 Rechenmaschinen zu 100 €/Stück	10.000 €
-	5 % Mengenrabatt	500 €
=	**Nettorechnungsbetrag**	**9.500 €**
+	19 % USt auf 9.500 €	1.805 €
=	**Rechnungsendbetrag**	**11.305 €**

In diesem Fall wird der gewährte Rabatt normalerweise nicht gesondert berücksichtigt. Der Wareneinkauf wird direkt mit 9.500 € auf dem Konto „Wareneingang" im Soll und die Vorsteuer mit 1.805 € auf dem Konto „Vorsteuer" im Soll erfasst.

Wenn der Rabatt hingegen erst **nachträglich** gewährt wird, führt dies zu einer Reduzierung der ursprünglichen Daten.

Beispiel

Die ursprüngliche Rechnung lautete: „100 Rechenmaschinen à 100 € = 10.000 € + 1.900 € USt (19 %) = 11.900 €". Sie wurde bereits wie folgt gebucht:

Sollkonto – SKR 03 (SKR 04)		**Betrag (Euro)**	**Habenkonto** – SKR 03 (SKR 04)	
Wareneingang	3400 (5400)	10.000,00	Verbindl. a LuL	1600 (3300)
Vorsteuer 19 %	1576 (1406)	1.900,00	Verbindl. a LuL	1600 (3300)

Kurze Zeit später gewährt der Verkäufer einen Rabatt in Höhe von 500 € + 95 € USt = 595 € als **Gutschrift**.

Der ursprüngliche Rechnungsbetrag wird somit **nachträglich** um 595 € vermindert; davon entfallen 500 € auf die **Reduzierung des Warenwertes** und 95 € auf die **Reduzierung der Vorsteuer**.

Der **nachträgliche Preisnachlass** wird dann auf dem Konto „Verbindlichkeiten a LuL" mit 595 € im **Soll** und auf den Konten „Wareneingang" mit 500 € und „Vorsteuer" mit 95 € im **Haben** gebucht:

Sollkonto – SKR 03 (SKR 04)		**Betrag (Euro)**	**Habenkonto** – SKR 03 (SKR 04)	
Verbindl. a LuL	1600 (3300)	500,00	Wareneingang	3400 (5400)
Verbindl. a LuL	1600 (3300)	95,00	Vorsteuer 19 %	1576 (1406)

Aus betriebswirtschaftlichen Gründen kann es sinnvoll sein, erhaltene Rabatte **getrennt** zu erfassen (**gesonderter Ausweis** innerhalb der Buchführung). Sie werden dann auf dem Konto „**Erhaltene Rabatte** 3770 (5770)" im Haben erfasst.

Das zuvor dargestellte Beispiel wird dann wie folgt gebucht:

Sollkonto – SKR 03 (SKR 04)		**Betrag (Euro)**	**Habenkonto** – SKR 03 (SKR 04)	
Verbindl. a LuL	1600 (3300)	500,00	Erhaltene Rabatte	3770 (5770)
Verbindl. a LuL	1600 (3300)	95,00	Vorsteuer 19 %	1576 (1406)

Das Konto „**Erhaltene Rabatte** 3770 (5770)" ist ein **Unterkonto des Wareneingangskontos**. Es wird also über das Konto „**Wareneingang** 3200 (5200)" abgeschlossen.

- Ein **Bonus** ist ein gewährter **Nachlass**, der nachträglich – z. B. als „Umsatzbonus" – erteilt wird. Es handelt sich also um einen **nachträglich gewährten Rabatt**, der wie bei dem zuvor dargestellten Beispiel zu buchen ist.

  Sofern eine getrennte Erfassung der erhaltenen Boni sinnvoll erscheint, könnten diese mit dem Nettobetrag auf dem Konto „**Erhaltene Boni** 3769 (5769)" im **Haben** erfasst werden (Unterkonto des Wareneingangskontos). Die Vorsteuerkorrektur erfolgt auf dem **Vorsteuerkonto** im **Haben** (wie in dem Beispiel oben).

- Beim **Skonto** handelt es sich um einen **Abzug** vom Rechnungsbetrag, den der Kunde für die **vorzeitige Bezahlung** innerhalb eines bestimmten Zeitraums in Anspruch nehmen darf. Lieferanten räumen ihren Kunden diese Abzugsmöglichkeit ein, um sie zu einer schnellen Zahlung zu bewegen. Eine übliche Vereinbarung lautet beispielsweise: *„Zahlbar innerhalb von 30 Tagen ohne Abzüge oder innerhalb von 10 Tagen unter Abzug von 2 % Skonto."*

  Der Kunde erhält die Ware – wenn er den Skontoabzug in Anspruch nimmt – also günstiger.

  Damit der Unternehmer die Summe der in einem Abrechnungszeitraum erhaltenen Skontobeträge als Information erhält, werden Skonti üblicherweise **getrennt** erfasst. Die bei der Bezahlung des Wareneinkaufs erhaltenen Skonti werden dann auf dem Konto „**Erhaltene Skonti** 3730 (5730)" im **Haben** erfasst (Unterkonto des Wareneingangskontos). Die Vorsteuerkorrektur erfolgt auf dem **Vorsteuerkonto** im **Haben**.

Beispiel

Der Unternehmer Florian Kurz kauft Waren für sein Unternehmen und erhält hierfür eine Rechnung in Höhe von 1.000 € + 190 € USt = 1.190 €.

Die Rechnung wird wie folgt in der Buchführung erfasst:

Sollkonto – SKR 03 (SKR 04)		**Betrag (Euro)**	**Habenkonto** – SKR 03 (SKR 04)	
Wareneingang	3400 (5400)	1.000,00	Verbindl. a LuL	1600 (3300)
Vorsteuer 19 %	1576 (1406)	190,00	Verbindl. a LuL	1600 (3300)

Kurze Zeit später bezahlt Herr Kurz die Rechnung durch Banküberweisung unter **Abzug von 2 % Skonto**.

Der ursprüngliche Rechnungsbetrag wird somit **nachträglich** um 23,80 € vermindert; davon entfallen 20 € auf die **Reduzierung des Warenwertes** und 3,80 € auf die **Reduzierung der Vorsteuer**.

Zunächst wird die Zahlung gebucht (1.190,00 € - 23,80 € Skonto = 1.166,20 €):

Sollkonto – SKR 03 (SKR 04)		**Betrag (Euro)**	**Habenkonto** – SKR 03 (SKR 04)	
Verbindl. a LuL	1600 (3300)	1.166,20	Bank	1200 (1800)

Der **Skontoabzug** wird dann auf dem Konto „Verbindlichkeiten a LuL" mit 23,80 € im **Soll** und auf den Konten „Erhaltene Skonti" mit 20,00 € und „Vorsteuer" mit 3,80 € im **Haben** gebucht:

Sollkonto – SKR 03 (SKR 04)		**Betrag (Euro)**	**Habenkonto** – SKR 03 (SKR 04)	
Verbindl. a LuL	1600 (3300)	20,00	Erhaltene Skonti	3730 (5730)
Verbindl. a LuL	1600 (3300)	3,80	Vorsteuer 19 %	1576 (1406)

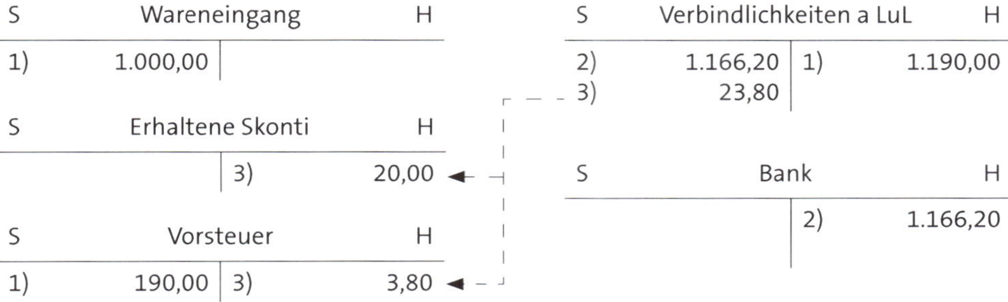

Das Konto „**Erhaltene Skonti** 3730 (5730)" ist ein **Unterkonto des Wareneingangskontos**. Es wird also über das Konto „**Wareneingang** 3200 (5200)" abgeschlossen.

S	Wareneingang		H
	1.000,00	Erhaltene Skonti	20,00

S	Erhaltene Skonti		H
Wareneingang	20,00		20,00
	20,00		20,00

Preisnachlässe und Preisabzüge vermindern die Anschaffungskosten der Waren (vgl. § 255 Abs. 1 Satz 3 HGB). Sie werden als **„Anschaffungspreisminderungen"** bezeichnet.

MERKE

Unter Berücksichtigung der Preisnachlässe und Preisabzüge sind die **Anschaffungskosten** einer Ware also wie folgt zu ermitteln:

	Kaufpreis (netto)
+	Anschaffungsnebenkosten (netto)
-	Anschaffungspreisminderungen (netto)
=	**Anschaffungskosten (netto)**

Aufgabe 21 > Seite 259

2.6 Geleistete Anzahlungen

Manche Lieferanten verlangen für Warenlieferungen bei der Bestellung Anzahlungen. Insbesondere bei neuen Kunden oder größeren Lieferungen werden solche Zahlungen vor der Lieferung verlangt.

Aus der **Sicht des Einkäufers** der Ware handelt es sich bei einer An- oder Vorauszahlung bis zur tatsächlichen Lieferung der Ware um eine **Forderung gegenüber dem Lieferanten**.

Beispiel

Der Computereinzelhändler Frank Heinen, Koblenz, bestellt am 15.04.2020 beim Großhändler Müller in Köln 10 Laptops für zusammengerechnet 10.000 € + 19 % USt. Die Laptops sollen Anfang Mai 2020 an Herrn Heinen geliefert werden.

Der Großhändler Müller verlangt von Herrn Heinen für diese Lieferung eine Anzahlung in Höhe von 5.000 € + 19 % USt, zu zahlen eine Woche vor der Lieferung.

Herr Heinen überweist die 5.950 € an den Großhändler Müller am 25.04.2020. Bis zur Lieferung der Laptops hat Herr Heinen gegenüber dem Lieferer eine Forderung in Höhe von 5.950 €, die – wenn zu diesem Zeitpunkt eine Bilanz erstellt würde – unter den Vorräten in der Bilanzposition „geleistete Anzahlungen" auszuweisen ist.

Die Datev-Kontenrahmen SKR 03 (SKR 04) stellen für geleistete Anzahlungen auf Vorräte das Konto **„Geleistete Anzahlungen auf Vorräte 1510 (1180)"** sowie steuersatzbezogene Unterkonten zur Verfügung.

Wenn für die An- bzw. Vorauszahlung eine **ordnungsgemäße Rechnung** vorliegt, ist die in ihr ausgewiesene Umsatzsteuer zum Zahlungszeitpunkt als **Vorsteuer abziehbar** (vgl. § 15 Abs. 1 Nr. 1 Satz 3 UStG). Dies bedeutet, dass Vorsteuerabzug aus einer Anzahlungsrechnung zulässig ist, wenn

- eine **ordnungsgemäße Anzahlungsrechnung** mit gesondertem Umsatzsteuerausweis vorliegt und
- die **Anzahlung geleistet** ist.

Beispiel

Die in dem Beispiel zuvor dargestellte Anzahlung wird bei Herrn Heinen wie folgt gebucht, sofern eine ordnungsgemäße Anzahlungsrechnung vorliegt (wird hier unterstellt):

Sollkonto – SKR 03 (SKR 04)		**Betrag (Euro)**	**Habenkonto** – SKR 03 (SKR 04)	
Geleistete Anzahlungen 19 % Vorsteuer	1518 (1186)	5.000,00	Bank	1200 (1800)
Vorsteuer 19 %	1576 (1406)	950,00	Bank	1200 (1800)

Bei **Lieferung** der Ware, für die die Anzahlung geleistet wurde, wird die Anzahlung mit der Verbindlichkeit a LuL verrechnet.

Vorsteuerabzug ist dann nur noch aus dem verbliebenen Restbetrag abziehbar.

Beispiel

Fortsetzung des Beispiels zuvor. Herr Heinen erhält die bestellten 10 Laptops am 05.05.2020 von dem Großhändler Müller zusammen mit der folgenden ordnungsgemäßen Rechnung (vereinfachter Auszug):

	Lieferung von 10 XY-Laptops à	1.000 €	10.000,00 €
+	19 % USt		1.900,00 €
			11.900,00 €
-	Anzahlung vom 25.04.2020		
	netto	5.000,00 €	
	19 % USt	950,00 €	- 5.950,00 €
noch zu zahlen			**5.950,00 €**

Die vorgenannte Rechnung wird dann wie folgt erfasst:

Sollkonto – SKR 03 (SKR 04)		**Betrag (Euro)**	**Habenkonto** – SKR 03 (SKR 04)	
Wareneingang 19 %	3400 (5400)	10.000,00	Verbindl. a LuL	1600 (3300)
Vorsteuer 19 %	1576 (1406)	1.900,00	Verbindl. a LuL	1600 (3300)
Verbindl. a LuL	1600 (3300)	5.000,00	Geleistete Anzahlungen 19 % Vorsteuer	1518 (1186)
Verbindl. a LuL	1600 (3300)	950,00	Vorsteuer 19 %	1576 (1406)

Die Restzahlung in Höhe von 5.950 € wird abschließend wie folgt gebucht:

Sollkonto – SKR 03 (SKR 04)		**Betrag (Euro)**	**Habenkonto** – SKR 03 (SKR 04)	
Verbindl. a LuL	1600 (3300)	5.950,00	Bank	1200 (1800)

ACHTUNG

Wenn keine Anzahlungsrechnung mit gesondertem USt-Ausweis vorliegt, ist **kein** Vorsteuerabzug aus der Anzahlung zulässig. Die Anzahlung wird dann mit dem Zahlungsbetrag auf dem Konto „Geleistete Anzahlungen auf Vorräte 1510 (1180)“ im Soll erfasst und bei Warenlieferung mit der Verbindlichkeit aus LuL verrechnet.

3. Buchungen im Verkaufsbereich

3.1 Umsatzerlöse

Durch den Verkauf von Waren, selbst erstellten Produkten und Dienstleistungen erzielt der Unternehmer **Umsatzerlöse** als **Gegenleistungen** für seine Leistungen.

Die Erfassung dieser Gegenleistungen erfolgt mit deren **Nettoverkaufspreisen** auf dem folgenden **Ertragskonto**:

Kontobezeichnung	Kontonummer SKR 03 (SKR 04)
Erlöse	8200 (4200)

oder einem spezielleren **Unterkonto** im **Haben**.

Die Erfassung der hierbei anfallenden Umsatzsteuer erfolgt auf dem folgenden Konto:

Kontobezeichnung	Kontonummer SKR 03 (SKR 04)
Umsatzsteuer	1770 (3800)

oder einem spezielleren **Unterkonto** im **Haben**.

Beispiel

Der Unternehmer Christian Schneider, der in Koblenz ein Großhandelsunternehmen für Computerzubehör betreibt, verkauft an einen Kunden 40 DVD-Laufwerke für insgesamt 800 € + 152 € USt gegen Bankscheck.

Der **Warenverkauf** wird in der Buchführung wie folgt erfasst:

Sollkonto – SKR 03 (SKR 04)		**Betrag (Euro)**	**Habenkonto** – SKR 03 (SKR 04)	
Bank	1200 (1800)	800,00	Erlöse 19 % USt	8400 (4400)
Bank	1200 (1800)	152,00	Umsatzsteuer 19 %	1776 (3806)

S	Bank	H
952,00		

S	Erlöse 19 % USt	H
		800,00

S	Umsatzsteuer 19 %	H
		152,00

Fallvariante
Herr Schneider verkauft die DVD-Laufwerke (Fall zuvor) auf Ziel.

Die **Ausgangsrechnung** wird dann in der Buchführung folgendermaßen erfasst:

Sollkonto – SKR 03 (SKR 04)		**Betrag (Euro)**	**Habenkonto** – SKR 03 (SKR 04)	
Forderungen a LuL	1400 (1200)	800,00	Erlöse 19 % USt	8400 (4400)
Forderungen a LuL	1400 (1200)	152,00	Umsatzsteuer 19 %	1776 (3806)

S	Forderungen a LuL	H
952,00		

S	Erlöse 19 % USt	H
		800,00

S	Umsatzsteuer 19 %	H
		152,00

Das Konto „**Erlöse** 8200 (4200)" und dessen Unterkonten (z. B. „**Erlöse** 19 % USt 8400 (4400)") sind **Ertragskonten**. Sie werden somit über das **Gewinn- und Verlustkonto** abgeschlossen:

S	GuVK	H
		Erlöse ◄– – – – Saldo (Erlöse)

S	Erlöse	H
Saldo		div. Erlöse

In **EDV-Buchführungen** gibt es **kein** Gewinn- und Verlust**konto**. Die Salden der Erlöskonten werden dort programmgesteuert zusammengefasst und in der **Gewinn- und Verlustrechnung** unter der Position „Umsatzerlöse" ausgewiesen (siehe hierzu die jeweils erste Spalte der im Anhang abgedruckten Kontenrahmen, die diese Programmsteuerung aufzeigt).

Ergänzend muss erwähnt werden, dass Erlöse grundsätzlich **nach Steuersätzen getrennt** aufgezeichnet werden müssen (vgl. § 22 Abs. 2 Nr. 1 UStG). Dies bedeutet, dass die Umsätze zu 7 % USt getrennt von den Umsätzen zu 19 % erfasst werden müssen (auf speziellen Konten).

Weiterhin sind **steuerfreie Umsätze getrennt** von den steuerpflichtigen Umsätzen aufzuzeichnen (vgl. § 22 Abs. 2 Nr. 1 UStG). Sie müssen also auch auf speziellen Konten erfasst werden.

Die DATEV-Kontenrahmen SKR 03 und SKR 04 stellen die erforderlichen speziellen Konten zur Verfügung (siehe Anhang des Buches).

3.2 Warenvertriebskosten

Beim Verkauf der Waren fallen oftmals „Nebenkosten", wie Verpackungs-, Versand-, Versicherungs- oder Frachtkosten an. Weil sie im Rahmen des **Vertriebs** anfallen, werden sie als **„Warenvertriebskosten"** bezeichnet.

Vertriebskosten gehören zu den **sofort abzugsfähigen** Aufwendungen (Betriebsausgaben). Sie werden deshalb zum Zeitpunkt ihrer Entstehung mit dem Nettobetrag auf dem entsprechenden Vertriebskostenkonto im **Soll** erfasst. Die Vertriebskostenkonten befinden sich im Kontenrahmen SKR 03 in der Kontenklasse 4 und im Kontenrahmen SKR 04 in der Kontenklasse 6.

Übersicht Vertriebskostenkonten:

Oberkonto	**SKR 03**	**SKR 04**
► Kosten der Warenabgabe	4700	(6700)
Unterkonten		
► Verpackungsmaterial	4710	(6710)
► Ausgangsfrachten	4730	(6740)
► Transportversicherungen	4750	(6760)
► Verkaufsprovisionen	4760	(6770)

Umsatzsteuer, die dem Unternehmer zusammen mit den Vertriebskosten berechnet wird, ist – wenn die Voraussetzungen für den Vorsteuerabzug erfüllt sind – als abziehbare **Vorsteuer** auf dem Konto **„Abziehbare Vorsteuer** 1570 (1400)" oder einem speziellen Unterkonto hiervon im **Soll** zu erfassen (siehe S. 78).

Beispiel

Der zum Vorsteuerabzug berechtigte Unternehmer Florian Lay kauft für sein Unternehmen Versandverpackungen (Kartons) für 500 € + 95 € USt auf Ziel.

Die **Eingangsrechnung** wird in der Buchführung folgendermaßen erfasst:

Sollkonto – SKR 03 (SKR 04)		**Betrag (Euro)**	**Habenkonto** – SKR 03 (SKR 04)	
Verpackungsmaterial	4710 (6710)	500,00	Verbindl. a LuL	1600 (3300)
Vorsteuer 19 %	1576 (1406)	95,00	Verbindl. a LuL	1600 (3300)

S	Verpackungsmaterial	H
	500,00	

S	Verbindlichkeiten a LuL	H
		595,00

S	Vorsteuer 19 %	H
	95,00	

Das Konto „**Kosten der Warenabgabe** 4700 (6700)" und dessen Unterkonten (z. B. „**Verpackungsmaterial** 4710 (6710)") sind **Aufwandskonten**. Sie werden somit über das **Gewinn- und Verlustkonto** abgeschlossen.

Aufgabe 22 > Seite 259

Oftmals werden die Vertriebskosten an die Kunden weiterberechnet. Sie erhöhen dann die Erlöse aus dem Warenverkauf.

Beispiel

Verkauf eines Laserdruckers für 300 € + USt auf Ziel. Vereinbarungsgemäß wird zusätzlich eine Versandkostenpauschale von 10 € + USt berechnet.

Die Rechnung lautet somit:

	1 Laserdrucker	300,00 €
	Versandkostenpauschale	10,00 €
		310,00 €
+	19 % USt	58,90 €
	zu zahlen	**368,90 €**

Diese Ausgangsrechnung wird wie folgt gebucht:

Sollkonto – SKR 03 (SKR 04)		**Betrag (Euro)**	**Habenkonto** – SKR 03 (SKR 04)	
Forderungen a LuL	1400 (1200)	310,00	Erlöse 19 % USt	8400 (4400)
Forderungen a LuL	1400 (1200)	58,90	USt 19 %	1776 (3806)

3.3 Rücksendungen

Fehlerhafte oder mangelhafte Waren werden reklamiert und gegebenenfalls an den Verkäufer zurückgeschickt (Rücksendung). Der Verkäufer erteilt dem Kunden dann eine **Gutschrift** über die zurückgeschickte Ware.

Durch eine Rücksendung vermindern sich **beim Verkäufer** die Verkaufserlöse (**Erlösschmälerung**).

Umsatzsteuerlich hat eine Erlösschmälerung zur Folge, dass sich das ursprünglich berechnete **Entgelt vermindert**. Es erfolgt also eine **Änderung der Bemessungsgrundlage** und damit eine Berichtigung der hierauf entfallenden Umsatzsteuer (vgl. § 17 UStG).

Die ursprünglichen Daten, die auf den Konten „Erlöse" und „Umsatzsteuer" erfasst wurden, werden also rückwirkend verändert. Entsprechende Korrekturbuchungen sind notwendig.

Beispiel

Die ursprüngliche Ausgangsrechnung aus dem Warenverkauf lautete: „100 Computermonitore à 100 € = 10.000 € + 1.900 € USt (19 %) = 11.900 €". Sie wurde bereits wie folgt gebucht:

Sollkonto – SKR 03 (SKR 04)		**Betrag (Euro)**	**Habenkonto** – SKR 03 (SKR 04)	
Forderungen a LuL	1400 (1200)	10.000,00	Erlöse 19 % USt	8400 (4400)
Forderungen a LuL	1400 (1200)	1.900,00	Umsatzsteuer 19 %	1776 (3806)

Kurze Zeit später wird von dem Kunden 20 % der Ware wegen erheblicher Mängel zurückgeschickt. Der Verkäufer erteilt eine **Gutschrift** in Höhe von 2.000 € + 380 € USt = 2.380 €.

Der ursprüngliche Rechnungsbetrag des Verkäufers wird somit **nachträglich** um 2.380 € vermindert; davon **Reduzierung des Erlöses** netto in Höhe von 2.000 € und **Reduzierung der Umsatzsteuer** in Höhe von 380 €.

Die **Gutschrift** an den Kunden wird **beim Verkäufer** der Ware auf den Konten „Erlöse" mit 2.000 € und „Umsatzsteuer" mit 380 € jeweils im **Soll** und auf dem Konto „Forderungen a LuL" mit 2.380 € im **Haben** gebucht:

Sollkonto – SKR 03 (SKR 04)		**Betrag (Euro)**	**Habenkonto** – SKR 03 (SKR 04)	
Erlöse 19 % USt	8400 (4400)	2.000,00	Forderungen a LuL	1400 (1200)
Umsatzsteuer 19 %	1776 (3806)	380,00	Forderungen a LuL	1400 (1200)

Erlösschmälerungen können auch von den Erlösen **getrennt** erfasst werden. Ein Beweggrund hierfür könnte das Interesse an der Höhe der „Rückabwicklungen" bei den Umsätzen je Abrechnungszeitraum sein. Insbesondere der Zeitvergleich (Vergleich mit den Daten der Vorjahre) könnte Aufschluss über Fehlerquoten bei den Waren und beim Versand oder Hinweise auf andere Fehlerquellen liefern.

Die getrennte Erfassung der Rücksendungen erfolgt auf dem folgenden Unterkonto:

Kontobezeichnung	**Kontonummer SKR 03 (SKR 04)**
Erlösschmälerungen	8700 (4700)

bzw. den entsprechenden spezielleren Unterkonten hiervon im **Soll**.

Bei dem oben aufgeführten Beispiel wird die Gutschrift **beim Verkäufer** der Ware dann wie folgt gebucht:

Sollkonto – SKR 03 (SKR 04)		**Betrag (Euro)**	**Habenkonto** – SKR 03 (SKR 04)	
Erlösschmäl. 19 % USt	8720 (4720)	2.000,00	Forderungen a LuL	1400 (1200)
Umsatzsteuer 19 %	1776 (3806)	380,00	Forderungen a LuL	1400 (1200)

Die Unterkonten „Erlösschmälerungen" werden zum Ende des Wirtschaftsjahres über die entsprechenden Erlöskonten abgeschlossen.

Beispiel

Auf dem Konto „**Erlösschmälerungen 19 % USt** 8720 (4720)" wurden im Laufe des Jahres insgesamt 4.550 € Gutschriften an Kunden im Soll gebucht. Der Saldo dieses Kontos beträgt somit 4.550 € (im Haben).

Der Abschluss dieses Kontos erfolgt über das Konto „**Erlöse 19 % USt** 8400 (4400)":

Sollkonto – SKR 03 (SKR 04)		**Betrag (Euro)**	**Habenkonto** – SKR 03 (SKR 04)	
Erlöse 19 % USt	8400 (4400)	4.550,00	Erlösschmäl. 19 % USt	8720 (4720)

S	Erlösschmälerungen 19 % USt	H
Preisnachlässe und Preisabzüge	Saldo	4.550,00 →

S	Erlöse 19 % USt	H
Erlösschmälerungen 4.550,00	Erlöse	

3.4 Leergut

Bestimmte Warenlieferungen erfolgen in Verpackungen, die zusätzlich zum Warenwert berechnet und bei Rücknahme dem Kunden wieder gutgeschrieben werden. Ein typischer Fall hiervon ist die Lieferung von Getränken in Pfandflaschen oder -fässern.

Aus der Sicht des **Verkäufers** der Ware handelt es sich auch bei den zusätzlich zur Ware berechneten Pfandverpackungen um **Verkaufserlöse**. Bei **Rücknahme** der Pfandverpackungen liegen dann **Entgeltminderungen** in Höhe der Nettogutschriften an die Kunden vor.

Beispiel

Der Getränkegroßhändler Maurice Greve, Neuwied, verkauft 6 Fässer Bier für zusammengerechnet 480 € netto an den Gastwirt Philip Luy in Koblenz. Für die Fässer berechnet der Großhändler 30 € Pfand pro Fass.

Die Ausgangsrechnung bei dem Großhändler Greve lautet:

6 KEG-Fässer befüllt mit XY-Bier:	6 • 80 € =	480,00 €
Pfand für 6 KEG-Fässer:	6 • 30 € =	180,00 €
		660,00 €
+ 19 % USt		125,40 €
zu zahlen		**785,40 €**

Bei Rückgabe der KEG-Fässer erfolgt eine Gutschrift in Höhe von 30 € netto pro Fass.

Das zusätzlich zum Warenwert berechnete Verpackungspfand gehört zum Verkaufserlös und kann zusammen mit dem Erlös in einer Buchung erfasst werden.

Beispiel

Die in dem Beispiel zuvor dargestellte Ausgangsrechnung kann wie folgt gebucht werden:

Sollkonto – SKR 03 (SKR 04)		**Betrag (Euro)**	**Habenkonto** – SKR 03 (SKR 04)	
Forderungen a LuL	1400 (1200)	660,00	Erlöse 19 % USt	8400 (4400)
Forderungen a LuL	1400 (1200)	125,40	Umsatzsteuer 19 %	1776 (3806)

Die Rücknahme von Pfandverpackungen mit Gutschrift an den Kunden wird dann wie eine Rücksendung erfasst (siehe hierzu das Kapitel E.3.3).

Es kann jedoch auch sinnvoll sein, gesondert berechnete **Pfandverpackungen** auf einem **getrennten Erlöskonto** zu erfassen, um einen Überblick über den Wert der gelieferten und zurückgenommenen Fässer, Flaschen etc. zu behalten.

Die Datev-Kontenrahmen SKR 03 (SKR 04) stellen hierfür das Konto **„Erlöse Leergut 8540 (4520)"** zur Verfügung.

Beispiel

Die in dem Beispiel auf der Seite zuvor dargestellte Ausgangsrechnung wird dann wie folgt gebucht:

Sollkonto – SKR 03 (SKR 04)		**Betrag (Euro)**	**Habenkonto** – SKR 03 (SKR 04)	
Forderungen a LuL	1400 (1200)	480,00	Erlöse 19 % USt	8400 (4400)
Forderungen a LuL	1400 (1200)	180,00	Erlöse Leergut	8540 (4520)
Forderungen a LuL	1400 (1200)	125,40	Umsatzsteuer 19 %	1776 (3806)

Bei **Rückgabe** der Pfandverpackungen erhält der Kunde eine **Gutschrift**, die auf dem Konto, auf dem das Pfand erfasst wurde, im **Soll** gebucht wird.

Die **Umsatzsteuer**, die auf die Nettogutschrift anfällt, ist wie bei einer Rücksendung ebenfalls zu korrigieren (im **Soll** zu buchen), weil die **Pfandrücknahme** aus umsatzsteuerlicher Sicht eine **Entgeltminderung** darstellt (vgl. BMF-Schreiben vom 05.11.2013).

Beispiel

Herr Luy (Beispiel zuvor) gibt 5 KEG-Fässer zurück. Der Großhändler Maurice Greve schickt an Herrn Luy eine Gutschrift in Höhe von 150 € + 28,50 € USt.

Die Gutschrift wird bei dem Großhändler Greve wie folgt erfasst:

Sollkonto – SKR 03 (SKR 04)		**Betrag (Euro)**	**Habenkonto** – SKR 03 (SKR 04)	
Erlöse Leergut	8540 (4520)	150,00	Forderungen a LuL	1400 (1200)
Umsatzsteuer 19 %	1776 (3806)	28,50	Forderungen a LuL	1400 (1200)

3.5 Preisnachlässe und Preisabzüge

Lieferanten gewähren ihren Kunden regelmäßig Preisnachlässe (z. B. Rabatt) oder Preisabzüge (z. B. Skonto) auf ihre Listenpreise (siehe S. 96 ff.).

Preisreduzierungen führen beim Verkäufer zur **Verminderung der Erlöse** und dadurch auch zur **Verminderung der Umsatzsteuer**.

Beispiel

Die Unternehmerin Maria Kunzewitsch ist Inhaberin eines Bürofachhandels in Koblenz. Einer ihrer besten Kunden ist die Stadtverwaltung Koblenz.

Wegen der umfangreichen Einkäufe gewährt Frau Kunzewitsch der Stadtverwaltung Koblenz nachträglich einen Treuerabatt von 750 € + 19 % USt (Gutschrift an die Stadtverwaltung).

Dieser nachträgliche Preisnachlass führt bei Frau Kunzewitsch zu einer Verminderung der Erlöse um 750 €, einer Verminderung der Umsatzsteuer um 142,50 € und einer Verminderung der Forderungen von 892,50 €.

Bei Frau Kunzewitsch wird diese Gutschrift an die Stadtverwaltung Koblenz wie folgt gebucht:

Sollkonto – SKR 03 (SKR 04)	**Betrag (Euro)**	**Habenkonto** – SKR 03 (SKR 04)
Gewährte Rabatte 19 % USt 8790 (6710)	750,00	Forderungen a LuL 1400 (1200)
Umsatzsteuer 19 % 1776 (3806)	142,50	Forderungen a LuL 1400 (1200)

S	Gewährte Rabatte 19 % USt	H
	750,00	

S	Forderungen a LuL	H
		870,00

S	Umsatzsteuer 19 %	H
	142,50	

Rabatte, die sofort gewährt werden (Sofort-Rabatte) werden i. d. R. nicht gesondert erfasst. Vielmehr wird direkt der um den Rabatt verminderte Erlös erfasst (vgl. *Bornhofen*, S. 200).

Beispiel

Frau Kunzewitsch (Beispiel zuvor) erteilt der Stadtverwaltung Koblenz die folgende Rechnung für die Lieferung von zehn Schreibtischen:

10 Büroschreibtische à 500 €	5.000 €
- 10 % Mengenrabatt	500 €
	4.500 €
+ 19 % USt	855 €
= zu zahlen	**5.355 €**

Wenn der Rabatt – wie üblich – nicht gesondert in der Buchführung ausgewiesen werden soll, dann wird diese Ausgangsrechnung wie folgt erfasst:

Sollkonto – SKR 03 (SKR 04)		**Betrag (Euro)**	**Habenkonto** – SKR 03 (SKR 04)	
Forderungen a LuL	1400 (1200)	4.500,00	Erlöse 19 % USt	8400 (4400)
Forderungen a LuL	1400 (1200)	855,00	Umsatzsteuer 19 %	1776 (3806)

Soll der Rabatt hingegen gesondert ausgewiesen werden, dann wird diese Rechnung wie folgt gebucht:

Sollkonto – SKR 03 (SKR 04)		**Betrag (Euro)**	**Habenkonto** – SKR 03 (SKR 04)	
Forderungen a LuL	1400 (1200)	5.000,00	Erlöse 19 % USt	8400 (4400)
Gewährte Rabatte 19 % USt	8790 (4790)	500,00	Forderungen a LuL	1400 (1200)
Forderungen a LuL	1400 (1200)	855,00	Umsatzsteuer 19 %	1776 (3806)

Den Kunden **gewährte Skonti** führen – wie Rabatte und andere Preisnachlässe oder -abzüge – ebenfalls zur nachträglichen Verminderung der Erlöse (Erlösschmälerungen) und zur entsprechenden Verminderung der Umsatzsteuer.

Beispiel

Die Stadtverwaltung Koblenz bezahlt die in dem Beispiel zuvor dargestellte Rechnung unter Abzug von 2 % Skonto.

Der ursprüngliche Rechnungsbetrag wird somit **nachträglich** um 107,10 € vermindert (5.355 € · 2 %); davon entfallen 90 € auf die **Reduzierung des Erlöses** und 17,10 € auf die **Reduzierung der Umsatzsteuer**.

Zunächst wird die Zahlung gebucht (5.355,00 € - 107,10 € Skonto = 5.247,90 €):

Sollkonto – SKR 03 (SKR 04)		**Betrag (Euro)**	**Habenkonto** – SKR 03 (SKR 04)	
Bank	1200 (1800)	5.247,90	Forderungen a LuL	1400 (1200)

Der Nettobetrag des **Skontoabzugs** (90 €) wird dann auf dem Konto **„Gewährte Skonti“** im **Soll**, die hierauf entfallende Umsatzsteuer (17,10 €) wird auf dem Konto **„Umsatzsteuer“** auch im **Soll** erfasst. Die Gegenbuchungen erfolgen auf dem Konto **„Forderungen a LuL“** im **Haben**.

Sollkonto – SKR 03 (SKR 04)		**Betrag (Euro)**	**Habenkonto** – SKR 03 (SKR 04)	
Gew. Skonti 19 %	8736 (4736)	90,00	Forderungen a LuL	1400 (1200)
Umsatzsteuer 19 %	1776 (3806)	17,10	Forderungen a LuL	1400 (1200)

S	Bank		H
1)	5.247,90		

S	Gewährte Skonti 19 % USt		H
2)	90,00		

S	Umsatzsteuer		H
2)	17,10		

S	Forderungen a LuL		H
		1)	5.247,90
		2)	107,10

Aufgabe 23 > Seite 260

3.6 Erhaltene Anzahlungen

Manche Lieferanten verlangen für Warenlieferungen vor der Lieferung Anzahlungen von ihren Kunden. Insbesondere bei neuen Kunden oder größeren Lieferungen werden gelegentlich Zahlungen vor der Lieferung verlangt.

Aus der Sicht des Verkäufers der Ware handelt es sich bei einer erhaltenen An- oder Vorauszahlung bis zur tatsächlichen Lieferung der Ware um eine **Verbindlichkeit gegenüber dem Kunden**, die – wenn zu diesem Zeitpunkt eine Bilanz erstellt würde – bei den Verbindlichkeiten in der Bilanzposition „erhaltene Anzahlungen auf Bestellungen“ (vgl. § 266 Abs. 3 Buchst. C Nr. 3 HGB) auszuweisen ist.

Da eine Zahlung des Kunden vor der Lieferung noch keinen Leistungsaustausch im Sinne eines Umsatzerlöses darstellt (kein betrieblicher Ertrag), ist die erhaltene Anzahlung eine **Aktiv-Passiv-Mehrung** (Mehrung der Aktiva durch den Erhalt des Geldes und Mehrung der Passiva durch die Zunahme der Verbindlichkeiten).

Die Datev-Kontenrahmen SKR 03 (SKR 04) stellen für erhaltene Anzahlungen auf Bestellungen das Konto **„Erhaltene Anzahlungen auf Bestellungen 1710 (3250)“** sowie steuersatzbezogene Unterkonten zur Verfügung.

ACHTUNG

Anzahlungen unterliegen bereits bei **Vereinnahmung** der **Umsatzsteuer**, obwohl noch kein Leistungsaustausch stattgefunden hat (**„Istbesteuerung von Anzahlungen“** nach § 13 Abs. 1 Nr. 1 Buchst. a Satz 4 UStG).

Die Pflicht zur Besteuerung vereinnahmter Anzahlungen mit Umsatzsteuer besteht auch, wenn kein Beleg (keine Rechnung oder Quittung) hierüber ausgestellt wird.

Beispiel

Der Großhändler Gilles (Sanitärfachhandel) erhält von dem Handwerker Thunert eine Bestellung im Wert von 10.500 € netto. Gilles verlangt von Thunert vorab eine Anzahlung in Höhe von 5.000 € + 950 € USt = 5.950 €. Die Anzahlung wird bei Herrn Gilles am 28.04.2020 auf dem Bankkonto gutgeschrieben. Die Lieferung soll in der zweiten Maiwoche erfolgen.

Buchung zum 28.04.2020 bei Herrn Gilles:

Sollkonto – SKR 03 (SKR 04)		**Betrag (Euro)**	**Habenkonto** – SKR 03 (SKR 04)	
Bank	1200 (1800)	5.000,00	Erhaltene, versteuerte Anzahlungen 19 % USt	1718 (3272)
Bank	1200 (1800)	950,00	USt 19 %	1776 (3806)

Bei **Lieferung** der Ware, für die die Anzahlung geleistet wurde, wird die Anzahlung beim Lieferer mit der Forderung a LuL verrechnet.

Umsatzsteuer entsteht dann nur noch auf den Netto-Restbetrag (Nettobetrag der Lieferung minus Nettobetrag der Anzahlung).

Beispiel

Fortsetzung des Beispiels zuvor. Der Großhändler Gilles liefert dem Handwerker Thunert am 07.05.2020 die bestellten Sanitärartikel zusammen mit der folgenden Rechnung (vereinfachter Auszug):

	Lieferung von Sanitärfachartikeln lt. beigefügtem Lieferschein		10.500 €
+	19 % USt		1.995 €
			12.495 €
-	Anzahlung vom 28.04.2020		
	netto	5.000 €	
	19 % USt	950 €	- 5.950 €
	noch zu zahlen		**6.545 €**

Die obige Rechnung wird bei dem Großhändler Gilles wie folgt erfasst:

Sollkonto – SKR 03 (SKR 04)		**Betrag (Euro)**	**Habenkonto** – SKR 03 (SKR 04)	
Forderungen a LuL	1400 (1200)	10.500,00	Erlöse 19 % USt	8400 (4400)
Forderungen a LuL	1400 (1200)	1.995,00	USt 19 %	1776 (3806)
Erhaltene, versteuerte Anzahlungen 19 % USt	1718 (3272)	5.000,00	Forderungen a LuL	1400 (1200)
USt 19 %	1776 (3806)	950,00	Forderungen a LuL	1400 (1200)

Die Restzahlung von Thunert in Höhe von 6.545 € wird zum Zeitpunkt des Zahlungseingangs beim Großhändler Gilles wie folgt gebucht:

Sollkonto – SKR 03 (SKR 04)		**Betrag (Euro)**	**Habenkonto** – SKR 03 (SKR 04)	
Bank	1200 (1800)	6.545,00	Forderungen a LuL	1400 (1200)

4. Bestandsveränderungen

Durch jeden Wareneinkauf und -verkauf verändert sich der Warenbestand des Betriebes.

Im Kapitel zum Wareneingang (S. 90 ff.) wurde dargestellt, dass die Wareneinkäufe im Laufe des Jahres aus Vereinfachungsgründen nicht als Zugänge zum Warenbestand, sondern auf dem Aufwandskonto „Wareneingang“ erfasst werden.

Auch werden die Warenverkäufe nicht als Abgänge vom Warenbestand erfasst.

Bei dieser Vorgehensweise wird unterstellt, dass die **eingekauften Waren sofort wieder verkauft** werden und somit im Laufe des Jahres keine Warenbestandsveränderungen stattfinden (sog. **„Just-in-time-Verfahren"**)(vgl. *Bornhofen*, S. 95).

Die Unterstellung, dass innerhalb eines Abrechnungszeitraums (z. B. 01.01. - 31.12.) die Zugänge zum Warenbestand gleich groß den Abgängen sind und der Warenbestand am Ende des Jahres dem Warenbestand zu Beginn des Jahres entspricht, ist für die meisten Betriebe unrealistisch.

Realität ist i. d. R. vielmehr, dass die eingekauften Warenmengen entweder größer oder kleiner als die verkauften Mengen sind. Dadurch kommt es im Laufe eines Abrechnungszeitraums zu **Bestandsveränderungen**, die am Ende des Jahres festgestellt und erfasst werden müssen.

MERKE

Möglich sind die folgenden drei Varianten der **Entwicklung des Warenbestandes:**

- Der Warenbestand am Ende des Jahres ist **gleich groß** dem Warenbestand zu Beginn des Jahres (**keine Bestandsveränderung**).
- Der Warenbestand am Ende des Jahres ist **höher** als der Warenbestand zu Beginn des Jahres (**Bestandserhöhung**).
- Der Warenbestand am Ende des Jahres ist **niedriger** als der Warenbestand zu Beginn des Jahres (**Bestandsminderung**).

Im Fall des **unveränderten Warenbestandes** ist zum Jahresende keine Anpassungsbuchung notwendig. Bei der Fallvariante der Bestandserhöhung muss das Konto „Bestand Waren" um die **Bestandsveränderung** erhöht werden, damit der tatsächliche Warenbestand auf dem Warenbestandskonto abgebildet wird.

Beispiel

Der Computergroßhändler Schneider hatte am 01.01. von der Ware A einen Bestand in Höhe von 100 Stück à 500 €. Dieser Bestand ist zum 01.01. auf dem Konto „**Bestand Waren** 3980 (1140)" mit 50.000 € im Soll erfasst.

S		Bestand Waren	H
AB	50.000,00		

Im Laufe des Jahres wird das Konto **„Bestand Waren"** nicht verändert, weil alle Wareneinkäufe auf dem Konto **„Wareneingang"** bzw. den entsprechenden Unterkonten und die Warenverkäufe nur mit den erzielten Erlösen auf dem Konto **„Erlöse"** bzw. den entsprechenden Unterkonten erfasst werden.

Zum 31.12. beträgt der Bestand der Ware A 110 Stück à 500 € (durch Inventur ermittelt).

Die Bestandserhöhung beträgt somit 5.000 € (10 Stück à 500 €). Sie wird auf dem Konto **„Bestand Waren“** im Soll und auf dem Aufwandskonto **„Bestandsveränderungen Waren“** im **Haben** erfasst:

Sollkonto – SKR 03 (SKR 04)	**Betrag (Euro)**	**Habenkonto** – SKR 03 (SKR 04)
Bestand Waren 3980 (1140)	5.000,00	Bestandsveränderungen 3950 (5881)

S	Bestand Waren		H
AB	50.000,00		
1)	5.000,00		

S	Bestandsveränderungen		H
		1)	5.000,00

Eine Bestandserhöhung wie sie in dem vorangegangenen Beispiel dargestellt wird, kommt dadurch zu Stande, dass Wareneinkäufe nicht verkauft, sondern auf Lager gelegt werden.

Die Lagerbestandserhöhung ist **Vermögen**, das in der Bilanz unter der Position **„Vorräte“** ausgewiesen wird. Da die Wareneingänge, die den Warenbestand erhöht haben, beim Einkauf aber auf dem Aufwandskonto **„Wareneingang“** erfasst wurden, sind die Aufwendungen bis zur Erfassung der Bestandserhöhung zu hoch. Gleichzeitig ist der Warenbestand auf dem Konto **„Bestand Waren“** zu niedrig. Durch die vorgenannte Buchung **„Bestand Waren“** an **„Bestandsveränderungen Waren“** werden die Konten an die realen Daten angepasst.

Das Konto „**Bestandsveränderungen Waren** 3950 (5881)“ wird beim Jahresabschluss über das Konto „**Wareneingang** 3200 (5200)“ abgeschlossen:

S	Wareneingang (WE)		H
		Bver	5.000,00 ←

S	Bestandsveränderungen		H
WE	5.000,00	1)	5.000,00
	5.000,00		5.000,00

Bei der Fallvariante der **Bestandsminderung** muss das Konto „Bestand Waren“ um die Bestandsveränderung vermindert werden, damit der tatsächliche Warenbestand auf dem Warenbestandskonto abgebildet wird.

Beispiel

Der Computergroßhändler Schneider hatte am 01.01. von der Ware B einen Bestand in Höhe von 200 Stück à 100 €. Dieser Bestand ist am 01.01. auf dem Konto **„Bestand Waren“** mit 20.000 € im Soll erfasst.

Im Laufe des Jahres wird das Konto **„Bestand Waren"** nicht verändert, weil alle Wareneinkäufe auf dem Konto **„Wareneingang"** bzw. den entsprechenden Unterkonten und die Warenverkäufe nur mit den erzielten Erlösen auf dem Konto **„Erlöse"** bzw. den entsprechenden Unterkonten erfasst werden.

Zum 31.12. beträgt der Bestand der Ware B 100 Stück à 100 € (durch Inventur ermittelt).

Die Bestandsminderung beträgt somit 10.000 € (100 Stück à 100 €). Sie wird auf dem Aufwandskonto **„Bestandsveränderungen Waren"** im **Soll** und auf dem Bestandskonto **„Bestand Waren"** im **Haben** erfasst:

Sollkonto – SKR 03 (SKR 04)	**Betrag (Euro)**	**Habenkonto** – SKR 03 (SKR 04)
Bestandsveränderungen 3950 (5881)	10.000,00	Bestand Waren 3980 (1140)

S	Bestandsveränderungen		H
1)	10.000,00		

S	Bestand Waren		H
AB	20.000,00	1)	10.000,00

Eine Bestands**minderung** wie sie in dem vorangegangenen Beispiel dargestellt wird, kommt dadurch zu Stande, dass **mehr Waren verkauft als eingekauft** wurden. Ein Teil der verkauften Waren wurde also dem Lagerbestand entnommen (= Verringerung des Lagerbestandes).

Bis zur Erfassung der Bestandsveränderung sind die Aufwendungen für Waren also zu niedrig erfasst (nur die Wareneinkäufe wurden als Aufwendungen gebucht, nicht hingegen die Bestandsverringerung des Lagerbestandes). Gleichzeitig ist der Warenbestand auf dem Konto „Bestand Waren" zu hoch ausgewiesen (dort steht noch der Anfangsbestand vom Beginn des Jahres).

Durch die vorgenannte Buchung **„Bestandsveränderungen"** an **„Bestand Waren"** werden die Konten an die realen Daten angepasst.

Wie bei der Fallvariante der Bestandserhöhung wird bei der Bestandsminderung das Konto **„Bestandsveränderungen Waren"** über das Konto **„Wareneingang"** abgeschlossen.

Gesamtübersicht für den Fall der Bestandsminderung:

S	Bestandsveränderungen		H
1)	10.000,00	2)	10.000,00

S	Bestand Waren		H
AB	20.000,00	1)	10.000,00
		SB	10.000,00
	20.000,00		20.000,00

S	Wareneingang (WE)		H
2)	10.000,00	GuV	10.000,00

Schlussbilanzkonto

Aufw.	GuV		Erträge
Aufw. für Waren	10.000,00		

Aktiva	Bilanz		Passiva
Vorräte	10.000,00		

In der praktischen Buchführung erfolgt die Erfassung der Bestandsveränderungen dadurch, dass der durch Inventur ermittelte Bestand des jeweiligen Warenkontos zunächst mit dem zum Jahresanfang erfassten Bestand verglichen wird. Die Differenz zwischen diesen beiden Werten, also dem Inventurwert und dem Buchwert, ist dann die Bestandsveränderung. Diese wird dann auf dem Warenbestandskonto erfasst (bei einer **Bestandserhöhung** im **Soll** des Kontos **„Bestand Waren"** und bei einer **Bestandsverminderung** im **Haben** des Kontos **„Bestand Waren"**). Die jeweilige Gegenbuchung erfolgt auf dem Konto **„Bestandsveränderungen"**.

Aufgabe 24 > Seite 261

F. Roh-, Hilfs- und Betriebsstoffe

1. Begriffliche Abgrenzung

Produzierende Unternehmen, wie Industrie- und Handwerksbetriebe, verarbeiten zugelieferte oder selbst hergestellte Materialien zu Erzeugnissen.

Diese „Materialien" werden in **Roh-, Hilfs- und Betriebsstoffe** unterschieden (vgl. *Coenenberg*, S. 212, *Olfert/Rahn/Zschenderlein*, Stichwort 959).

- **Rohstoffe** gehen unmittelbar in die Erzeugnisse ein und bilden deren **Hauptbestandteil** (z. B. das Holz für die Herstellung von Holzmöbeln).
- **Hilfsstoffe** gehen auch in die Erzeugnisse ein, sind aber nicht Hauptbestandteil, sondern untergeordnete Bestandteile (z. B. Nägel, Schrauben, Nieten für die Herstellung von Holzmöbeln).
- **Betriebsstoffe** gehen nicht als Bestandteile in die Erzeugnisse ein. Sie werden aber für die Herstellung benötigt und verbraucht (z. B. Sandpapier für die Endbearbeitung von Möbelstücken).

Beispiele

Produkte	Rohstoffe	Hilfsstoffe	Betriebsstoffe
Holzmöbel	Holz	Nägel, Schrauben, Nieten, Leim	Sandpapier, Fette für die Maschine
Bücher	Papier, Karton	Druckfarbe, Leim, Folie	Reinigungs- und Schmiermittel für die Maschinen

Einkäufe und **Bestände** von Roh-, Hilfs- und Betriebsstoffen werden in der Finanzbuchhaltung nicht mit ihren Mengen und Qualitäten, sondern mit ihren **Werten** erfasst, die sich aus deren Mengen und Preisen ergeben (**Einstandspreise**).

Die **Verkäufe** der hergestellten Erzeugnisse werden dann – wie die Warenverkäufe – mit ihren Verkaufspreisen als **Erlöse** erfasst.

2. Buchung der Einkäufe und des Verbrauchs

Bei der Ableitung der Bestandskonten aus der Aktivseite der Bilanz entsteht aus der Position **„Vorräte"** u. a. das Konto **„Bestand Roh-, Hilfs- und Betriebsstoffe"**. Gegebenenfalls werden auch getrennte Bestandskonten für Rohstoffe, Hilfsstoffe und Betriebsstoffe geführt.

Auf dem Konto „**Bestand Roh-, Hilfs- und Betriebsstoffe** 3970 (1000)" wird zunächst der Bestand zu Beginn des Abrechnungszeitraums als Anfangsbestand im **Soll** vorgetragen (z. B. 10.000 €):

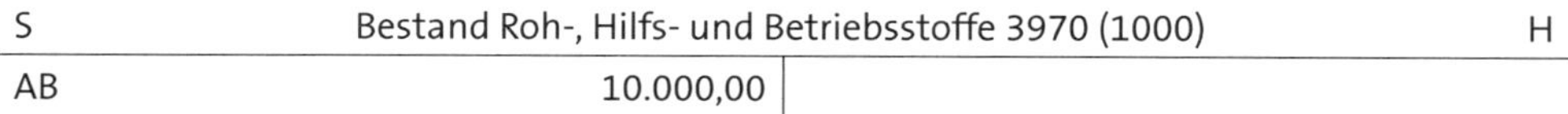

S		Bestand Roh-, Hilfs- und Betriebsstoffe 3970 (1000)	H
AB	10.000,00		

Werden nun beispielsweise Rohstoffe **eingekauft**, dann können diese auf dem Konto **„Bestand Roh-, Hilfs- und Betriebsstoffe"** als Zugang im Soll erfasst werden (Bestandserhöhung).

Wenn diese Rohstoffe danach für die Herstellung von Erzeugnissen **verbraucht** werden, der Bestand also wieder vermindert wird, müsste dieser Abgang auf dem Konto **„Bestand Roh-, Hilfs- und Betriebsstoffe"** im **Haben** erfasst werden (Bestandsverminderung).

Der **Verbrauch** der Roh-, Hilfs- und Betriebsstoffe ist neben den für die Produktion aufgewendeten Löhnen und Gehältern der „Einsatz" des Betriebes, um die Erzeugnisse herzustellen. Es handelt sich also um **Herstellungskosten**, die für den Betrieb **Aufwand** darstellten. Deshalb wird der Verbrauch von Roh-, Hilfs- und Betriebsstoffen auf dem Aufwandskonto **„Aufwendungen für Roh-, Hilfs- und Betriebsstoffe"** im **Soll** erfasst.

Beispiel

Der Schreinermeister Christian Wolf kauft für sein Unternehmen für 1.000 € + 190 € USt Buchenholz auf Ziel ein (1). Zwei Wochen nach dem Einkauf verbraucht er dieses Holz für die Herstellung eines Schlafzimmerschranks (2).

In Herrn Wolfs Buchführung könnte der gesamte Vorgang wie folgt erfasst werden:

S — Bestand Roh-, Hilfs-, Betriebsst. — H

S		H	
AB	10.000,00	2)	1.000,00
1)	1.000,00		

S — Verbindlichkeiten a LuL — H

S		H	
		1)	1.190,00

S — Vorsteuer — H

S		H	
1)	190,00		

S — Aufwendungen für Roh-, Hilfs- und Betriebsst. — H

S		H	
2)	1.000,00	◄ (aus Bestand Roh-, Hilfs-, Betriebsst. 2)	

Sollkonto – SKR 03 (SKR 04)		**Betrag (Euro)**	**Habenkonto** – SKR 03 (SKR 04)	
Bestand Rohstoffe	3970 (1000)	1.000,00	Verbindl. a LuL	1600 (3300)
Vorsteuer 19 %	1576 (1406)	190,00	Verbindl. a LuL	1600 (3300)
Aufw. Rohst.	3000 (5000)	1.000,00	Bestand Rohstoffe	3970 (1000)

Aus Vereinfachungsgründen kann in der laufenden Buchführung unterstellt werden, dass alle Einkäufe von Roh-, Hilfs- und Betriebsstoffen innerhalb des selben Abrechnungszeitraums für die Herstellung von Erzeugnissen verbraucht werden, also **keine Lagerbestandsveränderungen** stattfinden (vgl. *Bornhofen*, S. 95).

Dann kann die Erfassung der Zu- und Abgänge auf dem Bestandskonto „**Bestand Roh-, Hilfs- und Betriebsstoffe** 3970 (1000)“ **unterbleiben**.

Stattdessen werden die Nettowerte der **Einkäufe direkt** auf dem folgenden **Aufwandskonto:**

Kontobezeichnung	**Kontonummer SKR 03 (SKR 04)**
Aufw. für Roh-, Hilfs- und Betriebsstoffe	3000 (5000)

oder den spezielleren Unterkonten im **Soll** erfasst (vgl. *Goldstein*, S. 43).

Beispiel

Die zum Vorsteuerabzug berechtigte Unternehmerin Laura Klein kauft für ihre Druckerei DIN A3-Papier für 500 € + 95 € USt auf Ziel ein.

Sie bucht die Eingangsrechnung wie folgt:

Sollkonto – SKR 03 (SKR 04)		**Betrag (Euro)**	**Habenkonto** – SKR 03 (SKR 04)	
Aufw. Rohst.	3030 (5030)	500,00	Verbindl. a LuL	1600 (3300)
Vorsteuer 19 %	1576 (1406)	95,00	Verbindl. a LuL	1600 (3300)

Bei dieser Vorgehensweise wird also fiktiv angenommen, dass die eingekauften Rohstoffe in der selben Abrechnungsperiode komplett verbraucht werden (keine Bestandsveränderung).

Tatsächliche **Bestandsveränderungen** werden bei diesem Buchungsverfahren – wie bei den Waren – erst im Rahmen der **Inventur** festgestellt und erfasst (siehe S. 119).

Das Konto „**Aufwendungen für Roh-, Hilfs- und Betriebsstoffe** 3000 (5000)“ wird – weil es ein **Aufwandskonto** ist – über das **Gewinn- und Verlustkonto** abgeschlossen.

3. Bezugsnebenkosten

Bei der Beschaffung der Roh-, Hilfs- und Betriebsstoffe fallen oftmals „Nebenkosten“, wie Verpackungs-, Versand-, Versicherungs- oder Frachtkosten an. Weil sie im Rahmen der Anschaffung anfallen, werden sie als **„Anschaffungsnebenkosten“** bezeichnet. Anschaffungsnebenkosten gehören zwingend zu den **Anschaffungskosten**, wenn sie dem Vermögensgegenstand **einzeln** zugeordnet werden können (vgl. § 255 Abs. 1 HGB).

Für den Einkauf von Roh-, Hilfs- und Betriebsstoffen bedeutet dies, dass alle Aufwendungen, die im Rahmen der Beschaffung anfallen und den Stoffen einzeln zurechenbar sind, zu den Anschaffungskosten dieser Stoffe gehören.

Beispiel

Die Unternehmerin Lydia Tobor kauft für ihr Unternehmen Rohstoffe für 5.000 € + 950 € USt vom Hersteller auf Ziel. Von der Spedition, welche die Rohstoffe zu Frau Tobor transportiert hat, erhält sie eine Frachtrechnung in Höhe von 200 € + 38 € USt.

Die Frachtkosten sind den Rohstoffen einzeln zurechenbar. Somit betragen die Anschaffungskosten der bezogenen Rohstoffe 5.200 € (5.000 € Kaufpreis netto + 200 € Bezugsnebenkosten netto).

Anschaffungsnebenkosten, die im Rahmen des Einkaufs von Roh-, Hilfs- und Betriebsstoffen anfallen, können

- entweder – wie die Stoffe selbst – auf dem Konto „**Aufwendungen für Roh-, Hilfs- und Betriebsstoffe** 3000 (5000)“
- oder auf dem Unterkonto „**Bezugsnebenkosten** 3800 (5800)“

im Soll gebucht werden.

Beispiel

Bei der **getrennten** Erfassung der Bezugsnebenkosten wird der Einkauf des oben geschilderten Beispiels wie folgt gebucht:

Sollkonto – SKR 03 (SKR 04)		**Betrag (Euro)**	**Habenkonto** – SKR 03 (SKR 04)	
Aufw. Rohstoffe	3030 (5030)	5.000,00	Verbindl. a LuL	1600 (3300)
Vorsteuer 19 %	1576 (1406)	950,00	Verbindl. a LuL	1600 (3300)
Bezugsnebenkosten	**3800 (5800)**	**200,00**	Verbindl. a LuL	1600 (3300)
Vorsteuer 19 %	1576 (1406)	38,00	Verbindl. a LuL	1600 (3300)

Das Bezugsnebenkostenkonto wird über das Aufwandskonto **„Aufwendungen für Roh-, Hilfs- und Betriebsstoffe 3000 (5000)"** abgeschlossen.

4. Rücksendungen, Preisnachlässe und Preisabzüge

Fehlerhafte oder mangelhafte Materialien werden reklamiert und gegebenenfalls an den Verkäufer zurückgeschickt (Rücksendung).

Durch eine **Rücksendung** vermindert sich die Verbindlichkeit gegenüber dem Lieferanten. Gleichzeitig werden die ursprünglichen Daten, die auf den Konten „**Aufwendungen für Roh-, Hilfs- und Betriebsstoffe** 3000 (5000)" und „**Vorsteuer** 1570 (1400)" erfasst wurden, rückwirkend verändert. Entsprechende Korrekturbuchungen sind also notwendig.

Beispiel

Die ursprüngliche Rechnung lautete: „100 Einheiten Rohstoff xy à 100 € = 10.000 € + 1.900 € USt (19 %) = 11.900 €". Sie wurde bereits wie folgt gebucht:

Sollkonto – SKR 03 (SKR 04)		**Betrag (Euro)**	**Habenkonto** – SKR 03 (SKR 04)	
Aufw. Rohstoffe	3030 (5030)	10.000,00	Verbindl. a LuL	1600 (3300)
Vorsteuer 19 %	1576 (1406)	1.900,00	Verbindl. a LuL	1600 (3300)

Kurze Zeit später wird 15 % der Lieferung wegen erheblicher Mängel zurückgeschickt. Der Verkäufer erteilt eine **Gutschrift** in Höhe von 1.500 € + 285 € = 1.785 €.

Die **Gutschrift** wird auf dem Konto „Verbindlichkeiten a LuL" mit 1.785 € im **Soll** und auf den Konten „Aufwendungen für Roh-, Hilfs- und Betriebsstoffe" mit 1.500 € und „Vorsteuer" mit 285 € jeweils im **Haben** gebucht:

Sollkonto – SKR 03 (SKR 04)		**Betrag (Euro)**	**Habenkonto** – SKR 03 (SKR 04)	
Verbindl. a LuL	1600 (3300)	1.500,00	Aufw. Rohstoffe	3030 (5030)
Verbindl. a LuL	1600 (3300)	285,00	Vorsteuer 19 %	1576 (1406)

Lieferanten gewähren ihren Kunden regelmäßig Preisnachlässe (z. B. Rabatt) oder Preisabzüge (z. B. Skonto) auf ihre Listenpreise.

Beispiel

Der Unternehmer Florian Kurz kauft Rohstoffe für sein Unternehmen und erhält hierfür eine Rechnung in Höhe von 1.000 € + 190 € USt = 1.190 €.

Die Rechnung wird wie folgt in der Buchführung erfasst:

Sollkonto – SKR 03 (SKR 04)		**Betrag (Euro)**	**Habenkonto** – SKR 03 (SKR 04)	
Aufw. Rohstoffe	3030 (5030)	1.000,00	Verbindl. a LuL	1600 (3300)
Vorsteuer 19 %	1576 (1406)	190,00	Verbindl. a LuL	1600 (3300)

Kurze Zeit später bezahlt Herr Kurz die Rechnung durch Banküberweisung unter **Abzug von 2 % Skonto**.

Der ursprüngliche Rechnungsbetrag wird somit **nachträglich** um 23,80 € vermindert; davon entfallen 20 € auf die **Reduzierung des Rohstoffwertes** und 3,80 € auf die **Reduzierung der Vorsteuer**.

Zunächst wird die Zahlung gebucht (1.190 € - 23,80 € Skonto = 1.166,20 €):

Sollkonto – SKR 03 (SKR 04)		**Betrag (Euro)**	**Habenkonto** – SKR 03 (SKR 04)	
Verbindl. a LuL	1600 (3300)	1.166,20	Bank	1200 (1800)

Der **Skontoabzug** wird dann auf dem Konto „Verbindlichkeiten a LuL" mit 23,80 € im **Soll** und auf auf den Konten „Erhaltene Skonti" mit 20 € und „Vorsteuer" mit 3,80 € im **Haben** gebucht:

Sollkonto – SKR 03 (SKR 04)		**Betrag (Euro)**	**Habenkonto** – SKR 03 (SKR 04)	
Verbindl. a LuL	1600 (3300)	20,00	Erhaltene Skonti	3738 (5738)
Verbindl. a LuL	1600 (3300)	3,80	Vorsteuer 19 %	1576 (1406)

Erhaltene Rabatte werden auf dem Konto „**Erhaltene Rabatte** 3783 (5783)" bzw. den spezielleren Unterkonten dieses Kontos im **Haben** erfasst.

Erhaltene Boni werden auf dem Konto „**Erhaltene Boni** 3753 (5753)" bzw. den spezielleren Unterkonten dieses Kontos im **Haben** erfasst.

Preisnachlässe und Preisabzüge vermindern die Anschaffungskosten der Roh-, Hilfs- und Betriebsstoffe (vgl. § 255 Abs. 1 Satz 3 HGB). Sie werden deshalb als **„Anschaffungspreisminderungen“** bezeichnet.

MERKE

Unter Berücksichtigung der Preisnachlässe und Preisabzüge sind die **Anschaffungskosten** also wie folgt zu ermitteln (vgl. § 255 Abs. 1 HGB):

	Kaufpreis (netto)
+	Anschaffungsnebenkosten (netto)
-	Anschaffungspreisminderungen (netto)
=	**Anschaffungskosten (netto)**

5. Bestandsveränderungen

Durch jeden Einkauf und Verbrauch von Roh-, Hilfs- oder Betriebsstoffen verändert sich der Bestand der Vorräte.

Aus Vereinfachungsgründen werden die Einkäufe nicht als Zugänge und die Verbräuche auch nicht als Abgänge auf den Bestandskonten der Roh-, Hilfs- und Betriebsstoffe erfasst (siehe S. 123 f.). Es wird vielmehr unterstellt, dass die eingekauften Materialien **sofort verbraucht** werden und somit im Laufe des Jahres keine Bestandsveränderungen stattfinden (sog. **„Just-in-time-Verfahren“**).

Die Unterstellung, dass innerhalb eines Abrechnungszeitraums (z. B. 01.01. - 31.12.) die Zugänge gleich groß den Abgängen sind und der Bestand am Ende des Jahres somit dem Bestand zu Beginn des Jahres entspricht, ist für die meisten Betriebe jedoch unrealistisch.

Realität ist in der Regel vielmehr, dass die eingekauften Mengen entweder größer oder kleiner als die verbrauchten Mengen sind. Dadurch kommt es im Laufe eines Abrechnungszeitraums zu **Bestandsveränderungen**, die am Ende des Jahres festgestellt und erfasst werden müssen.

Möglich sind die folgenden drei Varianten:

- Der Bestand am Ende des Jahres ist **gleich groß** dem Bestand zu Beginn des Jahres (**keine Bestandsveränderung**).
- Der Bestand am Ende des Jahres ist **höher** als der Bestand zu Beginn des Jahres (**Bestandserhöhung**).
- Der Bestand am Ende des Jahres ist **niedriger** als der Bestand zu Beginn des Jahres (**Bestandsminderung**).

Im Fall des **unveränderten Bestandes** ist zum Jahresende keine Anpassungsbuchung notwendig.

Bei der Fallvariante der **Bestandserhöhung** muss das jeweilige Bestandskonto (z. B. „Bestand Rohstoffe") um die Bestandsveränderung erhöht werden, damit der tatsächliche Bestand zum 31.12. auf diesem Konto abgebildet wird.

Beispiel

Die Druckerei Fölbach hatte am 01.01. von der Papiersorte A einen Bestand in Höhe von 100 Packungen à 50 €. Dieser Bestand ist auf dem Konto **„Bestand Roh-, Hilfs- und Betriebsstoffe"** mit 5.000 € im Soll erfasst.

Im Laufe des Jahres wird das Konto **„Bestand Roh-, Hilfs- und Betriebsstoffe"** nicht verändert, weil alle Rohstoffeinkäufe auf dem Konto **„Aufwendungen für Roh-, Hilfs- und Betriebsstoffe"** und die Verkäufe der Erzeugnisse nur mit den erzielten Erlösen auf dem Konto **„Erlöse"** erfasst werden.

Zum 31.12. beträgt der Bestand der Papiersorte A 110 Packungen à 50 € (durch Inventur ermittelt).

Die Bestands**erhöhung** beträgt somit 500 € (10 Packungen à 50 €). Sie wird auf dem Konto **„Bestand Roh-, Hilfs- und Betriebsstoffe"** im Soll und auf dem Konto **„Bestandsveränderungen"** im **Haben** erfasst:

Sollkonto – SKR 03 (SKR 04)		**Betrag (Euro)**	**Habenkonto** – SKR 03 (SKR 04)	
Bestand Rohstoffe	3970 (1000)	500,00	Bestandsveränd.	3955 (5885)

Eine Bestands**erhöhung** wie sie in dem vorangegangenen Beispiel dargestellt wird, kommt dadurch zu Stande, dass **Rohstoffeinkäufe im Betrachtungszeitraum nicht verbraucht**, sondern auf Lager gelegt werden.

Die Lagerbestandserhöhung ist **Vermögen**, das in der Bilanz unter der Position **„Vorräte"** ausgewiesen wird. Da alle Rohstoffeinkäufe beim Einkauf auf dem Aufwandskonto **„Aufwendungen für Roh-, Hilfs- und Betriebsstoffe"** erfasst werden, sind die Aufwendungen bis zur Erfassung der Bestandserhöhung zu hoch. Gleichzeitig ist der Rohstoffbestand auf dem Konto **„Bestand Roh-, Hilfs- und Betriebsstoffe"** zu niedrig. Durch die vorgenannte Buchung **„Bestand Rohstoffe an Bestandsveränderung"** werden die Konten an die realen Daten angepasst.

Bei der Fallvariante der **Bestandsminderung** muss das Konto **„Bestand Roh-, Hilfs- und Betriebsstoffe"** um die Bestandsveränderung vermindert werden, damit der tatsächliche Bestand auf dem Konto **„Bestand Roh-, Hilfs- und Betriebsstoffe"** abgebildet wird.

Beispiel

Die Druckerei Fölbach hatte am 01.01. von der Papiersorte B einen Bestand in Höhe von 200 Packungen à 100 €. Dieser Bestand ist auf dem Konto **„Bestand Roh-, Hilfs- und Betriebsstoffe"** mit 20.000 € im Soll erfasst.

Im Laufe des Jahres wird das Konto **„Bestand Roh-, Hilfs- und Betriebsstoffe"** nicht verändert, weil alle Einkäufe auf dem Konto **„Aufwendungen für Roh-, Hilfs- und Betriebsstoffe"** und die Verkäufe der Erzeugnisse mit den erzielten Erlösen auf dem Konto **„Erlöse"** erfasst werden.

Zum 31.12. beträgt der Bestand der Papiersorte B 100 Packungen à 100 € (durch Inventur ermittelt).

Die Bestands**minderung** beträgt somit 10.000 € (100 Packungen à 100 €). Sie wird auf dem Konto **„Bestandsveränderungen"** im Soll und auf dem Konto **„Bestand Roh-, Hilfs- und Betriebsstoffe"** im **Haben** erfasst:

Sollkonto – SKR 03 (SKR 04)	**Betrag (Euro)**	**Habenkonto** – SKR 03 (SKR 04)
Bestandsveränd. 3955 (5885)	10.000,00	Bestand Rohstoffe 3970 (1000)

Eine Bestands**minderung** wie sie in dem vorangegangenen Beispiel dargestellt wird, kommt dadurch zu Stande, dass **mehr Rohstoffe verbraucht als eingekauft** wurden. Ein Teil der verbrauchten Rohstoffe wurde also dem Lagerbestand entnommen.

Aufgabe 25 > Seite 262

G. Privatentnahmen und -einlagen

1. Abgrenzung zwischen betrieblichen und privaten Vorgängen

Bei Einzelunternehmen und Personengesellschaften ereignen sich neben den vielzähligen betrieblichen Geschäftsvorfällen auch Vorgänge, die der **Privatsphäre des Unternehmers** zuzuordnen sind.

Beispiele

- Entnahme von Geld aus der Kasse des Unternehmens für private Einkäufe des Unternehmers
- Bezahlung der Dachreparatur am Einfamilienhaus des Unternehmers durch Überweisung vom betrieblichen Bankkonto
- Nutzung eines betrieblichen Fahrzeugs für eine private Urlaubsreise des Unternehmers

Privatvorgänge müssen in der Buchführung getrennt von den betrieblich verursachten Geschäftsvorfällen erfasst werden, damit sie das Ergebnis der Geschäftstätigkeit des Unternehmens (Gewinn oder Verlust) nicht beeinflussen.

In der **Gewinn- und Verlustrechnung** soll schließlich das **Ergebnis der Geschäftstätigkeit des Unternehmens**, unbeeinflusst von den privaten Aufwendungen und Erträgen des Unternehmers ausgewiesen werden.

Die **Bilanz** des Unternehmens soll auch unbeeinflusst vom Privatvermögen des Unternehmers nur diejenigen Posten ausweisen, die dem **Unternehmen** zuzuordnen sind.

2. Privat verursachte Eigenkapitalveränderungen

Bei der Betrachtung der Privatvorgänge im Unternehmensbereich sind zunächst deren Auswirkungen auf das Eigenkapital des Unternehmens zu untersuchen.

- **Privatentnahmen** vermindern das Eigenkapital des Unternehmens.

Beispiel

Der Unternehmer Paul Reimer entnimmt der Kasse seines Unternehmens 1.000 € für private Zwecke.

Durch diesen Vorgang **vermindert** sich zunächst der **Kassenbestand** um 1.000 €, der auf dem Konto „**Kasse** 1000 (1600)" im **Haben** erfasst wird (Bestandsverminderung des Aktivkontos „Kasse").

Da sich durch diesen Geschäftsvorfall kein anderes Aktivkonto und auch kein Schuldenkonto verändert, **vermindert** sich das **Eigenkapital** um 1.000 € (Vermögen minus Schulden = Eigenkapital; Vermögen um 1.000 € vermindert, Schulden unverändert, also EK um 1.000 € niedriger als vor der Privatentnahme).

Verminderungen des Eigenkapitals werden auf dem Konto „**Eigenkapital** 0880 (2010)" im **Soll** gebucht (Bestandsverminderung des Passivkontos „Eigenkapital").

Somit könnte diese Privatentnahme durch die folgende Buchung erfasst werden:

Sollkonto – SKR 03 (SKR 04)		**Betrag (Euro)**	**Habenkonto** – SKR 03 (SKR 04)	
Eigenkapital	0880 (2010)	1.000,00	Kasse	1000 (1600)

- **Privateinlagen** erhöhen das Eigenkapital des Unternehmens.

Beispiel

Der Unternehmer Paul Reimer legt aus seinem Privatvermögen 500 € in die Kasse des Unternehmens ein.

Durch diesen Vorgang **erhöht** sich zunächst der **Kassenbestand** um 500 €, der auf dem Konto „**Kasse** 1000 (1600)" im **Soll** erfasst wird (Bestandserhöhung des Aktivkontos „Kasse").

Da sich kein anderes Aktivkonto und auch kein Schuldenkonto verändert, **erhöht** sich das **Eigenkapital** um 500 € (Vermögen um 500 € erhöht, Schulden unverändert, also EK um 500 € höher als vor der Privateinlage).

Erhöhungen des Eigenkapitals werden auf dem Konto **„Eigenkapital"** im **Haben** gebucht (Bestandserhöhung des Passivkontos **„Eigenkapital"**).

Somit könnte diese Privateinlage durch die folgende Buchung erfasst werden:

Sollkonto – SKR 03 (SKR 04)		**Betrag (Euro)**	**Habenkonto** – SKR 03 (SKR 04)	
Kasse	1000 (1600)	500,00	Eigenkapital	0880 (2010)

Würden alle Privatentnahmen und -einlagen auf dem Eigenkapitalkonto erfasst, dann hätte dies zur Folge, das dieses Konto vielzählige Buchungen aufnehmen müsste. Aus Gründen der Übersichtlichkeit werden Privatentnahmen und -einlagen deshalb nicht direkt auf dem Eigenkapitalkonto, sondern auf speziellen Unterkonten des EK-Kontos, den **Privatkonten**, erfasst.

3. Privatkonten

Die aus dem Eigenkapitalkonto abgeleiteten Privatkonten werden üblicherweise in die folgenden zwei Gruppen unterteilt:

- Konten für **Privatentnahmen** als Unterkonten der **Sollseite** des EK-Kontos und
- Konten für **Privateinlagen** als Unterkonten der **Habenseite** des EK-Kontos.

Die DATEV-Kontenrahmen SKR 03 und SKR 04 enthalten z. B. die folgenden Privatkonten:

Privatentnahme (Unterkonten der Sollseite des EK-Kontos)		**Privateinlagen** (Unterkonten der Habenseite des EK-Kontos)	
► Privatentnahmen allgemein	1800 (2100)	► Privateinlagen	1890 (2180)
► Privatsteuern	1810 (2150)		
► Sonderausgaben beschränkt abzugsfähig	1820 (2200)		
► Sonderausgaben unbeschränkt abzugsfähig	1830 (2230)		
► Zuwendungen, Spenden	1840 (2250)		
► außergewöhnliche Belastungen	1850 (2280)		
► Grundstücksaufwand	1860 (2300)		
► Grundstücksertrag	1870 (2350)		
► Unentgeltliche Wertabgaben	1880 (2130)		

Für die Buchungen auf den Privatkonten gelten die folgenden Buchungsregeln:

- **Privatentnahmen** (= Eigenkapitalminderungen) werden auf der **Sollseite** des Privatentnahmekontos erfasst.

Beispiel

Der Unternehmer Christian Theisen entnimmt der Kasse seines Unternehmens 1.000 € für private Zwecke.

Buchung:

Sollkonto – SKR 03 (SKR 04)	**Betrag (Euro)**	**Habenkonto** – SKR 03 (SKR 04)
Privatentnahmen allg. 1800 (2100)	1.000,00	Kasse 1000 (1600)

- **Privateinlagen** (= Eigenkapitalmehrungen) werden auf der **Habenseite** des Privateinlagekontos erfasst.

Beispiel

Der Unternehmer Christian Theisen legt aus seinem Privatvermögen 500 € in die Kasse seines Unternehmens ein.

Buchung:

Sollkonto – SKR 03 (SKR 04)	**Betrag (Euro)**	**Habenkonto** – SKR 03 (SKR 04)
Kasse 1000 (1600)	500,00	Privateinlagen 1890 (2180)

4. Privatentnahmen

4.1 Überblick

Nach § 4 Abs. 1 Satz 2 EStG sind Entnahmen (Privatentnahmen) alle Wirtschaftsgüter, die der Steuerpflichtige dem Betrieb für sich, für seinen Haushalt oder für andere betriebsfremde Zwecke entnimmt. Diese Entnahmen können in Form von

- Geld
- Waren oder Erzeugnissen (Sachen)
- Nutzungen oder
- Leistungen

erfolgen (vgl. *Kliewer/Zschenderlein/Schneider*, S. 156).

Entnahmearten	Beispiele
Geldentnahme	Bezahlung einer Privatrechnung von dem betrieblichen Bankkonto; Entnahme von Bargeld aus der betrieblichen Kasse für private Zwecke
Sachentnahme	Entnahme von Waren für den Privathaushalt
Nutzungsentnahme	Urlaubsfahrt mit dem betrieblichen Pkw
Leistungsentnahme	Einsatz betrieblicher Arbeitnehmer für private Zwecke (z. B. zur Pflege des Privatgrundstücks)

Sach-, Nutzungs- und Leistungsentnahmen unterliegen als so genannte **„unentgeltliche Wertabgaben"** (Abschn. 3.2 UStAE) grundsätzlich der **Umsatzsteuer**.

Dies bedeutet, dass die **Entnahme eines Gegenstandes** oder **einer sonstigen Leistung** für private Zwecke – bis auf bestimmte Ausnahmen – mit Umsatzsteuer zu belasten ist. Der Unternehmer berechnet sich dann selbst Umsatzsteuer und führt diese an das Finanzamt ab. Geldentnahmen unterliegen hingegen nicht der Umsatzsteuer.

4.2 Geldentnahme

Die Entnahme von Geld für private Zwecke erfolgt in der Regel durch Bargeldentnahme aus der Kasse oder durch Bezahlung privater Ausgaben von einem betrieblichen Bankkonto.

Bei Einzelunternehmern ist es üblich, einen Teil der privaten Zahlungsvorgänge über die betrieblichen Geldkonten abzuwickeln.

Beispiele

- Bezahlung von Privatsteuern (Einkommensteuer, private Kfz-Steuer, Grundsteuer für das private Einfamilienhaus etc.) durch Überweisung vom betrieblichen Bankkonto
- Bezahlung von privaten Versicherungsbeiträgen durch Abbuchung vom betrieblichen Bankkonto
- Bezahlung privater Einkäufe mit der Kredit- oder Geldkarte des Unternehmens

Geldentnahmen werden wie folgt erfasst:

Sollkonto – SKR 03 (SKR 04)	**Betrag (Euro)**	**Habenkonto** – SKR 03 (SKR 04)
Privatentnahmekonto z. B. Privatentnahmen allg. 1800 (2100)	z. B. 1.000,00	**Geldkonto** z. B. Bank 1200 (1800)

Aufgabe 26 > Seite 262

4.3 Sachentnahme

Bei dieser Art der Entnahme überführt der Unternehmer **Gegenstände (Sachen) des Betriebsvermögens** in den außerbetrieblichen – z. B. privaten – Bereich.

Beispiele

- Ein Lebensmittelhändler entnimmt Lebensmittel und Getränke aus seinem Unternehmen für seinen Privathaushalt.
- Ein Fahrradhändler entnimmt dem Warenbestand seines Unternehmens ein Fahrrad und schenkt es seiner Tochter zum Geburtstag.

Bei einer Sachentnahme stellt sich zunächst die Frage, mit welchem **Wert** die Entnahme anzusetzen ist.

Bei **Waren** stehen verschiedene Werte, wie der Nettoeinkaufspreis zum Zeitpunkt des Einkaufs der Ware, der Nettoeinkaufspreis zum Zeitpunkt der Entnahme oder der Nettoverkaufspreis, zur Wahl.

Das Einkommensteuergesetz schreibt für Sachentnahmen vor, dass diese mit dem so genannten **Teilwert** anzusetzen sind (vgl. § 6 Abs. 1 Nr. 4 EStG).

Weil der Teilwert ein fiktiver Wert ist, der nur auf dem Wege der Schätzung ermittelt werden kann, hat das Bundesfinanzministerium zur Konkretisierung so genannte **„Teilwertvermutungen“** in den Hinweisen zu den Einkommensteuerrichtlinien festgelegt (vgl. H 6.7 (Teilwertvermutungen) EStH 2019).

MERKE

Bei Wirtschaftsgütern des Umlaufvermögens (z. B. Waren) entspricht der Teilwert den **Wiederbeschaffungskosten** (vgl. H 6.7 (Teilwertvermutungen) EStH 2019), also dem Wert, der aufgewendet werden müsste, um einen gleichartigen und gleichwertigen Gegenstand neu zu beschaffen.

Beispiel

Der zum Vorsteuerabzug berechtigte Computerhändler Schmidt entnimmt dem Warenbestand seines Unternehmens einen Computer und schenkt ihn seinem Sohn zum Geburtstag.

Beim **Einkauf** einige Monate zuvor hatte dieser Computer **800 €** + 19 % USt gekostet (einschließlich Lieferkosten). Würde der Computer zum Zeitpunkt der Entnahme **neu eingekauft**, müsste Herr Schmidt **850 €** + 19 % USt dafür bezahlen.

Der Entnahmewert (Teilwert) beträgt **850 €** + 19 % USt. Er entspricht den Wiederbeschaffungskosten.

Die **Entnahme eines Gegenstandes** durch den Unternehmer aus seinem Unternehmen für private Zwecke unterliegt der **Umsatzsteuer**, sofern für den Gegenstand oder seine Bestandteile beim Einkauf **Vorsteuerabzug** möglich war. In der Sprache des Umsatzsteuerrechts handelt es sich um eine **„unentgeltliche Wertabgabe“** (vgl. § 3 Abs. 1b UStG und Abschn. 3.3 UStAE).

Die Privatentnahme wird dann bei dem Unternehmer wie ein „Verkauf an sich selbst“ behandelt.

Bemessungsgrundlage für die Berechnung der USt ist bei der Gegenstandsentnahme

- der **Nettoeinkaufspreis zuzüglich der Nebenkosten** für den Gegenstand bzw. für einen vergleichbaren Gegenstand zum Zeitpunkt der Entnahme

  oder – falls kein Einkaufspreis feststellbar ist (z. B. bei eigener Herstellung) –

- die **Selbstkosten** des Gegenstandes.

Im Normalfall ist bei **Warenentnahmen** für private Zwecke die umsatzsteuerliche Bemessungsgrundlage mit der einkommensteuerlichen Teilwertvermutung (s. o.) identisch. Somit sind Sachentnahmen grundsätzlich mit den **Wiederbeschaffungskosten** in der Buchführung zu erfassen.

Die Entnahme eines Gegenstandes, der **ohne** Vorsteuerabzug für das Unternehmen erworben (z. B. Kauf von einer Privatperson), oder der aus dem Privatvermögen in das Betriebsvermögen eingelegt wurde, unterliegt bei einer späteren Entnahme **nicht** der USt. Die Sachentnahme ist dann **ohne USt** in der Buchführung zu erfassen.

Die **Buchung** der Entnahme erfolgt mit dem **Nettobetrag** im **Soll** auf dem folgenden Privatkonto:

Sollkonto – SKR 03 (SKR 04)	**Betrag (Euro)**	**Habenkonto** – SKR 03 (SKR 04)
Unentgeltliche Wertabgaben 1880 (2130)		

Die **Habenbuchung** erfolgt auf einem der folgenden **Ertragskonten:**

Sollkonto – SKR 03 (SKR 04)	**Betrag (Euro)**	**Habenkonto** – SKR 03 (SKR 04)
		Entnahme durch den Unternehmer (Waren) 19 % USt 8910 (4620) Entnahme durch den Unternehmer (Waren) 7 % USt 8915 (4610) Entnahme durch den Unternehmer (Waren) ohne USt 8919 (4619)

Sofern die Entnahme der Umsatzsteuer unterliegt, wird die auf den Nettoentnahmewert entfallende **USt** auf dem folgenden **Privatkonto** im **Soll** erfasst:

Sollkonto – SKR 03 (SKR 04)	**Betrag (Euro)**	**Habenkonto** – SKR 03 (SKR 04)
Unentgeltliche Wertabgaben 1880 (2130)		

und – weil sie eine Verbindlichkeit gegenüber dem Finanzamt ist – im **Haben** auf dem entsprechenden **Umsatzsteuerkonto**:

Sollkonto – SKR 03 (SKR 04)	**Betrag (Euro)**	**Habenkonto** – SKR 03 (SKR 04)
		Umsatzsteuer 19 % 1776 (3806)
		Umsatzsteuer 7 % 1771 (3801)

Beispiel

Die Lebensmittelhändlerin Helena Kast entnimmt dem Warenbestand ihres Betriebes Getränke im Wert von netto 100 € (Wiederbeschaffungskosten).

Diese Entnahme ist wie folgt in der Buchführung zu erfassen:

Sollkonto – SKR 03 (SKR 04)	**Betrag (Euro)**	**Habenkonto** – SKR 03 (SKR 04)
Unentgeltl. Wertabgaben 1880 (2130)	100,00	Entnahmen durch den Unternehmer/Waren 8910 (4620)
Unentgeltl. Wertabgaben 1880 (2130)	19,00	Umsatzsteuer 19 % 1776 (3806)

Aufgabe 27 > Seite 263

Für die Entnahme von Lebensmitteln – z. B. in den Gewerbezweigen Bäckerei, Fleischerei, Gastwirtschaft, Nahrungsmitteleinzelhandel – gibt das Bundesfinanzministerium jährlich Pauschbeträge bekannt, die aus Vereinfachungsgründen ohne weiteren Nachweis angesetzt werden können.

Die Pauschbeträge für 2020 wurden wie folgt festgesetzt (BMF-Schreiben vom 02.12. 2019):

Pauschbeträge für unentgeltliche Wertabgaben (Sachentnahmen) für das Kalenderjahr 2020

Vorbemerkungen

1. Die Pauschbeträge für unentgeltliche Wertabgaben werden auf der Grundlage der vom Statistischen Bundesamt ermittelten Aufwendungen privater Haushalte für Nahrungsmittel und Getränke festgesetzt.
2. Sie beruhen auf Erfahrungswerten und bieten dem Steuerpflichtigen die Möglichkeit, die Warenentnahmen monatlich pauschal zu erfassen. Sie entbinden ihn damit von der Aufzeichnung einer Vielzahl von Einzelentnahmen.
3. Diese Regelung dient der Vereinfachung und lässt keine Zu- und Abschläge zur Anpassung an die individuellen Verhältnisse (z. B. individuelle persönliche Ess- oder Trinkgewohnheiten, Krankheit oder Urlaub) zu.
4. Der jeweilige Pauschbetrag stellt einen Jahreswert für eine Person dar. Für Kinder bis zum vollendeten 2. Lebensjahr entfällt der Ansatz eines Pauschbetrages. Bis zum vollendeten 12. Lebensjahr ist die Hälfte des jeweiligen Wertes anzusetzen. Tabakwaren sind in den Pauschbeträgen nicht enthalten. Soweit diese entnommen werden, sind die Pauschbeträge entsprechend zu erhöhen (Schätzung).
5. Die pauschalen Werte berücksichtigen im jeweiligen Gewerbezweig das allgemein übliche Warensortiment.
6. Bei gemischten Betrieben (Fleischerei/Metzgerei oder Bäckerei mit Lebensmittelangebot oder Gaststätten) ist nur der jeweils höhere Pauschbetrag der entsprechenden Gewerbeklasse anzusetzen.

Gewerbezweig	Jahreswert für eine Person ohne USt		
	zu 7 %	zu 19 %	insgesamt
	€	€	€
Bäckerei	1.211	404	1.615
Fleischerei	886	860	1.746
Gaststätten aller Art			
a) mit Abgabe von kalten Speisen	1.120	1.081	2.201
b) mit Abgabe von kalten und warmen Speisen	1.680	1.758	3.438
Getränkeeinzelhandel	105	300	405
Café und Konditorei	1.172	638	1.810
Milch, Milcherzeugnisse, Fettwaren und Eier (Eh.)	568	79	665
Nahrungs- und Genussmittel (Eh.)	1.133	678	1.811
Obst, Gemüse, Südfrüchte und Kartoffeln (Eh.)	274	235	509

Beispiel

Bäckermeister Mehl betreibt in Koblenz eine Bäckerei als Einzelunternehmer. Er ist verheiratet und hat zwei Kinder (einen Sohn, 8 Jahre alt, und eine Tochter, 5 Monate alt).

Er zeichnet die aus der Bäckerei für sich und seine Familie entnommenen Waren nicht einzeln auf, sondern setzt diese für das Kalenderjahr 2019 mit den Pauschbeträgen des Bundesfinanzministeriums fest.

Die Nettowerte der Entnahmen betragen hiernach:

	Nettowert zu 7 % Euro	Nettowert zu 19 % Euro
Bäckermeister Mehl	1.211	404
Ehefrau	1.211	404
Kind, 8 Jahre alt (Wertansatz zu 50 %)	605	202
Kind, 5 Monate alt (bleibt unberücksichtigt)	0	0
	3.027	**1.010**

Buchung:

Sollkonto – SKR 03 (SKR 04)	**Betrag (Euro)**	**Habenkonto** – SKR 03 (SKR 04)
Unentgelt. Wertabgaben 1880 (2130)	3.027,00	Entnahme (Waren) zu 7 % USt 8915 (4610)
Unentgelt. Wertabgaben 1880 (2130)	211,89	Umsatzsteuer 7 % 1771 (3801)
Unentgelt. Wertabgaben 1880 (2130)	1.010,00	Entnahme (Waren) zu 19 % USt 8910 (4620)
Unentgelt. Wertabgaben 1880 (2130)	191,90	Umsatzsteuer 19 % 1776 (3806)

Wenn Herr Mehl bei der Umsatzsteuer Monatszahler ist, muss er von den o. g. Werten monatlich 1⁄12 buchen.

Als Vierteljahreszahler müsste er vierteljährlich 1⁄4 der o. g. Werte erfassen.

MEDIEN

Die jeweils **aktuellen** Pauschbeträge sowie die Pauschbeträge **zurückliegender Jahre** können unter der folgenden **Internetadresse** abgerufen werden:

www.bundesfinanzministerium.de → Themen → Steuern → Steuerverwaltung und Steuerrecht → Betriebsprüfung → Richtsatzsammlung/Pauschbeträge → Pauschbeträge für unentgeltliche Wertabgaben

4.4 Nutzungsentnahme

Eine Nutzungsentnahme liegt dann vor, wenn der Unternehmer oder einer seiner Angehörigen **einen Gegenstand**, der zum Betriebsvermögen seines Unternehmens gehört, **für private Zwecke verwendet** (nutzt).

Beispiele

- Der Bauunternehmer Christian Wolf verwendet einen Bagger seines Unternehmens für Aushubarbeiten an seinem Einfamilienhaus.
- Die Unternehmerin Anja Maiwald verwendet den betrieblichen Pkw für eine Urlaubsreise nach Italien.

Der **Wert** einer Nutzungsentnahme entspricht nach dem Einkommensteuerrecht den tatsächlichen **Selbstkosten** (= anteilige Aufwendungen) der privaten Nutzung (vgl. H 6.12 (Nutzungen) EStH 2019).

Beispiel

Die Unternehmerin Silke Reicharz erstellt für einen Sportverein, in dem sie Vorstandsmitglied ist, 5.000 Handzettel DIN A 4 mit dem Fotokopiergerät ihres Unternehmens. Die anteiligen Aufwendungen für eine Kopie (anteilige Abschreibung des Kopierers, Papier, Strom usw.) betragen netto 0,045 €/Kopie.

Der Wert der Nutzungsentnahme beträgt somit netto 225 € (5.000 Kopien · 0,045 €/Kopie).

Die Verwendung (Nutzung) eines betrieblichen Gegenstandes durch den Unternehmer für private Zwecke unterliegt der **Umsatzsteuer**, sofern für den Gegenstand oder seine Bestandteile beim Einkauf **Vorsteuerabzug** möglich war. In der Sprache der Umsatzsteuer handelt es sich um eine **„unentgeltliche Wertabgabe“** in der Form einer sonstigen Leistung (vgl. § 3 Abs. 9a Nr. 1 UStG und Abschn. 3.4 UStAE).

MERKE

Für die Berechnung der Umsatzsteuer sind bei der Nutzungsentnahme die **entstandenen Ausgaben** der privaten Nutzung, **für die Vorsteuerabzug möglich war**, zugrunde zu legen (vgl. § 10 Abs. 4 Nr. 2 Satz 1 UStG).

Unter „Ausgaben" im Sinne des Umsatzsteuergesetzes sind die auf die Privatnutzung entfallenden **anteiligen Aufwendungen** zu verstehen. In Betracht kommen hierbei insbesondere die anteiligen **Abschreibungsbeträge** der Anlagegüter sowie die durch die Privatnutzung entstandenen **Betriebskosten**.

Die **Abschreibungsbeträge**, welche in die Ermittlung der umsatzsteuerpflichtigen unentgeltlichen Wertabgabe einfließen, sind unabhängig von der einkommensteuerlichen Abschreibung zu ermitteln. Bei beweglichen Anlagegütern, deren Anschaffungs- oder Herstellungskosten mindestens 500 € betragen haben, ist **für umsatzsteuerliche Zwecke** ein **Abschreibungszeitraum** von **fünf Jahren** zu Grunde zu legen (vgl. § 10 Abs. 4 Nr. 2 Satz 3 i. V. mit § 15a Abs. 1 Satz 1 UStG sowie BMF-Schreiben vom 13.04.2004, BStBl. I, S. 468 f., dem Einzelheiten entnommen werden können).

Bei dem zuvor dargestellten Beispiel ist das Fotokopiergerät für umsatzsteuerliche Zwecke somit über einen Nutzungszeitraum von 5 Jahren linear abzuschreiben. Der so ermittelte jährliche Abschreibungsbetrag ist dann für die Ermittlung der umsatzsteuerpflichtigen anteiligen Aufwendungen, die durch die Privatnutzung verursacht wurden, zu Grunde zu legen.

Aus Vereinfachungsgründen wird hier unterstellt, dass der vom Umsatzsteuergesetz vorgegebene Nutzungszeitraum von 5 Jahren beim vorangegangenen Beispiel und den nachfolgenden Beispielen und Fällen mit dem jeweiligen einkommensteuerlichen Abschreibungszeitraum übereinstimmt.

Die Nutzungsentnahme des vorangegangenen Beispiels (private Nutzung des betrieblichen Fotokopiergerätes) ist also mit 42,75 € USt zu belasten (225 € · 19 %), sofern für die in der Berechnung berücksichtigten Aufwendungen Vorsteuerabzug möglich war (wird hier unterstellt).

Die Verwendung eines Gegenstandes, der **ohne** Vorsteuerabzug für das Unternehmen erworben (z. B. von einer Privatperson gekauft), oder der früher aus dem Privatvermögen in das Betriebsvermögen eingelegt wurde, unterliegt nicht der USt. Die Nutzungsentnahme ist dann **ohne USt** in der Buchführung zu erfassen.

Die **Buchung** der Nutzungsentnahme erfolgt mit dem **Nettobetrag** im **Soll** auf dem folgenden Privatkonto:

Sollkonto – SKR 03 (SKR 04)	**Betrag (Euro)**	**Habenkonto** – SKR 03 (SKR 04)
Unentgeltliche Wertabgaben 1880 (2130)		

Die **Habenbuchung** erfolgt auf einem der folgenden **Ertragskonten:**

Sollkonto – SKR 03 (SKR 04)	**Betrag (Euro)**	**Habenkonto** – SKR 03 (SKR 04)
		Verwendung von Gegenständen für Zwecke außerhalb des Unternehmens 19 % USt 8920 (4640) Verwendung von Gegenständen für Zwecke außerhalb des Unternehmens 7 % USt 8930 (4630) Verwendung von Gegenständen für Zwecke außerhalb des Unternehmens ohne USt 8924 (4637)

oder einem speziellen Unterkonto dieser Konten (z. B. „8921 (4645)“ für die private Kfz-Nutzung.

Die auf den Nettoentnahmewert entfallende **USt** wird im **Soll** auf dem folgenden **Privatkonto** erfasst:

Sollkonto – SKR 03 (SKR 04)	**Betrag (Euro)**	**Habenkonto** – SKR 03 (SKR 04)
Unentgeltliche Wertabgaben 1880 (2130)		

und – weil sie eine Verbindlichkeit gegenüber dem Finanzamt ist – im **Haben** auf dem entsprechenden **Umsatzsteuerkonto:**

Sollkonto – SKR 03 (SKR 04)	**Betrag (Euro)**	**Habenkonto** – SKR 03 (SKR 04)
		Umsatzsteuer 19 % 1776 (3806) Umsatzsteuer 7 % 1771 (3801)

Beispiel

Die Nutzungsentnahme des zuvor dargestellten Beispiels (Nutzung des betrieblichen Kopierers im Wert von netto 225 €) ist wie folgt zu buchen:

Sollkonto – SKR 03 (SKR 04)	**Betrag (Euro)**	**Habenkonto** – SKR 03 (SKR 04)
Unentgelt. Wertabgaben 1880 (2130)	225,00	Verwendung von Gegenständen für Zwecke außerhalb des U. 19 % USt 8920 (4640)
Unentgelt. Wertabgaben 1880 (2130)	42,75	Umsatzsteuer 19 % 1776 (3806)

Private Pkw-Nutzung:
Hinsichtlich der **Nutzung eines betrieblichen Fahrzeugs für private Zwecke** (private Pkw-Nutzung) sind zahlreiche steuerliche Besonderheiten bei der Einkommensteuer und der Umsatzsteuer zu beachten (vgl. *Bornhofen*, S. 145 - 147; *Kliewer/Zschenderlein/Schneider*, S. 96 - 99).

Nachfolgend wird – um dem Charakter der Kompakt-Reihe gerecht zu werden – ein stark komprimierter Überblick zu diesem Spezialgebiet gegeben.

Die **Ermittlung der Nutzungsentnahme** kann bei der **privaten Kfz-Nutzung** entweder mithilfe eines ordnungsgemäß geführten **Fahrtenbuchs** oder – bei Fahrzeugen, die zu mehr als 50 % betrieblich genutzt werden – nach der **„1 %-Regelung“** erfolgen (Wahlrecht).

- Die **Fahrtenbuchmethode** darf nur dann angewendet werden, wenn ein ordnungsgemäß geführtes **Fahrtenbuch** vorliegt (zu den Anforderungen an ein solches Fahrtenbuch siehe BMF-Schreiben vom 18.11.2009 und vom 15.11.2012, Gliederungspunkt III., abgedruckt im Anhang 16 III des EStH 2019).

Bei dieser Berechnungsmethode wird zunächst das prozentuale Verhältnis der privat gefahrenen zu den insgesamt gefahrenen km eines Abrechnungszeitraums (z. B. Kalenderjahr) ermittelt:

$$\text{privater Nutzungsanteil in Prozent} = \frac{\text{privat zurückgelegte km}}{\text{insgesamt zurückgelegte km}} \cdot 100$$

Die Nutzungsentnahme wird dann durch die Multiplikation des privaten Nutzungsanteils mit den insgesamt angefallen Kfz-Kosten für dieses Fahrzeug in dem Abrechnungszeitraum ermittelt.

Beispiel

Die Unternehmerin Nadine Powelz nutzt den betrieblichen Pkw mit dem Kennzeichen KO-NP 406 für betriebliche und private Fahrten (gemischte Nutzung).

Aus dem ordnungsgemäß geführten Fahrtenbuch und den weiteren Unterlagen der Buchführung sind für den Abrechnungszeitraum (Kalenderjahr) die folgenden Daten zu entnehmen:

- insgesamt zurückgelegte km — 42.000
- privat zurückgelegte km — 7.770
- gesamte Kfz-Kosten des Abrechnungszeitraums für das Fahrzeug KO-NP 406 (Abschreibung, Benzin, Reparaturen etc.) — 16.800 €

Berechnung der Nutzungsentnahme:

7.770 km : 42.000 km · 100 = 18,5 % → 16.800 € · 18,5 % = **3.108 €**

ACHTUNG

Zu beachten ist weiterhin die umsatzsteuerliche Regelung, dass nur derjenige Anteil der Nutzungsentnahme mit Umsatzsteuer zu belasten ist, für den beim Leistungseingang Vorsteuerabzug möglich war (vgl. § 3 Abs. 9a Nr. 1 und § 10 Abs. 4 Nr. 2 UStG).

Dies bedeutet, dass für den Anteil der Privatnutzung, für den **kein** Vorsteuerabzug möglich war, auch **keine** Umsatzsteuer anfällt.

Beispiel

Fall wie zuvor, jedoch jetzt mit der Zusatzinformation, dass die gesamten Kfz-Kosten (netto 16.800 €) insgesamt 16.000 € enthalten, für die Vorsteuerabzug möglich war; bei den verbleibenden 800 € handelt es sich um die Kfz-Steuer und die Kfz-Versicherung, die keine Umsatzsteuer enthalten und für die deshalb kein Vorsteuerabzug möglich war.

Lösung:

- Privatnutzung, die der USt unterliegt 16.000,00 € · 18,5 % = 2.960,00 € (netto)
- Umsatzsteuer hierzu 2.960,00 € · 19 % = 562,40 €
- Privatnutzung, die nicht der USt unterliegt 800,00 € · 18,5 % = 148,00 €

Buchungen:

Sollkonto – SKR 03 (SKR 04)	**Betrag (Euro)**	**Habenkonto** – SKR 03 (SKR 04)
Unentgelt. Wertabgaben 1880 (2130)	2.960,00	Verwendung von Gegenst. für Zwecke außerhalb des Untern. 19 % USt (Kfz-Nutzung) 8921 (4645)
Unentgelt. Wertabgaben 1880 (2130)	148,00	Verwendung von Gegenst. für Zwecke außerhalb des Untern. ohne USt 8924 (4639)
Unentgelt. Wertabgaben 1880 (2130)	562,40	Umsatzsteuer 19 % 1776 (3806)

- Die **Prozentmethode („1 %-Regelung“)** ist dann anzuwenden, wenn kein ordnungsgemäß geführtes Fahrtenbuch vorliegt und das Fahrzeug **zu mehr als 50 % betrieblich genutzt wird** (sog. notwendiges Betriebsvermögen) (vgl. § 6 Abs. 1 Nr. 4 Satz 2 EStG).

  Ausgangspunkt der Berechnung ist bei dieser Methode der **Listenpreis** des gemischt genutzten Fahrzeugs **zum Zeitpunkt der Erstzulassung** zuzüglich etwaiger Sonderausstattungen und **einschließlich USt** (so genannter **„Bruttolistenpreis“**).

  Der **Bruttolistenpreis** ist nicht der tatsächlich in Rechnung gestellte Bruttorechnungsbetrag, sondern der **Preis der Händlerliste einschließlich USt**; er kann mit dem tatsächlichen Rechnungsbetrag übereinstimmen, muss es aber nicht.

  Für die Berechnung der Privatnutzung wird der Bruttolistenpreis **auf volle 100 € abgerundet** (vgl. BMF-Schreiben vom 18.11.2009 und vom 15.11.2012, Rz. 10, abgedruckt im Anhang 16 III des Amtlichen Einkommensteuer-Handbuchs 2019).

  Der Wert der Nutzungsentnahme beträgt dann:

  1 % des auf volle 100 € abgerundeten Bruttolistenpreises pro Monat der Privatnutzung

Bezogen auf **ein ganzes Kalenderjahr** bedeutet dies, dass die Nutzungsentnahme bei der Prozentmethode mit **12 % des abgerundeten Bruttolistenpreises** anzusetzen ist.

Beispiel

Fall wie im Beispiel zuvor (gemischte Nutzung des betrieblichen Pkw mit dem Kennzeichen KO-NP 406) mit dem Unterschied, dass **kein** Fahrtenbuch geführt wurde. Der **Bruttolistenpreis** dieses Fahrzeugs hat zum Zeitpunkt der Erstzulassung **27.550 €** betragen. Der Pkw gehört zum notwendigen Betriebsvermögen.

Berechnung der Nutzungsentnahme:

Bruttolistenpreis: 27.550 € → Abrundung auf volle 100 € ergibt 27.500 €
27.500 € · 1 % = 275 €/Monat
275 €/Monat · 12 Monate = 3.300 €/Kalenderjahr

ACHTUNG

Hier ist nun die umsatzsteuerliche Regelung zu beachten, dass nur **80 %** dieser pauschal ermittelten Nutzungsentnahme **mit Umsatzsteuer zu belasten** ist. **20 %** des mithilfe der „1 %-Methode" ermittelten Wertes unterliegt somit **nicht** der Umsatzsteuer (vgl. BMF-Schreiben vom 27.08.2004, Tz. 2.1).

Lösung zum oben dargestellten Fall:

- Privatnutzung, die der USt unterliegt 3.300,00 € · **80 %** = 2.640,00 € (netto)
- Umsatzsteuer hierzu 2.640,00 € · 19 % = 501,60 €
- Privatnutzung, die nicht der USt unterliegt 3.300,00 € · **20 %** = 660,00 €

Buchung:

Sollkonto – SKR 03 (SKR 04)	**Betrag (Euro)**	**Habenkonto** – SKR 03 (SKR 04)
Unentgelt. Wertabgaben 1880 (2130)	2.640,00	Verwendung von Gegenst. für Zwecke außerhalb des Untern. 19 % USt (Kfz-Nutzung) 8921 (4645)
Unentgelt. Wertabgaben 1880 (2130)	660,00	Verwendung von Gegenst. für Zwecke außerhalb des Untern. ohne USt 8924 (4639)
Unentgelt. Wertabgaben 1880 (2130)	501,60	Umsatzsteuer 19 % 1776 (3806)

Ob die Fahrtenbuchmethode oder die Prozentmethode im Einzelfall günstiger ist, hängt von den konkreten Daten ab und muss individuell berechnet werden.

Aufgabe 28 > Seite 263

Bei Fahrzeugen, die zu **50 % oder weniger betrieblich** genutzt werden (Privatnutzung 50 % oder mehr) ist die Anwendung der **Prozentmethode nicht zulässig**. Wenn auch **kein** ordnungsgemäß geführtes Fahrtenbuch vorliegt und die Prozentmethode **nicht** anwendbar ist (z. B. weil die betriebliche Nutzung nicht mindestens 50 % beträgt), müssen der betriebliche und der private Nutzungsanteil **sachgerecht geschätzt** werden. Dies geschieht **mithilfe geeigneter Unterlagen**, wie z. B. Reisekostenaufstellungen, Auftragszettel etc. (vgl. z. B. BMF-Schreiben vom 05.06.2014, Gliederungspunkt 5. C).

INFO

Hinsichtlich der Wertermittlung der privaten Nutzung von betrieblichen **Elektro- und bestimmten Hybridelektrofahrzeugen** mit Anschaffungsdatum **nach dem 31.12.2018** sind **ertragsteuerliche (insbesondere einkommensteuerliche) Vergünstigungen** zu beachten (vgl. z. B. § 6 Abs. 1 Nummer 4 Sätze 2 und 3 EstG).

Je nach dem vorliegenden **Anschaffungsdatum**, der Erfüllung bestimmter **umwelttechnischer Voraussetzungen** und der **Höhe des Bruttolistenpreises** darf für einkommensteuerliche Zwecke.

- bei Anwendung der **1 %-Regelung** (Prozentmethode) der **Bruttolistenpreis** des Fahrzeugs zur **Hälfte** oder ggf. zu einem **Viertel** (vgl. § 6 Abs. 1 Nr. 4 Satz 2 EStG) oder
- bei Anwendung der **Fahrtenbuchmethode** der Wert der **Anschaffungskosten** bzw. bei Leasingfahrzeugen der Wert der vergleichbaren Aufwendungen (**Leasingraten**) zur **Hälfte** oder ggf. zu einem **Viertel** (vgl. § 6 Abs. 1 Nr. 4 Satz 3 EStG)

angesetzt werden.

Zu beachten ist, dass diese Regelung(en) **nicht** für umsatzsteuerliche Zwecke gelten. Dies bedeutet, dass der Wert, auf den die Umsatzsteuer aufgeschlagen werden muss (sog. Bemessungsgrundlage), **nicht** nur zur Hälfte bzw. einem Viertel angesetzt werden darf.

Private Telefonnutzung:
Die **private Nutzung betrieblicher Telekommunikationsanlagen** (Telefon, Telefax, Mobiltelefon etc.) wirft – wie die private Nutzung betrieblicher Fahrzeuge – zahlreiche steuerliche Einzelprobleme auf, deren Behandlung den Rahmen dieses Kompakt-Trainings überschreiten würde.

Hier soll jedoch zumindest darauf hingewiesen werden, dass hinsichtlich der **laufenden Telefonkosten** (z. B. Gesprächsgebühren bzw. -entgelte) eine Aufteilung in den betrieblichen und den privaten Anteil direkt **beim Rechnungseingang** erfolgen sollte.

Der **betriebliche Anteil** der Telefonkosten ist netto auf dem Aufwandskonto „**Telefon** 4920 (6805)" im **Soll** zu erfassen. Die hierauf entfallende **Vorsteuer** wird auf dem Konto „**abziehbare Vorsteuer** 1576 (1406)" im **Soll** gebucht.

Der **private Anteil** an den Telefonkosten wird mit dem **Bruttobetrag** auf dem Konto „**Privatentnahmen** 1800 (2100)" im **Soll** erfasst.

Beispiel

Die zum Vorsteuerabzug berechtigte Unternehmerin Silvia Sieg hat seit der letzten Betriebsprüfung mit dem Finanzamt die Vereinbarung, dass ihre privaten Telefongespräche von dem betrieblichen Telefon pauschal mit 10 % der gesamten Telefonkosten ihres Unternehmens angesetzt werden.

Die Telefonrechnung für den Monat Juli beträgt 232,05 € (brutto 19 % USt). Der Rechnungsbetrag wird direkt von ihrem betrieblichen Bankkonto abgebucht.

Diese Telefonrechnung wird wie folgt gebucht:

Sollkonto – SKR 03 (SKR 04)		**Betrag (Euro)**	**Habenkonto** – SKR 03 (SKR 04)	
Telefon	4920 (6805)	175,50	Bank	1200 (1800)
Vorsteuer 19 %	1576 (1406)	33,35	Bank	1200 (1800)
Privatentnahmen allg.	1800 (2100)	23,20	Bank	1200 (1800)

Nebenrechnung:

232,05 € : 1,19 = 195,00 € (Telefonkosten, netto)
195,00 € · 90 % = 175,50 € (betrieblicher Anteil, netto)
175,50 € · 19 % = 33,35 € (abziehbare Vorsteuer)

232,05 € · 10 % = 23,20 € (privater Anteil, brutto)

4.5 Leistungsentnahme

Eine Leistungsentnahme liegt dann vor, wenn der Unternehmer eine **andere sonstige Leistung** als eine Nutzungsentnahme aus seinem Unternehmen für private Zwecke „entnimmt" (ausführen lässt). Praktische Bedeutung hat insbesondere der Fall, bei dem der Unternehmer einen oder mehrere Arbeitnehmer seines Unternehmens während der betrieblichen Arbeitszeit für seine privaten Zwecke arbeiten lässt.

Beispiele

- Der Unternehmer Florian Lay lässt die Gartenanlage seines Privathauses von einem Arbeitnehmer seines Unternehmens während der betrieblichen Arbeitszeit pflegen.
- Der Bauunternehmer Mirco Perra lässt von Arbeitnehmern seines Unternehmens während der betrieblichen Arbeitszeit einen Anbau an seinem Einfamilienhaus erstellen.

Nach § 3 Abs. 9a Nr. 2 UStG sind Leistungsentnahmen als **unentgeltliche Wertabgaben** (Erbringung von sonstigen Leistungen für Zwecke, die außerhalb des Unternehmens liegen) **mit USt zu belasten**.

Der **Wert** der Leistungsentnahme ist mit den entstandenen **Ausgaben** (Selbstkosten) anzusetzen (vgl. § 10 Abs. 4 Nr. 3 UStG und Abschn. 10.6 Abs. 3 UStAE).

Beispiel

Der Unternehmer Christian Theisen betreibt in Koblenz ein Malerfachgeschäft. Er lässt während der betrieblichen Arbeitszeit von zwei Arbeitnehmern seines Unternehmens das Erdgeschoss seines Einfamilienhauses renovieren.

Die Selbstkosten (Arbeitslohn, Lohnnebenkosten, Farbe und andere Materialien) betragen zusammengerechnet 3.250 € (netto). Die Leistungsentnahme ist also mit 617,50 € USt zu belasten (3.250 € · 19 %).

Der Nettobetrag der Leistungsentnahme wird durch den folgenden Buchungssatz erfasst:

Sollkonto – SKR 03 (SKR 04)	**Betrag (Euro)**	**Habenkonto** – SKR 03 (SKR 04)
Unentgeltliche Wertabgaben 1880 (2130)	Nettobetrag der Leistungsentnahme	Unentgeltliche Erbringung einer sonstigen Leistung 19 % USt 8925 (4660)

Die auf die Leistungsentnahme entfallende Umsatzsteuer wird wie bei der Nutzungsentnahme gebucht (siehe nachfolgendes Beispiel).

Beispiel

Die Entnahme des zuvor dargestellten Beispiels (Einsatz betrieblicher Arbeitskräfte für private Zwecke des Unternehmers mit Selbstkosten in Höhe von 3.250 €) ist wie folgt zu buchen:

Sollkonto – SKR 03 (SKR 04)	**Betrag (Euro)**	**Habenkonto** – SKR 03 (SKR 04)
Unentgelt. Wertabgaben 1880 (2130)	3.250,00	Unentgeltliche Erbringung einer sonstigen Leistung 19 % USt 8925 (4660)
Unentgelt. Wertabgaben 1880 (2130)	617,50	Umsatzsteuer 19 % 1776 (3806)

5. Privateinlagen

Nach § 4 Abs. 1 Satz 5 EStG sind Einlagen alle Wirtschaftsgüter, die der Unternehmer dem **Betrieb aus dem nichtbetrieblichen Bereich zuführt**.

Privateinlagen können neben der bereits behandelten **Geldeinlage** auch erfolgen in Form von

- **Sachen** (Sacheinlage) oder
- **Nutzungen** (Nutzungseinlage).

Beispiele

- Die Unternehmerin Stephanie Valerius legt einen bisher ausschließlich privat genutzten Computer in das Betriebsvermögen ihres Unternehmens ein. Der Computer wird dann für betriebliche Zwecke verwendet. Es handelt sich um eine Sacheinlage.
- Nadine Neuefeind, die in Bonn eine Werbeagentur betreibt, nutzt den Pkw ihrer Freundin für eine Geschäftsreise nach Hamburg. Es handelt sich um eine Nutzungseinlage.

Einlagen sind mit dem **Teilwert** zum Zeitpunkt der Zuführung anzusetzen (vgl. § 6 Abs. 1 Nr. 5 EStG).

Der Einlagewert (Teilwert) entspricht

- bei **Bareinlagen** dem eingelegten **Geldbetrag**
- bei **Sacheinlagen** dem Wert der Anschaffungs-/Herstellungskosten, vermindert um zeitanteilige Abschreibungen (**= fortgeführte AK/HK**), sofern die Sache abnutzbar ist
- bei **Nutzungseinlagen** den Kosten, die durch die betriebliche Nutzung entstanden sind (**anteilige Kosten**).

Sofern eine **Sache** in das Betriebsvermögen eingelegt wird, deren Wert seit der Anschaffung oder Herstellung **gestiegen** ist, so ist grundsätzlich der gestiegene Wert als Privateinlage anzusetzen, weil dieser dem Teilwert entspricht. Hierbei ist jedoch zu beachten, dass bei Sachen, die **innerhalb der letzten 3 Jahre vor der Einlage angeschafft oder hergestellt** wurden, § 6 Abs. 1 Nr. 5 EStG den Einlagewert der Höhe nach begrenzt. In diesem Fall dürfen **höchstens die ursprünglichen Anschaffungs- oder Herstellungskosten** – bei abnutzbaren Wirtschaftsgütern vermindert um zeitanteilige Abschreibungen – als Einlagewert angesetzt werden.

Die **Buchung** einer Privateinlage erfolgt mit dem **Einlagewert** im **Soll** auf dem entsprechenden **Geld-, Anlage- oder Umlaufvermögenskonto** und im **Haben** auf dem Konto **Privateinlagen** (Unterkonto des Privatkontos):

Sollkonto – SKR 03 (SKR 04)		**Betrag (Euro)**	**Habenkonto** – SKR 03 (SKR 04)	
Bank oder	1200 (1800)	Einlagewert	Privateinlagen	1890 (2180)
Kasse oder	1000 (1600)			
Anlagenkonto, z. B. oder ...	0320 (0520)			

Beispiel

Die Unternehmerin Hanna Kankowski legt einen Schreibtisch, den sie bisher ausschließlich privat genutzt hatte, in das Betriebsvermögen ihres Unternehmens ein. Die Anschaffungskosten (AK) hatten 500 € betragen. Der Teilwert beträgt 375 €.

Sollkonto – SKR 03 (SKR 04)		**Betrag (Euro)**	**Habenkonto** – SKR 03 (SKR 04)	
Büroeinrichtung	0420 (0650)	375,00	Privateinlagen	1890 (2180)

6. Abschluss der Privatkonten

Die Privatkonten werden am Ende des Geschäftsjahres **über das Eigenkapitalkonto** abgeschlossen (vgl. *Falterbaum/Bolk/Reiß/Kirchner*, S. 129).

Hierbei ist das direkte Gegenbuchen der Salden der einzelnen Privatkonten auf dem Eigenkapitalkonto möglich. Der Nachteil dieser Vorgehensweise ist aber, dass das Eigenkapitalkonto – wenn mehrere Privatkonten vorhanden sind – zahlreiche Salden aufnehmen muss und dadurch unübersichtlich wird.

Sinnvoll ist eher der „Umweg" über ein Sammelkonto. Hierfür bietet sich z. B. das Oberkonto „**Privatentnahmen allgemein** 1800 (2100)" an, welches zunächst die Salden aller Privatentnahmekonten auf der Sollseite aufnimmt. Der Saldo dieses Oberkontos wird dann auf dem Eigenkapitalkonto gegengebucht.

Bei den Privateinlagekonten ist dann genauso zu verfahren (sofern mehrere Konten dieser Art vorliegen).

Das folgende Schaubild zeigt diese Vorgehensweise mithilfe einiger ausgewählter Konten exemplarisch auf:

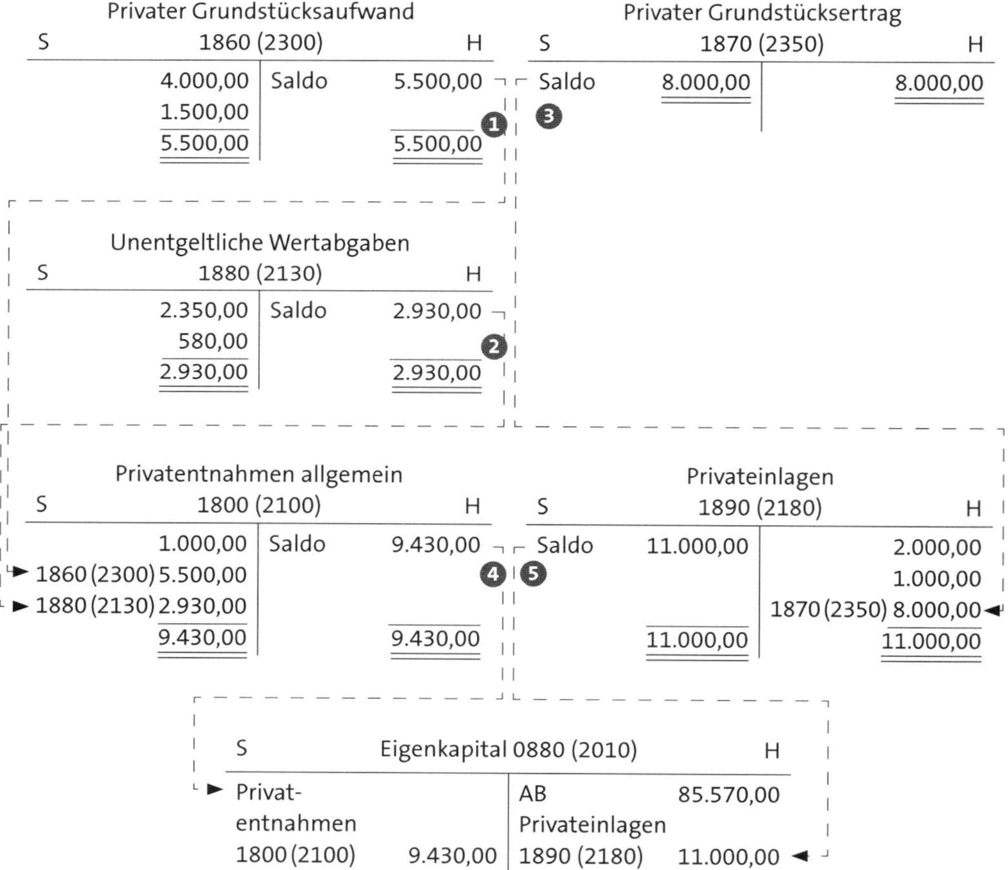

	Sollkonto – SKR 03 (SKR 04)		Betrag (Euro)	Habenkonto – SKR 03 (SKR 04)	
1	Privatentnahmen allg.	1800 (2100)	5.500,00	priv. Grundst.aufw.	1860 (2300)
2	Privatentnahmen allg.	1800 (2100)	2.930,00	Unentgeltl. Wertabg.	1880 (2130)
3	priv. Grundstücksertrag	1870 (2350)	8.000,00	Privateinlagen	1890 (2180)
4	Eigenkapital	0880 (2010)	9.430,00	Privatentnahmen allg.	1800 (2100)
5	Privateinlagen	1890 (2180)	11.000,00	Eigenkapital	0880 (2010)

7. Berücksichtigung der Privatvorgänge beim Betriebsvermögensvergleich

Wie bereits im Kapitel C.2.3.5 Gewinnermittlung dargestellt wurde, kann der Gewinn in der Buchführung durch die Gegenüberstellung der Erträge und Aufwendungen eines Abrechnungszeitraums (= **Gewinn- und Verlustrechnung**) oder durch **Betriebsvermögensvergleich** ermittelt werden.

Beim **Betriebsvermögensvergleich** ist der Gewinn grundsätzlich der Unterschiedsbetrag zwischen dem Betriebsvermögen (= Eigenkapital) am Schluss des Wirtschaftsjahres und dem Betriebsvermögen am Schluss des vorangegangenen Wirtschaftsjahres.

Weil der Bestand des Eigenkapitals durch Privatentnahmen und -einlagen verändert wird und diese Veränderungen nicht betrieblich verursacht sind, müssen diese **privat verursachten EK-Änderungen** beim Betriebsvermögensvergleich als **Korrekturposten** berücksichtigt werden.

Dem Unterschiedsbetrag zwischen dem EK am Ende des Wirtschaftsjahres und dem EK am Ende des vorangegangenen Wirtschaftsjahres sind die **Privatentnahmen hinzuzurechnen**, weil sie im Laufe des Wirtschaftsjahres das EK vermindert haben und diese Verminderungen nicht betrieblich verursacht waren.

Die **Privateinlagen** sind entsprechend **abzuziehen**, weil sie das EK erhöht haben und diese Erhöhungen nicht betrieblich verursacht waren.

Schematisch stellt sich die **Gewinnermittlung durch Betriebsvermögensvergleich** wie folgt dar:

	Eigenkapital am Schluss des Wirtschaftsjahres (z. B. 31.12.)
-	Eigenkapital am Schluss des vorangegangenen Wirtschaftsjahres
=	Unterschiedsbetrag
+	Privatentnahmen innerhalb des Wirtschaftsjahres
-	Privateinlagen innerhalb des Wirtschaftsjahres
=	**Gewinn/Verlust**

Beispiel

Die Unternehmerin Nadja Aron betreibt in Winningen (Mosel) eine Bäckerei. Nach dem Abschluss der Buchführung beträgt ihr Eigenkapital am Ende des Wirtschaftsjahres (31.12.) **55.500 €**. Am Schluss des vorangegangenen Wirtschaftsjahres hatte das Eigenkapital **67.420 €** betragen.

Im Laufe des Wirtschaftsjahres (Wj.) hatte Frau Aron **Privatentnahmen** von insgesamt **48.670 €** und Privateinlagen in Höhe von **1.500 €** getätigt.

Gewinnermittlung:

	EK am Schluss des Wj. (31.12.)	55.500 €
-	EK am Schluss des vorangegangenen Wj.	67.420 €
=	Unterschiedsbetrag	- 11.920 €
+	Privatentnahmen innerhalb des Wj.	48.670 €
-	Privateinlagen innerhalb des Wj.	1.500 €
=	**Gewinn**	**35.250 €**

Aufgabe 29 > Seite 263
Aufgabe 30 > Seite 264

H. Löhne und Gehälter

1. Grundlagen

Fast jedes Unternehmen beschäftigt **Arbeitnehmer** (Arbeiter und Angestellte), die für ihre Arbeitsleistungen **Lohn oder Gehalt** von dem Unternehmer (Arbeitgeber) erhalten.

- **Arbeiter** sind Arbeitnehmer, bei denen die **körperliche** Arbeitsleistung im Vordergrund steht (z. B. Maurer/in, Drucker/in, Schlosser/in). Sie erhalten **Lohn**.
- **Angestellte** sind Arbeitnehmer, bei denen die **geistige** Arbeitsleistung im Vordergrund steht (z. B. Bürokauffrau/-mann, Steuerfachengestellte/r, Verkäufer/in). Sie erhalten **Gehalt**.

In der Rentenversicherung ist die Unterscheidung zwischen Arbeitern und Angestellten seit dem 01.01.2005 weggefallen.

Löhne und Gehälter sind für die Arbeitnehmer Einkommen. Da Arbeitnehmer von ihrem Einkommen Steuern und Sozialversicherungsbeiträge zu leisten haben und diese Abgaben direkt vom Lohn/Gehalt einbehalten werden, ist das vereinbarte **Arbeitsentgelt nicht** mit dem **Auszahlungsbetrag** identisch.

Beispiel

Sabrina Klein ist als Buchhalterin angestellt. Sie ist 25 Jahre alt, ledig und hat keine Kinder. Für den Monat März 2020 erhält sie die folgende Gehaltsabrechnung:

			Euro	Euro
	Bruttogehalt			2.000,00
-	**Steuern**			
	Lohnsteuer (Steuerklasse I ohne Freibeträge)		173,00	
	Solidaritätszuschlag (5,5 % der Lohnsteuer)		9,51	
	Kirchensteuer (9 % der Lohnsteuer)		15,57	198,08
-	**Sozialversicherungsbeiträge (Arbeitnehmeranteile)**			
	Krankenversicherung (KV)	(2.000,00 € · 14,6 % · ½)	146,00	
	Zusatzbeitrag zur KV	(2.000,00 € · 0,9 % · ½)	9,00	
	Pflegeversicherung			
	► allgemeiner Beitrag	(2.000,00 € · 3,05 % · ½)	30,50	
	► Zuschlag für Kinderlose	(2.000,00 € · 0,25 %)	5,00	
	Rentenversicherung	(2.000,00 € · 18,6 % · ½)	186,00	
	Arbeitslosenversicherung	(2.000,00 € · 2,4 % · ½)	24,00	400,50
=	**Nettogehalt**			**1.401,42**
=	**Auszahlungsbetrag**			**1.401,42**

Die **abzuziehenden Steuern und Sozialversicherungsbeiträge** können einem **EDV-Programm** (z. B. NWB Datenbank oder Haufe Steuer Office) oder gedruckten Tabellen (Lohnsteuer- und Sozialversicherungstabelle) entnommen werden. Üblich ist heute aber auch die Abfrage über das Internet: siehe nachfolgende Seiten, Gliederungspunkte 2.1 und 2.2.

2. Steuern und Sozialversicherungsbeiträge

2.1 Lohnsteuer, Solidaritätszuschlag und Kirchensteuer

Grundlage für die Ermittlung der **Lohnsteuer** ist die **Lohnsteuerklasse** des Arbeitnehmers. Die Einstufung in die Lohnsteuerklasse wird von der zuständigen Gemeinde aufgrund der persönlichen Verhältnisse des Arbeitnehmers vorgenommen. Von der Lohnsteuerklasse und eventuellen Freibeträgen hängt es ab, wie hoch die abzuziehende Lohnsteuer ist.

Neben der Lohnsteuer sind im Normalfall die Zuschlagsteuern **Solidaritätszuschlag (SolZ)** und **Kirchensteuer (KiSt)** vom Arbeitnehmer zu bezahlen. Sie werden – wie die Lohnsteuer – vom Bruttolohn/-gehalt einbehalten und vom Arbeitgeber für den Arbeitnehmer an das Finanzamt abgeführt (vgl. §§ 38 und 41a EStG).

Der Solidaritätszuschlag beträgt **5,5 % der Lohnsteuer**. Bemessungsgrundlage des SolZ ist also nicht das Bruttoentgelt, sondern die Lohnsteuer.

Beispiel

Bei der Gehaltsabrechnung auf der Seite zuvor beträgt die Lohnsteuer 173,00 €. Der SolZ errechnet sich, indem die Lohnsteuer mit 5,5 % multipliziert wird: 173,00 € · 5,5 % = 9,51 €.

Der SolZ wird aber nur dann erhoben, wenn die Lohnsteuer einen bestimmten Grenzbetrag übersteigt (bei ledigen Arbeitnehmern beträgt dieser Grenzbetrag 972,00 € im Kalenderjahr; übersteigt die Jahreslohnsteuer diesen Betrag nicht, dann wird **kein** SolZ erhoben; vgl. § 3 Abs. 4 SolZG).

INFO

Der Solidaritätszuschlag wird ab 2021 schrittweise aufgehoben bzw. abgebaut; zunächst ab dem 01. Januar 2021 in einem ersten Schritt zugunsten niedrigerer und mittlerer Einkommen.

Konkret wird die Jahres-Freigrenze in § 3 SolZG von derzeit 972 €/1.944 € (Einzel-/Zusammenveranlagung) auf 16.956 €/33.912 € angehoben (wenn die Einkommensteuer diesen Betrag nicht überschreitet, wird kein SolZ erhoben). Die Beträge für das Lohnsteuerabzugsverfahren werden entsprechend angepasst und für die monatliche Lohnsteuer gezwölftelt.

Insgesamt wird erreicht, dass rund 90 Prozent der Zahler der veranlagten Einkommensteuer und der Lohnsteuer ab 2021 nicht mehr mit dem Solidaritätszuschlag belastet werden.

Die **Kirchensteuer** ist von Arbeitnehmern zu bezahlen, die Mitglied einer Kirche sind, die berechtigt ist, Kirchensteuer zu erheben (insbesondere evangelische oder katholische Arbeitnehmer). Konfessionslose Arbeitnehmer müssen keine Kirchensteuer bezahlen.

Die Kirchensteuer ist wie der SolZ eine **Zuschlagsteuer zur Lohnsteuer**. Bemessungsgrundlage ist also die Lohnsteuer. Der Steuersatz beträgt bundesweit **9 %** (Ausnahmen: in Baden-Württemberg und Bayern beträgt der Steuersatz **8 %**).

Beispiel

Bei der Gehaltsabrechnung auf der Seite 157 beträgt die Lohnsteuer 173,00 €. Die KiSt errechnet sich, indem die Lohnsteuer mit 9 % multipliziert wird: 173,00 € · 9 % = 15,57 €.

MEDIEN

Die **einzubehaltenden Steuern** (Lohnsteuer, Solidaritätszuschlag, Kirchensteuer) können mithilfe eines EDV Programms (z. B. NWB Datenbank) berechnet oder über die **Internetadresse des Bundesfinanzministeriums** unter **www.bundesfinanzministerium.de** → Service → Digitale Angebote: Soziale Medien, Apps und Rechner → Lohn- und Einkommensteuerrechner abgerufen werden.

2.2 Sozialversicherungsbeiträge

Arbeitnehmer unterliegen per Gesetz der Versicherungspflicht in den folgenden Zweigen der gesetzlichen Sozialversicherung:

- Krankenversicherung (KV)
- Pflegeversicherung (PV)
- Rentenversicherung (RV)
- Arbeitslosenversicherung (ArblV)
- Unfallversicherung (UV).

Die Beiträge zur **Kranken-, Renten- und Arbeitslosenversicherung** sind vom Arbeitgeber und vom Arbeitnehmer **jeweils zur Hälfte** zu tragen (= paritätische Finanzierung). Der Arbeitgeber muss die Hälfte dieser Beiträge vom Lohn-/Gehalt des Arbeitnehmers einbehalten (= **Arbeitnehmeranteile**) und die gleichen Beträge **zusätzlich** zum Lohn-/Gehalt zuzahlen (= **Arbeitgeberanteile**).

Bei der **Pflegeversicherung** gilt zwar grundsätzlich auch die hälftige Finanzierung der Beiträge, seit 2005 wurde sie aber partiell aufgegeben:

- Bei **„Kinderlosen“** wird ein **zusätzlicher** Beitrag zu dem hälftigen Arbeitnehmeranteil des Pflegeversicherungsbeitrags erhoben. Dieser beträgt **0,25 %** des versicherungspflichtigen Arbeitsentgelts. Der Arbeitnehmeranteil zur Pflegeversicherung eines kinderlosen Versicherten beträgt somit 1,775 % (die Hälfte von 3,05 % plus 0,25 % „Kinderlosenzuschlag“).

  Davon **ausgenommen** sind Personen **unter 23 Jahren, vor dem 01.01.1940 Geborene** und **Arbeitslosengeld II-Bezieher**.

- Die **Mitglieder der gesetzlichen Krankenversicherung** müssen zu dem hälftigen bundeseinheitlichen Krankenversicherungsbeitrag (14,6 % · ½ = 7,3 %) einen zusätzlichen krankenkassenindividuellen **Zusatzbeitrag** bezahlen.

  Die Höhe des **Zusatzbeitrags** wird von der **jeweiligen Krankenkasse** des Arbeitnehmers in der Satzung der Krankenkasse festgelegt.

  Im Kalenderjahr 2020 beträgt der **Arbeitgeberanteil** somit **7,3 %** (die Hälfte von 14,6 %) plus Zusatzbeitrag · ½ und der **Arbeitnehmeranteil** ebenfalls **7,3 % + Zusatzbeitrag · ½**.

Beitragssätze 2020:

Versicherungszweig	voller Beitragssatz	halber Beitragssatz (AG-Anteil)	Beitragsbemessungsgrenze (Monat) alte [neue] Bundesländer
Krankenversicherung	14,6 %	7,3 %	4.687,50 [4.687,50] €
Pflegeversicherung	3,05 %	1,525 %	4.687,50 [4.687,50] €
Rentenversicherung	18,6 %	9,3 %	6.900,00 [6.450,00] €
Arbeitslosenversicherung	2,4 %	1,2 %	6.900,00 [6.450,00] €

Zum KV-Beitragssatz: Seit dem 01.01.2015 bundeseinheitlich **14,6 % ohne AN-Zusatzbeitrag**. Der AN-**Zusatzbeitrag** wird **kassenindividuell** festgelegt (z. B. 1,1 des beitragspflichtigen Arbeitsentgelts) und vom AN und AG jeweils zur Hälfte getragen.

Zum PV-Beitragssatz: Bei kinderlosen Arbeitnehmern Zuschlag zum Arbeitnehmeranteil in Höhe von 0,25 % (Zusatzbeitrag für Kinderlose).

Bezogen auf das vorangegangene Beispiel (S. 157) belaufen sich die direkt zurechenbaren **Personalkosten**, die vom **Arbeitgeber** zu tragen sind, für den Monat März 2020 somit auf 2.395,50 €:

			Euro	Euro
	Bruttogehalt			2.000,00
+	Arbeitgeberanteile zur Sozialversicherung			
	Krankenversicherung	(2.000,00 € · 14,6 % · ½)	146,00	
	KV-Zusatzbeitrag	(2.000,00 € · 0,9 % · ½)	9,00	
	Pflegeversicherung	(2.000,00 € · 3,05 % · ½)	30,50	
	Rentenversicherung	(2.000,00 € · 18,6 % · ½)	186,00	
	Arbeitslosenversicherung	(2.000,00 € · 2,4 % · ½)	24,00	395,50
=	**direkt zurechenbare Personalkosten**			**2.395,50**

Die **Beitragssätze** der einzelnen Zweige der **Sozialversicherung** werden jährlich neu festgesetzt. Sie können jeweils aktuell über die gesetzlichen Krankenkassen (z. B. AOK, BEK, DAK usw.) im Internet (z. B. **www.aok.de**, Rubrik „Mitgliedschaft und Tarife", Unterpunkt „Beiträge/Beitragssätze") abgerufen werden.

Der vom Lohn/Gehalt (= Arbeitsentgelt) **abzuziehende Arbeitnehmeranteil** errechnet sich, indem das Arbeitsentgelt mit den oben aufgeführten halben Beitragssätzen und bei der PV ggf. erhöht um 0,25 % Kinderlosen-Zuschlag, multipliziert wird.

Das Arbeitsentgelt wird jedoch nicht in unbeschränkter Höhe, sondern nur bis zu bestimmten **Höchstbeträgen**, den so genannten **Beitragsbemessungsgrenzen** für die Beitragsberechnung herangezogen. Die für 2020 gültigen Beitragsbemessungsgrenzen sind in der obigen Tabelle aufgeführt.

Der **Höchstbeitrag**, der von einem Arbeitnehmer zu bezahlen ist, errechnet sich durch die **Multiplikation der Beitragsbemessungsgrenze mit dem Prozentsatz** für die Ermittlung des Arbeitnehmeranteils (siehe Tabelle auf der Seite 160 und nachfolgendes Beispiel). Liegt das Arbeitsentgelt über der Beitragsbemessungsgrenze, dann werden die Teile des Lohns/Gehalts, die über der Beitragsbemessungsgrenze liegen, nicht in die Beitragsberechnung einbezogen (sie bleiben also beitragsfrei).

Beispiel

Der verheiratete Arbeitnehmer Jan Hunke, Koblenz, hat zwei eheliche Kinder und ist Mitglied der gesetzlichen XY-Krankenkasse, die einen Zusatzbeitrag in Höhe von 1,1 % hat. Sein Bruttomonatsgehalt beträgt 7.000 €. Für ihn errechnet sich der monatliche Sozialversicherungs-Höchstbeitrag wie folgt:

	Arbeitnehmeranteil €	Arbeitgeberanteil €	Gesamtbeitrag €
KV-Beitrag	4.687,50 • 7,30 % = 342,19	4.687,50 • 7,30 % = 342,19	684,38
Zusatzbeitrag	4.687,50 • 0,55 % = 25,78	4.687,50 • 0,55 % = 25,78	51,56
PV-Beitrag	4.687,50 • 1,525 % = 71,48	4.687,50 • 1,525 % = 71,48	142,96
RV-Beitrag	6.900,00 • 9,30 % = 641,70	6.900,00 • 9,30 % = 641,70	1.283,40
ArbIV-Beitrag	6.900,00 • 1,2 % = 82,80	6.900,00 • 1,2 % = 82,80	165,60
Summen	1.163,95	1.163,95	2.327,90

Wäre Herr Hunke (Beispiel zuvor) „kinderlos", dann würde der **Arbeitnehmeranteil** zur Pflegeversicherung 83,20 € betragen (4.687,50 € • 1,775 % [die Hälfte von 3,05 % **plus 0,25 % „Kinderlosenzuschlag"**]). Der Arbeitgeberanteil bliebe unverändert bei 71,48 €.

Der **Arbeitgeber** muss die gesamten einbehaltenen Arbeitnehmeranteile zur Sozialversicherung zusammen mit den Arbeitgeberanteilen spätestens bis zum **drittletzten Bankarbeitstag** des Monats, in dem das Arbeitsentgelt erzielt wird, an die **gesetzliche Krankenkasse**, bei der der Arbeitnehmer krankenversichert ist, abführen. Zu zahlen sind die tatsächlich ermittelten Beiträge. Sofern eine endgültige Berechnung bis zu diesem Zeitpunkt nicht möglich ist, sind die voraussichtlichen Beiträge anzumelden und zu bezahlen. Eventuell entstehende Differenzbeträge sind dann am nächsten Fälligkeitstermin zu verrechnen.

Die **Renten- und Arbeitslosenversicherungsbeiträge** werden von der Krankenkasse an die entsprechenden Sozialversicherungsträger (z. B. Deutsche Rentenversicherung Bund und Bundesagentur für Arbeit) weitergeleitet.

Die Pflichtbeiträge zur gesetzlichen **Unfallversicherung** trägt der **Arbeitgeber allein**. Die Höhe der Beiträge richtet sich nach den **Lohn-/Gehaltssummen** und den **Gefahrenklassen** (die Arbeitnehmer werden hinsichtlich ihrer Tätigkeiten und den damit verbundenen Gefahren bestimmten Gefahrenklassen zugeordnet).

Die Erfassung der Beiträge zur gesetzlichen Unfallversicherung erfolgt durch den folgenden Buchungssatz:

Sollkonto – SKR 03 (SKR 04)	**Betrag (Euro)**	**Habenkonto** – SKR 03 (SKR 04)
Beiträge zur Berufsgenossenschaft 4138 (6120)	Beitrag	Verbindlichkeiten im Rahmen der sozialen Sicherheit 1742 (3740) oder Zahlungskonto, z. B. 1200 (1800)

Zu den Personalkosten gehören außerdem **„freiwillige soziale Aufwendungen"**, die der Arbeitgeber auf freiwilliger Basis zusätzlich zum Lohn/Gehalt trägt (z. B. Fahrtkostenzuschüsse, Bekleidungsgeld, Zuschüsse zur Kantine, zu Erholungsräumen oder Sportanlagen des Unternehmens).

Die Erfassung solcher Aufwendungen erfolgt im Soll auf den Konten

- Freiwillige soziale Aufwendungen lohnsteuerfrei **4140 (6130)**
- Freiwillige soziale Aufwendungen lohnsteuerpflichtig **4145 (6060)**

ACHTUNG

Die Umlagen U1 - U3 (für Lohnfortzahlung im Krankheitsfall, für Mutterschaftsgeld und für Insolvenzgeld) bleiben hier aus Vereinfachungsgründen unberücksichtigt.

Aufgabe 31 > Seite 265

3. Buchung von Lohn-/Gehaltsabrechnungen ohne Besonderheiten

3.1 Überblick

In der Praxis sind die folgenden drei Arten der Lohn-/Gehaltsbuchung vorzufinden:

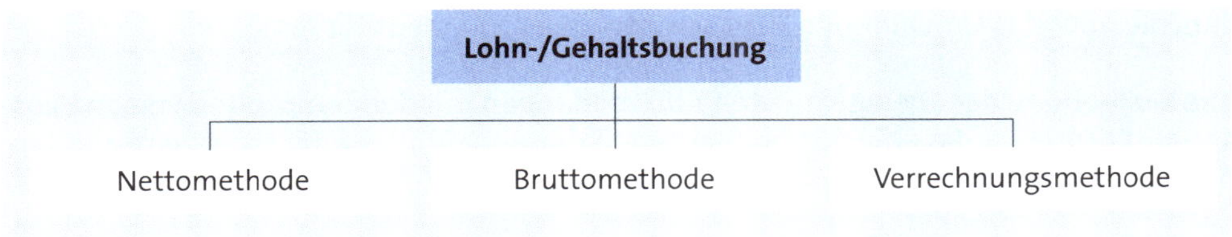

3.2 Nettomethode

Bei der Nettomethode wird **nach Zahlungsvorgängen** gebucht. Dies bedeutet, dass nur dann eine Buchung erfolgt, wenn der Unternehmer einen Bestandteil der Personalkosten bezahlt. Dies kann die Überweisung des Nettogehalts, der Steuern oder der Sozialversicherungsbeiträge oder die Bezahlung einer freiwilligen Sozialleistung sein.

Beispiel

Die Gehaltsabrechnung des Ausgangsbeispiels (S. 157) wird nach der Nettomethode erfasst.

Zuerst erfolgt vermutlich die Buchung der **Sozialversicherungsbeiträge** durch Banküberweisung (Bezahlung spätestens bis zum drittletzten Bankarbeitstag des Monats):

Überweisung an die **Krankenkasse:**

Sollkonto – SKR 03 (SKR 04)		**Betrag (Euro)**	**Habenkonto** – SKR 03 (SKR 04)	
Gehälter	4120 (6020)	400,50[1]	Bank	1200 (1800)
Gesetzl. soziale Aufw.	4130 (6110)	395,50[2]	Bank	1200 (1800)

Einige Tage später werden das **Nettogehalt** an den Arbeitnehmer (am Monatsende) und die **Steuern** an das Finanzamt (bis zum 10. des Folgemonats) überwiesen:

Überweisung an den **Arbeitnehmer:**

Sollkonto – SKR 03 (SKR 04)		**Betrag (Euro)**	**Habenkonto** – SKR 03 (SKR 04)	
Gehälter	4120 (6020)	1.401,42	Bank	1200 (1800)

Überweisung an das **Finanzamt:**

Sollkonto – SKR 03 (SKR 04)		**Betrag (Euro)**	**Habenkonto** – SKR 03 (SKR 04)	
Gehälter	4120 (6020)	198,08	Bank	1200 (1800)

Die Konten **„Gehälter"** und **„Gesetzliche soziale Aufwendungen"** sind **Aufwandskonten**, die über das Gewinn- und Verlustkonto abgeschlossen werden.

Die Verprobung der oben gebuchten Aufwendungen mit den ermittelten Personalkosten (S. 160) zeigt, dass die Personalkosten in der Buchführung richtig erfasst wurden: 1.401,42 € + 198,08 € + 400,50 € + 395,50 € = **2.395,50 €**.

Probleme wirft die Nettomethode im Hinblick auf die richtige zeitliche Zuordnung der Aufwendungen auf, weil bei dieser Methode nur nach Zahlungsvorgängen gebucht wird. Die wirtschaftliche Verursachung und die Zahlungen fallen dadurch zeitlich auseinander. Im vorangegangenen Beispiel gehören die Personalkosten wirtschaftlich in den Monat März 2020; erfasst werden sie aber überwiegend für April 2020, weil der größte Teil der Zahlungen erst im April erfolgt.

Bei der Buchung der Geschäftsvorfälle für den Monat Dezember muss – sofern der Abschlussstichtag am 31.12. liegt – bei der Anwendung der Nettomethode eine zeitliche Abgrenzung erfolgen. Personalkosten, die zum Dezember gehören, aber erst im Januar gezahlt werden, müssen zum 31.12. als Personalaufwendungen und gleichzeitig als **Verbindlichkeiten** erfasst werden.

[1] Arbeitnehmeranteil zur Sozialversicherung (siehe Gehaltsabrechnung S. 157)

[2] Arbeitgeberanteil zur Sozialversicherung (146,00 € + 9,00 € + 30,50 € + 186,00€ +24,00 €)

3.3 Bruttomethode

Bei der Bruttomethode wird in zeitlicher Hinsicht unabhängig von den Zahlungszeitpunkten nach dem **Kriterium der wirtschaftlichen Verursachung** gebucht. Dies bedeutet, dass die Buchungen für diejenigen Zeiträume erfolgen, für welche die **Personalkosten brutto** anfallen.

Beispiel

Das Bruttogehalt für März 2020 wird für den Monat März 2020 erfasst, unabhängig davon, wann welche Zahlungen erfolgen. Das Gleiche gilt für die direkten Lohnnebenkosten (Arbeitgeberanteil zur Sozialversicherung).

Bezogen auf das Ausgangsbeispiel (S. 157) bedeutet dies, dass für den Monat März 2020 **2.395,50 € Personalkosten** gebucht werden müssen. Die noch nicht bezahlten Bestandteile der Personalkosten werden hierbei als „Sonstige Verbindlichkeiten" (Konten 1740 (3720) ff.) erfasst.

Die Erfassung einer Lohn-/Gehaltsabrechnung ohne Besonderheiten erfolgt bei der Bruttomethode durch die folgenden Buchungssätze (hier dargestellt anhand der Daten des Ausgangsbeispiels):

	Sollkonto – SKR 03 (SKR 04)	**Betrag (Euro)**	**Habenkonto** – SKR 03 (SKR 04)
1	Gehälter 4120 (6020)	198,08	Verbindl. Lohn-/KiSt. 1741 (3730)
2	Gehälter 4120 (6020)	400,50	Verbindl. soziale Sich. 1742 (3740)
3	Gehälter 4120 (6020)	1.401,42	Verbindl. Lohn/Gehalt 1740 (3720)

Zwischensumme: Bruttogehalt 2.000,00

4	Gesetzl. soziale Aufw. 4130 (6110)	395,50	Verbindl. soziale Sich. 1742 (3740)

Summe: Personalkosten 03/20 2.395,50

Zu Tz. 2: Arbeitnehmeranteil zur Sozialversicherung
Zu Tz. 4: Arbeitgeberanteil zur Sozialversicherung

Später, wenn die **Zahlungen** erfolgen, werden die erfassten **Verbindlichkeiten aufgelöst** und gegen das entsprechende Zahlungskonto gebucht (hier alle Zahlungen über das Bankkonto):

	Sollkonto – SKR 03 (SKR 04)	**Betrag (Euro)**	**Habenkonto** – SKR 03 (SKR 04)
1	Verbindl. Lohn/Gehalt 1740 (3720)	1.401,42	Bank 1200 (1800)
2	Verbindl. Lohn-/KiSt. 1741 (3730)	198,08	Bank 1200 (1800)
3	Verbindl. soziale Sich. 1742 (3740)	796,00	Bank 1200 (1800)

Zu Tz. 3: Arbeitnehmeranteil + Arbeitgeberanteil zur Sozialversicherung (400,50 € + 395,50 €)

Aufgabe 32 > Seite 265

3.4 Verrechnungsmethode

Die Verrechnungsmethode ist eine besondere **Ausprägungsform der Bruttomethode**. Bei ihr werden die Personalkosten – wie bei der Bruttomethode – in zeitlicher Hinsicht zu den Zeitpunkten der wirtschaftlichen Verursachung, also unabhängig von den Zahlungszeitpunkten, erfasst. Der Unterschied zur Bruttomethode besteht darin, dass ein **Verrechnungskonto zwischengeschaltet** wird.

Im **ersten Schritt** wird der Bruttoaufwand (Bruttolohn/-gehalt) auf dem entsprechenden Aufwandskonto im **Soll** erfasst und auf dem Verrechnungskonto „Lohn-/Gehaltsverrechnung“ im **Haben** gegengebucht:

Sollkonto – SKR 03 (SKR 04)	**Betrag (Euro)**	**Habenkonto** – SKR 03 (SKR 04)
Gehälter 4120 (6020)	Bruttogehalt	Lohn-/Gehaltsverrech. 1755 (3790)

Bezogen auf das Ausgangsbeispiel (S. 157) ist für März 2020 zuerst der folgende Buchungssatz zu erfassen:

	Sollkonto – SKR 03 (SKR 04)	**Betrag (Euro)**	**Habenkonto** – SKR 03 (SKR 04)
1	Gehälter 4120 (6020)	2.000,00	Lohn-/Gehaltsverrech. 1755 (3790)

Im **zweiten Schritt** werden die einzelnen Lohn-/Gehaltsbestandteile (Steuern, Sozialversicherungsbeiträge des Arbeitnehmers, Auszahlungsbetrag) auf den entsprechenden Verbindlichkeitskonten erfasst. Die einzelnen Beträge werden im **Soll** auf dem Konto **„Lohn- und Gehaltsverrechnung“** und im **Haben** auf dem jeweiligen Verbindlichkeitenkonto (z. B. „Verbindl. Lohn/Gehalt“) erfasst.

Für das Ausgangsbeispiel sind somit die folgenden Buchungssätze zu bilden:

	Sollkonto – SKR 03 (SKR 04)	**Betrag (Euro)**	**Habenkonto** – SKR 03 (SKR 04)
2	Lohn-/Gehaltsverrech. 1755 (3790)	198,08	Verbindl. Lohn-/KiSt. 1741 (3730)
3	Lohn-/Gehaltsverrech. 1755 (3790)	400,50	Verbindl. soziale Sich. 1742 (3740)
4	Lohn-/Gehaltsverrech. 1755 (3790)	1.401,42	Verbindl. Lohn/Gehalt 1740 (3720)

Ergänzend ist der Arbeitgeberanteil zur Sozialversicherung wie bei der Bruttomethode zu buchen:

	Sollkonto – SKR 03 (SKR 04)	**Betrag (Euro)**	**Habenkonto** – SKR 03 (SKR 04)
5	Gesetzl. soziale Aufw. 4130 (6110)	395,50	Verbindl. soziale Sich. 1742 (3740)

Schematisch betrachtet stellt sich die Vorgehensweise bei der Verrechnungsmethode also folgendermaßen dar:

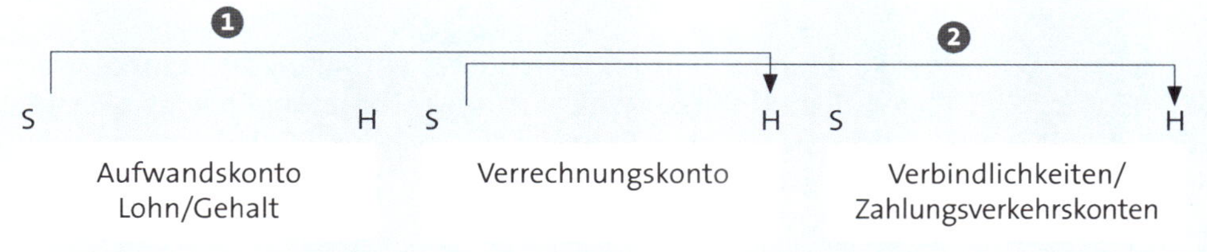

Wenn die **Zahlungen** erfolgen, werden die erfassten Verbindlichkeiten wie bei der Bruttomethode aufgelöst und gegen das entsprechende Zahlungskonto gebucht (hier alle Zahlungen über das Bankkonto):

	Sollkonto – SKR 03 (SKR 04)	**Betrag (Euro)**	**Habenkonto** – SKR 03 (SKR 04)
1	Verbindl. Lohn/Gehalt. 1740 (3720)	1.401,42	Bank 1200 (1800)
2	Verbindl. Lohn-/KiSt. 1741 (3730)	198,08	Bank 1200 (1800)
3	Verbindl. soziale Sich. 1742 (3740)	796,00	Bank 1200 (1800)

Zu Tz. 3: Arbeitnehmeranteil + Arbeitgeberanteil zur Sozialversicherung (400,50 € + 395,50 €)

Da die Verrechnungsmethode das **in der Praxis am häufigsten angewendete** Lohnbuchungsverfahren ist, werden hier alle nachfolgenden Gehaltsbuchungen nach der Verrechnungsmethode dargestellt.

Aufgabe 33 > Seite 265

4. Vorschüsse

Es kommt vor, dass Arbeitnehmer vor dem **Fälligkeitstag der Lohn-/Gehaltszahlung** Vorschüsse auf ihren Nettolohn erhalten.

Ein Vorschuss ist ein **kurzfristiges Darlehen**, das der Arbeitgeber dem Arbeitnehmer gewährt (vgl. *Schmolke/Deitermann*, S. 180). Anders ausgedrückt hat der Arbeitgeber vom Tag der Gewährung des Vorschusses bis zum Fälligkeitstag der Lohn-/Gehaltszahlung gegenüber dem Arbeitnehmer eine **Forderung**.

Die Auszahlung eines kurzfristigen Vorschusses wird deshalb durch den folgenden Buchungssatz erfasst:

Sollkonto – SKR 03 (SKR 04)		**Betrag (Euro)**	**Habenkonto** – SKR 03 (SKR 04)	
Forderungen gegen Personal	1530 (1340)	Vorschuss	Zahlungskonto, z. B.	1200 (1800)

Je nach der Dauer der Rückzahlbarkeit des Vorschusses enthalten die Kontenrahmen SKR 03 und SKR 04 speziellere Unterkonten des Kontos „Forderungen gegen Personal **1530 (1340)**" – z. B. „Forderungen gegen Personal aus Lohn- und Gehaltsabrechnung – Restlaufzeit bis 1 Jahr **1531 (1341)**".

Beispiel

Die Unternehmerin Nadine Girmscheid gewährt ihrer Arbeitnehmerin Sabrina Klein (Ausgangsfall S. 157) am 10. des laufenden Monats einen Gehaltsvorschuss in Höhe von 600 €, der bei der Fälligkeit des Gehalts verrechnet werden soll. Die Auszahlung des Vorschusses erfolgt durch Banküberweisung.

Die **Vorschussgewährung** wird in der Buchführung von Frau Girmscheid wie folgt gebucht:

Sollkonto – SKR 03 (SKR 04)		**Betrag (Euro)**	**Habenkonto** – SKR 03 (SKR 04)	
Ford. gegen Personal Restlaufzeit bis 1 Jahr	1531 (1341)	600,00	Bank	1200 (1800)

Längerfristige Vorschüsse werden auf dem spezielleren Unterkonto „**Forderungen gegen Personal – Restlaufzeit größer 1 Jahr** 1537 (1345)" erfasst.

Die Verrechnung eines kurzfristigen Vorschusses erfolgt im Normalfall bei der nächsten Lohn-/Gehaltsabrechnung.

Beispiel

Der in dem oben dargestellten Beispiel gewährte Vorschuss wird am Monatsende verrechnet. Frau Klein erhält dann die folgende Gehaltsabrechnung (verkürzte Darstellung):

	Bruttogehalt	2.000,00 €
-	Lohnsteuer, Kirchensteuer, Solidaritätszuschlag	198,08 €
-	Sozialversicherungsbeiträge (Arbeitnehmeranteil)	400,50 €
=	Nettogehalt	1.401,42 €
-	**Verechnung Vorschuss**	**600,00 €**
=	**Auszahlungsbetrag**	**801,42 €**

Erfassung dieser Gehaltsabrechnung nach der Verrechnungsmethode (vor der Auszahlung):

	Sollkonto – SKR 03 (SKR 04)	**Betrag (Euro)**	**Habenkonto** – SKR 03 (SKR 04)
1	Gehälter 4120 (6020)	2.000,00	Lohn-/Gehaltsverrech. 1755 (3790)
2	Lohn-/Gehaltsverrech. 1755 (3790)	198,08	Verbindl. Lohn-/KiSt. 1741 (3730)
3	Lohn-/Gehaltsverrech. 1755 (3790)	400,50	Verbindl. soziale Sich. 1742 (3740)
4	Gesetzl. soziale Aufw. 4130 (6110)	395,50	Verbindl. soziale Sich. 1742 (3740)
5	**Lohn-/Gehaltsverrech. 1755 (3790)**	**600,00**	**Ford. gegen Personal 1531 (1341)**
6	Lohn-/Gehaltsverrech. 1755 (3790)	801,42	Verbindl. Lohn/Gehalt 1740 (3720)

Die Auszahlung des verbleibenden Nettolohns und die Bezahlung der Steuern und Sozialversicherungsbeiträge wird wie auf der Seite 167 dargestellt gebucht.

5. Vermögenswirksame Leistungen

5.1 Begriff

Die Vermögensbildung der Arbeitnehmer wird u. a. durch das **5. Vermögensbildungsgesetz** (VermBG) staatlich gefördert.

Vermögenswirksame Leistungen (vwL) sind **Sparleistungen**, die der Arbeitgeber für den Arbeitnehmer in einer Anlageform anlegt, die vom Vermögensbildungsgesetz gefördert wird (z. B. Bausparvertrag oder Vermögensbeteiligungssparvertrag).

Hierbei trägt der Arbeitnehmer den Sparbetrag entweder voll selbst oder er bezahlt nur einen Teilbetrag, und der Arbeitgeber bezahlt den anderen Teilbetrag; ggf. trägt der Arbeitgeber sogar den vollen Sparbetrag zusätzlich zum Lohn/Gehalt.

Der Arbeitgeber behält den Sparbetrag vom Lohn/Gehalt des Arbeitnehmers ein und überweist ihn an das entsprechende Anlageinstitut.

Sofern der Arbeitnehmer die Voraussetzungen für eine Förderung erfüllt, erhält er vom Finanzamt nach Ablauf der gesetzlich festgelegten Sperrfrist (z. B. sieben Jahre) eine **Sparzulage** auf seine gesparten Beträge (siehe das Schaubild auf der nächsten Seite).

Voraussetzung für die Gewährung der Sparzulage ist u. a., dass der Arbeitnehmer die maßgebliche **Einkommensgrenze** nicht überschreitet. Sie liegt für Nichtverheiratete bei **20.000 €** und für Verheiratete bei **40.000 €** im Kalenderjahr (vgl. § 13, Abs. 1 des 5. VermBG). Hierbei werden nicht die Einnahmen des Arbeitnehmers, sondern das **zu versteuernde Einkommen** zu Grunde gelegt (Bruttoeinnahmen abzüglich Werbungskosten, Sonderausgaben usw.). Liegt das zu versteuernde Einkommmen des Sparjahres über dieser Grenze, dann wird für dieses Jahr keine Sparzulage gewährt.

Vermögensbildung nach dem 5. Vermögensbildungsgesetz (VermbG)

Der **Arbeitnehmer** legt einen bestimmten Betrag **seines Gehalts** (z. B. 40 €/Monat) vermögenswirksam an (Vermögensbildung).

Entweder der Arbeitnehmer trägt den „Sparbetrag“ allein oder er erhält einen Zuschuss von seinem Arbeitgeber (z. B. 13 €/Monat).

Der „Sparbetrag“ **wird vom Gehalt des Arbeitnehmers einbehalten** und **vom Arbeitgeber an das Anlageinstitut überwiesen** (sofern durch ein Anlageinstitut vermögenswirksam angelegt wird).

Anlagen zum Wohnungsbau
(§ 2 VermbG)

- **Bausparbeiträge**
- **unmittelbare wohnungswirtschaftliche Aufwendungen** (d. h. unmittelbare Verwendung zum Bau, Kauf oder zur Erweiterung eines Hauses oder einer Eigentumswohnung: z. B. monatliche Tilgung eines Bauspardarlehens)

Beteiligungen
(§§ 4 - 6 VermbG), z. B.

- **Wertpapier-/Vermögensbeteiligungssparvertrag** (auch Aktien des Arbeitgebers, GmbH-Stammeinlage beim Arbeitgeber usw.)
- **Wertpapierkaufverträge**
- **Beteiligung als stiller Gesellschafter** usw.

Beide Anlageformen sind nebeneinander (gleichzeitig) möglich!

staatliche Förderung:*
Sparzulage: 9 % der vermögenswirksam angelegten (gesparten) Beträge,

höchstens 9 % von 470 € im Kalenderjahr

staatliche Förderung:
Sparzulage: 20 % der vermögenswirksam angelegten (gesparten) Beträge,

höchstens 20 % von 400 € im Kalenderjahr

Voraussetzung für die Gewährung der Sparzulage:
Das zu versteuernde Einkommen (Bruttogehalt minus steuerliche Abzugsbeträge) des Arbeitnehmers ist im Kalenderjahr nicht höher als **20.000 €** (Alleinstehende) bzw. **40.000 €** (Verheiratete).

Antrag auf Gewährung der Sparzulage: beim **Finanzamt** im Rahmen der Steuererklärung.
Keine direkte Auszahlung der Sparzulage, sondern erst nach Ablauf der **Festlegungs- bzw. Sperrfrist** (in der Regel **7 Jahre**). [Keine Sperrfrist bei unmittelbaren wohnungswirtschaftlichen Aufwendungen.]

* Förderung von Bausparbeiträgen **alternativ** durch Gewährung einer **Wohnungsbauprämie, sofern kein Anspruch auf Gewährung der Sparzulage besteht (keine Doppelförderung!)**. „Zusätzliche“ Bausparbeiträge (über 470 €/Kj.) werden auch durch die Wohnungsbauprämie gefördert. Wohnungsbauprämie: **8,8 %** (2021: 10 %) der zu fördernden Beträge, **höchstens 8,8 %** (2021: 10 %) **von 512 €** (2021: 700 €)(Alleinstehende) bzw. **1.024 €** (2021: 1.400 €)(Verheiratete); nur, wenn das zu versteuernde Einkommen nicht mehr als 25.600 € (2021: 35.000 €)(Alleinstehende) bzw. 51.200 € (2021: 70.000 €)(Verheiratete) im Kalenderjahr beträgt; Antrag bei der Bausparkasse.

5.2 Buchung

5.2.1 Arbeitnehmer trägt die vwL allein

Die einfachste Fallkonstellation ist diejenige, bei der der Arbeitnehmer die vwL (den Sparbetrag) voll selbst trägt. Der Arbeitgeber behält bei dieser Variante den Sparbetrag vom Lohn/Gehalt ein und führt ihn an das entsprechende Anlageinstitut ab.

Beispiel

Fall wie im Ausgangsbeispiel (S. 157), hier jedoch mit dem Unterschied, dass die Arbeitnehmerin Sabrina Klein monatlich **40 € vermögenswirksam** anlegt (Einzahlung in einen Bausparvertrag) und die Sparbeträge **voll selbst** trägt.

Frau Klein erhält dann die folgende **Gehaltsabrechnung** (hier verkürzt dargestellt):

	Bruttogehalt	2.000,00 €
-	Lohnsteuer, Kirchensteuer, Solidaritätszuschlag	198,08 €
-	Sozialversicherungsbeiträge (Arbeitnehmeranteil)	400,50 €
=	Nettogehalt	1.401,42 €
-	**vermögenswirksame Leistung (vwL)**	**40,00 €**
=	**Auszahlungsbetrag**	**1.361,42 €**

Weil die vwL vom Lohn/Gehalt abgezogen wird und dann noch an das Anlageinstitut abzuführen ist, wird sie zum Zeitpunkt der Gehaltsabrechnung im **Haben** auf dem Konto **„Verbindlichkeiten aus Vermögensbildung 1750 (3770)"** oder einem spezielleren Unterkonto erfasst.

Die Gehaltsabrechnung wird dann nach der Verrechnungsmethode wie folgt gebucht:

	Sollkonto – SKR 03 (SKR 04)		**Betrag (Euro)**	**Habenkonto** – SKR 03 (SKR 04)	
1	Gehälter	4120 (6020)	2.000,00	Lohn-/Gehaltsverrech.	1755 (3790)
2	Lohn-/Gehaltsverrech.	1755 (3790)	198,08	Verbindl. Lohn-/KiSt.	1741 (3730)
3	Lohn-/Gehaltsverrech.	1755 (3790)	400,50	Verbindl. soziale Sich.	1742 (3740)
4	Gesetzl. soziale Aufw.	4130 (6110)	395,50	Verbindl. soziale Sich.	1742 (3740)
5	**Lohn-/Gehaltsverrech.**	**1755 (3790)**	**40,00**	**Verbindl. aus Verm.**	**1750 (3770)**
6	Lohn-/Gehaltsverrech.	1755 (3790)	1.361,42	Verbindl. Lohn/Gehalt	1740 (3720)

Zu Tz. 3: Arbeitnehmeranteil zur Sozialversicherung (siehe Gehaltsabrechnung S. 157)
Zu Tz. 4: Arbeitgeberanteil zur Sozialversicherung (146,00 € + 9,00 € + 30,50 € + 186,00 € + 24,00 €)

Die Auszahlung des verbleibenden Nettolohns und die Bezahlung der Steuern, der Sozialversicherungsbeiträge und der vwL wird wie auf der Seite 167 dargestellt gebucht.

Aufgabe 34 > Seite 265

5.2.2 Arbeitgeber trägt die vwL allein

Die zweite Fallkonstellation behandelt die Variante, bei der der Arbeitgeber die vwL **zusätzlich** zum Lohn/Gehalt trägt. Es gibt Tarifverträge, die dies vorsehen. Es kann aber auch sein, dass eine solche Vereinbarung im Einzelarbeitsvertrag getroffen wird. Die vom Arbeitgeber getragene vwL **erhöht den Bruttobetrag des Lohns/Gehalts** und dadurch die Bemessungsgrundlage für die Besteuerung und die Sozialversicherungsbeiträge.

Beispiel

Der Unternehmer Andreas Theres beschäftigt den ledigen Arbeitnehmer Daniel Braun als Bilanzbuchhalter für monatlich **3.000 €** brutto. **Zusätzlich** zu dem Bruttogehalt bezahlt Herr Theres **40 € vwL** an die Bausparkasse von Herrn Braun. Herr Braun ist 30 Jahre alt; er hat keine Kinder.

Bei einem KV-Beitragssatz von 14,6 % und einem Zusatzbeitrag in Höhe von 0,90 % erhält Herr Braun für Juli 2020 die folgende Gehaltsabrechnung:

			Euro	Euro
	Bruttogehalt			3.000,00
+	**vwL**			**40,00**
=	steuer- und sozialversicherungspflichtiges Entgelt			3.040,00
-	**Steuern**			
	Lohnsteuer (Steuerklasse I ohne Freibeträge)		416,16	
	Solidaritätszuschlag (5,5 % der Lohnsteuer)		22,88	
	Kirchensteuer (9 % der Lohnsteuer)		37,45	476,49
-	**Sozialversicherungsbeiträge (Arbeitnehmeranteile)**			
	Krankenversicherung	(3.040,00 € · 7,75 %)*	235,60	
	Pflegeversicherung			
	▸ allgemeiner Beitrag	(3.040,00 € · 1,525 %)	46,36	
	▸ Zuschlag für Kinderlose	(3.040,00 € · 0,25 %)	7,60	
	Rentenversicherung	(3.040,00 € · 9,30 %)	282,72	
	Arbeitslosenversicherung	(3.040,00 € · 1,2 %)	36,48	608,76
=	**Nettogehalt**			**1.954,75**
-	**vwL**			**40,00**
=	**Auszahlungsbetrag**			**1.914,75**

* KV-Beitrag des Arbeitnehmers: 14,6 % · ½ plus 0,90 % · ½ Zusatzbeitrag
[KV-Beitrag des Arbeitgebers: 14,6 % · ½ plus 0,90 % · ½ Zusatzbeitrag]

Die **vom Arbeitgeber** getragene vwL wird entweder zusammen mit dem Bruttolohn/-gehalt im **Soll** auf dem Lohn-/Gehaltskonto erfasst oder getrennt vom Bruttolohn/-gehalt auf dem Aufwandskonto **„Vermögenswirksame Leistungen 4170 (6080)“**.

Beispiel

Die Gehaltsabrechnung wird dann nach der Verrechnungsmethode wie folgt gebucht:

	Sollkonto – SKR 03 (SKR 04)		**Betrag (Euro)**	**Habenkonto** – SKR 03 (SKR 04)	
1	Gehälter	4120 (6020)	3.000,00	Lohn-/Gehaltsverrech.	1755 (3790)
2	**Vermögensw. Leist.**	**4170 (6080)**	**40,00**	**Lohn-/Gehaltsverrech.**	**1755 (3790)**
3	Lohn-/Gehaltsverrech.	1755 (3790)	476,49	Verbindl. Lohn-/KiSt.	1741 (3730)
4	Lohn-/Gehaltsverrech.	1755 (3790)	608,76	Verbindl. soziale Sich.	1742 (3740)
5	Gesetzl. soziale Aufw.	4130 (6110)	601,16	Verbindl. soziale Sich.	1742 (3740)
6	**Lohn-/Gehaltsverrech.**	**1755 (3790)**	**40,00**	**Verbindlichk. aus Vermögensbildung**	**1750 (3770)**
7	Lohn-/Gehaltsverrech.	1755 (3790)	1.914,75	Verbindl. Lohn/Gehalt	1740 (3720)

Zu Tz. 4: Arbeitnehmeranteil Sozialversicherung (siehe Gehaltsabrechnung)
Zu Tz. 5: Arbeitgeberanteil Sozialversicherung (235,60 € + 46,36 € + 282,72 € + 36,48 €)

Aufgabe 35 > Seite 266

5.2.3 Arbeitgeber und Arbeitnehmer tragen die vwL gemeinsam

Die dritte Fallkonstellation betrifft die Variante, bei der die vwL vom Arbeitgeber und vom Arbeitnehmer **anteilig** getragen wird (z. B. jeweils zur Hälfte oder in einem anderen Aufteilungsverhältnis).

Der **vom Arbeitgeber getragene Teil** der vwL **erhöht den Bruttobetrag des Lohns/Gehalts** und dadurch die Bemessungsgrundlage für die Besteuerung und die Sozialversicherungsbeiträge. Die gesamte vwL wird dann vom Lohn/Gehalt einbehalten und an das Anlageinstitut abgeführt.

Beispiel

Fall wie im Beispiel zuvor (S. 172 f.), hier jedoch mit dem Unterschied, dass die vwL zur Hälfte vom Arbeitgeber und zur Hälfte vom Arbeitnehmer getragen wird. Herr Braun erhält dann die folgende Gehaltsabrechnung (verkürzt dargestellt):

			Euro	Euro
	Bruttogehalt			3.000,00
+	**vwL**			**20,00**
=	steuer- und sozialversicherungspflichtiges Entgelt			3.020,00
-	**Steuern**			
	Lohnsteuer (Steuerklasse I ohne Freibeträge)		411,16	
	Solidaritätszuschlag (5,5 % der Lohnsteuer)		22,61	
	Kirchensteuer (9 % der Lohnsteuer)		37,00	470,77
-	**Sozialversicherungsbeiträge** (**Arbeitnehmeranteile**)			
	Krankenversicherung	(3.020,00 € · 7,75 %)*	234,05	
	Pflegeversicherung			
	▸ allgemeiner Beitrag	(3.020,00 € · 1,525 %)	46,06	
	▸ Zuschlag für Kinderlose	(3.020,00 € · 0,25 %)	7,55	
	Rentenversicherung	(3.020,00 € · 9,3 %)	280,86	
	Arbeitslosenversicherung	(3.020,00 € · 1,2 %)	36,24	604,76
=	**Nettogehalt**			**1.944,47**
-	**vwL**			**40,00**
=	**Auszahlungsbetrag**			**1.904,47**

* KV-Beitrag des Arbeitnehmers: 14,6 % · ½ plus 0,90 % · ½ Zusatzbeitrag
[KV-Beitrag des Arbeitgebers: 14,6 % · ½ plus 0,90 % · ½ Zusatzbeitrag]

Die Gehaltsabrechnung wird dann nach der Verrechnungsmethode wie folgt gebucht:

	Sollkonto – SKR 03 (SKR 04)	**Betrag (Euro)**	**Habenkonto** – SKR 03 (SKR 04)
1	Gehälter 4120 (6020)	3.000,00	Lohn-/Gehaltsverrech. 1755 (3790)
2	**Vermögensw. Leist. 4170 (6080)**	**20,00**	**Lohn-/Gehaltsverrech. 1755 (3790)**
3	Lohn-/Gehaltsverrech. 1755 (3790)	470,77	Verbindl. Lohn-/KiSt. 1741 (3730)
4	Lohn-/Gehaltsverrech. 1755 (3790)	604,76	Verbindl. soziale Sich. 1742 (3740)
5	Gesetzl. soziale Aufw. 4130 (6110)	597,21	Verbindl. soziale Sich. 1742 (3740)
6	**Lohn-/Gehaltsverrech. 1755 (3790)**	**40,00**	**Verbindl. Vermögensb. 1750 (3770)**
7	Lohn-/Gehaltsverrech. 1755 (3790)	1.904,47	Verbindl. Lohn/Gehalt 1740 (3720)

Zu Tz. 4: Arbeitnehmeranteil Sozialversicherung (siehe Gehaltsabrechnung)
Zu Tz. 5: Arbeitgeberanteil Sozialversicherung (234,05 € + 46,06 € + 280,86 € + 35,24 €)

6. Sachbezüge

6.1 Begriff

Arbeitnehmer erhalten in manchen Fällen neben dem Lohn/Gehalt in Form von Geld zusätzlich **Arbeitslohn** in Form von **Wohnung, Kost, Waren, Dienstleistungen** oder **sonstigen Sachbezügen** (z. B. Überlassung eines betrieblichen Kfz für private Zwecke des Arbeitnehmers). Diese nicht in Geld bestehenden Sachen oder Leistungen werden als **Sachbezüge** bezeichnet (vgl. *Kliewer/Zschenderlein/Schneider*, S. 147).

Sachbezüge sind entweder dem **laufenden Arbeitslohn** (z. B. dauerhafte Zurverfügungstellung einer Wohnung) oder den **sonstigen Bezügen** (z. B. kostenlose Warengutscheine zu Weihnachten) zuzuordnen. In beiden Fällen gehören sie zum steuer- und sozialversichungspflichtigen **Bruttolohn/-gehalt** (Ausnahmen und Freigrenzen bleiben hier außer Betracht!).

Der **Wert der Sachbezüge** ist in der Lohn-/Gehaltsabrechnung als so genannter **geldwerter Vorteil** dem Bruttolohn/-gehalt hinzuzurechnen.

Die wichtigsten **Sachbezugsarten** und die **Ermittlung ihrer geldwerten Vorteile** gehen aus der nachfolgenden Übersicht hervor.

Wichtige Sachbezüge bei Löhnen und Gehältern

Sachbezüge sind **Einnahmen des Arbeitnehmers**, die nicht in Geld bestehen, sondern Vorteile darstellen (sog. Geldeswert).

Sie können bestehen in **Wohnung, Kost (Verpflegung), Waren, Dienstleistungen** oder **sonstigen Sachbezügen** (z. B. Kfz-Überlassung). Siehe § 8 Abs. 2 und 3 EStG und R 8.1 - 8.2 LStR.

Wohnung/Unterkunft

Wohnung

ortsübliche Miete
\+ Nebenkosten (übliche Preise)
= Kosten der W.
\- Zuzahlungen AN
= geldwerter Vorteil (Sachbezugswert)

[In der Einkommensteuer steuerfrei, wenn der Mietpreis mindestens ⅔ des ortsüblichen Mietpreises und nicht mehr als 25 €/qm beträgt (vgl. § 8 Abs. 2 Satz 12 EStG).]

Unterkunft

Werte der **Sachbezugsverordnung**
\- Zuzahlungen AN
= geldwerter Vorteil (Sachbezugswert)

Verpflegung

Werte der **Sachbezugsverordnung**
\- Zuzahlungen AN
= geldwerter Vorteil (Sachbezugswert)

Waren

Verkaufspreise (brutto)
\- 4 %
= geminderte Endpreise
\- Zuzahlungen AN
= geldwerter Vorteil (Sachbezugswert)

Beachte:

Freibetrag 1.080,00 € je Kalenderjahr („Rabatt-Freibetrag“ gem. § 8 Abs. 3 EStG)

sonstige Sachbezüge (hier: Kfz-Gestellung)

Fahrtenbuchmethode

tatsächliche entstandene Kosten der Fahrten
\- Zuzahlungen AN
= geldwerter Vorteil (Sachbezugswert)

oder
1 %-Methode

Bruttolistenpreis (BLP) abgerundet auf volle 100,00 € · 1 % pro Monat
\+ BLP · 0,03 % · Entfernung Wohnung – Arbeitsstätte · Monate
\- Zuzahlungen AN
= geldwerter Vorteil (Sachbezugswert)

Umsatzsteuerpflicht der Sachbezüge?

- Wohnung/Unterkunft: **Keine** USt, weil steuerfrei gem. § 4 Nr. 12 UStG.
- Verpflegung: Aus der Sicht des Arbeitgebers: **steuerbare sonstige Leistung** gem. § 3 Abs. 9 und/oder Abs. 9a in Verbindung mit § 1 Abs. 1 Nr. 1 UStG.
- Waren: Aus der Sicht des Arbeitgebers: **steuerbare Lieferung** gem. § 3 Abs. 1 und/oder Abs. 1b in Verbindung mit § 1 Abs. 1 Nr. 1 UStG.
- Sonstige Sachbezüge: Aus der Sicht des Arbeitgebers: **steuerbare sonstige Leistung** gem. § 3 Abs. 9 oder Abs. 9a in Verbindung mit § 1 Abs. 1 Nr. 1 UStG.

6.2 Lohn-/Gehaltsabrechnung mit Sachbezügen

Eine Lohn-/Gehaltsabrechnung mit Sachbezügen hat den folgenden Aufbau (vgl. *Kliewer/Zschenderlein/Schneider*, S. 1040):

	Bruttolohn/-gehalt
+	vermögenswirksame Leistung (sofern vom Arbeitgeber getragen)
+	**Sachbezüge** (z. B. geldwerter Vorteil einer Kfz-Überlassung)
=	steuer- und sozialversicherungspflichtiges Entgelt
-	Lohnsteuer
-	Solidaritätszuschlag
-	Kirchensteuer
-	Krankenversicherungsbeitrag (AN-Anteil)
-	Pflegeversicherungsbeitrag (AN-Anteil)
-	Rentenversicherungsbeitrag (AN-Anteil)
-	Arbeitslosenversicherungsbeitrag (AN-Anteil)
=	**Nettolohn/-gehalt**
-	vermögenswirksame Leistung
-	**Sachbezüge (s. o.)**
=	**Auszahlungsbetrag**

6.3 Buchung

Sachbezüge sind aus der Sicht des Arbeitgebers **Aufwendungen**, die wie Barlohn auf dem entsprechenden **Lohn-/Gehaltskonto** oder einem hierfür eingerichteten Unterkonto im **Soll** erfasst werden.

Die **Erfassung der Sachbezüge** erfolgt zunächst durch den folgenden Buchungssatz:

Sollkonto – SKR 03 (SKR 04)	**Betrag (Euro)**	**Habenkonto** – SKR 03 (SKR 04)
Löhne 4110 (6010) oder Gehälter 4120 (6020)	Sachbezugs- wert	Lohn- und Gehalts- Verrechnung 1755 (3790)

Die **Verrechnung** im Rahmen der Gehaltsabrechnung (Abzug vom Nettogehalt) wird dann durch den folgenden Buchungssatz erfasst:

Sollkonto – SKR 03 (SKR 04)	**Betrag (Euro)**	**Habenkonto** – SKR 03 (SKR 04)
Lohn- und Gehalts- Verrechnung 1755 (3790)	Sachbezugs- wert	Verrechnete sonstige Sachbezüge 8590 (4940)

Für spezielle Sachverhalte stellen die Kontenrahmen SKR 03 und SKR 04 auch speziellere Konten zur Verfügung (z. B. **„Verrechnete sonstige Sachbezüge 19 % USt 8613 (4948)“**); siehe hierzu die Kontenrahmen im Anhang.

Sachbezüge der Arbeitnehmer unterliegen bis auf wenige Ausnahmen der Umsatzsteuer (siehe Übersicht „Wichtige Sachbezüge bei Löhnen und Gehältern“ auf der Seite 176). Der Arbeitgeber schuldet die hieraus entstandene USt dem Finanzamt.

Die Sachbezugswerte der Gehaltsabrechnung sind **Brutto**werte. Sofern sie umsatzsteuerpflichtig sind, ist die USt aus den Sachbezugswerten **heraus**zurechnen. Der um die USt verminderte Betrag (= Nettobetrag) ist dann der Betrag, auf den die USt bemessen, also aufgeschlagen wird.

Bei der Buchung der Sachbezüge ist also darauf zu achten, dass der Sachbezugswert bei der Verrechnung in den **Nettowert** und den **Umsatzsteuerbetrag** aufzuspalten und dann getrennt zu erfassen ist. Der Nettowert wird im **Haben** auf dem entsprechenden **Ertragskonto** (z. B. **„Verrechnete sonstige Sachbezüge 19 % USt“**) und die hierauf entfallende Umsatzsteuer im **Haben** auf dem **Umsatzsteuerkonto** (z. B. „Umsatzsteuer 19 %“) erfasst.

Beispiel

Josef Pecsi erhält ein monatliches Bruttogehalt von **2.800 €**. Zusätzlich überlässt ihm sein Arbeitgeber ein Firmenfahrzeug zur privaten Nutzung, ohne Herrn Pecsi dafür etwas zu berechnen. Ein Fahrtenbuch wird für dieses Fahrzeug nicht geführt. Der Firmenwagen ist kein Elektro- oder Hybridelektrofahrzeug.

Der Bruttolistenpreis des Fahrzeugs hat **25.050 €** zum Zeitpunkt der Erstzulassung betragen. Die Entfernung (einfache Strecke) zwischen seiner Wohnung und der Arbeitsstätte beträgt **20 km**.

Herr Pecsi ist verheiratet und hat ein zu berücksichtigendes Kind. Der KV-Beitragssatz beträgt 14,6 %; der Zusatzbeitrag beträgt 0,90 %.

Gehaltsabrechnung 07/2017:

			Euro	Euro
	Bruttogehalt			2.800,00
+	**Sachbezug Kfz-Gestellung**			
	25.050,00 wird auf 25.000,00 € abgerundet			
	25.000,00 € · 1 % =		250,00	
	25.000,00 € · 0,03 % · 20 km =	150,00		**400,00**
=	steuer- und sozialversicherungspfl. Entgelt			3.200,00
-	LSt, SolZ und KiSt			202,33
-	Sozialversicherungsbeiträge (Arbeitnehmeranteile)			
	Krankenversicherung	(3.200,00 € · 7,75 %)*	248,00	
	Pflegeversicherung	(3.200,00 € · 1,525 %)	48,80	
	Rentenversicherung	(3.200,00 € · 9,30 %)	297,60	
	Arbeitslosenversicherung	(3.200,00 € · 1,2 %)	38,40	632,80
				2.364,87
-	**Sachbezug**			**400,00**
=	**Auszahlungsbetrag**			**1.964,87**

* KV-Beitrag des Arbeitnehmers: 14,6 % · ½ plus 0,90 % · ½ Zusatzbeitrag
[KV-Beitrag des Arbeitgebers: 14,6 % · ½ plus 0,90 % · ½ Zusatzbeitrag]

Für die **manuelle** Buchung wird der Sachbezugswert in den Nettobetrag und die Umsatzsteuer aufgespalten. Die Umsatzsteuer wird aus dem Sachbezugswert also **herausgerechnet**. Hier ergeben sich die folgenden Werte:

400,00 € : 1,19 = **336,13 €** netto
336,13 € • 19 % = **63,87 €** USt

Die Gehaltsabrechnung wird nach der Verrechnungsmethode wie folgt gebucht:

	Sollkonto – SKR 03 (SKR 04)		**Betrag (Euro)**	**Habenkonto** – SKR 03 (SKR 04)	
1	Gehälter	4120 (6020)	2.800,00	Lohn-/Gehaltsverrech.	1755 (3790)
2	**Gehälter**	**4120 (6020)**	**400,00**	**Lohn-/Gehaltsverrech.**	**1755 (3790)**
3	Lohn-/Gehaltsverrech.	1755 (3790)	202,33	Verbindl. Lohn-/KiSt.	1741 (3730)
4	Lohn-/Gehaltsverrech.	1755 (3790)	632,80	Verbindl. soziale Sich.	1742 (3740)
5	Gesetzl. soziale Aufw.	4130 (6110)	632,80	Verbindl. soziale Sich.	1742 (3740)
6	**Lohn-/Gehaltsverrech.**	**1755 (3790)**	**336,13**	**Verr. Sachbez. 19 %**	**8611 (4947)**
7	**Lohn-/Gehaltsverrech.**	**1755 (3790)**	**63,87**	**Umsatzsteuer 19 %**	**1776 (3806)**
8	Lohn-/Gehaltsverrech.	1755 (3790)	1.964,87	Verbindl. Lohn/Gehalt	1740 (3720)

In der Praxis (**EDV-Buchführung**) wird der **Brutto**betrag auf dem Konto „**Verrechnete sonstige Sachbezüge aus Kfz-Gestellung 19 % USt** 8611 (4947)" erfasst, weil es sich bei diesem Konto um ein **Automatikkonto** („AM-Funktion") handelt. Das EDV-Programm berechnet den Nettobetrag und die USt selbst und bucht den Umsatzsteuerbetrag dann automatisch auf dem Umsatzsteuer-Konto.

Hinsichtlich der KfZ-Gestellung von **Elektro- und bestimmten Hybridelektrofahrzeugen** mit Anschaffungsdatum **nach dem 31.12.2018** sind **ertragsteuerliche (insbesondere einkommensteuerliche) Vergünstigungen** zu beachten (vgl. z. B. § 6 Abs. 1 Nummer 4 Sätze 2 und 3 EStG).

Je nach dem vorliegenden **Anschaffungsdatum**, der Erfüllung bestimmter **umwelttechnischer Voraussetzungen** und der **Höhe des Bruttolistenpreises** darf für die Ermittlung des Sachbezugwertes

- bei Anwendung der **1 %-Regelung** (Prozentmethode) der **Bruttolistenpreis** des Fahrzeuges zur **Hälfte** oder ggf. zu einem **Viertel** (vgl. § 8 Abs. 2 Satz 2 i. V. m. § 6 Abs. 1 Nr. 4 Satz 2 EStG)
- bei Anwendung der **Fahrtenbuchmethode** der Wert der **Anschaffungskosten** bzw. bei Leasingfahrzeugen der Wert der vergleichbaren Aufwendungen (**Leasingraten**) zur **Hälfte** oder ggf. zu einem **Viertel** (vgl. § 8 Abs. 2 Satz 4 i. V. m. § 6 Abs. 1 Nr. 4 Satz 3 EStG)

angesetzt werden.

Zu beachten ist, dass diese Regelung(en) **nicht** für umsatzsteuerliche Zwecke gelten. Dies bedeutet, dass der Wert, auf den die Umsatzsteuer aufgeschlagen werden muss (sog. Bemessungsgrundlage), **nicht** nur zur Hälfte bzw. einem Viertel angesetzt werden darf.

Aufgabe 36 > Seite 266

7. Besondere Beschäftigungsverhältnisse

7.1 Geringverdiener

Für **Auszubildende** und **Praktikanten**, die für ihre Tätigkeit eine **geringe Entlohnung** beziehen, enthält das Sozialversicherungsrecht die Sonderregelung, dass der **Arbeitgeber** die Beiträge zur Sozialversicherung **allein** trägt. Voraussetzung ist, dass das **monatliche Arbeitsentgelt höchstens 325 €** beträgt.

Wenn diese Voraussetzung erfüllt ist, werden bei dem Auszubildenden oder Praktikanten keine Beiträge zur Sozialversicherung vom Lohn/Gehalt abgezogen. Weil bei dieser Entgelthöhe im Normalfall auch keine Lohnsteuer anfällt, wird die monatliche Vergütung dann ohne Abzüge (**„brutto = netto“**) ausgezahlt.

Beispiel

Die Auszubildende Valeria Bauer (18 Jahre alt) absolviert eine Berufsausbildung als Rechtsanwaltsfachangestellte. Ihre monatliche Ausbildungsvergütung beträgt 300 €. Sie ist bei der XY-Krankenkasse krankenversichert. Der bundeseinheitliche KV-Beitragssatz beträgt 14,6 %, der durchschnittliche AN-Zusatzbeitrag 1,1 %.

Ihre **monatliche Gehaltsabrechnung** sieht dann wie folgt aus:

	Ausbildungsvergütung (Bruttogehalt)	300 €
-	Lohnsteuer, Kirchensteuer, Solidaritätszuschlag	0 €
-	Sozialversicherungsbeiträge (AN-Anteile)	0 €
=	Auszahlungsbetrag (Nettogehalt)	**300 €**

Die **Beiträge**, die der **Arbeitgeber allein** zu tragen und abzuführen hat, betragen (März 2020):

Krankenversicherungsbeitrag (Der AG trägt den KV-Beitrag und den durchschnittlichen AN-Zusatzbeitrag allein.)	300,00 € · 15,7 % =	47,10 €
Pflegeversicherungsbeitrag	300,00 € · 2,55 % =	7,65 €
Rentenversicherungsbeitrag	300,00 € · 18,7 % =	56,10 €
Arbeitslosenversicherungsbeitrag	300,00 € · 3,0 % =	9,00 €
		119,85 €

Die **Buchung** der Ausbildungsvergütung und der Sozialversicherungsbeiträge kann folgendermaßen erfolgen:

Sollkonto – SKR 03 (SKR 04)		**Betrag (Euro)**	**Habenkonto** – SKR 03 (SKR 04)	
Gehälter	4120 (6020)	300,00	Verbindl. Lohn/Gehalt	1740 (3720)
Gesetzl. soziale Aufw.	4130 (6110)	119,85	Verbindl. Soziale Sich.	1742 (3740)

Bei der Bezahlung der Ausbildungsvergütung und der Sozialversicherungsbeiträge werden die entsprechenden Verbindlichkeiten wieder ausgebucht (hier Bezahlung durch Banküberweisung):

Sollkonto – SKR 03 (SKR 04)		**Betrag (Euro)**	**Habenkonto** – SKR 03 (SKR 04)	
Verbindl. Lohn/Gehalt	1740 (3720)	300,00	Bank	1200 (1800)
Verbindl. Soziale Sich.	1742 (3740)	119,85	Bank	1200 (1800)

Wenn die Entgeltgrenze von 325 € durch ein **einmaliges Entgelt** (z. B. Weihnachts- oder Urlaubsgeld zusätzlich zum Lohn/Gehalt) **überschritten** wird, dann trägt der **Arbeitnehmer** die **Hälfte** der Sozialversicherungsbeiträge, die auf den Betrag anfallen, der die 325 € übersteigt, sowie den durchschnittlichen AN-Zusatzbeitrag zur KV in voller Höhe.

7.2 Geringfügige Beschäftigungsverhältnisse

7.2.1 Begriffliche Abgrenzung

Unter einem „geringfügigen Beschäftigungsverhältnis" ist die **Beschäftigung eines Arbeitnehmers** zu verstehen, die einen bestimmten **geringen Umfang** nicht übersteigt.

 MERKE

Unter „geringem Umfang" sind zwei unterschiedliche Formen zu verstehen:

- geringes Arbeitsentgelt (**geringfügig entlohnte** Beschäftigung) oder
- geringer zeitlicher Arbeitsumfang und nicht auf Dauer bzw. regelmäßige Wiederkehr angelegt (**kurzfristige** Beschäftigung).

Die **geringfügig entlohnte** Beschäftigung wird auch als **„Minijob"** bezeichnet.

Als so genannte **kurzfristige** Beschäftigung werden die **klassischen Aushilfstätigkeiten** (z. B. Urlaubs- oder Krankheitsvertretungen, befristet beschäftigte Aushilfen in Urlaubsregionen, Erntehelfer etc.) bezeichnet.

Sowohl für die geringfügig entlohnte als auch für die kurzfristige Beschäftigung gilt, dass sie in der Sozialversicherung grundsätzlich **versicherungsfrei**[1] sind, wenn sie bestimmte **Grenzen nicht übersteigen**.

Ausnahmen:
Es gibt Beschäftigungsverhältnisse, für die zwar ein geringes monatliches Arbeitsentgelt gezahlt wird oder bei denen die Beschäftigung zeitlich begrenzt ist, es sich aber dennoch nicht um ein geringfügiges Beschäftigungsverhältnis handelt. Hierzu gehören insbesondere die folgenden Beschäftigungsverhältnisse, die sozialversicherungs**pflichtig** sind:

[1] Beachte: Minijobs sind seit 2013 in der Rentenversicherung grundsätzlich versicherungspflichtig.

- Beschäftigung von Auszubildenden
- Arbeitnehmer, die in Kurzarbeit stehen
- Arbeitnehmer, die witterungsbedingt nicht voll arbeiten können
- Arbeitnehmer, die nach längerer Arbeitsunfähigkeit ihre Arbeitsstunden langsam wieder erhöhen (Wiedereingliederungsphase).

7.2.2 Geringfügig entlohnte Beschäftigung („Minijob“)

Geringfügig entlohnte Beschäftigungen, die als sog. „Minijob“ sozialversicherungsfrei ausgeübt werden, liegen nur dann vor, wenn das **regelmäßige** (durchschnittliche) **Arbeitsentgelt** die Grenze **von 450 € im Monat** nicht übersteigt.

Sofern diese Grenze überschritten wird, liegt keine geringfügige Beschäftigung mehr vor und es tritt grundsätzlich **Versicherungspflicht** in **allen** Zweigen der Sozialversicherung ein.

Beispiel

Gaby Sailer arbeitet seit dem 01.02.2020 mit durchschnittlich 8 Stunden/Woche bei der Druckerei Fölbach in Koblenz für 10 €/Stunde. Zusätzlich erhält Frau Sailer Weihnachtsgeld in Höhe von 300 €. Eine andere Beschäftigung hat Frau Sailer nicht.

Es liegt ein Minijob vor, weil die Arbeitsentgeltgrenze nicht überschritten wird (8 Std./ Woche • 10 €/Stunde = 80 €/Woche • 52 Wochen = 4.160 €/Jahr + 300 € Weihnachtsgeld = 4.460 € : 12 Monate = **371,67 €**).

Würde Frau Sailer beispielsweise 10 Stunden wöchentlich bei sonst gleichen Bedingungen arbeiten, dann wäre die Entgeltgrenze überschritten (10 Std./Woche • 10 €/ Stunde = 100 €/Woche • 52 Wochen = 5.200 €/Jahr + 300 € Weihnachtsgeld = 5.500 € : 12 Monate = **458,33 €**); es liegt dann **kein** Minijob, sondern eine in allen Zweigen der Sozialversicherung versicherungspflichtige Beschäftigung vor.

Weiterhin ist zu beachten:

- **Mehrere** nebeneinander ausgeübte geringfügige Beschäftigungen werden für die Ermittlung der o. g. „450 €-Grenze“ **zusammengerechnet**.
- Wenn eine **Hauptbeschäftigung** ausgeübt wird, darf **zusätzlich nur ein Minijob** bis durchschnittlich 450 €/Monat versicherungsfrei ausgeübt werden. **Weitere** Nebenbeschäftigungen sind dann mit der Hauptbeschäftigung zusammenzurechnen und entsprechend versicherungspflichtig in der Kranken-, Pflege- und Rentenversicherung (**nicht** in der Arbeitslosenversicherung).
- **Steuerfreie Aufwandsentschädigungen**, z. B. gem. § 3 Nr. 26 EStG als Trainer, Übungsleiter, Dozent o. Ä. für eine gemeinnützige Körperschaft – z. B. Sportverein, Kammer,

Förderverein einer Schule etc. – zählen **nicht** zum Arbeitsentgelt. So sind die steuerfreien Einnahmen aus einer nebenberuflichen Tätigkeit im Sportverein oder als Prüfer für eine Kammer bis zur Höhe von **2.400 € im Kalenderjahr (200 € monatlich)** bei der Ermittlung des regelmäßigen Arbeitsentgelts nicht zu berücksichtigen. Dieser Freibetrag ist aber für alle steuerfreien Tätigkeiten einer Person zusammen (nicht für jede dieser Tätigkeiten erneut) zu berücksichtigen.

Beispiel

Jörg Perscheid ist ganztags bei der Sparkasse Köln als Bankkaufmann beschäftigt und mit dieser Tätigkeit versicherungspflichtig in allen Zweigen der Sozialversicherung.

Nebenbei ist er für einen gemeinnützigen Bildungsträger als angestellter Dozent tätig. Für diese Tätigkeit erhält er eine monatliche Vergütung in Höhe von 550 € brutto.

Eine weitere Nebentätigkeit übt Herr Perscheid für einen Getränkemarkt aus. Als Buchhalter erhält er eine monatliche Vergütung in Höhe von 250 €.

Die **erste** Nebentätigkeit von Herrn Perscheid (angestellter Dozent) ist sozialversicherungs**frei**, weil die durchschnittliche monatliche Vergütung die 450 €-Grenze nicht übersteigt (550 € - 200 € Freibetrag gem. § 3 Nr. 26 EStG = 350 €).

Die **zweite** Nebentätigkeit (Buchhalter des Getränkemarktes) ist sozialversicherungs**pflichtig**. Die Vergütung unterliegt der Kranken-, Pflege- und Rentenversicherung, sofern mit der Hauptbeschäftigung nicht bereits die Höchstbeträge in diesen Versicherungszweigen entrichtet werden.

Versicherungspflicht:
Für einen Minijob gilt, dass dieser in der Sozialversicherung – bis auf den Versicherungszweig Rentenversicherung – grundsätzlich versicherungsfrei ist.

Übersicht:

Versicherungszweig	**Versicherungspflicht des Minijobs?**
Krankenversicherung	nein
Pflegeversicherung	nein
Rentenversicherung	**ja**
Arbeitslosenversicherung	nein

Sofern die „450 €-Grenze“ **überschritten** wird, liegt **keine** geringfügige Beschäftigung mehr vor und es tritt grundsätzlich **Versicherungspflicht** in **allen** Zweigen der Sozialversicherung ein.

Pauschalabgaben:
Für sozialversicherungs**freie** Minijobs sind die folgenden **pauschalen Abgaben** vom Arbeitgeber an die **Minijob-Zentrale** abzuführen:

Abgabenbereich	Pauschalabgabe 2020
Rentenversicherung	**15 %** des Arbeitsentgelts (AG-Beitrag) **+ 3,7 %** des Arbeitsentgelts (AN-Beitrag), wenn der geringfügig Beschäftigte keine Befreiung von der Versicherungspflicht beantragt hat. [Die 3,7 % AN-Beitrag fallen bei „Alt-Minijobs“ nicht an, wenn bei diesen nicht die Versicherungspflicht gewählt wurde.]
Krankenversicherung für Arbeitnehmer, die in der gesetzlichen Krankenversicherung versichert sind	**13 %** des Arbeitsentgelts
Lohnsteuer bei Verzicht auf die Besteuerung nach den individuellen Lohnsteuerabzugsmerkmalen des Arbeitnehmers	**2 %** des Arbeitsentgelts
Umlage 1 (U1) für Krankheitsfortzahlungen; nur bei einer Beschäftigungsdauer von mehr als 4 Wochen	**0,90 %** des Arbeitsentgelts
Umlage 2 (U2) für Schwangerschaft/Mutterschutz	**0,19 %** des Arbeitsentgelts
Insolvenzgeldumlage	**0,06 %** des Arbeitsentgelts

Die Versicherung von Minijobbern in der **Rentenversicherung** ist **grundsätzlich verpflichtend** (AG-Beitrag 15 % und AN-Beitrag in Höhe der Differenz zwischen den pauschalen 15 % und dem regulären Beitragssatz).

INFO

Minijobber können sich **auf schriftlichen Antrag**, der beim Arbeitgeber zu stellen ist, **von der Versicherungspflicht befreien** lassen. Dann zahlen sie für diese Beschäftigung keinen Beitrag zur Rentenversicherung (der AG bezahlt dann nur die 15 % pauschalen RV-Beitrag).

Die Befreiung von der Rentenversicherungspflicht kann nur mit Wirkung für die Zukunft erklärt werden. Sie beginnt bereits mit dem Monat, in dem der Antrag des Arbeitnehmers beim Arbeitgeber gestellt wird. Bei mehreren geringfügigen Beschäftigungen kann diese Wahl nur einheitlich (d.h. für alle geringfügigen Beschäftigungen oder keine dieser Beschäftigungen) erfolgen; sie ist dann für die Dauer der Beschäftigung(en) bindend.

ACHTUNG

Der **Pauschalbeitrag zur Krankenversicherung** fällt nur an, wenn der geringfügig Beschäftigte **Mitglied der gesetzlichen Krankenversicherung** ist (selbst versichert oder mitversichert als Familienangehöriger). Bei **privat krankenversicherten** Personen (z. B. Selbstständige oder Beamte und deren Familienangehörige) **entfällt** die pauschale Abgabe zur Krankenversicherung.

Für die Versicherungsbereiche **Arbeitslosen- und Pflegeversicherung** brauchen **keine** Beiträge entrichtet zu werden.

Zu beachten ist, dass die geringfügig beschäftigten Arbeitnehmer durch die pauschalen Abgaben des Arbeitgebers **keine Leistungsansprüche** aus der **Kranken- oder Pflegeversicherung** erwerben und – wenn sie sich von der Rentenversicherungspflicht auf Antrag befreien lassen – auch nicht aus der Rentenversicherung.

Beiträge an die **gesetzliche Unfallversicherung** sind wie bei anderen sozialversicherungspflichtigen Arbeitnehmern an den zuständigen Unfallversicherungsträger zu entrichten.

Mit der pauschalen Steuer von **2 %** sind steuerrechtlich die **Lohnsteuer**, die **Kirchensteuer** und der **Solidaritätszuschlag** für dieses Arbeitsverhältnis **abgegolten** (vgl. § 40a Abs. 2 EStG).

Die pauschale Lohnsteuer könnte der Arbeitgeber auf den Arbeitnehmer abwälzen, ihm also vom Lohn abziehen.

Der Arbeitgeber hat auch die Möglichkeit, auf die Pauschalbesteuerung zu verzichten und den Arbeitslohn nach den Lohnsteuerabzugsmerkmalen des Arbeitnehmers zu besteuern.

Beispiele

Beispiel 1
Die geringfügig beschäftigte Arbeitnehmerin Gaby Sailer ist in der gesetzlichen Krankenversicherung über ihren Ehemann familienversichert. Sie hat sich von der Versicherungspflicht in der Rentenversicherung befreien lassen. Ihr Bruttolohn für Januar 2020 beträgt 405 €.

Der Arbeitgeber hat in diesem Fall die folgenden Abgaben abzuführen:

RV:	405,00 € •	15 %	=	60,75 €
KV:	405,00 € •	13 %	=	52,65 €
LSt:	405,00 € •	2 %	=	8,10 €
U1:	405,00 € •	0,90 %	=	3,64 €
U2:	405,00 € •	0,19 %	=	0,77 €
Insolv.umlage:	405,00 € •	0,06 %	=	0,24 €
				126,15 €

Beispiel 2
Fall wie zuvor, jedoch jetzt mit dem Unterschied, dass Frau Sailer privat krankenversichert ist (z.B. weil ihr Ehemann als Beamter oder Unternehmer nicht versicherungspflichtig und auch nicht freiwilliges Mitglied der gesetzlichen KV ist).

In diesem Fall muss der Arbeitgeber nur die folgenden Abgaben bezahlen:

RV:	405,00 € •	15 %	=	60,75 €
LSt:	405,00 € •	2 %	=	8,10 €
U1:	405,00 € •	0,90 %	=	3,64 €
U2:	405,00 € •	0,19 %	=	0,77 €
Insolv.umlage:	405,00 € •	0,06 %	=	0,24 €
				73,50 €

Wenn der Arbeitnehmer **nicht** auf die Versicherungsfreiheit in der Rentenversicherung verzichtet, muss der reguläre RV-Beitrag (18,6 % in 2020) abgeführt werden. Der Arbeitnehmer trägt hierbei den Differenzbetrag zum regulären RV-Beitrag selbst.

Beispiel 3
Die geringfügig beschäftigte Arbeitnehmerin Karen Hall ist in der gesetzlichen Krankenversicherung über ihren Ehemann familienversichert. Sie hat keinen Antrag auf Befreiung von der Versicherungspflicht in der Rentenversicherung gestellt. Ihr Bruttolohn für Januar 2020 beträgt 420 €.

Der Arbeitgeber hat in diesem Fall die folgenden Abgaben abzuführen:

RV (AG-Anteil):	420,00 € •	15 % =	63,00 €
RV (AN-Anteil):	420,00 € •	3,60 % =	15,12 €
KV:	420,00 € •	13 % =	54,60 €
LSt:	420,00 € •	2 % =	8,40 €
U1:	420,00 € •	0,90 % =	3,78 €
U2:	420,00 € •	0,19 % =	0,80 €
Insolv.umlage:	420,00 € •	0,06 % =	0,25 €
			145,95 €

In diesem Fall behält der Arbeitgeber 3,6 % (18,6 % Gesamtbeitrag zur RV minus 15 % pauschaler Arbeitgeberbeitrag) vom Bruttolohn der Arbeitnehmerin ein und führt den Gesamtbeitrag ab.

Nettolohn:

	Bruttolohn	420,00 €
-	3,6 % AN-Beitrag zur RV	15,12 €
=	Nettolohn	**404,88 €**

Der Arbeitgeber könnte zusätzlich die pauschale Lohnsteuer (hier 8,40 €) auf die Arbeitnehmerin abwälzen, ihr also vom Lohn abziehen.

Buchungen:
Löhne für betrieblich veranlasste Minijobs und die mit diesen im Zusammenhang stehenden Abgaben werden in der Buchführung bei den Personalkosten auf **gesonderten Konten** erfasst.

Die **Datev-Kontenrahmen SKR 03 (SKR 04)** stellen 2020 hierfür beispielsweise die folgenden **Konten** zur Verfügung:

- Löhne für Minijobs 4195 (6035)
- Pauschale Steuern für Minijobber 4194 (6036)
- Soziale Abgaben für Minijobber 4144 (6171)

Beispiel

Antje Sailer ist Schülerin. Nebenbei arbeitet sie bei der Firma Mayer wöchentlich 9 Stunden als Minijobberin. Der Stundenlohn beträgt 10 €. Ihr Lohn wird pauschal versteuert; der Arbeitgeber zieht die pauschale Steuer nicht vom Lohn ab. Antje Sailer erhält monatlich den Durchschnittslohn bar ausgezahlt; sie hat sich von der Versicherungspflicht in der Rentenversicherung durch schriftlichen Antrag befreien lassen.

9 Std. · 10 € =	90,00 €
· 52 Wochen =	4.680,00 €
: 12 Monate =	**390,00 €** (Durchschnittslohn)

Pauschale Abgaben hierauf (diese werden vom Arbeitgeber durch Banküberweisung bezahlt):

RV:	390,00 € · 15 % =	58,50 €
KV:	390,00 € · 13 % =	50,70 €
LSt:	390,00 € · 2 % =	7,80 €
U1:	390,00 € · 0,90 % =	3,51 €
U2:	390,00 € · 0,19 % =	0,74 €
Insolv.umlage:	390,00 € · 0,06 % =	0,23 €
		121,48 €

Buchungen:

Tz.	**Sollkonto** – SKR 03 (SKR 04)		**Betrag (Euro)**	**Habenkonto** – SKR 03 (SKR 04)	
1	Löhne für Minijobs	4195 (6035)	390,00	Kasse	1000 (1600)
2	Pauschale Steuer	4194 (6036)	7,80	Bank	1200 (1800)
3	Soziale Abgaben für Minijobber	4144 (6171)	113,68	Bank	1200 (1800)

Zu Tz. 3:

Betrag: pauschale Abgaben zur RV (58,50 €) + pauschale Abgaben zur KV (50,70 €) + U1 (3,51 €) + U2 (0,74 €) + Insolv.umlage (0,23 €) = **113,68 €**

Aufgabe 37 > Seite 267

7.2.3 Kurzfristige Beschäftigung

Eine sozialversicherungs**freie** kurzfristige Beschäftigung ist dann gegeben, wenn die folgenden Merkmale einer Beschäftigung, die nach dem 31.12.2014 aufgenommen wurde, erfüllt sind:

- Beschäftigungsdauer von vornherein begrenzt auf **höchstens drei Monate** oder **70 Arbeitstage** im Kalenderjahr (Ausnahmeregelung wegen der Corona-Pandemie bis zum 31.10.2020: **115 Arbeitstage**) und
- **keine berufsmäßige Ausübung** der Beschäftigung.

Als **berufsmäßig** beschäftigt gelten insbesondere Personen, die arbeitssuchend sind, sich für die Aushilfstätigkeit unbezahlten Urlaub genommen haben oder sich in Elternzeit befinden.

Bei Schülern, Studenten, Rentnern und Hausfrauen ist grundsätzlich **keine** Berufsmäßigkeit anzunehmen.

Beispiel

Die Studentin Sabine Nelde arbeitet vom 01.06. bis zum 31.08.2020 bei dem Steuerberater Weber in Koblenz als Urlaubsvertretung für 10 €/Stunde.

Es liegt eine kurzfristige Beschäftigung vor, sofern Frau Nelde in der Zeit vom 01.01. bis 31.05.2020 noch keine kurzfristige Beschäftigung ausgeübt hat.

Würde Frau Nelde in der Zeit vom 01.09. bis 31.12.2020 erneut eine Beschäftigung annehmen, welche die o. g. 450 €-Grenze eines Minijobs übersteigt, dann liegt bei der erneuten Beschäftigung keine kurzfristige, sondern eine sozialversicherungspflichtige Beschäftigung vor.

Im Gegensatz zur geringfügigen Beschäftigung darf die kurzfristige Beschäftigung **nicht auf Dauer bzw. regelmäßige Wiederkehr angelegt** sein, sondern vielmehr **nur gelegentlich** ausgeübt werden.

Eine regelmäßige – und damit **keine** kurzfristige – Beschäftigung liegt beispielsweise dann vor, wenn sie von vornherein auf ständige Wiederholung gerichtet ist und über mehrere Jahre ausgeübt werden soll.

Beispiel

Die hauptberuflich beschäftigte Steuerfachangestellte Laura Schulz wird mit Zustimmung ihres Arbeitgebers nebenbei bei einer kleinen Schreinerei als Aushilfe beschäftigt. Sie soll die Quartalsabschlüsse der Buchführung jeweils zum 10. des Folgemonats nach Abschluss eines Quartals erstellen. Die Beschäftigung ist nicht befristet.

Die Beschäftigung bei der Schreinerei ist **nicht** kurzfristig, sondern geringfügig (= Minijob), obwohl sie an weniger als 70 Arbeitstagen im Jahr ausgeübt wird (hier nur an 4 Arbeitstagen im Jahr). Begründung: Die Beschäftigung wird **regelmäßig** ausgeübt, weil die Arbeitseinsätze vorhersehbar über mehrere Jahre erfolgen sollen.

ACHTUNG

Eine geringfügig entlohnte Beschäftigung (Minijob) und eine kurzfristige Beschäftigung, die **nebeneinander** ausgeübt werden, müssen nicht zusammengerechnet werden (**getrennte Beurteilung**).

Beispiel

Fall der Studentin Sabine Nelde auf der Seite zuvor (Arbeitnehmerin, die eine **kurzfristige** Beschäftigung ausübt), mit dem Unterschied, dass die Arbeitnehmerin im gleichen Zeitraum (z. B. abends oder an den Wochenenden) **zusätzlich** eine **geringfügig entlohnte** Beschäftigung mit einer durchschnittlichen monatlichen Entlohnung in Höhe von 300 € ausübt.

Es liegen dann eine sozialversicherungs**freie** geringfügig entlohnte Beschäftigung und eine sozialversicherungs**freie** kurzfristige Beschäftigung vor, weil die geringfügige Beschäftigung und die kurzfristige Beschäftigung **getrennt voneinander zu beurteilen** sind, also gleichzeitig ausgeübt werden können, ohne dass dadurch die Geringfügigkeitsgrenzen überschritten werden.

Abgaben:
Kurzfristige Beschäftigungen sind sozialversicherungsfrei, sofern keine der oben aufgeführten Grenzen überschritten wird. Die kurzfristige Beschäftigung bleibt auch dann sozialversicherungs**frei**, wenn sie **neben einer versicherungspflichtigen Hauptbeschäftigung** ausgeübt wird.

Die Umlagen U1 (für Krankheit) und U2 (für Schwangerschaft und Mutterschaft) sowie die Insolvenzgeldumlage sind auch für die sozialversicherungsfreie Beschäftigung abzuführen, wenn die Voraussetzungen für die Abgabepflicht im Einzelfall vorliegen.

Hinsichtlich der **Besteuerung** sind zwei Alternativen denkbar:

- **reguläre** Besteuerung nach den Lohnsteuerabzugsmerkmalen des Arbeitnehmers
- **pauschale** Besteuerung nach **§ 40a EStG**.

Die **pauschale Besteuerung** beträgt

- **25 %** des Bruttolohns **pauschale Lohnsteuer** zuzüglich
- **5, 6 oder 7 %** pauschale **Kirchensteuer** auf die pauschale Lohnsteuer (je nach Bundesland verschieden)[1] und
- **5,5 % Solidaritätszuschlag** auf die pauschale Lohnsteuer.

Die **Pauschalbesteuerung** ist aber nur dann zulässig, wenn

- die Beschäftigung bei dem Arbeitgeber **nur gelegentlich** (nicht regelmäßig wiederkehrend) erfolgt und
- die Beschäftigungsdauer **nicht mehr als 18 zusammenhängende Arbeitstage** beträgt und
- der Arbeitslohn **je Arbeitstag nicht mehr als 120 €** beträgt (gilt nicht, wenn die Beschäftigung unvorhersehbar sofort erforderlich ist) und
- der durchschnittliche **Stundenlohn 15 € nicht übersteigt**.

Wenn eines dieser Merkmale nicht erfüllt ist, darf die Besteuerung nicht pauschal nach § 40a EStG erfolgen.

[1] Der ermäßigte Kirchensteuer-Pauschalsatz ist nur noch im „vereinfachten Verfahren" zulässig, was bedeutet, dass der Arbeitgeber nicht den Nachweis führt, welche pauschal besteuerten Arbeitnehmer konfessionell und welche konfessionslos sind. Er führt dann für **alle** pauschal besteuerten Arbeitnehmer die pauschale Kirchensteuer ab.

Beispiel

Die Schülerin Natalie Kurz arbeitet zu Beginn der Sommerferien 2020 für 2 Wochen bei der Eisdiele „Artuso" als Aushilfe (Mo. - Fr.). Die tägliche Arbeitszeit beträgt 6 Stunden; der Stundenlohn beläuft sich auf 10 € brutto. Sie möchte, dass ihr Lohn pauschal besteuert wird. Andere kurzfristige Beschäftigungen hatte Natalie Kurz in 2020 noch nicht ausgeübt.

Es liegt eine kurzfristige Beschäftigung vor, die sozialversicherungsfrei ausgeübt werden darf. Die Besteuerung erfolgt pauschal nach § 40a EStG.

Bruttolohn:	6 Std. · 10 € · 10 Arbeitstage =	600,00 €
pauschale LSt:	600,00 € · 25 % =	150,00 €
pauschale KiSt:	150,00 € · 7 % =	10,50 €
SolZ	150,00 € · 5,5 % =	8,25 €

Die Umlage U2 sowie die Insolvenzgeldumlage bleiben hier aus Vereinfachungsgründen unberücksichtigt.

Buchungen:
Wie bei den geringfügig entlohnten Beschäftigungen empfiehlt es sich aus Transparenzgründen, die Löhne der kurzfristig Beschäftigten und die ggf. anfallende pauschale Steuer **getrennt von den übrigen Personalkosten** auf den folgenden **Konten** zu erfassen.

- Aushilfslöhne 4190 (6030)
- Pauschale Steuer für Aushilfen 4199 (6040)

Beispiel

Die Lohnaufwendungen des Beispiels zuvor (oben) sind in der Buchführung zu erfassen (Barzahlung des Aushilfslohns und Banküberweisung der pauschalen Steuer).

Sollkonto – SKR 03 (SKR 04)		**Betrag (Euro)**	**Habenkonto** – SKR 03 (SKR 04)	
Aushilfslöhne	4190 (6030)	600,00	Kasse	1000 (1600)
Pauschale Steuer	4199 (6040)	168,75	Bank	1200 (1800)

Aufgabe 38 > Seite 267

7.3 Meldepflichten

Alle Arbeitsverhältnisse müssen der Sozialversicherung gemeldet werden. Dies gilt auch für geringfügig entlohnte und kurzfristige Beschäftigungen. Für sie gilt jedoch die Besonderheit, dass die Meldung nicht bei der Krankenkasse des Arbeitnehmers, sondern bei der **Minijob-Zentrale** der „Deutschen Rentenversicherung Knappschaft-See-Bahn" in Essen zu erfolgen hat.

Auch für geringfügige Beschäftigungsverhältnisse gilt die Datenerfassungs- und -übermittlungsverordnung. Dies bedeutet, dass nicht nur An- und Abmeldungen, sondern generell auch alle anderen Meldungen zu erstatten sind.

Die **pauschalen Abgaben** für die geringfügig entlohnten Beschäftigungen hat der Arbeitgeber **bis zum drittletzten Arbeitstag des Monats** zu melden.

Seit dem 01.01.2006 dürfen Meldungen und Beitragsnachweise nur noch durch Datenübertragung mittels zugelassener systemgeprüfter Programme oder maschinell erstellter Ausfüllhilfen erfolgen. Die Übertragung der Daten in Papierform oder auf Datenträgern ist damit nicht mehr zulässig.

MEDIEN

Umfangreiche Informationen zu den abzuführenden Abgaben, den Meldepflichten usw. können über die Internetseiten der Minijob-Zentrale eingesehen und heruntergeladen werden. Die Internetadresse lautet: **www.minijob-zentrale.de**.

Geringfügige Beschäftigungsverhältnisse

geringfügig entlohnte Beschäftigung (Minijob)
höchstens **450 €** im Monat
(mehrere geringfügig entlohnte Beschäftigungen eines Arbeitnehmers werden grundsätzlich zusammengerechnet)

kurzfristige Beschäftigung
- höchstens 3 Monate oder 70 Tage pro Kalenderjahr
- keine berufsmäßige Ausübung

ohne Hauptbeschäftigung		**mit Hauptbeschäftigung über 450,00 €/Monat**		**kurzfristige Beschäftigung**
Arbeitnehmer ist **gesetzlich** krankenversichert = Mitglied in der gesetzlichen Krankenversicherung	Arbeitnehmer ist **privat** krankenversichert = kein Mitglied in der gesetzlichen Krankenversicherung	**eine** geringfügig entlohnte Beschäftigung neben der Hauptbeschäftigung bleibt sozialversicherungsfrei in der KV, PV, ArbIV	**zweite** und **weitere** geringfügig entlohnte Beschäftigungen müssen sozialversicherungsrechtlich mit der Hauptbeschäftigung zusammengerechnet werden	**sozialversicherungsfrei** auch wenn sie neben einer sozialversicherungspflichtigen Hauptbeschäftigung erfolgt
Arbeitgeber bezahlt pauschal **15 % RV + 13 % KV**	Arbeitgeber bezahlt pauschal **15 % RV** (kein Beitrag zur KV)	Arbeitgeber bezahlt **pauschale** Beiträge zur **RV** und ggf. zur **KV** wie bei der Fallkonstellation „ohne Hauptbeschäftigung" (siehe links!)	Arbeitgeber und Arbeitnehmer zahlen **je ½ der normalen Sozialversicherungsbeiträge** (jedoch **kein** ArbIV-Beitrag für die geringfügige Beschäftigung)	
Arbeitnehmer bezahlt die Differenz zum regulären RV-Beitrag (2020: 3,6 %) oder lässt sich von der RV-Pflicht befreien	Arbeitnehmer bezahlt die Differenz zum regulären RV-Beitrag (2020: 3,6 %) oder lässt sich von der RV-Pflicht befreien			regulärer Lohnsteuerabzug **oder** **25 %** pauschale LSt + pauschale KiSt + SolZ **[Voraussetzungen beachten! ► § 40a Abs. 1 und 4 EStG]**
regulärer Lohnsteuerabzug entsprechend der vorliegenden Lohnsteuerabzugsmerkmale **oder** Arbeitgeber bezahlt **2 % pauschale LSt** (inklusive SolZ und KiSt) [Abwälzung auf den Arbeitnehmer möglich = Abzug vom Lohn]		Besteuerung der **geringfügig entlohnten** Beschäftigung wie bei der Fallkonstellation „ohne Hauptbeschäftigung" (siehe links!)	regulärer Lohnsteuerabzug **oder** **20 % pauschale** LSt + pauschale KiSt + SolZ **[Voraussetzungen beachten! ► § 40a Abs. 2a EStG]**	

7.4 Löhne und Gehälter im „Übergangsbereich"

Für Arbeitnehmer mit einem regelmäßigen durchschnittlichen Monatslohn/-gehalt von **450,01 € bis 1.300 €** wird ein **verminderter Arbeitnehmeranteil** zur Sozialversicherung erhoben. Dieser verminderte Beitrag steigt bis zum regulären Beitrag, der ab einem Lohn/Gehalt über 1.300 € anfällt, **gleitend an**.

Weil das **durchschnittliche** Arbeitsentgelt nicht über 1.300 € monatlich liegen darf, sind bei der Durchschnittsberechnung **Einmalzahlungen**, wie Urlaubs- oder Weihnachtsgeld, **zu berücksichtigen**.

Übt der Arbeitnehmer **mehrere versicherungspflichtige Beschäftigungsverhältnisse** aus, so sind die aus diesen erzielten Arbeitsentgelte für die Feststellung, ob der durchschnittliche Arbeitslohn im Übergangsbereich liegt, **zusammenzurechnen**.

Für Ausbildungsverhältnisse, Praktikanten, dual Studierende, Teilnehmer eines freiwilligen sozialen oder ökologischen Jahres oder eines Bundesfreiwilligendienstes sowie Personen, die Kurzarbeitergeld beziehen, gilt diese Regelung beispielsweise nicht!

Der Arbeitnehmeranteil wird im Übergangsbereich dadurch ermittelt, dass von dem **besonders ermittelten Gesamtbeitrag** zur Sozialversicherung (siehe unten) der **reguläre Arbeitgeberanteil abgezogen** wird. Der **verbleibende Betrag** ist dann der **Arbeitnehmeranteil**.

	besonderer Gesamtbeitrag
-	regulärer Arbeitgeberanteil
=	**Arbeitnehmeranteil**

Besonderer Gesamtbeitrag:
Der besondere Gesamtbeitrag wird dadurch ermittelt, dass eine abgesenkte besondere Beitragsbemessungsgrundlage mit dem Gesamtbeitragssatz zur Sozialversicherung multipliziert wird.

Die **besondere Beitragsbemessungsgrundlage** wird 2020 mithilfe der folgenden Formel ermittelt:

besondere Beitragsbemessungsgrundlage = 1,12986470588235 · AE - 168,824117647059

AE = Arbeitsentgelt

Der **durchschnittliche Gesamtsozialversicherungsbeitragssatz** und der **Faktor F**, aus dem die vorgenannte Formel abgeleitet ist, werden bis zum 31.12. eines Jahres für das folgende Kalenderjahr im Bundesanzeiger bekannt gegeben.

MEDIEN

In der heutigen Zeit werden die Sozialversicherungsbeiträge **mithilfe von Computerprogrammen** oder über **Internet-Onlineanwendungen** ermittelt (z. B. **www.aok.de** ► Arbeitgeber ► Tools ► Minijob- und Übergangsbereichsrechner).

Beispiel

Die ledige kinderlose Arbeitnehmerin Martina Holzer, Koblenz, ist bei Firma Tiefbau als Sekretärin mit einem monatlichen Gehalt in Höhe von 650 € Teilzeit beschäftigt. Sie ist 25 Jahre alt und bei der XY-Krankenkasse (Beitragssatz = 14,6 % + 0,90 % Zusatzbeitrag) krankenversichert.

Die mithilfe der o. g. Formel für 2020 berechnete besondere Beitragsbemessungsgrundlage beträgt im vorliegenden Fall 565,59 €.

Der **Arbeitslosenversicherungsbeitrag** berechnet sich dann beispielsweise folgendermaßen:

	Gesamtbeitrag:	565,59 € · 2,4 % =	13,58 €
-	Arbeitgeberanteil:	650,00 € · 1,2 % =	7,80 €
=	**Arbeitnehmeranteil**		**5,78 €**

Nach diesem Muster werden dann auch die anderen Beiträge berechnet.

Die **Arbeitnehmer- und Arbeitgeberbeiträge** zur gesetzlichen Sozialversicherung betragen im vorliegenden Fall für 2020 somit (mit AOK-Gehaltsrechner 2020 berechnet):

	Arbeitnehmeranteil Euro	**Arbeitgeberanteil** Euro	**Gesamt** Euro
KV-Beitrag ohne Zusatzbeitrag	35,13	47,45	82,58
Zusatzbeitrag (0,90 %)	2,17	2,93	5,10
PV-Beitrag	8,76	9,91	18,67
RV-Beitrag	44,75	60,45	105,20
ArblV-Beitrag	5,78	7,80	13,58
	96,59	**128,54**	**225,13**

Die Umlagen U1 - U3 bleiben hier aus Vereinfachungsgründen unberücksichtigt.

Bei dem Lohnsteuerabzug gibt es **keinen Übergangsbereich**. Arbeitslohn oberhalb von 450 € monatlich ist **nach den Lohnsteuermerkmalen** des Arbeitnehmers dem regulären Lohnsteuerabzug zu unterwerfen.

Buchung des Gehalts und der Sozialversicherungsbeiträge aus dem Beispiel von Seite 197:

Sollkonto – SKR 03 (SKR 04)		**Betrag (Euro)**	**Habenkonto** – SKR 03 (SKR 04)	
Gehälter	4120 (6020)	650,00	Lohn-/Gehaltsverrech.	1755 (3790)
Lohn-/Gehaltsverrech.	1755 (3790)	96,59	Verbindl. soziale Sich.	1742 (3740)
Gesetzl. soziale Aufw.	4130 (6110)	128,54	Verbindl. soziale Sich.	1742 (3740)
Lohn-/Gehaltsverrech.	1755 (3790)	553,41[1]	Verbindl. Lohn/Gehalt	1740 (3720)

[1] Nettogehalt = Bruttogehalt minus Arbeitnehmeranteil zur Sozialversicherung (Steuern fallen nicht an): 650,00 € - 96,59 € = **553,41 €**.

I. Sachanlagevermögen

1. Begriffliche Abgrenzung

Zum **Anlagevermögen** gehören diejenigen Vermögensgegenstände, die dazu bestimmt sind, dem Geschäftsbetrieb **dauernd** (langfristig) zu dienen (vgl. § 247 Abs. 2 HGB). In der Regel gehören hierzu Gegenstände, die dem Betrieb **länger als ein Jahr** dienen sollen. Es handelt sich also um Vermögensgegenstände, die im Betrieb **gebraucht** werden (im Gegensatz zu Waren, Roh-, Hilfs- und Betriebsstoffen, die verkauft oder verbraucht werden sollen).

Entscheidend für die Zuordnung zum **Anlage- oder Umlaufvermögen** ist also die **Zweckbestimmung** des Vermögensgegenstandes (vgl. *Bussiek/Ehrmann*, S. 113; *Bolin/Stephani/Wyrwa/Grefe*, S. 76 f.).

Beispiel

Ein Pkw gehört im Normalfall zum Anlagevermögen, weil er dauerhaft für den Betrieb genutzt werden soll. Bei einem Pkw-Händler gehört ein Pkw jedoch zum Umlaufvermögen, wenn er im Rahmen des Pkw-Handels zum Verkauf bestimmt ist.

Das Anlagevermögen gliedert sich nach § 266 Abs. 2 HGB in

- **immaterielle Vermögensgegenstände** (insbesondere Konzessionen, Lizenzen und Firmenwert)
- **Sachanlagen** (siehe unten) und
- **Finanzanlagen** (Beteiligungen, Wertpapiere und Ausleihungen).

Zum **Sachanlagevermögen** gehören:

- **Grundstücke** und grundstücksgleiche Rechte
- **Bauten** (Gebäude, Brücken, Parkplätze usw.)
- **technische Anlagen** und **Maschinen** (Anlagen, die der Produktion dienen)
- **andere Anlagen, Betriebs- und Geschäftsausstattung** (kleinere technische Anlagen, Fahrzeuge, Anlagen des Verwaltungsbereichs, wie z. B. die Büroeinrichtung usw.) und
- **geleistete Anzahlungen** auf Sachanlagen und **Anlagen im Bau**.

 TIPP

Siehe hierzu § 266 Abs. 2 HGB (Bilanzgliederung).

2. Anschaffung

2.1 Ermittlung der Anschaffungskosten

Gegenstände, die angeschafft (z. B. entgeltlich erworben) werden, sind zunächst mit ihren **Anschaffungskosten** in der Buchführung zu erfassen (vgl. § 253 Abs. 1 Satz 1 HGB).

MERKE

Nach § 255 Abs. 1 HGB sind **Anschaffungskosten (AK)** alle Aufwendungen, die geleistet werden, um einen Vermögensgegenstand zu erwerben und ihn in einen betriebsbereiten Zustand zu versetzen, soweit sie dem Vermögensgegenstand einzeln zugeordnet werden können.

Bei der Ermittlung der AK wird unterschieden in **Anschaffungspreis** (Kaufpreis), **Anschaffungsnebenkosten** (Aufwendungen, die im Rahmen des Erwerbs und der Inbetriebnahme anfallen) und **Anschaffungspreisminderungen** (Preisabzüge und Preisminderungen).

Nach Abschluss des Erwerbsvorgangs anfallende AK, die dem Anlagegegenstand einzeln zuzuordnen sind, müssen den AK als **nachträgliche Anschaffungskosten** hinzugerechnet werden (z. B. Aufwendungen für den nachträglichen Einbau einer Anhängerkupplung bei einem Pkw).

ACHTUNG

Unternehmer, die zum Vorsteuerabzug berechtigt sind, dürfen bei der Ermittlung der AK grundsätzlich nur **Nettobeträge** ansetzen (AK sind **ohne abziehbare Vorsteuer** zu ermitteln!).

Nicht abziehbare Vorsteuerbeträge **gehören** hingegen **zu den AK**.

Anschaffungskosten sind also nach dem folgenden **Schema** zu ermitteln (vgl. *Bolin/Stephani/Wyrwa/Grefe*, S. 61):

	Anschaffungspreis (Kaufpreis)
+	**Anschaffungsnebenkosten**
	► für den Erwerb (z. B. Grunderwerbsteuer, Zölle, Gebühren)
	► für die Verbringung in das Unternehmen (z. B. Frachtkosten, Versicherungen)
	► für die Inbetriebnahme (z. B. Montagekosten)
+	**nachträgliche Anschaffungskosten**
-	**Anschaffungspreisminderungen** (z. B. Skonto, Rabatt)
=	**Anschaffungskosten**

Beispiel

Der zum Vorsteuerabzug berechtigte Unternehmer Dietmar Fölbach kauft für seine Druckerei eine neue Druckmaschine für 100.000 € + 19 % USt. Weil die Maschine ein Auslaufmodell ist, erhält er 10 % Rabatt. Für den Transport beauftragt er eine Spedition, die ihm 1.000 € + 19 % USt berechnet. Die Installation in seiner Druckerei kostet 2.000 € + 19 % USt (Rechnung des Elektrikers).

Ermittlung der AK:

		Euro	Euro
	Anschaffungspreis, netto		100.000,00
+	Anschaffungsnebenkosten		
	Fracht, netto	1.000,00	
	Installation, netto	2.000,00	3.000,00
-	Anschaffungspreisminderung, netto (10 % Rabatt von 100.000 €)		10.000,00
=	**Anschaffungskosten**		**93.000,00**

ACHTUNG

Bei der Ermittlung der AK ist zu beachten, dass **Finanzierungskosten** (Kreditgebühren und andere Geldbeschaffungskosten sowie Zinsen) **nicht** zu den Anschaffungskosten gehören (Anschaffung und Finanzierung sind **getrennte Vorgänge**).

Wenn bei der Anschaffung **Skontoabzug** in Anspruch genommen wird, dann vermindern sich die AK um den Nettobetrag des Skontoabzugs (**Anschaffungspreisminderung**).

Beispiel

Fall wie zuvor, jedoch mit dem Unterschied, dass Herr Fölbach bei der Bezahlung der Rechnungen jeweils 2 % Skonto abzieht.

Skontoabzüge netto:

Maschinenrechnung	90.000 € • 2 % =	1.800 €
Frachtrechnung	1.000 € • 2 % =	20 €
Installationsrechnung	2.000 € • 2 % =	40 €
		1.860 €

endgültige AK:
bisher ermittelte AK - Skontoabzüge: 93.000 € - 1.860 € = **91.140 €**

Aufgabe 39 > Seite 268

Wird ein **bebautes Grundstück** angeschafft, dann sind die Anschaffungskosten auf den Grund und Boden und das Gebäude aufzuteilen. Rechtlich bilden sie zwar eine Einheit, bilanziell sind sie aber voneinander zu trennen, weil

- der **Grund und Boden** zum **nicht abnutzbaren** Anlagevermögen und
- das **Gebäude** zum **abnutzbaren** Anlagevermögen gehört (Gebäude werden planmäßig abgeschrieben).

Die **Aufteilung** der AK erfolgt grundsätzlich nach den im **Kaufvertrag festgelegten Werten** für den Grund und Boden und das Gebäude (vgl. *Grützner*, in *BBK*, Fach 13, S. 4447).

Die Finanzverwaltung fordert grundsätzlich, dass die Aufteilung nach dem Verhältnis der Verkehrswerte (= Marktwerte) auf den Grund und Boden und das Gebäude erfolgen soll (vgl. „Anleitung für die Berechnung zur Aufteilung eines Grundstückskaufpreises“, KPA 2/14, die von der Homepage des Bundesfinanzministeriums als PDF-Datei heruntergeladen werden kann).

Beispiel

Der zum Vorsteuerabzug berechtigte Unternehmer Florian Lay kauft in Koblenz von der Unternehmerin Carmen Stockburger für 900.000 € netto ein bebautes Grundstück für sein Unternehmen. Der Kaufpreisanteil beträgt für den Grund und Boden 300.000 €, für das Gebäude 600.000 €.

Im Rahmen der Anschaffung sind weiterhin angefallen:

► Notargebühr	3.000 € + 19 % USt
► Grundbuchgebühr	1.500 €
► Grunderwerbsteuer 900.000 € · 5 % =	45.000 €
Summe der Anschaffungsnebenkosten, netto	**49.500 €**

Aufteilungsmaßstab:

Grund und Boden: $\frac{\text{Wert des Grund und Bodens (300.000 €)}}{\text{Gesamtkaufpreis (900.000 €)}} \cdot 100 = \mathbf{33\,^1/_3\,\%}$

Gebäude: $\frac{\text{Wert des Gebäudes (600.000 €)}}{\text{Gesamtkaufpreis (900.000 €)}} \cdot 100 = \mathbf{66\,^2/_3\,\%}$

Anschaffungskosten:

	Kaufpreis	**+ Anschaffungsnebenkosten**	**= AK**
Grund und Boden	300.000 €	16.500 € (49.500 € · 33 ¹/₃ %)	316.500 €
Gebäude	600.000 €	33.000 € (49.500 € · 66 ²/₃ %)	633.000 €

Aufgabe 40 > Seite 268

2.2 Buchung angeschaffter Anlagegüter

Gegenstände des Sachanlagevermögens, die für den Betrieb erworben wurden, sind **mit ihren AK** auf dem entsprechenden **Anlagekonto** (z. B. „Maschinen") im **Soll** zu erfassen. Weil es sich hierbei um die **Erfassung auf einem Aktivkonto** handelt, wird dieser Vorgang auch als **„Aktivierung"** bezeichnet.

Die **Gegenbuchung** erfolgt auf dem **Zahlungs-** oder **Verbindlichkeitenkonto** im **Haben**.

Sofern der Gegenstand mit **Vorsteuer** erworben wurde und die Vorsteuer abziehbar ist, so wird diese im **Soll** auf dem **Vorsteuerkonto** (z. B. „Vorsteuer 19 %") und im **Haben** auf dem **Zahlungs-** oder **Verbindlichkeitenkonto** gebucht.

Beispiel

Der zum Vorsteuerabzug berechtigte Unternehmer Dietmar Fölbach erwirbt für seine Druckerei eine neue Schneidemaschine für 10.000 € + 19 % USt auf Ziel. Die Schneidemaschine wird von einer Spedition geliefert und aufgestellt. Die Spedition berechnet 500 € + 19 % USt (noch nicht bezahlt).

Die Anschaffung wird wie folgt gebucht:

Sollkonto – SKR 03 (SKR 04)		**Betrag (Euro)**	**Habenkonto** – SKR 03 (SKR 04)	
Maschinen	0210 (0440)	10.000,00	Verbindl. a LuL	1600 (3300)
Vorsteuer 19 %	1576 (1406)	1.900,00	Verbindl. a LuL	1600 (3300)
Maschinen	0210 (0440)	500,00	Verbindl. a LuL	1600 (3300)
Vorsteuer 19 %	1576 (1406)	95,00	Verbindl. a LuL	1600 (3300)

Auf dem Anlagekonto „**Maschinen** 0210 (0440)" sind somit die **Anschaffungskosten** in Höhe von 10.500 € auf der **Sollseite** erfasst.

Nachträgliche Preisminderungen, z. B. aufgrund von Mängelrügen oder durch Skontoabzug bei der Bezahlung der Rechnungen, führen zur Minderung der Anschaffungskosten und zur Korrektur der abziehbaren Vorsteuer.

Der Nettobetrag der Preisminderung ist auf dem **Anlagekonto** als Korrekturbuchung im **Haben** zu erfassen.

Der hierauf entfallende Vorsteuerbetrag ist auf dem **Vorsteuerkonto** ebenfalls als Korrekturbuchung im **Haben** zu buchen.

Beispiel

Fall wie zuvor (Anschaffung der Schneidemaschine).

Herr Fölbach bezahlt beide Rechnungen unter Abzug von 2 % Skonto durch Banküberweisung.

1. **Rechnung des Maschinenlieferanten:**

	10.000 € + 1.900 € USt =	11.900 €
-	2 % Skonto (brutto 19 %)	238 €
	Zahlungsbetrag	**11.662 €**

2. **Rechnung des Spediteurs:**

	500 € + 95 € USt =	595 €
-	2 % Skonto (brutto 19 %)	11,90 €
	Zahlungsbetrag	**583,10 €**

Buchungen:

	Sollkonto – SKR 03 (SKR 04)		**Betrag (Euro)**	**Habenkonto** – SKR 03 (SKR 04)	
1	Verbindl. a LuL	1600 (3300)	11.662,00	Bank	1200 (1800)
	Verbindl. a LuL	1600 (3300)	200,00	Maschinen	0210 (0440)
	Verbindl. a LuL	1600 (3300)	38,00	Vorsteuer 19 %	1576 (1406)
2	Verbindl. a LuL	1600 (3300)	583,10	Bank	1200 (1800)
	Verbindl. a LuL	1600 (3300)	10,00	Maschinen	0210 (0440)
	Verbindl. a LuL	1600 (3300)	1,90	Vorsteuer 19 %	1576 (1406)

Probe:

		Euro
	Anschaffungspreis, netto	10.000
+	Anschaffungsnebenkosten, netto	500
-	Anschaffungspreisminderungen, netto (Skontoabzüge: 200 € + 10 €)	210
=	**Anschaffungskosten**	**10.290**

S	Maschinen 0210 (0440)		H	
	10.000,00	Skonto	200,00	
	500,00	Skonto	10,00	
		Saldo	**10.290,00**	**= endgültige AK**
	10.500,00		10.500,00	

Aufgabe 41 > Seite 269

3. Anzahlungen

Oftmals verlangt der Lieferant von dem Kunden in dem Zeitraum zwischen der Bestellung und der Lieferung des Anlagegegenstandes Anzahlungen.

Aus der Sicht des Bestellers sind geleistete Anzahlungen **Vorleistungen** für die vom Lieferanten noch zu erbringende Leistung. Würde der Lieferant die Leistung nicht erbringen, so hätte der Kunde im Normalfall ein Recht auf Rückzahlung der geleisteten Anzahlungen. Somit haben Anzahlungen für ihn den **Charakter einer Forderung**.

Geleistete Anzahlungen auf Anlagegegenstände werden in der Bilanz als **Anlagevermögen** ausgewiesen. Kapitalgesellschaften müssen sie sogar gesondert ausweisen (vgl. § 266 Abs. 2 HGB).

Bei der Zahlung ist die geleistete Anzahlung auf einem **Anzahlungskonto**, das ein **aktives Bestandskonto** ist, im **Soll** zu erfassen. Die Gegenbuchung erfolgt im **Haben** auf dem entsprechenden **Zahlungskonto**.

Sofern der Lieferant dem Kunden Rechnungen mit Umsatzsteuer für die Anzahlungen ausstellt, so sind die in Rechnung gestellten **Vorsteuerbeträge** auf dem Vorsteuerkonto im **Soll** und dem **Zahlungskonto** im **Haben** zu buchen.

Die DATEV-Kontenrahmen SKR 03 und SKR 04 stellen u. a. die folgenden **Anzahlungskonten** zur Verfügung:

- Anzahlungen auf Grundstücke und grundstücksgleiche Rechte ohne Bauten **0079 (0705)**
- Anzahlungen auf Geschäfts-, Fabrik- und andere Bauten auf eigenen Grundstücken und grundstücksgleichen Rechten **0129 (0720)**
- Anzahlungen auf Wohnbauten auf eigenen Grundstücken und grundstücksgleichen Rechten **0159 (0735)**
- Anzahlungen auf technische Anlagen und Maschinen **0299 (0780)**
- Anzahlungen auf andere Anlagen, Betriebs- und Geschäftsausstattung **0499 (0795)**

Beispiel

Der zum Vorsteuerabzug berechtigte Unternehmer Alexander Laux bestellt für sein Unternehmen einen neuen Lkw. Der Kaufpreis beträgt 80.000 € + 19 % USt. Die Lieferung soll im März 2021 erfolgen.

Bei der Bestellung im Dezember 2020 verlangt der Händler eine Anzahlung von 10.000 € + 19 % USt und stellt Herrn Laux eine ordnungsgemäße Rechnung hierüber aus. Herr Laux leistet diese Anzahlung mit einem Bankscheck.

Die geleistete Anzahlung ist bei Herrn Laux wie folgt zu buchen:

Sollkonto – SKR 03 (SKR 04)		**Betrag (Euro)**	**Habenkonto** – SKR 03 (SKR 04)	
Anzahlungen auf BGA	0499 (0795)	10.000,00	Bank	1200 (1800)
Vorsteuer 19 %	1576 (1406)	1.900,00	Bank	1200 (1800)

In der manuellen Buchführung werden die Anzahlungskonten über das Schlussbilanzkonto abgeschlossen.

Bei der **Lieferung des Anlagegegenstandes** bzw. bei Gebäuden zum Zeitpunkt der Fertigstellung erfolgt die Endabrechnung unter Anrechnung der Anzahlungen.

Der Nettorechnungsbetrag wird im **Soll** auf dem entsprechenden **Anlagekonto** und die Vorsteuer im **Soll** auf dem **Vorsteuerkonto** erfasst. Die Gegenbuchung erfolgt im **Haben** auf dem **Verbindlichkeiten-** oder **Zahlungskonto**.

Die geleisteten Anzahlungen werden dann von dem Anzahlungskonto auf das entsprechende Anlagekonto umgebucht (Buchung auf dem Anlagekonto im **Soll** und auf dem Anzahlungskonto im **Haben**).

Beispiel

Fall wie im Beispiel zuvor (Lkw-Bestellung).

Bei der Lieferung des Lkw erhält Herr Laux die folgende Endrechnung:

	1 Lkw, netto	80.000 €
-	geleistete Anzahlung, netto	10.000 €
	Restbetrag, netto	70.000 €
+	19 % USt	13.300 €
	zu zahlen	**83.300 €**

Die Endrechnung (1.) und die Umbuchung der Anzahlung (2.) sind wie folgt zu erfassen:

	Sollkonto – SKR 03 (SKR 04)		**Betrag (Euro)**	**Habenkonto** – SKR 03 (SKR 04)	
1	Lkw	0350 (0540)	70.000,00	Verbindl. a LuL	1600 (3300)
	Vorsteuer 19 %	1576 (1406)	13.300,00	Verbindl. a LuL	1600 (3300)
2	Lkw	0350 (0540)	10.000,00	Anzahlungen	0499 (0795)

4. Herstellung

4.1 Ermittlung der Herstellungskosten

Gegenstände, die selbst hergestellt werden, sind mit ihren Herstellungskosten in der Buchführung zu erfassen (vgl. *Bolin/Stephani/Wyrwa/Grefe*, S. 62 f.; § 253 Abs. 1 Satz 1 HGB).

MERKE

Herstellungskosten sind nach § 255 Abs. 2 HGB **Aufwendungen**, die durch den **Verbrauch von Gütern** (z. B. Rohstoffe) und die **Inanspruchnahme von Diensten** (z. B. Löhne) für die Herstellung eines Vermögensgegenstandes, seine Erweiterung oder wesentliche Verbesserung anfallen.

Bei der **Berechnung der Herstellungskosten** ist zu unterscheiden in

- **verbindlich** vorgeschriebene Bestandteile (**Pflichtbestandteile**) und
- **wahlweise** zu berücksichtigende Bestandteile (**Wahlrechte**).

Hierbei sind die Vorschriften des § 255 Abs. 2 und 3 HGB und für steuerliche Zwecke § 6 Abs. 1 Nr. 1b EStG zu beachten.

Übersicht zu den Bestandteilen der Herstellungskosten:

Aufwandsart	Handeslrecht (§ 255 Abs. 2 und 3 HGB)	Steuerrecht (§ 6 Abs. 1 Nr. 1b EStG)
Materialeinzelkosten (direkt zurechenbare Roh-, Hilfs-, Betriebsstoffe) + **Materialgemeinkosten** (anteilige Beschaffungskosten, Lagerkosten etc.) + **Fertigungseinzelkosten** (insbes. Löhne, die für die Herstellung anfallen) + **Fertigungsgemeinkosten** (Lohnnebenkosten, Abschreibung des bei der Fertigung eingesetzten Anlagevermögens etc.) + **Sondereinzelkosten der Fertigung** (Modelle, Baupläne etc.)	**Pflicht**	**Pflicht**
+ **angemessene Teile bestimmter Gemeinkosten**, z. B. ► anteilige allgemeine Verwaltungskosten ► anteilige Aufwendungen für freiwillige soziale Leistungen und für soziale Einrichtungen ► anteilige Aufwendungen für die betriebliche Altersversorgung + **anteilige Fremdkapitalzinsen**, so weit sie für die Finanzierung der Herstellung angefallen sind	**Wahl-rechte**	**Wahl-rechte**

Zu den **Pflichtbestandteilen** gehören also die

- **Einzelkosten** und
- **Gemeinkosten**, die durch die Herstellung angefallen sind.

Wahlweise dürfen auch die folgenden Kosten einbezogen werden:

- **angemessene Teile der fixen Gemeinkosten**, soweit sie auf den Zeitraum der Fertigung entfallen und
- **Fremdkapitalzinsen**, so weit sie für die Finanzierung der Herstellung angefallen sind.

Einzelkosten können dem produzierten Gegenstand direkt (einzeln) zugeordnet werden. Dies geschieht aufgrund von Materialentnahmescheinen, Stundenabrechnungen etc.

Gemeinkosten sind dem Gegenstand hingegen nur **indirekt** zurechenbar. Sie können auch als „Nebenkosten" der Einzelkosten bezeichnet werden, weil sie für die jeweilige Kostenart (z. B. Roh-, Hilfs-, Betriebstoffe) allgemein anfallen und diesen dann anteilig zugeordnet werden müssen. Die Umlage auf die Einzelkosten erfolgt normalerweise mithilfe von **Zuschlagssätzen**, die zuvor in einer Nebenrechnung ermittelt werden müssen.

Beispiel

Der Unternehmer Michael Schoor betreibt in Leverkusen ein Computerfachgeschäft. Die Computeranlage seines Unternehmens wurde in der eigenen Werkstatt selbst hergestellt.

Für die Herstellung wurden Platinen, Stecker, Kabel und andere Bauteile im Gesamtwert von 6.840 € aus dem eigenen Lagerbestand verwendet. An Lohnkosten sind für die Herstellung insgesamt 3.780 € angefallen. Die Materialgemeinkosten betragen 25 % der Materialeinzelkosten und die variablen Lohngemeinkosten 75 % der Lohneinzelkosten.

Ermittlung der Herstellungskosten:

		Euro
	Materialeinzelkosten	6.840
+	Materialgemeinkosten (6.840 · 25 %)	1.710
+	Fertigungseinzelkosten	3.780
+	Fertigungsgemeinkosten (3.780 · 75 %)	2.835
=	**Herstellungskosten**	**15.165**

4.2 Buchung selbsterstellter Anlagegüter

Selbst hergestellte Anlagegüter sind mit den ermittelten Herstellungskosten auf dem entsprechenden **Anlagekonto** im **Soll** zu erfassen (zu aktivieren).

Die Gegenbuchung erfolgt auf dem **Ertragskonto „Andere aktivierte Eigenleistungen** 8990 (4820)" im **Haben**.

Die Buchung zur Erfassung der selbsterstellten Anlagegüter lautet somit:

Sollkonto – SKR 03 (SKR 04)	**Betrag (Euro)**	**Habenkonto** – SKR 03 (SKR 04)
Anlagenkonto	HK	Andere aktivierte Eigenleistungen 8990 (4820) **[Ertragskonto]**

Beispiel

Selbst hergestellte Computeranlage mit Herstellungskosten in Höhe von 15.165 € (siehe Beispiel Seite 210).

Buchung:

Sollkonto – SKR 03 (SKR 04)	**Betrag (Euro)**	**Habenkonto** – SKR 03 (SKR 04)
Sonstige Betriebs- und Geschäftsausstattung 0490 (0690)	15.165,00	Andere aktivierte Eigenleistungen 8990 (4820)

Durch die Habenbuchung auf dem **Ertragskonto „Andere aktivierte Eigenleistungen“** erfolgt die Neutralisierung der für die Herstellung entstandenden Aufwendungen (die entstandenen Aufwendungen vermindern den Gewinn, die Buchung auf dem Ertragskonto erhöht den Gewinn). Die selbsterstellten Gegenstände sind dann zunächst erfolgsneutral in der Buchführung erfasst (soweit die verursachten Aufwendungen in die Ermittlung der Herstellungskosten einbezogen wurden).

Zu Aufwand werden die selbsterstellten Anlagegegenstände durch die Buchung ihrer **Abschreibung** (siehe S. 217).

Wenn Materialien und Leistungen für die Herstellung zugekauft werden, dann können diese Aufwendungen direkt auf dem Anlagekonto erfasst werden (vgl. *Korth*, S. 338, Rz. 22). Als Eigenleistungen werden dann nur die aus dem eigenen Unternehmen stammenden Materialien und Leistungen zuzüglich der auf sie entfallenden Gemeinkosten gebucht.

Beispiel

Fall wie in dem Beispiel zuvor, jedoch mit dem Unterschied, dass für die Herstellung Materialien für 1.000 € + 19 % USt auf Ziel zugekauft und Materialien für 5.840 € netto dem Lager entnommen wurden.

Buchung:

Sollkonto – SKR 03 (SKR 04)		**Betrag (Euro)**	**Habenkonto** – SKR 03 (SKR 04)	
Sonstige BGA	0490 (0690)	1.000,00	Verbindlichkeiten a LuL	1600 (3300)
Vorsteuer 19 %	1576 (1406)	190,00	Verbindlichkeiten a LuL	1600 (3300)
Sonstige BGA	0490 (0690)	14.165,00	Andere akt. Eigenleistungen	8990 (4820)

Aufgabe 42 > Seite 269

5. Abschreibung von beweglichen Anlagegütern

5.1 Abschreibungsursachen

Gegenstände des **abnutzbaren** Anlagevermögens verlieren ab dem Tag ihrer Anschaffung oder Herstellung an Wert.

Beispiel

Der Unternehmer Daniel Späth kauft im Januar für sein Unternehmen einen neuen Pkw. Die Anschaffungskosten betragen 33.510 €. Wenn der Pkw zum 31.12. noch zum Betriebsvermögen von Herrn Späth gehört, ist er in der Bilanz im Anlagevermögen als Vermögensgegenstand auszuweisen. Bereits die allgemeine Lebenserfahrung lehrt uns, dass der Wert dieses Pkw am 31.12. nicht mehr 33.510 € beträgt. Vielmehr hat der Pkw zum 31.12. im Normalfall einen niedrigeren Wert als zum Zeitpunkt der Anschaffung.

Der Wertverlust der Gegenstände des Anlagevermögens hat verschiedene Ursachen. Die wichtigsten sind (vgl. *Bolin/Stephani/Wyrwa/Grefe*, S. 83):

- **technische Ursachen**
  Gebrauchsverschleiß, Ruheverschleiß (z. B. Verrosten) etc.
- **wirtschaftliche Ursachen**
  Marktveränderungen, technischer Fortschritt etc.
- **rechtliche Ursachen**
  gesetzliche Maßnahmen oder Auflagen (z. B. Herabsetzen von Emmissionsgrenzen), zeitlicher Ablauf von Schutzrechten oder Verträgen etc.

5.2 Ermittlung der planmäßigen Abschreibung

Der Wertverlust bei Gegenständen des abnutzbaren Anlagevermögens wird durch **Abschreibungen** erfasst. Sie sollen die **Wertminderungen im Zeitablauf** darstellen. Weil der tatsächliche Verlauf des Wertverlustes in der Realität normalerweise nicht bekannt und die Ermittlung im Einzelfall zu aufwändig ist, wird er theoretisch ermittelt und abgebildet.

Für Anlagegegenstände, deren Nutzung zeitlich begrenzt ist, schreiben § 253 Abs. 3 HGB und § 6 Abs. 1 EStG vor, dass die Anschaffungs-/Herstellungskosten um **planmäßige** Abschreibungen zu vermindern sind. Der **Abschreibungsplan** muss im ersten Nutzungsjahr festgelegt werden. Seine Eckdaten sind die **Anschaffungs-/Herstellungskosten** und die **geplante Nutzungsdauer** des Gegenstandes.

MERKE

Die geplante **Nutzungsdauer** (ND) ist der Zeitraum, in dem der Vermögensgegenstand vermutlich genutzt werden kann (vgl. § 253 Abs. 3 Satz 2 HGB).

Weil die tatsächliche Nutzungsdauer zu Beginn der Nutzung noch nicht bekannt ist, muss sie unter Berücksichtigung der jeweiligen betrieblichen Gegebenheiten **realistisch geschätzt** werden. Sie kann dabei aus den Erfahrungen der Vergangenheit abgeleitet werden (**betriebsgewöhnliche Nutzungsdauer**), sofern keine besonderen Umstände vorliegen.

In der Praxis ist es üblich, die Nutzungsdauer von beweglichen Anlagegütern den amtlichen **AfA-Tabellen** des Bundesministeriums der Finanzen zu entnehmen, damit bei steuerlichen Außenprüfungen in dieser Hinsicht keine kontroversen Auseinandersetzungen geführt werden müssen. Die AfA-Tabellen enthalten **Erfahrungswerte** über betriebsgewöhnliche Nutzungsdauern (ND), die aus den Ergebnissen der durchgeführten Betriebsprüfungen gewonnen wurden.

Für die Berechnung der Abschreibung stehen verschiedene **Abschreibungsmethoden** zur Wahl. Bei Gegenständen des **beweglichen** Anlagevermögens sind die folgenden drei Methoden zulässig (vgl. § 253 Abs. 3 Satz 2 HGB und § 7 Abs. 1 und 2 EStG):

- **lineare Abschreibung**
  gleichmäßige Verteilung der AK/HK auf die Nutzungsdauer (jährlich gleichbleibende Abschreibungsbeträge)
- **geometrisch-degressive Abschreibung**
  Abschreibung nach einem feststehenden Prozentsatz, der jeweils auf den Restbuchwert angewendet wird (jährlich fallende Abschreibungsbeträge)
- **Leistungsabschreibung**
  Abschreibung proportional zur Leistung (z. B. bei Maschinen mit Zählwerk).

ACHTUNG

Bei Wirtschaftsgütern, die **nach dem 31.12.2010 und vor dem 01.01.2020** angeschafft oder hergestellt wurden, ist die **degressive** Abschreibung **steuerlich nicht zulässig**!

Bei der **linearen** Abschreibung wird der **jährliche Abschreibungsbetrag** wie folgt ermittelt:

$$\text{linearer Abschreibungsbetrag} = \frac{AK/HK}{ND}$$

Beispiel

Der Unternehmer Späth hat im Januar für sein Unternehmen einen Pkw angeschafft. Die AK betragen 33.510 €, die ND ist nach der amtlichen AfA-Tabelle mit sechs Jahren zu veranschlagen.

Die **jährliche Abschreibung** beträgt bei der **linearen** Abschreibung somit **5.585 €** (33.510 € : 6 Jahre).

Abschreibungsverlauf:

Jahr	Wert zum 01.01.	Zugang/Abgang	Abschreibung	Wert zum 31.12.
1	–	33.510	5.585	27.925
2	27.925		5.585	22.340
3	22.340		5.585	16.755
4	16.755		5.585	11.170
5	11.170		5.585	5.585
6	5.585		5.584	1

Wenn der Gegenstand auch nach dem Ablauf der planmäßigen Nutzungsdauer im Anlagevermögen verbleibt, wird er ohne weitere Abschreibung mit einem Restbuchwert von **1 €** fortgeführt. Dieser **„Erinnerungswert“** wird beim Ausscheiden des Gegenstandes als Abgang erfasst.

Bei der **degressiven** Abschreibung wird der jährliche **Abschreibungsbetrag** für Anlagegegenstände, die 2020 oder 2021 angeschafft oder hergestellt wurden bzw. werden, wie folgt ermittelt:

- Abschreibungsprozentsatz $= \frac{100}{ND} \cdot 2{,}5$, **höchstens** jedoch **25 %**
- degressiver Abschreibungsbetrag **1. Jahr** = AK/HK · Abschreibungsprozentsatz
- degressiver Abschreibungsbetrag **ab dem 2. Jahr** = Buchwert am 01.01. · Abschreibungsprozentsatz

Beispiel

Fall wie im Beispiel zuvor, jetzt jedoch mit degressiver Abschreibung (die Anschaffung erfolgte im Januar 2020).

Abschreibungsprozentsatz und Abschreibungsverlauf:

100 : 6 Jahre · 2,5 = 41,67 %, höchstens jedoch 25 %

Jahr	Wert zum 01.01.	Zugang/Abgang	Abschreibung	Wert zum 31.12.
1	–	33.510	8.378 (33.510 · 25 %)	25.132
2	25.132		6.283 (25.132 · 25 %)	18.849
usw.				

§ 7 Abs. 3 EStG erlaubt den **Wechsel von der degressiven zur linearen Abschreibung** (nicht aber von der linearen zur degressiven Abschreibung!).

Beim **Übergang** zur linearen Abschreibung ist der bis zum Ende der Nutzungsdauer anzusetzende jährliche Abschreibungsbetrag wie folgt zu ermitteln:

$$\text{linearer Abschreibungsbetrag} = \frac{\text{Restwert}}{\text{Restnutzungsdauer (RND)}}$$

Beispiel

Fall wie im Beispiel zuvor. Im 3. Jahr (also 2022) soll zur linearen Abschreibung gewechselt werden.

Der jährliche Abschreibungsbetrag beträgt dann ab dem 3. Jahr aufgerundet **4.713 €** (18.849 € : 4 Jahre RND).

Sowohl im **Jahr des Anlagenzugangs** als auch im **Jahr des Abgangs** kommt es selten vor, dass ein volles Abschreibungsjahr vorliegt. In diesen Jahren muss der Abschreibungsbetrag deshalb grundsätzlich **zeitanteilig („pro rata temporis")** ermittelt werden. Streng genommen müsste hierbei taggenau gerechnet werden.

Beispiel

Der Unternehmer Friedhelm Kurz erwirbt am 15.11. für sein Unternehmen eine neue Maschine. Die AK betragen 20.000 €, die ND beträgt 10 Jahre.

Bei linearer Abschreibung und der Vereinfachungsannahme, dass ein Jahr 360 Tage und ein Monat 30 Tage hat, beträgt der Abschreibungsbetrag im Anschaffungsjahr 250 € (20.000 € : 10 Jahre : 360 Tage · 45 Tage = 250 €).

Aus **Vereinfachungsgründen** ist es aber auch zulässig, die Abschreibung **monatsgenau** zu berechnen (vgl. § 7 Abs. 1 Satz 4, Abs. 2 Satz 3 EStG).

Im **Zugangsjahr** wird der **Monat des Anlagenzugangs** unabhängig vom konkreten Datum des Zugangs **als voller Monat gerechnet**. Im zuvor dargestellten Beispiel sind bei Anwendung dieser Vereinfachungsregelung also $^2/_{12}$ (für November und Dezember) der planmäßigen Abschreibung anzusetzen (2.000 € : 12 Monate · 2 Monate = 333,33 €, also 334 €).

Im **Abgangsjahr** wird der **Abgangsmonat** unabhängig von dem konkreten Abgangstag **nicht** mitgerechnet. Erfolgt der Anlagenabgang beispielsweise am 16.07., dann werden im Abgangsjahr $^6/_{12}$ (für Januar bis einschließlich Juni) der planmäßigen Abschreibung angesetzt.

Beispiel

Der Unternehmer Jochen Küpper, Koblenz, kauft im April 2020 für sein Unternehmen einen Gabelstapler für 30.000 € + 5.700 € USt (Anschaffungsdatum: 02.04.2020).

Herr Küpper verkauft diesen Gabelstapler in 2021 wieder (Anlagenabgang: 12.12.2021). Die Abschreibung für 2020 und 2021 soll unter Anwendung der Vereinfachungsregelung linear erfolgen. Die Nutzungsdauer beträgt nach der amtlichen AfA-Tabelle 8 Jahre.

Abschreibungsbetrag 2020:	
30.000,00 € : 8 Jahre ND =	**3.750,00 €**
davon $^9/_{12}$ (April - Dezember) =	**2.812,50 €**
Buchwert 31.12.2020:	
30.000,00 € - 2.812,50 € =	**27.187,50 €**
Abschreibungsbetrag 2021:	
30.000,00 € : 8 Jahre ND =	**3.750,00 €**
davon $^{11}/_{12}$ (Januar - November) =	**3.437,50 €**
Buchwert 12.12.2021 (Anlagenabgang):	
27.187,50 € - 3.437,50 € =	**23.750,00 €**

Aufgabe 43 > Seite 270

Die Abschreibung **nach der Leistung** (Leistungsabschreibung) setzt voraus, dass genaue Aufzeichnungen über die jährlichen Leistungen geführt werden (z. B. Aufzeichnung von Zählerständen bei Maschinen oder Pkw). Ausgehend von den AK/HK und der technischen Gesamtleistung des Gegenstandes wird der jährliche Abschreibungsbetrag dann wie folgt berechnet:

$$\text{Leistungs-Abschreibungsbetrag} = \frac{\text{AK/HK}}{\text{Gesamtleistung}} \cdot \text{Jahresleistung}$$

Beispiel

Johannes Kupp betreibt in Koblenz ein Großhandelsunternehmen für Sanitärfachartikel. Im März 2020 kauft er für das Büro seines Unternehmens ein neues Fotokopiergerät für 5.000 € + 950 € USt. Die technische Gesamtleistung ist auf 900.000 Kopien ausgelegt. Die geplante Nutzungsdauer beträgt 4 Jahre.

Herr Kupp liest den Zählerstand des Kopierers jeweils zum 31.12. eines Jahres ab. Am 31.12.2020 beträgt der Zählerstand 324.528.

Herr Kupp entschließt sich, den Kopierer nach der Leistung abzuschreiben.

Für 2020 errechnet sich der Abschreibungsbetrag wie folgt:

$$\frac{5.000\ € \cdot 324.528\ \text{Kopien}}{900.000\ \text{Kopien}} = \mathbf{1.803\ €}\ \text{(gerundet)}$$

Aufgabe 44 > Seite 270

5.3 Buchung der planmäßigen Abschreibung

Planmäßige Abschreibungen führen zu verminderten Buchwerten der Gegenstände des abnutzbaren Anlagevermögens. Sie sind **Aufwendungen**, die den **Wertverlust** abbilden.

Der allgemeine Buchungssatz zur Erfassung der planmäßigen Abschreibung des Sachanlagevermögens lautet:

Sollkonto – SKR 03 (SKR 04)	**Betrag (Euro)**	**Habenkonto** – SKR 03 (SKR 04)
Abschreibungen auf Sachanlagen 4830 (6220) **[Aufwandskonto]**	Abschreibungs-betrag	Anlagenkonto **[aktives Bestandskonto]**

Beispiel

Die Maschine 1 wird im Jahr 2020 mit 2.465 € abgeschrieben.

Buchung:

Sollkonto – SKR 03 (SKR 04)	**Betrag (Euro)**	**Habenkonto** – SKR 03 (SKR 04)
Abschreibungen auf Sach. 4830 (6220)	2.465,00	Maschinen 0210 (0440)

Das Konto „**Abschreibungen auf Sachanlagen** 4830 (6220)" wird bei der manuellen Buchführung über das **Gewinn- und Verlustkonto** abgeschlossen, und das **Anlagekonto** wird über das **Schlussbilanzkonto** abgeschlossen:

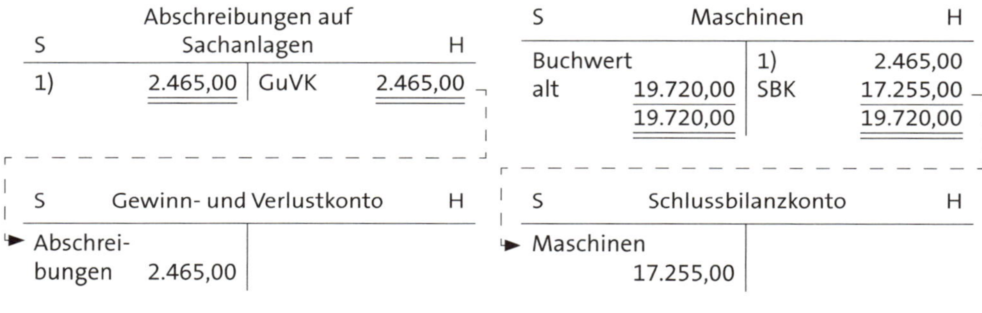

5.4 Außerplanmäßige Abschreibung

Neben der „normalen" Wertminderung kann es bei Anlagegütern auch zu **außergewöhnlichen Wertverlusten** kommen. Verursacht werden sie beispielsweise durch (vgl. *Bolin/Stephani/Wyrwa/Grefe*, S. 89):

- **außergewöhnliche technische Abnutzung**
  - äußere Einwirkungen (z. B. Brand, Explosion, Hochwasser etc.) oder
  - innerbetriebliche Gründe (z. B. durch Nutzung in mehreren Schichten)
- **außergewöhnliche wirtschaftliche Abnutzung**
  - technischer Fortschritt (z. B. Entwicklung einer technisch verbesserten Maschine) oder
  - Absatzrückgänge/-verschiebungen (z. B. der Anlagegegenstand wird schwächer nachgefragt und deshalb preisgünstiger auf dem Markt angeboten).

Beispiel

Ein betrieblicher Pkw wird durch einen Unfall am 01.03. so stark beschädigt, dass er verschrottet werden muss. Zum 01.01. hatte der Pkw einen Buchwert von 30.000 €. Die planmäßige Abschreibung beträgt 6.000 €/Jahr (lineare Abschreibung bei AK von 36.000 € und 6 Jahren Nutzungsdauer).

		Euro
	Buchwert zum 01.01.	30.000
-	planmäßige Abschreibung 01.01.-28.02. (6.000 € · 2/12)	1.000
-	**außerplanmäßige Abschreibung**	**28.999**
=	**Restbuchwert (Anlagenabgang)**	**1**

Bei einer voraussichtlich **dauernden** Wertminderung, die über die planmäßige Abschreibung hinausgeht, **muss** der Anlagegegenstand auf den niedrigeren Wert abgeschrieben werden (vgl. § 253 Abs. 3 Satz 5 HGB und § 6 Abs. 1 Nr. 1 Satz 2 EStG).

Bei einer nur **vorübergehenden** Wertminderung (Wertschwankung) ist eine Abschreibung auf den niedrigeren Wert handels- und steuerrechtlich **verboten** (§ 253 Abs. 3 Satz 5 HGB und Umkehrschluss aus § 6 Abs. 1 Nr. 1 Satz 2 EStG).

Der **Buchungssatz** zur Erfassung der außerplanmäßigen Abschreibung des Sachanlagevermögens lautet:

Sollkonto – SKR 03 (SKR 04)	**Betrag (Euro)**	**Habenkonto** – SKR 03 (SKR 04)
Außerplanmäßige Abschreibungen auf Sachanlagen 4840 (6230) **[Aufwandskonto]**	Abschreibungs-betrag	Anlagenkonto **[aktives Bestandskonto]**

Beispiel

Die Maschine 1 wird im Jahr 2020 so stark beschädigt, dass sie dauerhaft an Wert verloren hat. Der Wertverlust im Jahr 2020 beläuft sich zusätzlich zur planmäßigen Abschreibung auf 10.000 €.

Buchung:

Sollkonto – SKR 03 (SKR 04)	**Betrag (Euro)**	**Habenkonto** – SKR 03 (SKR 04)
Außerplanm. Abschreibungen auf Sachanlagen 4840 (6230)	10.000,00	Maschinen 0210 (0440)

Das Konto „**Außerplanmäßige Abschreibungen auf Sachanlagen** 4840 (6230)" wird bei der manuellen Buchführung über das **Gewinn- und Verlustkonto** abgeschlossen.

Für außerplanmäßige Abschreibungen auf **Gebäude** oder auf **betriebliche Kraftfahrzeuge** stehen – wie bei der planmäßigen Abschreibung – **spezielle Unterkonten** zur Verfügung (siehe Anhang).

Aufgabe 45 > Seite 270

6. Geringwertige Wirtschaftsgüter

6.1 Überblick

Bei Vermögensgegenständen des **abnutzbaren beweglichen Anlagevermögens**, die **einer selbständigen Nutzung fähig** sind und einen geringen Wert haben (sog. „geringwertige Wirtschaftsgüter" – GWG), müssen **steuerliche Besonderheiten** beachtet werden.

Das **Einkommensteuergesetz** unterscheidet bei geringwertigen Wirtschaftsgütern des betrieblichen Anlagevermögens in

- **Alternative 1:**
  Wirtschaftsgüter mit Anschaffungs- oder Herstellungskosten **bis zu 800 €** netto. Diese **dürfen im Jahr ihrer Anschaffung, Herstellung oder Einlage in voller Höhe als Betriebsausgaben** berücksichtigt **oder** planmäßig über die Dauer ihrer voraussichtlichen Nutzung abgeschrieben werden (vgl. § 6 Abs. 2 EStG).
- **Alternative 2:**
  Wirtschaftsgüter mit Anschaffungs- oder Herstellungskosten von **über 250 € bis zu 1.000 €** netto. Diese **dürfen** im Jahr ihrer Anschaffung, Herstellung oder Einlage in einem **Sammelposten** („Pool") erfasst und **zusammen** mit den anderen Wirtschaftsgütern dieses Pools (sog. „Poolwirtschaftsgüter") eines Kalenderjahres **über einen Zeitraum von 5 Jahren gleichmäßig abgeschrieben** werden (vgl. § 6 Abs. 2a Sätze 1 - 2 EStG).

  Bei Anwendung dieser Alternative (**„Sammelpostenmethode"**) müssen **alle GWG dieses Kalenderjahres** mit einem Wert von mehr als 250 € bis 1.000 € in dem Sammelposten erfasst werden.

  GWG mit einem Wert **bis 250 €** können dann im Jahr ihrer Anschaffung, Herstellung oder Einlage **voll oder** alternativ **über den Zeitraum ihrer voraussichtlichen Nutzung** abgeschrieben werden (vgl. § 6 Abs. 2a Satz 4 EStG).

ACHTUNG

Der Steuerpflichtige muss sich entscheiden, welche der beiden Alternativen (§ 6 Abs. 2 **oder** Abs. 2a EStG) er in dem jeweiligen Wirtschaftsjahr anwendet. Er darf die beiden Alternativen innerhalb dieses Wirtschaftsjahrs nicht „mischen", d. h. die Inanspruchnahme der einen oder anderen Alternative schließt die jeweils andere Alternative für das betrachtete Wirtschaftsjahr aus (wirtschaftsjahrbezogenes Wahlrecht).

Übersicht:

Wirtschaftsgüter des Anlagevermögens, die beweglich, abnutzbar und einer selbstständigen Nutzung fähig sind	
Alternative 1 (§ 6 Abs. 2) Für das betrachtete Wirtschaftsjahr wird **kein** neuer Sammelposten gebildet.	**Alternative 2** (§ 6 Abs. 2a) Für das betrachtete Wirtschaftsjahr wird ein **neuer Sammelposten** gebildet.
↓	↓
AK/HK **bis 800 €**	AK/HK **250,01 bis 1.000 €**
↓	↓
Wahlrecht: **Vollabschreibung** im Jahr der Anschaffung, Herstellung oder Einlage **oder** **planmäßige Abschreibung** über die Nutzungsdauer	**Erfassung aller GWG mit AK/HK 250,01 bis 1.000 € in dem Sammelposten** des Betrachtungsjahres, der über 5 Jahre gleichmäßig abzuschreiben ist. [GWG im Wert bis **250 €** werden dann **sofort** Gewinn mindernd erfasst **oder** planmäßig abgeschrieben.]
Wirtschaftsgüter mit AK/HK **über 800 €** müssen **planmäßig** abgeschrieben werden.	Wirtschaftsgüter mit AK/HK **über 1.000 €** müssen **planmäßig** abgeschrieben werden.

6.2 Merkmale der GWG

Die steuerliche Einordnung als „GWG" oder „Poolwirtschaftsgut" **im Jahr der Anschaffung/Herstellung** oder Einlage betrifft diejenigen Vermögensgegenstände, welche neben den Wertgrenzen von 800 € (§ 6 Abs. 2 EStG) bzw. 250,01 € bis 1.000 € (§ 6 Abs. 2a EStG) die folgenden Voraussetzungen vollständig erfüllen:

- Anlagevermögen
- beweglich
- abnutzbar und
- selbstständig (= für sich allein) nutzbar.

Zum **Anlagevermögen** gehören diejenigen Wirtschaftsgüter, deren Nutzung längerfristig (länger als ein Jahr) erfolgen soll (vgl. § 247 Abs. 2 HGB und R 6.1 EStR).

Bewegliche Wirtschaftsgüter sind nach R 7.1 Abs. 1 EStR insbesondere

- Sachen (§ 90 BGB)
- Tiere (§ 90a BGB)
- Scheinbestandteile (§ 95 BGB).

Nicht zu den beweglichen Wirtschaftsgütern gehören **immaterielle** Wirtschaftsgüter (z. B. Rechte, Lizenzen, Patente o. Ä.). Eine **Ausnahme** hiervon gilt für Computerprogramme mit geringem Wert (sog. **„Trivialprogramme"**). Sie werden aber **wie materielle** – also wie bewegliche – Wirtschaftsgüter behandelt, wenn ihre **AK nicht mehr als 800 €** (netto) betragen (vgl. R 5.5 Abs. 1 EStR).

Abnutzbar sind Wirtschaftsgüter, deren Wert sich im Zeitablauf verringert.

Selbstständig nutzbar sind Wirtschaftsgüter dann, wenn sie ohne andere Wirtschaftsgüter des Anlagevermögens genutzt werden können. **Nicht** selbstständig nutzbar sind Wirtschaftsgüter, die **nach ihrer betrieblichen Zweckbestimmung nur zusammen mit anderen Wirtschaftsgütern** genutzt werden können (z. B. Computer, Monitor, Tastatur, Scanner, Ducker).

Beispiel

Der Unternehmer Paul Schmidt kauft im August 2020:

a) Einen Scanner für 160,00 € + 30,40 € USt, der an seinen Computer im Büro angeschlossen wird.

   Der Scanner gehört zu dem Computer im Büro von Herrn Schmidt (**nicht** selbstständig nutzbar). Er ist **kein** GWG und somit zusammen mit dem Computer über dessen Restnutzungsdauer abzuschreiben (nachträgliche Anschaffungskosten).

b) Ein Multifunktionsgerät (Drucker/Scanner/Fax/Kopierer) für 400 € + 64 € USt, welches er ebenfalls für berufliche Zwecke in seinem Büro verwendet.

   Das Multifunktionsgerät ist **selbstständig nutzbar** und – da die AK die 800 €-Grenze nicht überschreiten – **ein GWG** nach § 6 Abs. 2 oder 2a EStG (wirtschaftsjahrbezogenes Wahlrecht).

Für die Beurteilung, ob die **250/800/1.000 €-Grenze** überschritten wird oder nicht, ist der **Netto**betrag (**ohne** USt) maßgebend. Wenn USt in Rechnung gestellt wurde, ist es unerheblich, ob diese beim Rechnungsempfänger abziehbar ist oder nicht (vgl. R 9b Abs 2 EStR).

Beispiel

Der selbstständige Versicherungsmakler Sebastian Labonte kauft im Juni 2020 für sein Büro einen neuen Schreibtisch für 800 € + 152 € USt.

Obwohl Herr Labonte nicht zum Vorsteuerabzug berechtigt ist (er tätigt nur steuerfreie Umsätze nach § 4 Nr. 11 UStG, die den Vorsteuerabzug ausschließen), ist der erworbene Schreibtisch ein GWG im Sinne von § 6 Abs. 2 oder 2a EStG.

Skonti und Rabatte

Für die Beurteilung, ob ein GWG vorliegt, sind die AK/HK maßgebend. Da Skonti und Rabatte die AK/HK mindern, ist der **Betrag maßgebend, der sich nach deren Abzug ergibt**.

Beispiel

Der Einzelunternehmer Jan Kreuzer, Lahnstein, kauft für sein Unternehmen im Mai 2020 eine neue Telefonanlage für 820,00 € + 155,80 € USt auf Ziel. Im Juni bezahlt er den Kaufpreis vereinbarungsgemäß unter Abzug von 3 % Skonto durch Banküberweisung.

Durch den Skontoabzug betragen die AK der Telefonanlage 795,40 € (820,00 € - 24,60 € Skontoabzug netto). Die Telefonanlage ist dadurch ein GWG nach § 6 Abs. 2 oder 2a EStG.

Liegt aber das Anschaffungsdatum im „alten" Jahr (z. B. 30.12.) und die **Bezahlung im „neuen" Jahr** (z. B. 05.01.), kann ein bei der Zahlung abgezogener Skonto- oder Rabattbetrag im „alten" Jahr **nicht** mehr abgezogen werden (vgl. BFH, BStBl. II 1991 S. 456). In diesem Fall ist der **ursprüngliche Kaufpreis abzüglich eines darin enthaltenen USt-Betrages** für die Beurteilung heranzuziehen, ob ein GWG vorliegt oder nicht (vgl. *Krudewig*, S. 28).

Beispiel

Fall wie im Beispiel zuvor, jedoch mit dem Unterschied, dass Herr Kreuzer die Telefonanlage für 820,00 € + USt am 30.12.2020 auf Ziel kauft und den Kaufpreis vereinbarungsgemäß Anfang Januar 2021 unter Abzug von 3 % Skonto durch Banküberweisung bezahlt.

Da sich die AK des Telefons in 2020 auf 820 € belaufen, liegt kein GWG nach § 6 Abs. 2 EStG vor. Der Skontoabzug im Januar 2021 hat keinen Einfluss mehr auf die ursprünglichen AK.

Herr Kreuzer könnte das Telefon entweder einem Sammelposten (§ 6 Abs. 2a EStG) zuordnen oder planmäßig über den Zeitraum der voraussichtlichen Nutzung abschreiben.

6.3 GWG gem. § 6 Abs. 2 EStG

Geringwertige Wirtschaftsgüter des Betriebsvermögens, deren **AK/HK nicht mehr als 800 €** (netto) betragen, **können** im Wirtschaftsjahr ihrer Anschaffung, Herstellung oder Einlage

- **in voller Höhe als Betriebsausgabe** abgezogen **oder**
- **planmäßig abgeschrieben**

werden, **wenn** in dem betrachteten Wirtschaftsjahr **kein Sammelposten** nach § 6 Abs. 2a EStG (siehe Gliederungspunkt 6.4) gebildet wird. Dieses Wahlrecht darf **dann für jedes einzelne GWG** mit einem Wert bis 800 € **gesondert** ausgeübt werden.

Beispiel

Der zum Vorsteuerabzug berechtigte Einzelunternehmer Vitalij Frick kauft im März 2020 für sein Unternehmen eine Wanduhr für 200 € + 38 € USt.

Die AK in Höhe von 200 € dürfen 2020 in voller Höhe als Betriebsausgabe abgezogen werden, weil die Wanduhr ein GWG im Sinne von § 6 Abs. 2 EStG ist.

Alternativ zum Direktabzug dürfte Herr Frick die AK der Wanduhr nach § 7 EStG planmäßig über den Zeitraum der voraussichtlichen Nutzung abschreiben.

Bei der Inanspruchnahme des Wahlrechts von § 6 Abs. 2 EStG ist zu beachten, dass für GWG **über 250 €** netto die Verpflichtung gilt, diese in **ein laufend zu führendes Verzeichnis** (Anlagenverzeichnis) mit folgenden Angaben **aufzunehmen** (vgl. § 6 Abs. 2 Satz 4 EStG):

- Tag der Anschaffung, Herstellung oder Einlage
- Anschaffungs- oder Herstellungskosten bzw. Einlagewert.

Die GWG müssen jedoch **nicht** in einem solchen Verzeichnis aufgeführt werden, **wenn diese Angaben aus der Buchführung ersichtlich sind**, beispielsweise durch Erfassung auf einem speziellen Konto mit den o. g. Daten (vgl. § 6 Abs. 2 Satz 5 EStG). Hierfür bieten sich in den Datev-Kontenrahmen SKR 03 (SKR 04) beispielsweise die folgenden Konten an:

- Sofortabschreibung geringwertiger Wirtschaftsgüter **4855 (6260)** oder
- Geringwertige Wirtschaftsgüter **0480 (0670)**.

Das Konto **„Sofortabschreibung geringwertiger Wirtschaftsgüter 4855 (6260)“** ist ein **Aufwandskonto**. Es ist dann zu bevorzugen, wenn bereits zu Beginn des Wirtschaftsjahres entschieden wurde, dass alle GWG bis 800 € dieses Wirtschaftsjahres sofort Gewinn mindernd erfasst werden.

Das Konto **„GWG 0480 (0670)“** ist ein **aktives Bestandskonto** (Anlagevermögen). Es ist dann zu bevorzugen, wenn im Laufe des Buchungsjahres zunächst alle GWG aktiviert und erst im Rahmen der Jahresabschlussarbeiten entschieden werden soll, welches Wahlrecht für das Wirtschaftsjahr in Anspruch genommen wird.

Beispiele

Beispiel 1

Der Unternehmer Markus Balcke kauft im Juli 2020 für sein Unternehmen einen neuen Bürostuhl für 400 € + 76 € USt gegen Barzahlung. Die geplante Nutzungsdauer beträgt 5 Jahre. Herr Balcke entscheidet sich dafür, im VZ 2020 keinen Sammelposten nach § 6 Abs. 2a EStG zu bilden und alle GWG bis 800 € direkt als Betriebsausgaben zu erfassen.

Buchung im Juli 2020:

Sollkonto – SKR 03 (SKR 04)		**Betrag (Euro)**	**Habenkonto** – SKR 03 (SKR 04)	
Sofortabschreibung GWG	4855 (6260)	400,00	Kasse	1000 (1600)
Abziehbare VoSt 19 %	1576 (1406)	76,00	Kasse	1000 (1600)

Alternativ können GWG auch **zunächst aktiviert und zum Jahresende** voll oder über den Zeitraum ihrer voraussichtlichen Nutzung **abgeschrieben** werden. Dies hat den Vorteil, dass im Rahmen der Jahresabschlussarbeiten eine steueroptimale Entscheidung getroffen werden kann.

Beispiel 2
Fall wie in dem Beispiel zuvor, jetzt jedoch zunächst Aktivierung des Bürostuhls und Vollabschreibung zum 31.12.

Buchung im Juli 2020:

Sollkonto – SKR 03 (SKR 04)		**Betrag (Euro)**	**Habenkonto** – SKR 03 (SKR 04)	
GWG	0480 (0670)	400,00	Kasse	1000 (1600)
Abziehbare VoSt 19 %	1576 (1406)	76,00	Kasse	1000 (1600)

Buchung zum 31.12.2020:

Sollkonto – SKR 03 (SKR 04)		**Betrag (Euro)**	**Habenkonto** – SKR 03 (SKR 04)	
Abschreibungen auf GWG	4860 (6262)	400,00	GWG	0480 (0670)

Beispiel 3
Fall wie in dem Beispiel zuvor, jetzt jedoch mit dem Unterschied, dass Herr Balcke im VZ 2020 nur geringen Gewinn erzielt und er für die nächsten Jahre starke Gewinnsteigerungen erwartet. Herr Balcke entscheidet sich daher für die planmäßige Abschreibung über die Nutzungsdauer.

Abschreibung 2020: 400 € : 5 Jahre · $^6/_{12}$ (Juli-Dezember) = **40 €**

Buchungen zum 31.12.2020:

Sollkonto – SKR 03 (SKR 04)		**Betrag (Euro)**	**Habenkonto** – SKR 03 (SKR 04)	
Büroeinrichtung	0420 (0650)	400,00	GWG	0480 (0670)
Abschreibungen Sachanl.	4830 (6220)	40,00	Büroeinrichtung	0420 (0650)

6.4 Sammelposten für GWG gem. § 6 Abs. 2a EStG

Der Steuerpflichtige hat **alternativ** die **Wahlmöglichkeit**, für GWG über 250 € bis 1.000 € einen **Sammelposten nach § 6 Abs. 2a EStG** zu bilden. Dieser ist **kein** Wirtschaftsgut, sondern eine **Rechengröße** (vgl. BMF-Schreiben vom 30.09.2010, BStBl I S. 755, Rz. 8).

Wenn diese Regelung gewählt wird (wirtschaftsjahrbezogenes Wahlrecht), müssen **alle** GWG eines Wirtschaftsjahres im Wert von **250,01 €** bis **1.000 €** in den **jahrgangsbezogenen Sammelposten** („Pool") eingestellt werden, der **unabhängig von der tatsächlichen Nutzungsdauer** der Gegenstände über einen **Zeitraum von 5 Jahren** gleichmäßig aufzulösen ist (also **jährlich mit 20 %** des gesamten Sammelpostens eines Jahres). Eine zeitanteilige Kürzung der Auflösung findet nicht statt.

Beispiel

Der zum Vorsteuerabzug berechtigte Unternehmer Müller kauft für die Buchhaltung seines Unternehmens am 01.03.2020 ein Textverarbeitungsprogramm für 400 € + 76 € USt gegen Barzahlung. Die geplante Nutzungsdauer des Programms beträgt 3 Jahre.

Am 15.05.2020 kauft Herr Müller für sein Büro eine Schreibtischlampe für 300 € + 57 € USt gegen Barzahlung; geplante Nutzungsdauer: 8 Jahre.

Am 01.06.2020 kauft Herr Müller ein neues Telefon für seinen Büroschreibtisch für 255,00 € + 48,45 € USt gegen Barzahlung; geplante Nutzungsdauer: 8 Jahre.

Herr Müller entscheidet sich für die Anwendung von § 6 Abs. 2a EStG (Bildung eines Sammelpostens 2020).

Die vorgenannten Vermögensgegenstände (alle haben AK über 250 € und nicht mehr als 1.000 €) sind dann im Kalenderjahr 2020 in dem **„Sammelposten 2020“** zusammenzufassen, der jährlich mit 20 % gewinnmindernd aufzulösen ist.

Sammelposten 2020:	Textverarbeitungsprogramm	400 €
	Schreibtischlampe	300 €
	Telefon	255 €
	AK des Sammelpostens 2020	**955 €**
Gewinnminderung 2020:	20 % von 955 € =	**191 €**

- **Keine Veränderung des Sammelpostens**

  Nach Ablauf eines Kalenderjahres ist neben der planmäßigen Auflösung grundsätzlich **keine Veränderung des Sammelpostens** mehr möglich. Vorgänge, die sich auf einzelne Wirtschaftsgüter des Sammelpostens beziehen (z. B. Verkauf, Entnahme, Zerstörung) wirken sich **nicht** auf den Wert des Sammelpostens aus.

  Dies bedeutet, dass alle Wirtschaftsgüter innerhalb eines „Jahrespools“ steuerlich wie **ein** Wirtschaftsgut behandelt werden. Wird beispielsweise ein in den Sammelposten eingestelltes Wirtschaftsgut in einem der Folgejahre **verkauft**, ist der **Erlös** Gewinn erhöhend zu buchen (z. B. auf dem Konto **„Erlöse aus Verkäufen von Sachanlagevermögen 19 % USt 8820 (4845)“** im **Haben**); für das ausgeschiedene Wirtschaftsgut darf aber **kein Anlagenabgang** erfasst werden.

  Nachträgliche Anschaffungs- oder Herstellungskosten von Wirtschaftsgütern, die in einem früheren Wirtschaftsjahr in einem Sammelposten erfasst wurden, verändern diesen Sammelposten ebenfalls **nicht**; es bleibt bei den ursprünglich erfassten AK/HK. Die nachträglichen AK/HK erhöhen den Sammelposten des Jahres, in dem sie anfallen. Beabsichtigt der Steuerpflichtige, in dem Jahr, in dem die nachträglichen AK/HK anfallen, für die neu zu erfassenden GWG **keinen** neuen Sammelposten zu bilden, so bilden die nachträglichen AK/HK der früheren Poolwirtschaftsgüter einen neuen Sammelposten (vgl. BMF-Schreiben vom 30. September 2010, BStBl I S. 755, Rz. 10).

► **GWG bis 250 € sind gesondert zu behandeln**

Wenn der Steuerpflichtige sich für die Bildung eines jahrgangsbezogenen Sammelpostens entscheidet, werden GWG mit einem Wert von bis zu 250 € netto im Wirtschaftsjahr ihrer Anschaffung, Herstellung oder Einlage

- **in voller Höhe als Betriebsausgabe abgezogen oder**
- **planmäßig abgeschrieben.**

Eine Berücksichtigung im Sammelposten ist **nicht** möglich.

Beispiel

Fall des Beispiels zuvor (Unternehmer Müller, der in 2020 drei „Poolwirtschaftsgüter" erwirbt und einen Sammelposten 2020 bildet) jetzt mit der Erweiterung, dass er am 02.06.2020 zusätzlich einen Heizlüfter für 120 € + 19 % USt gegen Barzahlung für sein Unternehmen kauft. Die Nutzungsdauer des Heizlüfters soll 5 Jahre betragen.

Herr Müller muss die AK des Heizlüfters (120 €) entweder sofort als Betriebsausgabe erfassen oder planmäßig über den Zeitraum der geplanten Nutzungsdauer (5 Jahre) abschreiben (in 2020 mit 7/12, weil die Anschaffung im Juni erfolgt).

Herr Müller entscheidet sich für den Sofortabzug.

Zugänge zum Sammelposten eines Kalenderjahres sind wie folgt zu erfassen:

Sollkonto – SKR 03 (SKR 04)	**Betrag (Euro)**	**Habenkonto** – SKR 03 (SKR 04)
Wirtschaftsgüter (Sammelposten) 0485 (0675)	Zugangsbetrag	Zahlungskonto, z. B. 1200 (1800) oder Verbindlichkeiten, z. B. 1600 (3300) oder Privateinlage 1890 (2180)

Der **jährliche Auflösungsbetrag** ist dann durch die folgende Buchung zu erfassen:

Sollkonto – SKR 03 (SKR 04)	**Betrag (Euro)**	**Habenkonto** – SKR 03 (SKR 04)
Abschreibungen auf den Sammelposten 4862 (6264)	Auflösungsbetrag	Wirtschaftsgüter (Sammelposten) 0485 (0675)

Abgesehen von der buchmäßigen Erfassung des Zugangs der Wirtschaftsgüter im Sammelposten bestehen in steuerlicher Hinsicht keine weiteren Aufzeichnungspflichten für diese GWG; sie müssen für steuerliche Zwecke nicht in ein Inventar aufgenommen werden (vgl. BMF-Schreiben vom 30.09.2010, BStBl I S. 755, Rz. 9).

Beispiel

Fall des Beispiels zuvor (Unternehmer Müller, der in 2020 einen Sammelposten bildet).

Buchung zum 01.03.2020 (Anschaffung Textverarbeitungsprogramm):

Sollkonto – SKR 03 (SKR 04)		**Betrag (Euro)**	**Habenkonto** – SKR 03 (SKR 04)	
Wirtschaftsgüter (Sammelposten)	0485 (0675)	400,00	Kasse	1000 (1600)
Abziehbare VoSt 19 %	1576 (1406)	76,00	Kasse	1000 (1600)

Buchung zum 15.05.2020 (Anschaffung Schreibtischlampe):

Sollkonto – SKR 03 (SKR 04)		**Betrag (Euro)**	**Habenkonto** – SKR 03 (SKR 04)	
Wirtschaftsgüter (Sammelposten)	0485 (0675)	300,00	Kasse	1000 (1600)
Abziehbare VoSt 19 %	1576 (1406)	57,00	Kasse	1000 (1600)

Buchung zum 01.06.2020 (Anschaffung Telefon):

Sollkonto – SKR 03 (SKR 04)		**Betrag (Euro)**	**Habenkonto** – SKR 03 (SKR 04)	
Wirtschaftsgüter (Sammelposten)	0485 (0675)	255,00	Kasse	1000 (1600)
Abziehbare VoSt 19 %	1576 (1406)	48,45	Kasse	1000 (1600)

Buchung zum 02.06.2020 (Anschaffung Heizlüfter):

Sollkonto – SKR 03 (SKR 04)		**Betrag (Euro)**	**Habenkonto** – SKR 03 (SKR 04)	
Sofortabschreibung GWG	4855 (6260)	120,00	Kasse	1000 (1600)
Abziehbare VoSt 19 %	1576 (1406)	22,80	Kasse	1000 (1600)

Buchung zum 31.12.2020 (Auflösung des Sammelpostens zu ¹⁄₅):

Sollkonto – SKR 03 (SKR 04)		**Betrag (Euro)**	**Habenkonto** – SKR 03 (SKR 04)	
Abschreibungen auf den Sammelposten	4862 (6264)	191,00	Wirtschaftsgüter (Sammelposten)	0485 (0675)

Handelsrechtliche Beurteilung
Der Sammelposten nach § 6 Abs. 2a EStG verstößt gegen die handelsrechtlichen Grundsätze der Einzelbewertung (§ 252 Abs. 1 Nr. 3 HGB) und der Vorsicht (§ 252 Abs. 1 Nr. 4 HGB). Der Hauptausschuss des Instituts der Wirtschaftsprüfer (IDW) ist jedoch der Ansicht, dass der **Sammelposten auch in die Handelsbilanz** übernommen werden kann, **wenn er von untergeordneter Bedeutung ist**. Für die Mehrzahl der Fälle dürfte diese Voraussetzung erfüllt sein.

Aufgabe 46 > Seite 271

7. Verkauf von Anlagegütern

7.1 Ermittlung des Veräußerungserfolgs

Der Verkauf eines Anlagegegenstandes kann mit Gewinn, mit Verlust oder erfolgsneutral erfolgen.

Der Veräußerungserfolg wird hierbei wie folgt ermittelt:

	Verkaufserlös, netto
-	Buchwert zum Zeitpunkt des Verkaufs (Restbuchwert)
=	**Gewinn oder Verlust**

Vorab muss jedoch der **Restbuchwert** des verkauften Gegenstands berechnet werden:

	Buchwert zu Beginn des Wirtschaftsjahres (in der Regel 01.01.)
-	zeitanteilige Abschreibung bis zum Zeitpunkt des Verkaufs
=	**Buchwert zum Zeitpunkt des Verkaufs (Restbuchwert)**

Die zeitanteilige Abschreibung im Jahr des Verkaufs kann taggenau oder monatsgenau berechnet werden. Bei der **monatsgenauen** Berechnung wird der **Monat des Anlagenabgangs** üblicherweise nicht mitgezählt. Die Abschreibung erfolgt also nur für volle Monate.

Beispiel

Der Unternehmer Friedhelm Kurz verkauft im Dezember 2020 einen zu seinem Betriebsvermögen gehörenden Pkw für 22.000 € + USt. Er hatte den Pkw im Januar 2020 für netto 25.560 € (AK) angeschafft. Die Abschreibung erfolgt linear, die Nutzungsdauer beträgt 6 Jahre.

- Abschreibung/Jahr: 25.560 € : 6 Jahre = **4.260 €**
- zeitanteilige Abschreibung 2020: 4.260 € : 12 Monate · 11 Monate = **3.905 €**
- Restbuchwert zum Verkaufszeitpunkt: 25.560 € - 3.905 € = **21.655 €**
- Ermittlung des Veräußerungserfolgs:

	22.000 € (Verkaufserlös, netto)
-	21.655 € (Restbuchwert Anlagenabgang)
=	**345 € (Buchgewinn)**

Aufgabe 47 > Seite 271

7.2 Buchung

MERKE

Bei der Erfassung des Verkaufs von Anlagegütern wird wie folgt vorgegangen:

1. Buchung der zeitanteiligen Abschreibung des Anlagegegenstands
2. Buchung des Anlagenabgangs („Ausbuchung" des Restbuchwerts)
3. Buchung des Verkaufserlöses (netto)
4. Buchung der Umsatzsteuer zu dem Verkaufserlös (sofern steuerpflichtig).

1. Buchung der zeitanteiligen Abschreibung
Die **zeitanteilige Abschreibung** bis zum Zeitpunkt des Anlageabgangs wird durch den folgenden Buchungssatz erfasst:

Sollkonto – SKR 03 (SKR 04)	**Betrag (Euro)**	**Habenkonto** – SKR 03 (SKR 04)
Abschreibungen auf Sachanlagen 4830 (6220) **[Aufwandskonto]**	Abschreibungs-betrag	Anlagenkonto **[aktives Bestandskonto]**

2. Buchung des Anlagenabgangs
Der **Anlagenabgang** ist – wie die Abschreibung – **Aufwand**. Der Restbuchwert wird deshalb im **Soll** auf dem **Aufwandskonto** „Anlagenabgänge Sachanlagen" erfasst.

Im Fall des Verkaufs mit Buch**gewinn** ist für den **Anlagenabgang** also der folgende Buchungssatz zu bilden:

Sollkonto – SKR 03 (SKR 04)	**Betrag (Euro)**	**Habenkonto** – SKR 03 (SKR 04)
Anlagenabgänge 2315 (4855) Sachanlagen (bei Buchgewinn) **[Aufwandskonto]**	Restbuchwert	Anlagenkonto **[aktives Bestandskonto]**

Im Fall des Verkaufs mit Buch**verlust** ist für den **Anlagenabgang** der folgende Buchungssatz zu bilden:

Sollkonto – SKR 03 (SKR 04)	**Betrag (Euro)**	**Habenkonto** – SKR 03 (SKR 04)
Anlagenabgänge 2310 (6895) Sachanlagen (bei Buchverlust) **[Aufwandskonto]**	Restbuchwert	Anlagenkonto **[aktives Bestandskonto]**

3. Buchung des Verkaufserlöses

Der **Verkaufserlös** ist – wie beim Verkauf von Waren – ein **Ertrag**. Der Erlös wird deshalb im **Haben** auf dem **Ertragskonto** „Erlöse aus Anlagenverkäufen“ erfasst.

Im Fall des Verkaufs mit Buch**gewinn** ist für den Nettoverkaufserlös der folgende Buchungssatz zu bilden:

Sollkonto – SKR 03 (SKR 04)	**Betrag (Euro)**	**Habenkonto** – SKR 03 (SKR 04)
Geldkonto oder Forderungskonto **[aktives Bestandskonto]**	Nettoerlös	Erlöse aus Verkäufen Sachanlagevermögen (bei Buchgewinn) 8829 (4849) **[Ertragskonto]**

Im Fall des Verkaufs mit Buch**verlust** ist für den Nettoverkaufserlös der folgende Buchungssatz zu bilden:

Sollkonto – SKR 03 (SKR 04)	**Betrag (Euro)**	**Habenkonto** – SKR 03 (SKR 04)
Geldkonto oder Forderungskonto **[aktives Bestandskonto]**	Nettoerlös	Erlöse aus Verkäufen Sachanlagevermögen (bei Buchverlust) 8800 (6889) **[Ertragskonto]**

In der **EDV-Buchführung** werden zur Erfassung des Verkaufserlöses spezielle Unterkonten mit Automatikfunktion (AM) zur Verfügung gestellt (siehe Kontenrahmen im Anhang).

Sofern der Erlös aus dem Anlagenverkauf **mit 19 % USt** zu besteuern ist, können beispielsweise die folgenden **Automatikkonten** für die **Habenbuchung** verwendet werden:

bei Buch**gewinn**	Erlöse aus Verkäufen Sachanlagevermögen 19 % USt (bei Buchgewinn)	8820 (4845)
bei Buch**verlust**	Erlöse aus Verkäufen Sachanlagevermögen 19 % USt (bei Buchverlust)	8801 (6885)

Weil es sich bei diesen Konten um Automatikkonten handelt, wird bei der Eingabe des Buchungssatzes in das EDV-Programm der **Bruttowert** (also einschließlich USt) im **Haben** erfasst. Das Programm rechnet die USt aus dem Bruttobetrag heraus und bucht sie automatisch auf dem Konto „Umsatzsteuer" im **Haben**.

In der **manuellen** Buchführung wird – auch bei Buchung auf einem Konto mit Automatikfunktion – der **Nettobetrag** erfasst, weil die Automatikfunktion dann keine Bedeutung hat. Die Umsatzsteuer muss ergänzend durch einen getrennten Buchungssatz erfasst werden (siehe nachfolgender Gliederungspunkt).

4. Buchung der Umsatzsteuer

Wenn der Anlagenverkauf der Umsatzsteuer unterliegt (was der Normalfall ist), dann ist die Umsatzsteuer in der manuellen Buchführung durch den folgenden Buchungssatz zu erfassen:

Sollkonto – SKR 03 (SKR 04)	**Betrag (Euro)**	**Habenkonto** – SKR 03 (SKR 04)	
Geldkonto oder Forderungskonto	USt	Umsatzsteuer 19 %	1776 (3806)

Beispiel

Der Unternehmer Dietmar Fölbach verkauft im Juni eine seiner Maschinen für 20.000 € + 3.800 € USt gegen Bankscheck. Die verkaufte Maschine hatte zum 01.01. einen Buchwert von 18.000 €. Die zeitanteilige Abschreibung für die Zeit vom 01.01. bis zum Zeitpunkt des Verkaufs beträgt 5.000 €.

Buchungen:

	Sollkonto – SKR 03 (SKR 04)		**Betrag (Euro)**	**Habenkonto** – SKR 03 (SKR 04)	
1	Abschreibungen auf Sachanlagen	4830 (6220)	5.000,00	Maschinen	0210 (0440)
2	Anlagenabgang Sachanlagen (bei Buchgewinn)	2315 (4855)	13.000,00	Maschinen	0210 (0440)
3	Bank	1200 (1800)	20.000,00	Erlöse aus Verkäufen Sachanl. 19 % USt (bei Buchgewinn)	8820 (4845)
4	Bank	1200 (1800)	3.800,00	Umsatzsteuer 19 %	1776 (3806)

Aufgabe 48 > Seite 271

Die hier dargestellte Vorgehensweise bei der Erfassung von Anlagenverkäufen wird als **Bruttomethode** bezeichnet, weil die Verkaufserlöse (= Erträge) getrennt von den Restbuchwerten der Anlagenabgänge (= Aufwendungen) – also unsaldiert – erfasst werden.

Bei der **Nettomethode** wird der aus dem einzelnen Anlagenverkauf erzielte Nettoerlös mit dem Restbuchwert des Anlagenabgangs saldiert und nur der Saldo hieraus (Buchgewinn oder Buchverlust) in der Buchführung erfasst. Sie hat den Nachteil, dass weder der Wert des Anlagenabgangs noch der erzielte Verkaufserlös im Nachhinein aus der Buchführung ersichtlich ist. Problematisch ist hierbei insbesondere die Missachtung von § 22 UStG, der fordert, dass alle Bemessungsgrundlagen (= Nettobeträge) aufgezeichnet und damit ausgewiesen werden müssen.

Aus den vorgenannten Gründen werden Anlagenverkäufe hier nur nach der Bruttomethode gebucht.

Für den Jahresabschluss sind die Konten

- **Erlöse aus Verkäufen Sachanlagevermögen** (= Ertragskonten) und
- **Anlagenabgänge Sachanlagen** (= Aufwandskonten)

zu saldieren.

Der Saldo wird dann entweder bei den **„sonstigen betrieblichen Erträgen“** (positiver Saldo = Buchgewinn) oder den **„sonstigen betrieblichen Aufwendungen“** (negativer Saldo = Buchverlust) ausgewiesen.

8. Inzahlunggabe von Anlagegütern

Beim Erwerb von neuen Anlagegütern werden oftmals gebrauchte Gegenstände in Zahlung gegeben.

Beispiel

Friedhelm Kurz kauft für sein Unternehmen ein neues Fotokopiergerät und gibt hierbei ein gebrauchtes Gerät in Zahlung.

Von dem Händler erhält er die folgende Rechnung:

	Kopierer XY neu		5.000 €
+	19 % USt		950 €
			5.950 €
	Inzahlungnahme Kopierer Z, gebraucht	500 €	
+	19 % USt	95 €	- 595 €
	zu zahlen		**5.355 €**

Die Inzahlunggabe ist aus der Sicht desjenigen, der den Gegenstand in Zahlung gibt, ein **Anlagenverkauf** unter **Verrechnung des Verkaufserlöses** mit dem Kaufpreis des neuen Gegenstandes.

Zum Zweck der Übersichtlichkeit ist es sinnvoll, die **Verrechnung** über ein **Verbindlichkeitskonto** durchzuführen.

Beispiel

Fall wie im Beispiel zuvor. Zum 01.01. hat der Buchwert des gebrauchten Kopierers 600 € betragen. Die zeitanteilige Abschreibung im Jahr der Inzahlunggabe beträgt 400 €. Die Bezahlung erfolgt durch Banküberweisung im Folgemonat.

Buchungen:

1. Zugang Kopierer neu

	Sollkonto – SKR 03 (SKR 04)		**Betrag (Euro)**	**Habenkonto** – SKR 03 (SKR 04)	
1	Büroeinrichtung	0420 (0650)	5.000,00	Verbindl. a LuL	1600 (3300)
2	Vorsteuer 19 %	1576 (1406)	950,00	Verbindl. a LuL	1600 (3300)

2. Abschreibung und Anlagenabgang Kopierer alt

	Sollkonto – SKR 03 (SKR 04)		**Betrag (Euro)**	**Habenkonto** – SKR 03 (SKR 04)	
3	Abschreibungen auf Sachanlagen	4830 (6220)	400,00	Büroeinrichtung	0420 (0650)
4	Anlagenabgang Sachanlagen (bei Buchgewinn)	2315 (4855)	200,00	Büroeinrichtung	0420 (0650)

3. Inzahlunggabe Kopierer alt

	Sollkonto – SKR 03 (SKR 04)		**Betrag (Euro)**	**Habenkonto** – SKR 03 (SKR 04)	
5	Verbindl. a LuL	1600 (3300)	500,00	Erlöse aus Verkäufen Sachanlagen (bei Buchgewinn)	8820 (4845)
6	Verbindl. a LuL	1600 (3300)	95,00	Umsatzsteuer 19 %	1776 (3806)

4. Bezahlung Kopierer neu abzüglich Inzahlunggabe Kopierer alt

	Sollkonto – SKR 03 (SKR 04)		**Betrag (Euro)**	**Habenkonto** – SKR 03 (SKR 04)	
7	Verbindl. a LuL	1600 (3300)	5.355,00	Bank	1200 (1800)

Aufgabe 49 > Seite 272

J. Darlehen und Schuldzinsen

1. Aufnahme von Darlehen

Zur Finanzierung des Unternehmens kann **Eigen-** oder **Fremdkapital** eingesetzt werden.

Die **Finanzierung mit Fremdkapital** erfolgt i. d. R. durch die **Aufnahme von Darlehen** bei Banken. Ein Darlehen wird beispielsweise zur Finanzierung eines besonderen Vorgangs, z. B. für eine Sachanlagenanschaffung, aufgenommen.

Das **Bankdarlehen** ist ein Geldkredit. Die Bank stellt dem Unternehmer auf der Basis eines Darlehensvertrages einen bestimmten Geldbetrag für eine bestimmte Zeit zur Verfügung. Der Unternehmer muss den geliehenen Geldbetrag in der vereinbarten Zeit zurückzahlen und für die Gewährung des Darlehens an die Bank Zinsen bezahlen (vgl. § 488 Abs. 1 BGB).

Beispiel

Der Unternehmer Kurz nimmt zur Finanzierung eines Sachanlagenkaufs bei seiner Bank ein Darlehen in Höhe von 4.000 € auf. Die Laufzeit beträgt vereinbarungsgemäß 4 Jahre, die Verzinsung 5 % p. a. (per annum = pro Jahr).

Nach dem Darlehensvertrag muss Herr Kurz den geliehenen Geldbetrag in 4 Raten à 1.000 €, zahlbar jeweils nach Ablauf eines Darlehensjahres, an die Bank zurückzahlen. Zusätzlich muss er zusammen mit den Raten 5 % Zinsen auf den geliehenen Betrag an die Bank entrichten.

Die **Aufnahme eines Geldkredits** hat aus der Sicht des Darlehensnehmers die folgenden Auswirkungen:

- **Zunahme der Geldmittel** (durch die Auszahlung des Darlehensbetrages an ihn) und
- **Zunahme der Verbindlichkeiten** (durch die Rückzahlungsverpflichtung gegenüber der Bank).

Die Darlehensaufnahme ist i. d. R. also eine **Aktiv-Passiv-Mehrung** (vgl. S. 44).

Beispiel

Fall wie in dem Beispiel zuvor. Der Darlehensbetrag wird auf dem Girokonto von Herrn Kurz gutgeschrieben.

Buchung bei Herrn Kurz:

Sollkonto – SKR 03 (SKR 04)	**Betrag (Euro)**	**Habenkonto** – SKR 03 (SKR 04)
Bank 1200 (1800)	4.000,00	Verbindlichkeiten gegenüber Kreditinstituten 0630 (3150)

Große und mittelgroße Kapitalgesellschaften müssen ihre **Verbindlichkeiten gegenüber Kreditinstituten** in der Bilanz **gesondert** ausweisen (vgl. § 266 Abs. 2 HGB). Aber auch kleine Kapitalgesellschaften, Personengesellschaften und Einzelunternehmer nehmen diesen gesonderten Ausweis i. d. R. vor.

Die DATEV-Kontenrahmen SKR 03 und SKR 04 stellen u. a. die folgenden Konten zur Verfügung:

- **Verbindlichkeiten gegenüber Kreditinstituten (Oberkonto)** **0630 (3150)**
- Verbindlichkeiten gegenüber Kreditinstituten Restlaufzeit bis 1 Jahr **0631 (3151)**
- Verbindlichkeiten gegenüber Kreditinstituten Restlaufzeit 1 bis 5 Jahre **0640 (3160)**
- Verbindlichkeiten gegenüber Kreditinstituten Restlaufzeit größer 5 Jahre **0650 (3170)**

Die speziellen Konten mit den Restlaufzeiten betreffen insbesondere mittelgroße und große Kapitalgesellschaften, die verpflichtet sind, im Jahresabschluss (z. B. im Anhang) **Restlaufzeiten zu den Verbindlichkeiten** anzugeben (vgl. § 268 Abs. 5 und § 285 Nrn. 1 und 2 HGB). Einzelunternehmen und Personengesellschaften ohne Haftungsbeschränkung haben diese Verpflichtung nicht.

2. Rückzahlung von Darlehen

Die Rückzahlung von Darlehen kann auf verschiedene Weise erfolgen (z. B. Rückzahlung in einem Betrag zu einem bestimmten Termin oder mit gleichbleibenden oder veränderlichen Raten).

In der Buchführung wirkt sich die Rückzahlung (Tilgung) als **„Umkehrung der Darlehensaufnahme"** aus, also durch die **Verminderung der Verbindlichkeit**. Sie wird auf dem Verbindlichkeitenkonto im Soll erfasst, weil die Verminderung eines passiven Bestandskontos im **Soll** gebucht wird. Die Gegenbuchung erfolgt auf dem Zahlungskonto im **Haben**.

Beispiel

Fall wie in dem Beispiel zuvor. Herr Kurz bezahlt die erste Tilgungsrate in Höhe von 1.000 € durch Banküberweisung.

Buchung bei Herrn Kurz:

Sollkonto – SKR 03 (SKR 04)		**Betrag (Euro)**	**Habenkonto** – SKR 03 (SKR 04)	
Verbindlichkeiten gegenüber Kreditinstituten	0630 (3150)	1.000,00	Bank	1200 (1800)

Bei so genannten **Annuitätendarlehen** werden jährlich, vierteljährlich oder monatlich **gleich hohe Zahlungen** (Annuität) an die Bank geleistet. Die Annuität enthält einen Tilgungs- und einen Zinsanteil. Durch die Verringerung des Darlehensbetrags mit jeder Zahlung verringert sich kontinuierlich der Zinsanteil. In Höhe der Verringerung des Zinsanteils erhöht sich kontinuierlich der Tilgungsanteil.

Bei der Buchung der Zahlungen muss bekannt sein, wie hoch der Zinsanteil in dem jeweiligen Zahlungsbetrag ist, damit die **Zinsen getrennt von den Tilgungen** erfasst werden können. Die Aufteilung der einzelnen Zahlungen in den Zins- und Tilgungsanteil ist i. d. R. von der jeweiligen Bank erhältlich. In vielen Fällen erfolgt diese Aufteilung bereits im Buchungstext auf dem Kontoauszug bei der Abbuchung der Zahlung durch die Bank.

3. Darlehenszinsen

3.1 Berechnung

Zinsen sind der **Preis** für die **Überlassung von Kapital**. Für einen erhaltenen Kredit (ein Darlehen) muss der Darlehensnehmer (Schuldner) dem Darlehensgeber (Gläubiger) deshalb neben der Rückzahlung des Kredits i. d. R. Zinsen bezahlen. Je nach der Vereinbarung im Darlehensvertrag sind die Zinsen monatlich, vierteljährlich, jährlich oder in einem anderen Rhythmus zu bezahlen.

In die Berechnung von **Zinsen (Z)** fließen die folgenden Größen ein:

- Kapital (K)
- Zinssatz (p)
- Zeit (t).

Die **Grundformel der Zinsrechnung** für die Ermittlung von **Jahreszinsen** lautet:

$$Z = K \cdot p\,\%$$

Beispiel

Der Unternehmer Fritz Müller hat zur Finanzierung einer betrieblichen Investition bei der Sparkasse Koblenz ein Darlehen in Höhe von 20.000 € aufgenommen. Das Darlehen ist nach einer Laufzeit von drei Jahren in einem Betrag zurückzuzahlen. Der vereinbarte Zinssatz beträgt 5 % p. a. (per annum = pro Jahr). Die Zinsen sind jeweils nach Ablauf eines Darlehensjahres an die Sparkasse zu bezahlen.

Die von Fritz Müller jährlich zu bezahlenden Zinsen betragen:
Z = 20.000 € · 5 % = **1.000 €**.

Wenn der Zinszeitraum kein volles Jahr umfasst, ist eine zeitanteilige (**taggenaue**) Berechnung erforderlich. Dies ist beispielsweise der Fall, wenn Zinsen monatlich oder vierteljährlich zu bezahlen sind oder wenn die Zinsabrechnung jeweils zu einem bestimmten Zeitpunkt (z. B. zum 31.12.) erfolgt und der davor liegende Zinszeitraum weniger als ein Jahr beträgt.

Zeitanteilige Zinsen sind mithilfe der oben aufgeführten Formel unter Einbeziehung der Zeit (t) zu berechnen. Die zu berücksichtigende Zeit wird hierbei in Kalendertagen gemessen (t = Anzahl der zu berücksichtigenden Kalendertage).

Die in der Praxis immer noch übliche **„kaufmännische Zinsrechnung"** geht bei der Berechnung vereinfachend davon aus, dass

- ein ganzes **Kalenderjahr 360 Tage** und
- ein ganzer **Kalendermonat 30 Tage**

hat. Es kommt also nicht darauf an, wie viele Kalendertage die zu berücksichtigenden vollen Kalendermonate tatsächlich haben.

Eine **Ausnahme** von dieser Regel liegt nur dann vor, wenn das Ende des Zinszeitraums **„Ende Februar"** lautet. In diesem Fall wird der Februar mit 28 Tagen bzw. im Schaltjahr mit 29 Tagen berücksichtigt. Ansonsten wird auch der Februar mit 30 Tagen gerechnet.

Die **Formel** zur Berechnung von **Tageszinsen** lautet bei der **kaufmännischen Zinsrechnung** somit:

$$Z = \frac{K \cdot p\,\% \cdot t}{360}$$

Bei der kaufmännischen Zinsrechnung gilt weiterhin die Regel, dass der „erste Tag" des Zinszeitraums, also der **Tag der Darlehensaufnahme**, bei der Zinsberechnung **unberücksichtigt** bleibt. Der Zinszeitraum **beginnt** also am Tag **nach** dem Tag der Darlehensaufnahme um 0:00 Uhr und **endet** am **letzten Tag des Zinszeitraums** um 24:00 Uhr.

Beispiel

Die Unternehmerin Natalie Kurz hat zur Finanzierung einer betrieblichen Investition am 25.11.2020 bei der Volksbank Koblenz Mittelrhein eG ein Darlehen in Höhe von 10.000 € aufgenommen. Das Darlehen hat eine Laufzeit von vier Jahren und ist in vier gleichen Teilbeträgen nach jeweils einem Jahr Laufzeit zu tilgen. Der vereinbarte Zinssatz beträgt 3,5 % p. a. (per annum = pro Jahr). Die Zinsen sind jeweils nach Ablauf eines Kalenderquartals für das abgelaufene Quartal an die Sparkasse zu bezahlen.

Die zum 31.12.2020 für das 4. Kalenderquartal 2020 fälligen Zinsen betragen somit:

Z = 10.000 € · 3,5 % : 360 Tage · 35 Tage = **34,03 €**

26.11. bis 30.11. = 5 Zinstage im November + 30 Zinstage im Dezember (voller Monat)
→ zus. = 35 Tage

Neben der **kaufmännischen Zinsrechnung**, die auch als **„deutsche Methode"** bezeichnet wird (vgl. *Kotz*, S. 294), finden in der Praxis außerdem die „Eurozinsmethode" und die „englische Methode" Anwendung.

Eurozinsmethode („Französische Methode")

- Das volle **Zinsjahr** wird mit **360 Tagen** gerechnet.
- Der **Zinsmonat** wird **kalendergenau** berücksichtigt (also der Januar mit 31 Tagen, der Februar mit 28 oder 29 Tagen, der März mit 31 Tagen usw.).
- Der **„erste Tag"** zählt **nicht** mit.
- Formel:

$$Z = \frac{K \cdot p\,\% \cdot t}{360}$$

t = Anzahl der zu berücksichtigenden **tatsächlichen** Kalendertage des Zinszeitraums

Wird die Eurozinsmethode bei dem Beispiel zuvor angewendet, dann beträgt das Ergebnis:

Z = 10.000 € · 3,5 % : 360 Tage · 36 Tage = **35 €**
(der Dezember wird mit 31 Tagen berücksichtigt).

Die „Eurozinsmethode" wird am Euromarkt für fast alle Währungen angewandt.

Englische Methode

- Das volle **Zinsjahr** wird mit **365 Tagen** gerechnet (auch bei Schaltjahren).
- Der **Zinsmonat** wird **kalendergenau** berücksichtigt.
- Der **„erste Tag"** zählt **nicht** mit.
- Formel:

$$Z = \frac{K \cdot p\,\% \cdot t}{365}$$

t = Anzahl der zu berücksichtigenden **tatsächlichen** Kalendertage des Zinszeitraums

Wird die englische Methode bei dem Beispiel zuvor angewendet, dann beträgt das Ergebnis:

Z = 10.000,00 € · 3,5 % : 365 Tage · 36 Tage = **34,52 €**

Die „Englische Methode" wird in Deutschland z. B. bei Geldmarktpapieren angewandt.

3.2 Buchung

Zu dem Zeitpunkt, zu dem die Zinsen dem Darlehensgeber geschuldet werden, entsteht eine **sonstige Verbindlichkeit** neben der Darlehensverbindlichkeit. Sofern diese zum Bilanzstichtag noch besteht, ist sie in der Bilanz unter den sonstigen Verbindlichkeiten auszuweisen. In der laufenden Buchführung werden Zinsen i. d. R. dann erfasst, wenn sie an die Bank bezahlt werden.

Zinsen sind **Aufwendungen**, die – sofern die Zahlung zum Fälligkeitszeitpunkt erfolgt – durch den folgenden Buchungssatz erfasst werden:

Sollkonto – SKR 03 (SKR 04)	**Betrag (Euro)**	**Habenkonto** – SKR 03 (SKR 04)
Zinsen und ähnliche Aufwendungen 2100 (7300)	Zinsbetrag	Zahlungskonto, z. B. 1200 (1800)

Die DATEV-Kontenrahmen SKR 03 und SKR 04 stellen vielzählige **Unterkonten** zu diesem Aufwandskonto für spezielle Darlehensarten zur Verfügung.

Es ist jedoch zweckmäßig, die folgende Unterscheidung zu beachten:

- Zinsen für **kurzfristige** Verbindlichkeiten werden auf dem Unterkonto „Zinsaufwendungen für kurzfristige Verbindlichkeiten **2110 (7310)**"

  und

- Zinsen für **langfristige** Verbindlichkeiten werden auf dem Unterkonto „Zinsaufwendungen für langfristige Verbindlichkeiten **2120 (7320)**"

erfasst.

Beispiel

Der Unternehmer Niklas Mohr hat zur Finanzierung eines betrieblichen Pkw bei der Volksbank Mittelrhein eG ein Annuitätendarlehen in Höhe von 15.000 € aufgenommen, das eine Laufzeit von 60 Monaten hat und mit 4 % p. a. verzinst wird. Im Juni 2020 bucht die Volksbank die monatliche „Rate" (Annuität) in Höhe von 300 € von Herrn Mohrs Girokonto ab. Der Zinsanteil in dieser Rate beträgt 38,43 €. Der Tilgungsanteil beträgt somit 261,57 € (300,00 € - 38,43 €).

Das Darlehen wurde bereits auf dem Konto „Verbindlichkeiten gegenüber Kreditinstituten 0630 (3150)" im Haben erfasst.

Buchung der Annuität bei Herrn Mohr:

Sollkonto – SKR 03 (SKR 04)		**Betrag (Euro)**	**Habenkonto** – SKR 03 (SKR 04)	
Zinsaufwendungen für langfristige Verbindlichkeiten	2120 (7320)	38,43	Bank	1200 (1800)
Verbindlichkeiten gegenüber Kreditinstituten	0630 (3150)	261,57	Bank	1200 (1800)

Aufgabe 50 > Seite 273

4. Damnum

Es gibt Darlehen, bei denen der **Auszahlungsbetrag niedriger als der Rückzahlungsbetrag** ist. Die **Differenz** zwischen der Auszahlung und der Rückzahlung wird als **„Damnum“** oder **„Disagio“** (= Abgeld) bezeichnet.

Beispiel

Der Unternehmer Kurz nimmt zur Finanzierung eines Sachanlagenkaufs bei seiner Bank ein Darlehen in Höhe von 40.000 € auf. Nach dem Darlehensvertrag erhält Herr Kurz eine Auszahlung in Höhe von 98 %, also 39.200 €. Er muss aber 40.000 € an die Bank zurückzahlen.

Der Differenzbetrag von 800 € (2 % von 40.000 €) ist das Damnum.

Ein Damnum wird i. d. R. bei der **Vereinbarung eines feststehenden Zinssatzes** über einen bestimmten Zeitraum (z. B. Zinssatz 3 % p. a. gleichbleibend über einen Zeitraum von fünf Jahren) **beim Abschluss des Darlehensvertrages** festgelegt.

Weil das Damnum eine Art Prämie für die Zinsfestschreibung ist, hat es den Charakter von **vorausbezahlten Zinsen**. Es könnte somit direkt als **Zinsaufwand** erfasst werden (was nach § 250 Abs. 3 HGB in der handelsrechtlichen Buchführung zulässig ist).

Das **Steuerrecht** lässt diese Vorgehensweise in der Buchführung jedoch **nicht** zu. Es schreibt vor, dass diese Aufwendungen über die Laufzeit des Darlehens zu verteilen sind (vgl. H.6.10 (Damnum) EStH). Sachgerechter ist jedoch eine Verteilung auf die Dauer der Zinsbindung!

Aus diesem Grund wird das Damnum in der Praxis bei der Darlehensaufnahme i. d. R. **aktiviert**. Es wird auf dem **aktiven Bestandskonto** „Damnum/Disagio **0986 (1940)**“ im **Soll** erfasst.

Die Gegenbuchung erfolgt – wenn das Damnum vom Darlehensbetrag einbehalten wird – auf der **Habenseite** des **Darlehenskontos**, weil das Damnum auch zum Rückzahlungsbetrag des Darlehens gehört und Verbindlichkeiten mit ihrem **Rückzahlungsbetrag** anzusetzen sind (vgl. § 253 Abs. 1 HGB).

Die **Buchung** des Damnums erfolgt i. d. R. also durch folgenden Buchungssatz:

Sollkonto – SKR 03 (SKR 04)	**Betrag (Euro)**	**Habenkonto** – SKR 03 (SKR 04)
Damnum/Disagio 0986 (1940)	Damnum	Darlehenskonto, z. B. 0630 (3150)

Beispiel

Fall wie in dem Beispiel zuvor (Darlehensaufnahme in Höhe von 40.000 € unter Abzug eines Damnums von 2 % bei der Darlehensauszahlung).

Buchung der Darlehensauszahlung:

Sollkonto – SKR 03 (SKR 04)	**Betrag (Euro)**	**Habenkonto** – SKR 03 (SKR 04)
Bank 1200 (1800)	39.200,00	Verbindlichkeiten gegenüber Kreditinstituten 0630 (3150)
Damnum/Disagio 0986 (1940)	800,00	Verbindlichkeiten gegenüber Kreditinstituten 0630 (3150)

S	Bank	H
39.200,00		

S	Damnum/Disagio	H
800,00		

S	Verbindlichkeiten gegenüber Kreditinstituten	H
		39.200,00
		800,00
		40.000,00

Die Verteilung des Damnums auf die Jahre der Zinsbindung (= **Abschreibung des Damnums**) kann **linear**, arithmetisch-degressiv (**digital**) oder im Verhältnis der im Abrechnungszeitraum gezahlten Zinsen zum Gesamtzinsaufwand (also **proportional** zum Zinsaufwand) erfolgen.

Die sachgerechte Abschreibung hängt von der Art der Darlehensrückzahlung ab. Weil die Art der Abschreibung beim Damnum nicht gesetzlich vorgegeben ist und die **lineare** Abschreibung **in der Praxis am häufigsten** Anwendung findet, wird nachfolgend nur diese Art der Verteilung dargestellt.

Lineare Abschreibung bedeutet **gleichmäßige** Verteilung über einen bestimmten Zeitraum (hier: den Zeitraum der Zinsbindung). Im Jahr der Darlehensaufnahme und im letzten Jahr der Zinsbindung wird **zeitanteilig** (taggenau) gerechnet.

Beispiel

Die Unternehmerin Christina Diehl nimmt am 15.06.2020 zur Finanzierung einer betrieblichen Investition ein Darlehen in Höhe von 50.000 € auf, das in 4 Raten à 12.500 €, jeweils zahlbar zum 15.06., zu tilgen ist (Laufzeit = 4 Jahre).

Im Darlehensvertrag wird eine Zinsbindung von 4 % p. a. für die gesamte Laufzeit vereinbart. Hierfür muss Frau Diehl ein Damnum von 2 % des Darlehensbetrages an die Bank bezahlen. Frau Diehl erhält deshalb nur 98 % der Darlehenssumme ausgezahlt.

Das Damnum in Höhe von 1.000 € (2 % von 50.000 €) wird aktiviert und über die Dauer der Zinsbindung (4 Jahre) linear verteilt. Hier wird nach der kaufmännischen Zinsrechnung gerechnet (1 Jahr = 360 Tage, 1 Monat = 30 Tage).

Abschreibungsverlauf:

Jahr	Aufteilung	Euro
2020	1.000 € : 4 Jahre = 250 € 250 € : 360 Tage · 195 Tage (16.06. bis 30.12.) =	135,42
2021	1.000 € : 4 Jahre = 250 €	250,00
2022	1.000 € : 4 Jahre = 250 €	250,00
2023	1.000 € : 4 Jahre = 250 €	250,00
2024	1.000 € : 4 Jahre = 250 € 250 € : 360 Tage · 165 Tage (01.01. bis 15.06.) =	114,58
	Summe	**1.000,00**

Der Anteil des Damnums, der auf das jeweilige Kalenderjahr entfällt, wird als **Zinsaufwand** erfasst.

Die zeitanteilige **Auflösung des Disagios** wird durch den folgenden **Buchungssatz** erfasst:

Sollkonto – SKR 03 (SKR 04)	**Betrag (Euro)**	**Habenkonto** – SKR 03 (SKR 04)
Abschreibungen auf Disagio/Damnum zur Finanzierung bzw. 2123 (7323)	Auflösungsbetrag	Damnum/Disagio 0986 (1940)
Abschreibungen auf Disagio/Damnum zur Finanzierung des AV 2124 (7324)	Auflösungsbetrag	Damnum/Disagio 0986 (1940)

Die Konten „2123 (7323)" und „2124 (7324)" werden über das Oberkonto „**Zinsaufwendungen für langfristige Verbindlichkeiten** 2120 (7320)" abgeschlossen, weil der Auflösungsbetrag vom Charakter her **Zinsaufwand** darstellt.

Beispiel

Fall wie im Beispiel zuvor. Das Darlehen wird am 15.06.2020 auf das Girokonto von Frau Diehl ausgezahlt. Die Darlehenszinsen werden am 31.12. von ihrem Girokonto abgebucht.

Für 2020 sind dann die folgenden Buchungen vorzunehmen:

- **15.06.:**

Sollkonto – SKR 03 (SKR 04)	**Betrag (Euro)**	**Habenkonto** – SKR 03 (SKR 04)
Bank 1200 (1800)	49.000,00	Verbindlichkeiten gegenüber Kreditinstituten 0630 (3150)
Damnum/Disagio 0986 (1940)	1.000,00	Verbindlichkeiten gegenüber Kreditinstituten 0630 (3150)

- **31.12.:**

Sollkonto – SKR 03 (SKR 04)	**Betrag (Euro)**	**Habenkonto** – SKR 03 (SKR 04)
Zinsaufwendungen 2120 (7320)	1.083,34	Bank 1200 (1800)
Abschreibungen auf Disagio/Damnum zur Finanzierung 2123 (7323)	135,42	Damnum/Disagio 0986 (1940)

Zinsen 2020:

50.000 € · 4 % = 2.000 €

2.000 € : 360 Tage · 195 Tage = **1.083,34 €**

Abschreibung Damnum 2020:

1.000 € : 4 Jahre = 250€

250 € : 360 Tage · 195 Tage = **135,42 €**

Aufgabe 51 > Seite 273
Aufgabe 52 > Seite 274

Auf die Berücksichtigung der Umsatzsteuer-Absenkung von 19 % auf 16 % und von 7 % auf 5 % für den Zeitraum vom 01.07. bis zum 31.12.2020 wurde bewusst verzichtet, da es sich nur um eine temporäre Regelung handelt, die zum 01.01.2021 ihre Gültigkeit verliert.

Aufgaben, die zeitlich in diesen „Absenkungszeitraum" fallen, sind deshalb mit den zum 30.06.2020 geltenden Umsatzsteuersätzen von 19 % bzw. 7 % zu lösen.

Aufgabe 1:

Entscheiden Sie, ob die folgenden Personen **buchführungspflichtig** sind **oder nicht**. Begründen Sie Ihre Antworten jeweils kurz und geben Sie die zutreffende(n) Gesetzesgrundlage(n) mit an!

1. Carina Hofmann betreibt in Montabaur ein Großhandelsunternehmen für Dachdeckerbedarf. Sie beschäftigt insgesamt 15 Arbeitnehmerinnen und Arbeitnehmer, von denen 2 für die eigene kaufmännische Organisation zuständig sind. Der Umsatz des Unternehmens beträgt jährlich rund 1 Mio. €.
2. Dietmar Fölbach betreibt in Koblenz eine Druckerei. Er beschäftigt einen Offsetdrucker sowie eine Aushilfskraft für die Weiterverarbeitung der Druckerzeugnisse. Sein Jahresumsatz beträgt rund 300.000 €, sein Gewinn rund 65.000 € im Wirtschaftsjahr.
3. Simone Kleinert ist selbstständige Tierärztin. Sie betreibt in Koblenz eine Praxis, mit der sie jährlich einen Umsatz von rund 400.000 € und einen Gewinn von rund 65.000 € erzielt. Sie beschäftigt eine angestellte Tierärztin und zwei weitere Arbeitnehmerinnen ganztags, von denen eine ausschließlich kaufmännische Arbeiten (Abrechnungen, Zahlungsverkehr, Buchhaltung usw.) erledigt.

Lösung s. Seite 277

Aufgabe 2:

Peter Sailer ist selbstständiger Handelsvertreter für Baumaschinen. Er ist buchführungspflichtig nach §§ 238 HGB und 140 AO. Die Erstellung einer Buchführung findet er überflüssig. Er zeichnet deshalb nur seine Betriebseinnahmen und Betriebsausgaben auf (keine Buchführung). Die Aufzeichnungen sind außerdem lückenhaft.

Geben Sie Auskunft darüber, welche **Sanktionen** in diesem Fall möglich sind. Begründen Sie Ihre Antwort und geben Sie die zutreffende(n) Gesetzesgrundlage(n) mit an!

Lösung s. Seite 277

Aufgabe 3:

Fritz Bleibtreu ist Buchhalter des Einzelunternehmens „Druck & Text Rainer Müller e. K."

Prüfen Sie, ob bei den folgenden Vorgängen, die Grundsätze ordnungsmäßiger Buchführung eingehalten wurden oder ob ggf. Verstöße gegen einzelne Grundsätze vorliegen.

Begründen Sie Ihre Antworten jeweils kurz.

1. Herr Bleibtreu verwendet bei der Buchung der Geschäftsvorfälle viele Abkürzungen, wie z. B. „Ba" für „Bank" oder „K" für „Kasse". Er verwendet diese Abkürzungen einheitlich, und er hat alle Abkürzungen in einer Liste erfasst und erläutert (Abkürzungsverzeichnis).
2. Sachverhalt wie zuvor, jedoch mit dem Unterschied, dass Herr Bleibtreu die Abkürzungen nicht einheitlich verwendet (z. B. „Ba" bedeutet einmal „Bank", an anderer Stelle jedoch „Barzahlung" oder „Büroausstattung").
3. Die Aufzeichnung der Kasseneinnahmen und -ausgaben nimmt Herr Bleibtreu jeweils am Monatsende für den abgelaufenen Monat nach den vorliegenden Belegen vor. Er schreibt diese mit Bleistift in ein Kassenbuch, damit er, wenn er sich verschrieben hat, die Eintragung wegradieren und neu eintragen kann.
4. Damit der Kassenbestand keine Negativbeträge aufweist, erfasst Herr Bleibtreu in regelmäßigen Abständen Privateinlagen des Firmeninhabers Rainer Müller. Ob diese jeweils stattgefunden haben, ist nicht nachzuvollziehen (keine Belege).
5. Herr Müller hatte seinem Geschäftsfreund Schröder für 5.000 € Ware geliefert. Die Forderung soll später mit einer Lieferung von Herrn Schröder an Herrn Müller verrechnet werden. Weil sich die Forderung und die Verbindlichkeit aus den Lieferungen dann gegenseitig ausgleichen werden, erfasst Herr Bleibtreu diese Vorgänge nicht.

Lösung s. Seite 278

Aufgabe 4:

Der buchführungspflichtige Gewerbetreibende Friedolin Kurz sichtet die von ihm archivierten Unterlagen. Er möchte wissen, bis wann er die nachfolgend aufgeführten Schriftstücke aufbewahren muss. Nennen Sie zu jeder Textziffer das Beginn- und Enddatum der Aufbewahrungsfrist.

1. Buchungsbelege des Kalenderjahres 2015.
2. Geschäftskorrespondenz (Briefe, Telefaxe etc.) des Monats März 2016.
3. Eröffnungsbilanz des Kalenderjahres 2010, aufgestellt am 20.03.2010.
4. Ausgangsrechnungen des Monats Oktober 2013.
5. Jahresabschluss zum 31.12.2016, aufgestellt am 15.04.2017.

Lösung s. Seite 279

Aufgabe 5:

Der buchführungspflichtige Gewerbetreibende Friedhelm Kurz, der in Neuwied ein Großhandelsunternehmen für den Bürofachhandel betreibt, entscheidet sich aus betriebsorganisatorischen Gründen für die zeitverschobene Inventur. Bilanzstichtag ist der 31.12.

Ermitteln Sie für die folgenden Fallvarianten den **Wert des Warenbestandes zum Bilanzstichtag**.

Fallvariante 1:
Die körperliche Bestandsaufnahme erfolgt am 15.11. Für die Ware A liegen die folgenden Daten vor:

Bestand am 15.11.	234 Stück · 55 €
Wareneinkauf 16.11. - 31.12.	300 Stück · 55 €
Warenabgang 16.11. - 31.12.	355 Stück · 55 €

Fallvariante 2:
Die körperliche Bestandsaufnahme erfolgt am 31.1. Für die Ware B liegen die folgenden Daten vor:

Bestand am 31.1.	157 Stück · 36,10 €
Wareneinkauf 01.01. - 31.1.	250 Stück · 36,10 €
Warenabgang 01.01. - 31.1.	188 Stück · 36,10 €

Lösung s. Seite 279

Aufgabe 6:

Der buchführungspflichtige Gewerbetreibende Michael Schoor betreibt in Köln das Fahrradgeschäft „FahrRad e. K.". Er hat durch Inventur am 31.12.20.. folgende Bestände ermittelt:

	Euro
► Guthaben bei der Postbank (Girokonto)	5.628
► Schulden bei der Sparkasse Köln auf dem Girokonto	2.355
► Darlehensschuld bei der Volksbank Köln	85.300
► Schulden gegenüber Lieferanten lt. Verzeichnis 6	34.335
► Forderungen gegenüber Kunden lt. Verzeichnis 5	14.680
► Fahrräder und Roller lt. Verzeichnis 2	76.897
► Fahrradbekleidung lt. Verzeichnis 4	13.463
► 1 Pkw VW Passat	18.500
► 1 Ladeneinrichtung	22.350
► Sonstige Betriebs- und Geschäftsausstattung lt. Verzeichnis 1	15.112
► Kassenbestand	535
► Fahrradzubehör und Ersatzteile lt. Verzeichnis 3	4.825

Erstellen Sie nach dem Muster auf S. 36 das Inventar zum 31.12.20..

Lösung s. Seite 280

Aufgabe 7:

Erstellen Sie zu dem Inventar der Übungsaufgabe 6 die dazugehörige Bilanz (siehe auch S. 38 und 40).

Lösung s. Seite 281

Aufgabe 8:

Entscheiden Sie, um **welche Art** der **Bestandsveränderung** es sich bei den nachfolgend aufgeführten Geschäftsvorfällen jeweils handelt und **beschreiben Sie stichwortartig, in welcher Weise sich die Bilanz** durch den jeweiligen Geschäftsvorfall **verändert** (etwaige Umsatzsteuerbeträge bleiben unberücksichtigt):

1. Wareneinkauf gegen Rechnung (noch nicht bezahlt).
2. Kauf eines Computers gegen Bankscheck (Bankkonto im Guthaben).
3. Tilgung eines Bankkredits durch Banküberweisung vom Guthabenkonto.
4. Ein Kunde bezahlt unsere Forderung aus einer Warenlieferung bar.
5. Verrechnung einer Forderung aus einer Warenlieferung mit einer Verbindlichkeit aus einer erhaltenen Warenlieferung.

Lösung s. Seite 281

Aufgabe 9:

Lösen Sie die folgende Bilanz in Konten auf und buchen Sie die Anfangsbestände. Als Gegenkonto dient das Konto „Saldenvorträge".

AKTIVA	Bilanz zum ...		PASSIVA
	Euro		Euro
Grund und Boden	200.000	Eigenkapital	161.000
Gebäude	400.000	Verbindlichkeiten	
Maschinen	100.000	gegenüber Kreditinstituten	365.000
BGA	50.000	Verbindlichkeiten aus	
Bank	10.000	Lieferungen und Leistungen	235.000
Kasse	1.000		
	761.000		761.000

Lösung s. Seite 282

Aufgabe 10:

Erstellen Sie auf den Konten, die Sie bei der Übungsaufgabe 9 gebildet haben, die **Buchungen** zu den folgenden Geschäftsvorfällen:

1. Kauf einer Maschine für 10.000 € auf Ziel. Die Umsatzsteuer bleibt hier unberücksichtigt.
2. Barabhebung 1.000 € vom Bankkonto (Einzahlung in die Kasse).
3. Kauf eines Büroregals für 1.000 € gegen Barzahlung.
4. Bezahlung einer Verbindlichkeit a LuL in Höhe von 600 € durch Banküberweisung.
5. Aufnahme eines Bankkredits in Höhe von 5.000 €; Gutschrift der Kreditsumme auf dem Bankkonto.

Schließen Sie die Konten noch **nicht** ab.

Lösung s. Seite 283

Aufgabe 11:

Schließen Sie die Konten der Übungsaufgabe 10 über das Schlussbilanzkonto ab.

Lösung s. Seite 284

Aufgabe 12:

Bilden Sie zu den Geschäftsvorfällen der Übungsaufgabe 10 die **Buchungssätze** in **Sprachform und** in **Tabellenform** als Buchungsanweisungen.

Lösung s. Seite 285

Aufgabe 13:

Erstellen Sie zu den folgenden Geschäftsvorfällen die **Buchungssätze und buchen** Sie diese **auf T-Konten:**

1. Lohnzahlung 300 € in bar (aus der Kasse).
2. Gutschrift von Zinsen in Höhe von 100 € auf dem Bankkonto.
3. Abbuchung Kfz-Versicherung für das erste Halbjahr in Höhe von 400 € vom Bankkonto.
4. Abbuchung von Überziehungszinsen in Höhe von 50 € vom Bankkonto.
5. Kauf von Postwertzeichen für 150 € gegen Barzahlung.
6. Gutschrift in Höhe von 1.000 € auf dem Bankkonto für vermietete Räume (Mietertrag).

Lösung s. Seite 285

Aufgabe 14:

Schließen Sie die Erfolgskonten der Übungsaufgabe 13 über das Gewinn- und Verlustkonto ab und ermitteln Sie den Erfolg dieser Vorgänge.

Lösung s. Seite 286

Aufgabe 15:

Ausgangssituation:
Der Einzelunternehmer Rainer Böhm, Koblenz, hat durch Inventur folgende Bestände ermittelt:

	Euro
Pkw	70.000
Ladeneinrichtung	15.000
Bank (Girokonto)	20.000
Kasse	3.500
Eigenkapital	?
Verbindlichkeiten gegenüber Kreditinstituten	28.700
Verbindlichkeiten a LuL	17.800

Geschäftsvorfälle:
(Die Umsatzsteuer bleibt hier bei allen Geschäftsvorfällen unberücksichtigt!)

a) Kauf einer Registrierkasse für 1.800 € auf Ziel.

b) Provisionsgutschrift auf Böhms Bankkonto in Höhe von 3.500 €.

c) Zinsen für ein kurzfristiges Bankdarlehen werden von Böhms Bankkonto abgebucht: 280 €.

d) Böhm bezahlt das Nettogehalt des Angestellten Maier in Höhe von 2.000 € bar.

e) Gutschrift auf dem Bankkonto in Höhe von 110 € für Guthabenzinsen.

f) Kauf eines Pkw für 14.000 € auf Ziel.

Aufgabenstellung:

- Tragen Sie die durch Inventur ermittelten **Anfangsbestände** auf **T-Konten** ein.
- **Buchen** Sie die Geschäftsvorfälle a) - f) auf den **T-Konten**.

  Außer den Bestandskonten sind die folgenden Erfolgskonten zu führen:

- Gehälter	- Provisionserlöse
- Zinsaufwendungen	- Zinserträge.

- Schließen Sie alle Konten ab.
- Erstellen Sie zu den Buchungen der Geschäftsvorfälle a) - f) die **Buchungssätze**.
- Ermitteln Sie den **Erfolg (Gewinn/Verlust)**, der sich durch diese Geschäftsvorfälle ergibt.

Lösung s. Seite 287

Aufgabe 16:

Ergänzen Sie die nachfolgende Liste um die **Kontonummern**, die den Konten in den Kontenrahmen SKR 03 und SKR 04 (siehe Kontenrahmen im Anhang) zugewiesen werden:

	SKR 03	**SKR 04**
Kasse		
Bank		
Maschinen		
Pkw		
Forderungen aus LuL		
Verbindlichkeiten aus LuL		
Unbebaute Grundstücke		
Bebaute Grundstücke		
Wareneinkauf		
Warenbestand		
laufende Kfz-Betriebskosten		
Werbekosten		

Lösung s. Seite 289

Aufgabe 17:

Bei dem zum Vorsteuerabzug berechtigten Getränkegroßhändler Theres, Bitburg, ereignen sich im Januar die folgenden Geschäftsvorfälle:

1. Einkauf von Getränken für 5.000 € + 950 € USt.
2. Verkauf von Getränken für 8.000 € + 1.520 € USt.
3. Eingangsrechnung für Telefonentgelte in Höhe von 500 € + 95 € USt.
4. Vermietung einer Theke für 200 € + 38 € USt.

Ermitteln Sie die **USt-Traglast**, die **Vorsteuer** und die **USt-Zahllast** für Januar (außer den aufgeführten Vorgängen haben sich keine umsatzsteuerrelevanten Geschäftsvorfälle ereignet).

Lösung s. Seite 289

Aufgabe 18:

Bei dem umsatzsteuerpflichtigen Getränkegroßhändler Theres, Bitburg, ereignen sich die folgenden Geschäftsvorfälle:

1. Erlös aus der Vermietung einer Zapfanlage für 80 € + 19 % USt auf Ziel (gegen Rechnung).
2. Verkauf von Partybedarf gegen Barzahlung: 200 € + 19 % USt.
3. Erlös aus dem Verkauf von Getränken: 500 € + 95 € USt; Bezahlung durch Bankscheck.

Bilden Sie zu den oben aufgeführten Geschäftsvorfällen die **Buchungssätze in Tabellenform und** die dazugehörigen **Buchungen auf den entsprechenden T-Konten**.

Die Nettoerlöse sind hier aus Vereinfachungsgründen sämtlich auf dem Konto „Erlöse zu 19 % USt 8400 (4400)" zu erfassen.

Lösung s. Seite 289

Aufgabe 19:

Bei dem zum Vorsteuerabzug berechtigten Unternehmer Stefan Schuth, Koblenz, ereignen sich die folgenden betrieblich veranlassten Geschäftsvorfälle:

1. Kauf von Büromaterial für 100 € + 19 € USt gegen Barzahlung.
2. Kauf eines Büroschreibtischs für 500 € + 95 € USt auf Ziel.
3. Eingang der Telefonrechnung in Höhe von 200 € + 38 € USt (noch nicht bezahlt).
4. Reparatur des betrieblichen Pkw für 600 € + 114 € USt gegen Bankscheck.
5. Bezahlung der Telefonrechnung (Tz. 3) durch Banküberweisung.

Bilden Sie zu den oben aufgeführten Geschäftsvorfällen die **Buchungssätze in Tabellenform und** die dazugehörigen **Buchungen auf den entsprechenden T-Konten**. Ordnungsgemäße Belege liegen vor.

Lösung s. Seite 290

Aufgabe 20:

Bei der zum Vorsteuerabzug berechtigten Unternehmerin Anna Gretschmann, Koblenz, haben die Konten der Buchführung folgende Anfangsbestände (vereinfachter Auszug):

Kontobezeichnung	SKR 03 (SKR 04)	Euro
Bebaute Grundstücke	0085 (0235)	100.000
Geschäftsbauten	0090 (0240)	200.000
Betriebs- und Geschäftsausstattung	0300 (0500)	75.000
Forderungen a LuL	1400 (1200)	5.225
Bank	1200 (1800)	575
Kasse	1000 (1600)	350
Verbindlichkeiten gegenüber Kreditinstituten	0640 (3160)	225.750
Verbindlichkeiten a LuL	1600 (3300)	6.350
Eigenkapital	0880 (2010)	149.050

Es ereignen sich die nachfolgend aufgeführten Geschäftsvorfälle. Hierbei wird unterstellt, dass ordnungsgemäße Belege vorliegen.

1. Kauf von Büromaterial für 89,25 € (brutto 19 % USt) gegen Barzahlung.
2. Umsatzerlöse aus dem Verkauf von Produkten gegen Bankscheck: 1.000 € + 190 € USt = 1.190 €.
3. Gutschrift von Guthabenzinsen in Höhe von 250 € auf dem Bankkonto.
4. Kauf eines gebrauchten Gabelstaplers für 5.000 € + 950 € USt auf Ziel.
5. Eingang der Telefonrechnung in Höhe von 150,00 € + 28,50 € USt (noch nicht bezahlt).
6. Provisionserlös aus der Vermittlung eines Großauftrags gegen Bankscheck: 10.000 € + 1.900 € USt = 11.900 €.
7. Bezahlung der Telefonrechnung (Tz. 5) durch Banküberweisung.
8. Umsatzsteuer-Vorauszahlung durch Banküberweisung an das Finanzamt: 525 €.

Aufgabenstellung:

a) Erstellen Sie zu den Geschäftsvorfällen 1. - 8. die **Buchungssätze**.

b) Richten Sie alle notwendigen **T-Konten** ein und tragen Sie die oben aufgeführten **Anfangsbestände** auf den Konten ein (ohne Gegenbuchungen).

c) **Buchen** Sie die Geschäftsvorfälle 1. - 8. **auf den T-Konten**.

d) **Schließen Sie alle Konten ab**.
[Abschreibungen sollen hier noch unberücksichtigt bleiben, weil sie noch nicht behandelt wurden.]

Lösung s. Seite 291

Aufgabe 21:

Daniel Nolte ist Inhaber eines Großhandelsunternehmens für Kfz-Zubehör in Bonn.

Sie erhalten die Aufgabe, die nachfolgend aufgeführten Geschäftsvorfälle in Herrn Noltes Buchhaltung zu erfassen. Es wird unterstellt, dass alle belegmäßigen Nachweise ordnungsgemäß erbracht sind.

Bilden Sie die Buchungssätze für die Erfassung der Geschäftsvorfälle:

1. Einkauf von 30 Sportsitzen für 200 €/Stück + 19 % USt auf Ziel.
2. Rechnung der Spedition für den Transport der Sportsitze vom Hersteller zu Herrn Nolte: 200 € + 38 € USt. Die Rechnung ist noch nicht bezahlt.
3. Zwei der eingekauften Sportsitze (Tz. 1) sind defekt und werden zurückgeschickt. Der Hersteller erteilt eine Gutschrift in Höhe von 400 € + 76 € USt.
4. Einkauf von 30 Autoradios für 100 €/Stück (Listenpreis) + 19 % USt auf Ziel. Von diesem Preis erhält Herr Nolte einen Mengenrabatt (Sofort-Rabatt) in Höhe von 5 % (auf der Rechnung ausgewiesen). Der Rabatt soll getrennt erfasst werden.
5. Einkauf von 20 Lenkrädern für 150 €/Stück + 19 % USt auf Ziel.
6. Bezahlung der Rechnung für die Lenkräder (Tz. 5) unter Abzug von 2 % Skonto durch Banküberweisung.

Lösung s. Seite 293

Aufgabe 22:

Der zum Vorsteuerabzug berechtigte Unternehmer Danijel Galic betreibt in Koblenz ein Versandhandelsunternehmen für Computerzubehör.

Sie erhalten die Aufgabe, die nachfolgend aufgeführten Geschäftsvorfälle in Herrn Galics Buchhaltung zu erfassen. Es wird unterstellt, dass alle belegmäßigen Nachweise ordnungsgemäß erbracht sind.

Bilden Sie die Buchungssätze für die Erfassung der Geschäftsvorfälle:

1. Verkauf eines Scanners für 150 € + 19 % USt auf Ziel.
2. Einkauf von Versandkartons für 1.000 € + 190 € USt auf Ziel.
3. Verkauf von 20 Computern an die Berufsbildende Schule Wirtschaft Koblenz für 10.000 € + 1.900 € USt auf Ziel, Lieferung „frei Haus".
4. Eingang der Rechnung des Spediteurs, der die 20 Computer (Tz. 3) zur Berufsbildenden Schule Wirtschaft Koblenz transportiert hat: 200 € + 38 € USt (noch nicht bezahlt).
5. Abschluss einer Transportversicherung für die Lieferung der 20 Computer (Tz. 4) gegen Barzahlung; Versicherungsbeitrag: 100 €.

Lösung s. Seite 293

Aufgabe 23:

Bei dem zum Vorsteuerabzug berechtigten Unternehmer Galic (siehe Aufgabe 22) ereignen sich die nachfolgend aufgeführten Vorgänge.

Bilden Sie die Buchungssätze für die Erfassung der Geschäftsvorfälle in Herrn Galics Buchführung:

1. Der Kunde Christian Schneider schickt defekte DVDs zurück. Herr Galic erteilt Herrn Schneider eine Gutschrift in Höhe von 95,20 € (brutto 19 % USt).
2. Melanie Hennchen kauft bei Herrn Galic einen Laptop für 2.000 € + 380 € USt (Listenpreis). Herr Galic gewährt Frau Hennchen hierauf einen Rabatt von 5 %. Der Rabatt soll getrennt erfasst werden.
3. Frau Hennchen bezahlt die Rechnung von Herrn Galic (aus Tz. 2) unter Abzug von 2 % Skonto mit einem Scheck.
4. Herr Galic gewährt der Stadtverwaltung Koblenz nachträglich einen Rabatt in Höhe von 500 € + 95 € USt (Gutschrift an die Stadtverwaltung).
5. Herr Galic erhält vom Großhändler Müller (Zulieferer von Herrn Galic) aufgrund einer geltend gemachten Mängelrüge nachträglich einen Preisnachlass in Höhe von 340,00 € + 64,60 € USt (Gutschrift auf dem Kundenkonto).
6. Ein Kunde schickt einen defekten Monitor im Wert von 309,40 € (brutto 19 % USt) an Herrn Galic zurück. Herr Galic schickt dem Kunden eine Gutschrift.
7. Herr Galic kauft beim Großhändler Müller (siehe Tz. 5) Computer für 5.000 € abzüglich 5 % Rabatt zuzüglich 19 % USt auf Ziel ein. Der Rabatt soll in der Buchführung getrennt ausgewiesen werden.
8. Herr Galic bezahlt die vorgenannte Eingangsrechnung (Tz. 7) abzüglich 3 % Skonto durch Banküberweisung.
9. Herr Galic verkauft Computer und Monitore an die Berufsbildende Schule Wirtschaft Koblenz für insgesamt 10.000 € abzüglich 10 % Rabatt zuzüglich 19 % USt auf Ziel. Der Rabatt soll in der Buchführung getrennt ausgewiesen werden.
10. Die Berufsbildende Schule Wirtschaft Koblenz bezahlt die vorgenannte Rechnung (Tz. 9) unter Abzug von 2 % Skonto durch Banküberweisung.

Lösung s. Seite 294

Aufgabe 24:

Bei der zum Vorsteuerabzug berechtigten Unternehmerin Sabine Schäfer, Koblenz, haben die Konten der Buchführung zum 01.01. folgende Anfangsbestände (vereinfachter Auszug):

Kontobezeichnung	SKR 03 (SKR 04)	Euro
Betriebs- und Geschäftsausstattung	0300 (0500)	100.000
Bestand Waren	3980 (1140)	50.000
Forderungen a LuL	1400 (1200)	15.000
Bank	1200 (1800)	2.000
Kasse	1000 (1600)	500
Verbindlichkeiten gegenüber Kreditinstituten	0640 (3160)	80.000
Verbindlichkeiten a LuL	1600 (3300)	16.000
Eigenkapital	0800 (2000)	71.500

Es ereignen sich die nachfolgend aufgeführten Geschäftsvorfälle.

1. Wareneinkauf für 10.000 € + 1.900 € USt auf Ziel.
2. Die Frachtkosten für die eingekauften Waren in Höhe von 200 € + 38 € USt bezahlt Frau Schäfer direkt bar.
3. Von der eingekauften Ware (Tz. 1) ist 10 % mangelhaft und wird zurückgeschickt. Der Lieferant erteilt eine Gutschrift in Höhe von 1.000 € + 190 € USt.
4. Bezahlung der Eingangsrechnung aus der Tz. 1 minus der Rücksendung aus der Tz. 3 abzüglich 2 % Skonto vom Restbetrag durch Banküberweisung. Der Skontoabzug soll getrennt ausgewiesen werden.
5. Warenverkauf für 20.000 € + 3.800 € USt abzüglich 10 % Rabatt auf Ziel. Der Rabatt soll in der Buchführung getrennt ausgewiesen werden.
6. Der Kunde bezahlt die vorgenannte Rechnung (Tz. 5) unter Abzug von 2 % Skonto durch Banküberweisung.
7. Kauf von Versandverpackungen für 500 € + 95 € USt auf Ziel.
8. Abschluss einer Transportversicherung für verkaufte Ware gegen Barzahlung in Höhe von 150 €.

Aufgabenstellung:

a) Erstellen Sie zu den Geschäftsvorfällen 1. - 8. die **Buchungssätze**.

b) Richten Sie alle notwendigen **T-Konten** ein und tragen Sie die oben aufgeführten **Anfangsbestände** auf den Konten ein (**ohne Gegenbuchungen**).

c) **Buchen** Sie die Geschäftsvorfälle 1. - 8. **auf den T-Konten**.

d) **Schließen Sie alle Konten ab**. [Abschreibungen sollen hier noch unberücksichtigt bleiben, weil sie noch nicht behandelt wurden.]

Der durch Inventur ermittelte **Warenschlussbestand** beträgt 48.000 €.

Lösung s. Seite 295

Aufgabe 25:

Dietmar Fölbach, der in Koblenz eine Druckerei betreibt, ist zum Vorsteuerabzug berechtigt. Bei ihm ereignen sich die folgenden Geschäftsvorfälle:

1. Einkauf von Papier zur Herstellung von Büchern für 10.000 € + 1.900 € USt auf Ziel.
2. Die Frachtkosten für das eingekaufte Papier in Höhe von 200 € + 38 € USt bezahlt Herr Fölbach direkt bar.
3. Von dem eingekauften Papier (Tz. 1) ist 10 % mangelhaft und wird zurückgeschickt. Der Lieferant erteilt eine Gutschrift in Höhe von 1.000 € + 190 € USt.
4. Bezahlung der Eingangsrechnung aus der Tz. 1 minus der Rücksendung aus der Tz. 3 abzüglich 2 % Skonto vom Restbetrag durch Banküberweisung.
5. Verkauf der hergestellten Bücher für 20.000 € abzüglich 10 % Rabatt zuzüglich 7 % USt auf Ziel. Der Rabatt soll in der Buchführung getrennt ausgewiesen werden.

Erstellen Sie zu den Geschäftsvorfällen 1. - 5. die **Buchungssätze**.

Lösung s. Seite 297

Aufgabe 26:

Bei der Unternehmerin Elena Stahlbaum, die in Koblenz ein Großhandelsunternehmen betreibt, ereignen sich die folgenden Geschäftsvorfälle:

1. Bezahlung der Anschaffung eines Farbfernsehgerätes für den Privathaushalt mit einem Bankscheck des Großhandelsunternehmens. Von dem Geschäftskonto werden 1.190 € abgebucht.
2. Überweisung von 2.000 € vom betrieblichen Girokonto auf das private Bankkonto der Unternehmerin.
3. Entnahme von 100 € aus der Kasse des Unternehmens für ein privates Essen mit Freunden.
4. Überweisung einer Einkommensteuervorauszahlung in Höhe von 1.600 € vom Bankkonto des Großhandelsunternehmens an die Finanzkasse.

Erstellen Sie zu den Geschäftsvorfällen 1. - 4. die **Buchungssätze**.

Lösung s. Seite 297

Aufgabe 27:

Die Unternehmerin Anke Becker, die ein Einzelhandelsunternehmen für Lebensmittel und Haushaltswaren betreibt, tätigt die folgenden Entnahmen:

1. Entnahme von Getränken im Wert von 50 € (netto) aus dem Warenbestand des Lebensmittelgeschäfts für ihren Privathaushalt. Die Getränke unterliegen bei der USt dem Steuersatz von 19 %.
2. Überweisung einer Handwerkerrechnung in Höhe von 150 € + 19 % USt vom betrieblichen Bankkonto. Die Rechnung betrifft eine Reparatur am privaten Einfamilienhaus von Frau Becker.
3. Entnahme von Lebensmitteln zum ermäßigten Steuersatz (7 %) aus dem Einzelhandelsgeschäft für ihren Privathaushalt. Der Einkaufswert dieser Lebensmittel beträgt zusammengerechnet 200 € + USt. Im Geschäft beträgt der Verkaufspreis zusammengerechnet 250 € + USt.

Erstellen Sie die **Buchungssätze** zu den Geschäftsvorfällen 1. - 3.

Lösung s. Seite 297

Aufgabe 28:

Die zum Vorsteuerabzug berechtigte Unternehmerin Natascha Schulz nutzt den zu ihrem Betriebsvermögen gehörenden Pkw mit dem Kennzeichen KO-SN 333, der im Januar 2019 für ihren Betrieb angeschafft wurde, auch für Privatfahrten. Ein Fahrtenbuch hat sie für diesen Pkw nicht geführt.

Der Bruttolistenpreis hat zum Zeitpunkt der Anschaffung **33.333 €** betragen.

Ermitteln Sie die Nutzungsentnahme (private Pkw-Nutzung) für Januar 2020 und **zeigen Sie, wie** diese in der Buchführung von Frau Schulz **zu buchen ist**.

Lösung s. Seite 298

Aufgabe 29:

Aus der fertiggestellten Buchführung der Unternehmerin Petra Loch, die in Mayen ein Textileinzelhandelsgeschäft betreibt, sind die folgenden Daten zu entnehmen:

EK am 31.12.19	111.100 €
EK am 31.12.20	115.438 €
Privatentnahmen im Wj. 2020	33.300 €
Privateinlagen im Wj. 2020	638 €

Ermitteln Sie den Gewinn/Verlust der Unternehmerin Pertra Loch für das Wirtschaftsjahr 2020 **durch Betriebsvermögensvergleich**.

Lösung s. Seite 298

Aufgabe 30:

Bilden Sie die **Buchungssätze** zu den nachfolgend dargestellten Geschäftsvorfällen und geben Sie **zu jeder Buchungszeile** deren **Gewinnauswirkung** (Aufwand/Ertrag) mit an. Verwenden Sie die Kontonummern des Kontenrahmens SKR 03 (04).

Sachverhalt:
Sie erstellen die Buchführung für den Unternehmer Willi Hermann, der in Koblenz ein Hoch- und Tiefbauunternehmen betreibt. Die folgenden Geschäftsvorfälle sind für 2017 noch zu erfassen.

1. Herr Hermann bezahlt Einrichtungsgegenstände für die Wohnung seiner Tochter mit einem Bankscheck seines Bauunternehmens: 840,34 € + 159,66 € USt = 1.000,00 €.
2. Herr Hermann hat dem Lager seines Betriebs Pflastersteine für private Zwecke entnommen. Einem Kunden würde Herr Hermann hierfür 250 € + 19 % USt berechnen. Zum Zeitpunkt der Entnahme hat der Einkaufspreis 125 € + 19 % USt betragen (Wiederbeschaffungskosten).
3. Abbuchung von Telefongebühren vom betrieblichen Bankkonto in Höhe von 290 € (brutto 19 % USt). Herr Hermann benutzt das betriebliche Telefon auch privat. Die Privatnutzung beträgt 15 % (bereits festgelegt). Es wurde noch nichts gebucht.
4. Herr Hermann benutzt einen der betrieblichen Pkw auch privat. Der Pkw, der zu mehr als 50 % für betriebliche Zwecke genutzt wird, wurde 2019 mit vollem Vorsteuerabzug für das Unternehmen angeschafft. Es handelt sich nicht um ein Elektro- oder Elektrohybrid-Fahrzeug.

   2020 sind folgende Kosten (jeweils netto) für den Pkw angefallen (bereits auf den entsprechenden Aufwandskonten gebucht):

Benzin	1.700 €
Kfz-Steuer	250 €
Kfz-Versicherung	1.250 €
Abschreibung (AfA)	4.600 €

Aufwendungen **mit** Vorsteuerabzug:	Benzin, Abschreibung
Aufwendungen **ohne** Vorsteuerabzug:	Kfz-Steuer, Kfz-Versicherung

   Herr Hermann hat ein Fahrtenbuch ordnungsgemäß geführt. 2020 wurden mit dem Pkw insgesamt 42.000 km gefahren. Auf die Privatfahrten entfielen 6.300 km. Hier soll die private Nutzung 2020 erfasst werden.

Geben Sie Ihren **Rechenweg** für die Berechnung der privaten Nutzung mit an!

Lösung s. Seite 299

Aufgabe 31:

Die Unternehmerin Anja Kratt ist Inhaberin einer Werbeagentur in Koblenz. Sie beschäftigt den Grafiker Thomas Schmidt ganztags als Arbeitnehmer. Herr Schmidt ist 26 Jahre alt und hat keine Kinder. Das Bruttogehalt von Herrn Schmidt beträgt 2.500 € monatlich.

Herr Schmidt hat die Lohnsteuerklasse 1 und ist evangelisch. Er hat keine Kinder. Die monatlich einzubehaltende Lohnsteuer beträgt 285,16 €.

Herr Schmidt ist bei der XY-Krankenkasse versichert. Der Beitragssatz beträgt 14,6 % + 0,90 % Zusatzbeitrag. Die anderen Sozialversicherungsprozentsätze betragen: PV = 3,05 %, RV = 18,6 %, ArblV = 2,4 %.

Aufgabenstellung:

a) Erstellen Sie die vollständige Gehaltsabrechnung 07/2020 für Herrn Schmidt.

b) Ermitteln Sie die direkt zurechenbaren Lohnkosten (ohne die Umlagen).

Lösung s. Seite 300

Aufgabe 32:

Erstellen Sie die **Buchungssätze** für die Erfassung der Gehaltsabrechnung der Aufgabe 31

a) nach der **Nettomethode** und

b) nach der **Bruttomethode**.

Die Zahlungen im Juli und August 2020 erfolgen durch Banküberweisung.

Lösung s. Seite 301

Aufgabe 33:

Erstellen Sie die Buchungssätze für die Erfassung der Gehaltsabrechnung der Aufgabe 31 nach der **Verrechnungsmethode**.

Die Zahlungen im Juli und August 2020 erfolgen durch Banküberweisung.

Lösung s. Seite 302

Aufgabe 34:

Fall wie bei der Aufgabe 31, jedoch mit dem Unterschied, dass Herr Schmidt monatlich 40 € vermögenswirksam anlegt (Einzahlung in einen Bausparvertrag) und er die Beiträge voll selbst trägt. Die Beiträge werden vom Gehalt einbehalten und an die Bausparkasse abgeführt.

a) Erstellen Sie die Gehaltsabrechnung 07/2020 einschließlich der vwL.

b) Bilden Sie die Buchungssätze für die Erfassung der Gehaltsabrechnung (**Verrechnungsmethode**). Die Zahlungen im Juli 2020 bleiben hier unberücksichtigt.

Lösung s. Seite 303

Aufgabe 35:

Der Bauunternehmer Pascal Brück beschäftigt den Betriebswirt Tim Herschbach ganztags als Arbeitnehmer. Das Bruttogehalt von Herrn Herschbach beträgt 3.100 € monatlich (ohne vwL). Herr Brück bezahlt zusätzlich 40 € vwL an die Bausparkasse von Herrn Herschbach. Herr Herschbach ist verheiratet und hat eine zu berücksichtigende Tochter.

Die Lohnsteuermerkmale lauten: Lohnsteuerklasse III, Konfession rk.

Für die Gehaltsabrechnung gelten folgende Steuerabzugbeträge:

Lohnsteuer	190,00 €
Solidaritätszuschlag	0,00 €
Kirchensteuer	4,54 €

Herr Herschbach ist bei der XY-Krankenkasse versichert. Der Beitragssatz beträgt 14,6 % + 0,90 % Zusatzbeitrag. Die anderen Sozialversicherungsprozentsätze betragen: PV = 3,05 %, RV = 18,6 %, ArblV = 2,4 %.

Aufgabenstellung:

a) Erstellen Sie die vollständige **Gehaltsabrechnung** 07/2020 für Herrn Herschbach.

b) Erstellen Sie die **Buchungssätze** für die Erfassung der Gehaltsabrechnung einschließlich der Überweisungen im Folgemonat (es wird unterstellt, dass die Zahlungen fristgerecht durch Banküberweisung erfolgen).

Lösung s. Seite 304

Aufgabe 36:

Der Unternehmer Florian Kappus, Mainz, beschäftigt den Industriekaufmann Stephan Schuth ganztags als Arbeitnehmer. Das Bruttogehalt von Herrn Schuth beträgt 2.600 € monatlich (ohne vwL). Herr Kappus bezahlt zusätzlich 40 € vwL an die Bausparkasse von Herrn Schuth.

Herr Schuth ist evangelisch, verheiratet und hat ein Kind.

Herr Schuth erhält zusätzlich zu dem Gehalt ein Firmenfahrzeug zur dauernden privaten Nutzung von Herrn Kappus, für das kein Fahrtenbuch geführt wird. Der Bruttolistenpreis des Fahrzeugs hat zum Zeitpunkt der Erstzulassung 23.130 € betragen. Die Entfernung zwischen der Wohnung von Herrn Schuth und der ersten Tätigkeitsstätte beträgt 15 km (einfache Strecke).

Für Herrn Schuth wurden die folgenden Steuerabzüge ermittelt (Monat 07/2020):

Lohnsteuer (Steuerklasse III)	156,83 €
Solidaritätszuschlag	0,00 €
Kirchensteuer	2,44 €

Herr Schuth ist bei der XY-Krankenkasse versichert. Der Beitragssatz beträgt 14,6 % + 0,90 % Zusatzbeitrag. Die anderen Sozialversicherungsprozentsätze betragen: PV = 3,05 %, RV = 18,6 %, ArblV = 2,4 %.

Aufgabenstellung:

a) Erstellen Sie die vollständige **Gehaltsabrechnung 07/2020** für Herrn Schuth.

b) Erstellen Sie die **Buchungssätze** für die Erfassung der Gehaltsabrechnung einschließlich der Überweisungen im Folgemonat (es wird unterstellt, dass alle Zahlungen durch Banküberweisung im Folgemonat erfolgen).

Lösung s. Seite 305

Aufgabe 37:

Viola Krechel ist Hausfrau und nebenbei für die Gebäudereinigungsfirma „SchnellSauber" als Arbeitnehmerin tätig. Sie arbeitet an jeweils 19 Tagen im Monat 2 Stunden (Reinigungsarbeiten in der Berufsbildenden Schule Wirtschaft Koblenz). Der Bruttoarbeitslohn beträgt 10 € pro Stunde. Die Auszahlung des Lohns erfolgt jeweils am Monatsende in bar. Viola Krechel ist evangelisch und Mitglied der gesetzlichen Krankenversicherung (familienversichert). Der Lohn für den Monat Juli 2020 ist zu berechnen und zu buchen.

Fallkonstellation a): Sie wird nach Lohnsteuerklasse IV besteuert.
Lohnsteuer: 0 €.

Fallkonstellation b): Ihr Lohn wird pauschal besteuert.

- Berechnen Sie für die zwei Fallkonstellationen
  (1) den **Nettolohn** (Auszahlungsbetrag) und
  (2) die vom Arbeitgeber abzuführenden **Abgaben**.
- Erstellen Sie für die zwei Fallkonstellationen die erforderlichen **Buchungssätze** zum 31.07.2020.

Lösung s. Seite 306

Aufgabe 38:

In der Druckerei Fölbach in Koblenz ist Mitte Oktober eine Arbeitnehmerin erkrankt, die einen wichtigen Großauftrag bearbeiten sollte (Falz-, Sortier- und Versandarbeiten). Herr Fölbach bittet die Schülerin Viola Krechel deshalb, bei ihm als Aushilfe zu arbeiten, um den Großauftrag termingerecht fertig stellen zu können. Umfang und Bezahlung der Beschäftigung: für 2 Wochen täglich 4 Stunden (montags bis einschließlich samstags) bei einem Stundenlohn von 10 €. Viola Krechel nimmt den Job an, legt Herrn Fölbach allerdings keine Lohnsteuerabzugsmerkmale vor. Die Auszahlung des Lohns erfolgt am 31.10.2020 bar. Die Steuer soll vom Arbeitgeber pauschal übernommen werden.

a) Berechnen Sie den **Nettolohn** (Auszahlungsbetrag) 10/2020.

b) Erstellen Sie die erforderlichen **Buchungssätze** zum 31.10.2020.

Lösung s. Seite 306

Aufgabe 39:

Der zum Vorsteuerabzug berechtigte Baumaschinenhändler Tim Dillenberger erwirbt im Januar für sein Unternehmen

a) einen **Gabelstapler** für 50.000 € (Nettolistenpreis) + 19 % USt. Er erhält einen Rabatt von 5 % des Nettolistenpreises.

   An den Spediteur, der den Gabelstapler liefert, muss er zusätzlich 500 € + 19 % USt Transportkosten und 150 € Transportversicherung bezahlen.

b) einen **Pkw** für 30.000 € (Nettolistenpreis) + 19 % USt. Er erhält einen Rabatt von 4 % des Nettolistenpreises.

   Für die Überführung vom Werk muss er zusätzlich 500 € + 19 % USt, für die Nummernschilder 30 € + 19 % USt und für die Zulassung 25 € bezahlen.

c) eine neue **Schreibtischkombination**. Der Listenpreis beträgt 2.000 € + 380 € USt.

   Weil Herr Weiß Verhandlungsgeschick hat, kann er beim Kauf 5 % Rabatt vom Listenpreis abziehen. Bei der Bezahlung durch Banküberweisung zieht Herr Weiß 2 % Skonto vom Rechnungsendbetrag ab.

   Die Schreibtischkombination wird von einer Spedition am 15.02.2020 an Herrn Weiß geliefert. Sie berechnet 100 € + 19 % USt Frachtkosten, die Herr Weiß direkt bar bezahlt.

Ermitteln Sie für die Fälle a), b) und c) die **Anschaffungskosten** und für den **Fall c) ergänzend** den Betrag der **Banküberweisung** für die Schreibtischkombination.

Lösung s. Seite 307

Aufgabe 40:

Die zum Vorsteuerabzug berechtigte Unternehmerin Alexandra Marx kauft im März 2020 in Bonn von der Unternehmerin Carina Schreiner für 700.000 € netto ein bebautes Grundstück für ihr Unternehmen. Nach den Vereinbarungen im Kaufvertrag beträgt der Kaufpreisanteil für den Grund und Boden 400.000 € und für das Gebäude 300.000 €.

Im Rahmen der Anschaffung sind weiterhin angefallen:

- Grunderwerbsteuer 5 %
- Notargebühr 2.500 € + 19 % USt
- Grundbuchgebühr 1.300 €

Ermitteln Sie die Anschaffungskosten für den Grund und Boden und das Gebäude!

Lösung s. Seite 308

Aufgabe 41:

Der zum Vorsteuerabzug berechtigte Hochbauunternehmer Kevin Jadaz erwirbt Ende März für sein Unternehmen einen Bagger für 60.000 € (Nettolistenpreis) + 19 % USt auf Ziel. Er erhält einen Rabatt von 3 % des Nettolistenpreises. An den Spediteur, der den Bagger liefert, muss er zusätzlich 600 € + 19 % USt Transportkosten bezahlen (noch nicht bezahlt).

Anfang April bezahlt Herr Jadaz die Rechnungen unter Abzug von 2 % Skonto durch Banküberweisung.

Aufgabenstellung:

a) Ermitteln Sie die **Anschaffungskosten** für den Bagger.

b) Erstellen Sie die **Buchungssätze für die Anschaffung** im März.

c) Erstellen Sie die **Buchungssätze für die Bezahlung** im April (Banküberweisungen).

Lösung s. Seite 308

Aufgabe 42:

Der Unternehmer Weber, Koblenz, hat von seinem Angestellten Thomas Förster auf dem Firmengrundstück einen Parkplatz anlegen lassen.

Hierzu liegen Ihnen die folgenden Daten vor:

eingekauftes Material (Sand, Schotter etc.)	2.500 € + 19 % USt
dem Lager entnommenes Material	3.500 €
Arbeitszeit von Herrn Förster für die Erstellung des Parkplatzes	60 Stunden
Bruttolohn/Stunde	18 €
Materialgemeinkosten	20 % der Materialeinzelkosten
Fertigungsgemeinkosten	60 % der Fertigungseinzelkosten

Die Zukäufe erfolgten auf Ziel (noch nicht bezahlt).

Berechnen Sie die **Herstellungskosten** gem. § 255 HGB für den Parkplatz und erstellen Sie die **Buchungssätze zur Erfassung dieses Vorgangs**.

Lösung s. Seite 309

Aufgabe 43:

Der Hochbauunternehmer Kevin Jadaz hat am 15.03.2020 für sein Unternehmen einen kleinen Traktor angeschafft. Die AK betragen 12.500 €, die Nutzungsdauer beträgt 8 Jahre.

a) Ermitteln Sie die **lineare** Abschreibung für 2020.

b) Fallvariante: Fall wie zuvor, jedoch mit dem Unterschied, dass der Traktor am 13.11.2020 angeschafft wird. Ermitteln Sie die **lineare** Abschreibung für 2020.

Es soll die Vereinfachungsregelung (monatsgenaue Abschreibung) angewendet werden.

Lösung s. Seite 310

Aufgabe 44:

Der Unternehmer Gerd Clever hat im Februar 2020 für sein Unternehmen ein neues Fotokopiergerät angeschafft. Die Anschaffungskosten betragen 5.000 €, die Nutzungsdauer beträgt 7 Jahre. Die Gesamtleistung des Kopierers wird mit 500.000 Kopien veranschlagt. Das Zählwerk wird jährlich zum 31.12. abgelesen. Im Jahr 2020 wurden mit dem Gerät 96.586 Kopien erstellt.

Ermitteln Sie den Abschreibungsbetrag 2020 nach Maßgabe der Leistung.

Lösung s. Seite 310

Aufgabe 45:

Die zum Vorsteuerabzug berechtigte Unternehmerin Simone Sonnenschein hat für ihr Unternehmen am 15.05.2020 einen neuen Computer mit Zubehör für 2.000 € + 19 % USt gekauft und mit einem Bankscheck bezahlt.

Der Computer soll über eine Nutzungsdauer von 4 Jahren linear abgeschrieben werden.

Am 15.07.2020 schlägt ein Blitz ein. Der neue Computer wird durch die Netzüberspannung zerstört (Totalschaden).

Erstellen Sie die Buchungssätze für die Erfassung

a) der Anschaffung,

b) der planmäßigen Abschreibung 2020 und

c) der außerplanmäßigen Abschreibung 2020.

Nebenrechnungen sind vollständig aufzuführen.

Lösung s. Seite 310

Aufgabe 46:

Der zum Vorsteuerabzug berechtigte Unternehmer Kaiser betreibt in Andernach ein Großhandelsgeschäft für Trekking-Zubehör. Am 28.05.2020 kauft Herr Kaiser zwei neue Schreibtische für das Büro seines Unternehmens auf Ziel:

	Schreibtisch Basic	153,00 €
	Schreibtisch Expert	850,00 €
		1.003,00 €
+	19 % Umsatzsteuer	190,57 €
		1.193,57 €

Herr Kaiser bezahlt die Rechnung unter Abzug von 3 % Skonto am 31.05.2020.

Bilden Sie die Buchungssätze für die Erfassung der Anschaffung und der Abschreibung der Schreibtische für 2020 unter der Annahme, dass 2020 keine anderen Anlagegegenstände für das Unternehmen angeschafft wurden. Die betriebsgewöhnliche Nutzungsdauer der Schreibtische beträgt 12 Jahre. Die Abschreibung für 2020 soll höchstmöglich erfolgen.

Lösung s. Seite 310

Aufgabe 47:

Daniel Lauxen ist Inhaber eines Computerfachgeschäfts in Koblenz.

a) Herr Lauxen verkauft am 10.07.2020 einen zu seinem Betriebsvermögen gehörenden Pkw für 10.000 € + 19 % USt gegen Bankscheck. Er hatte den Pkw im Januar 2018 für 36.560 € netto (AK) angeschafft. Die Abschreibung erfolgt linear, die Nutzungsdauer beträgt 4 Jahre.

   Ermitteln Sie den **Veräußerungserfolg** aus dem Verkauf des Pkw.

b) Herr Lauxen verkauft am 13.11.2020 einen weiteren gebrauchten Pkw seines Betriebes für 6.000 € + 19 % USt gegen Bankscheck. Er hatte dieses Fahrzeug am 02.01.2017 für netto 25.000 € (AK) angeschafft und über eine geplante Nutzungsdauer von 5 Jahren linear abgeschrieben.

   Ermitteln Sie den **Veräußerungserfolg** aus dem Verkauf des Pkw.

Lösung s. Seite 311

Aufgabe 48:

Erstellen Sie zu dem Fall der Übungsaufgabe 47 die **Buchungssätze**.

Lösung s. Seite 312

Aufgabe 49:

a) Der zum Vorsteuerabzug berechtigte Unternehmer Dietmar Fölbach erwirbt im März (Lieferdatum 15.03.2020) für seine Druckerei eine neue Schneidemaschine für 20.000 € + 3.800 € USt auf Ziel. Hierbei gibt er die alte Schneidemaschine, die zum 01.01. einen Buchwert in Höhe von 5.000 € hatte, für 4.000 € + 760 € USt in Zahlung. Die planmäßige jährliche Abschreibung der alten Schneidemaschine beträgt 3.600 €.

Die Bezahlung des Restbetrags nimmt er im April durch Banküberweisung vor.

Bilden Sie die **Buchungssätze** für diesen Vorgang für **März** und **April 2020**.

b) Herr Fölbach erwirbt am 14.12.2020 für die Druckerei noch eine neue Druckmaschine. Folgende Rechnung liegt vor:

Druckmaschine, Listenpreis netto	100.000 €
10 % Rabatt	10.000 €
	90.000 €
19 % USt	17.100 €
zu zahlen	**107.100 €**

Herr Fölbach gibt eine gebrauchte Druckmaschine für 12.000 € + 19 % USt beim Kauf der neuen Maschine in Zahlung. Zum 01.01.2020 hatte die gebrauchte Maschine einen Buchwert von 24.000 €. Die Anschaffung der gebrauchten Maschine erfolgte im Januar 2015 für 64.000 € (netto). Sie wird über eine Nutzungsdauer von 8 Jahren linear abgeschrieben.

Am 18.12.2020 bezahlt Herr Fölbach die Rechnung unter Abzug von 2 % Skonto vom Rechnungsendbetrag und Abzug der Inzahlunggabe durch Banküberweisung.

Am 28.12.2020 erhält Herr Fölbach die Rechnung des Spediteurs für die Lieferung (Transport) der neuen Maschine in Höhe von 1.500 € + 19 % USt (noch nicht bezahlt).

Bilden Sie alle **Buchungssätze**, die sich aus dem vorgenannten Vorgang b) für den Monat **Dezember 2020** ergeben.

Lösung s. Seite 312

Aufgabe 50:

Der Unternehmer Andreas Mohr nimmt zur Finanzierung einer betrieblichen Investition bei der Sparkasse Koblenz ein Annuitätendarlehen in Höhe von 22.500 € auf. Das Darlehen hat eine Laufzeit von 60 Monaten und wird mit 4 % p. a. verzinst. Der Darlehensbetrag wird im Juli 2020 auf dem Girokonto von Herrn Mohr gutgeschrieben.

Im August 2020 bucht die Sparkasse die erste monatliche Rate (Annuität) in Höhe von 450 € von Herrn Mohrs Girokonto ab. Der Zinsanteil in dieser Rate beträgt 75,00 €.

Erstellen Sie die **Buchungssätze** für die Erfassung

a) der **Darlehensaufnahme** im Juli und

b) der **Abbuchung der Annuität** im August.

Lösung s. Seite 314

Aufgabe 51:

Der Unternehmer Thomas Forsch nimmt zur Finanzierung einer betrieblichen Anlageninvestition ein Darlehen in Höhe von 30.000 € auf, das eine Laufzeit von 5 Jahren hat und mit 4 % p. a. verzinst wird (Festzinsvereinbarung). Der Darlehensbetrag wird am 31.07.2020 unter Einbehaltung eines Damnums von 2 % auf dem Girokonto von Herrn Forsch gutgeschrieben. Die Tilgung erfolgt in 5 Raten à 6.000 €, jeweils zum 31.07. eines Jahres. Die Zinsen für 2020 werden am 31.12.2020 von Herrn Forschs Girokonto abgebucht.

Erstellen Sie die erforderlichen **Buchungssätze für 2020**. Das Damnum soll linear abgeschrieben werden.

Lösung s. Seite 314

Aufgabe 52:

Bei der zum Vorsteuerabzug berechtigten Unternehmerin Tanja Masselter, Koblenz, haben die Konten der Buchführung zum 01.01.2020 die folgenden Anfangsbestände (vereinfachter Auszug):

Kontobezeichnung	SKR 03 (SKR 04)	Euro
Bebaute Grundstücke	0085 (0235)	100.000
Geschäftsbauten	0090 (0240)	240.000
Betriebs- und Geschäftsausstattung	0300 (0500)	175.000
Forderungen a LuL	1400 (1200)	47.250
Bank	1200 (1800)	15.350
Kasse	1000 (1600)	1.750
Verbindlichkeiten gegenüber Kreditinstituten	0650 (3170)	225.750
Verbindlichkeiten a LuL	1600 (3300)	56.350
Umsatzsteuer (Verbindlichkeit)	1770 (3800)	4.650
Eigenkapital	0880 (2010)	292.600

Im Laufe des Jahres 2020 ereignen sich die nachfolgend aufgeführten Geschäftsvorfälle (Auswahl). Hierbei wird unterstellt, dass ordnungsgemäße Belege vorliegen.

1. Umsatzerlöse aus dem Verkauf von Produkten gegen Bankscheck: 10.000 € + 1.900 € USt = 11.900 €.
2. Eingang der Telefonrechnung in Höhe von 200 € + 38 € USt (noch nicht bezahlt). Der betriebliche Anteil beträgt 90 %, der private Anteil 10 % (wurde bei der letzten Betriebsprüfung festgelegt).
3. Kauf von Büromaterial für 119 € (brutto 19 % USt) gegen Barzahlung.
4. Anschaffung eines neuen Gabelstaplers am 01.09.2020 (Lieferdatum) für 25.000 € + USt auf Ziel.
5. Aufnahme eines Bankdarlehens am 15.09.2020 in Höhe von 20.000 € zur Finanzierung einer Anlageninvestition. Die Auszahlung erfolgt auf das Bankkonto unter Abzug von 2 % Disagio. Die Laufzeit des Darlehens beträgt 6 Jahre.
6. Bezahlung der Rechnung für den Gabelstapler unter Abzug von 2 % Skonto durch Banküberweisung.
7. Am 31.12.2020 Abbuchung der Zinsen für 2020 für das Darlehen der Tz. 5. Der Zinssatz beträgt 7 % p. a. Eine Tilgung erfolgt in 2020 noch nicht (erste Teilrückzahlung in Höhe von 5.000 € am 15.09.2021); Berechnung der Zinsen mithilfe der kaufmännischen Zinsrechnung.
8. Überweisung eines Kunden in Höhe von 2.500 € zum Ausgleich einer Rechnung, die er von Frau Masselter Ende 2019 erhalten hatte. Frau Masselter hatte die Rechnung als Forderung a LuL erfasst (in den Saldenvorträgen zum 01.01.2020 enthalten).

9. Provisionserlös aus der Vermittlung eines Großauftrags gegen Bankscheck: 20.000 € + 3.800 € USt = 23.800 €.

10. Bezahlung der Telefonrechnung (Tz. 2) durch Banküberweisung.

11. Bezahlung der Umsatzsteuerschuld aus dem Vorjahr (siehe Saldenvorträge, Konto „Umsatzsteuer“) durch Banküberweisung an das Finanzamt.

12. Umsatzsteuer-Vorauszahlung 2020 durch Banküberweisung an das Finanzamt: 4.525 €.

13. Frau Masselter nutzt den zu ihrem Betriebsvermögen gehörenden Pkw, der 2019 für ihren Betrieb angeschafft wurde, auch für Privatfahrten. Ein Fahrtenbuch hat sie für diesen Pkw nicht geführt. (Kein Elektro- oder Elektro-Hybridfahrzeug.)

    Der Bruttolistenpreis hat zum Zeitpunkt der Anschaffung 22.222 € betragen. Hier ist die Nutzungsentnahme für 2020 zu ermitteln und zu buchen. Fahrten zwischen Wohnung und Betrieb sind nicht angefallen.

14. Frau Masselter beschäftigt die Großhandelskauffrau Svenja Krämer ganztags als Arbeitnehmerin. Das Bruttogehalt von Frau Krämer beträgt 2.500 € monatlich (ohne vwL). Frau Masselter bezahlt zusätzlich 40 € vwL an die Bausparkasse von Frau Krämer.

    Frau Krämer ist verheiratet und hat zwei Kinder.

    Frau Krämer wird zusätzlich zu dem Gehalt ein Firmenfahrzeug zur dauernden privaten Nutzung von Frau Masselter überlassen, für das kein Fahrtenbuch geführt wird. Der Bruttolistenpreis des Fahrzeugs hat zum Zeitpunkt der Erstzulassung 23.130 € betragen. Die Entfernung zwischen der Wohnung von Frau Krämer und der Arbeitsstätte beträgt 15 km (einfache Strecke).

    Für Frau Krämer wurden die folgenden Steuerabzüge ermittelt (hier wird ein einzelner Monat betrachtet):

Lohnsteuer (Steuerklasse IV)	377,16 €
Solidaritätszuschlag	10,73 €
Kirchensteuer	17,57 €

    Frau Krämer ist bei der XY-Krankenkasse gesetzlich versichert. Der bundeseinheitliche Beitragssatz beträgt 14,6 %, der kassenindividuelle Zusatzbeitrag 0,90 %. Die anderen Sozialversicherungsprozentsätze betragen: PV = 3,05 %, RV = 18,6 %, ArbIV = 2,4 %.

    a) Erstellen Sie die vollständige Gehaltsabrechung für die Arbeitnehmerin Svenja Krämer.

    b) Buchen Sie die Gehaltsabrechnung einschließlich der Überweisungen; es wird unterstellt, dass alle Zahlungen in 2020 erfolgen (durch Banküberweisung). Hier wird nur der eine Betrachtungsmonat einschließlich aller Zahlungen gebucht.

15. Die zum 01.01. bereits vorhandene Betriebs- und Geschäftsausstattung wird in Höhe von 43.750 € abgeschrieben.

    Das Gebäude (Konto „Geschäftsbauten“) wird 2020 in Höhe von 16.000 € abgeschrieben.

    Der neue Gabelstapler (Tz. 4 und 6) ist ebenfalls abzuschreiben. Die betriebsgewöhnliche Nutzungsdauer beträgt 6 Jahre, die Abschreibung erfolgt linear.

    Das Disagio (Tz. 5) ist für 2020 zeitanteilig abzuschreiben.

    Die vorgenannten Abschreibungen sind noch zu buchen.

Aufgabenstellung:

a) Erstellen Sie zu den oben aufgeführten Geschäftsvorfällen 1. - 15. die Buchungssätze für 2020.

b) Richten Sie alle notwendigen T-Konten ein und tragen Sie die aufgeführten Anfangsbestände auf den Konten ein (ohne Gegenbuchungen).

c) Buchen Sie die Geschäftsvorfälle 1. - 15. auf den T-Konten (nur die in das Jahr 2020 fallenden Vorgänge).

d) Schließen Sie alle Konten ab.

e) Erstellen Sie abschließend die Bilanz und die Gewinn- und Verlustrechnung, die sich zum 31.12.2020 nach der Berücksichtigung der oben dargestellten Sachverhalte ergeben.

Lösung s. Seite 315

Auf die Berücksichtigung der Umsatzsteuer-Absenkung von 19 % auf 16 % und von 7 % auf 5 % für den Zeitraum vom 01.07. bis zum 31.12.2020 wurde bewusst verzichtet, da es sich nur um eine temporäre Regelung handelt, die zum 01.01.2021 ihre Gültigkeit verliert.

Aufgaben, die zeitlich in diesen „Absenkungszeitraum" fallen, wurden deshalb mit den zum 30.06.2020 geltenden Umsatzsteuersätzen von 19 % bzw. 7 % gelöst.

Lösung zu 1:

Fall 1: Frau Hofmann betreibt einen Gewerbebetrieb, der einen in kaufmännischer Weise eingerichteten Geschäftsbetrieb erfordert (die Größe des Unternehmens, insbesondere der Geschäftsumfang, also der Umsatz, die Zahl der Arbeitnehmer usw. legen dies nahe). Sie betreibt somit ein Handelsgewerbe nach § 1 Abs. 2 HGB. Dadurch ist sie Kaufmann im Sinne des § 1 HGB (Istkaufmann). Frau Hofmann ist deshalb nach § 238 HGB (Handelsrecht) und nach § 140 AO (Steuerrecht) buchführungspflichtig.

Fall 2: Herr Fölbach betreibt einen Gewerbebetrieb, der jedoch – nach der Gesamtwürdigung der tatsächlichen Verhältnisse – weder nach Art noch nach Umfang der Geschäftstätigkeit einen in kaufmännischer Weise eingerichteten Geschäftsbetrieb erfordert (zumindest noch nicht). Herr Fölbach betreibt also kein Handelsgewerbe im Sinne des § 1 Abs. 2 HGB. Er ist „Kleingewerbetreibender" und somit kein Kaufmann; er ist nicht buchführungspflichtig nach § 238 HGB.

Da Herr Fölbach jedoch die Gewinngrenze des § 141 AO überschreitet (das Überschreiten einer der Grenzen reicht aus), ist Herr Fölbach steuerrechtlich buchführungspflichtig vom Beginn des Wirtschaftsjahres an, das dem Jahr folgt, in dem die Finanzbehörde Herrn Fölbach auf die Buchführungspflicht hingewiesen hat (im vorliegenden Fall vermutlich bereits in einem früheren Jahr erfolgt).

Wenn Herr Fölbach sein Unternehmen in das Handelsregister eintragen lassen würde (nach § 2 HGB), dann wäre Herr Fölbach ab der Eintragung Kaufmann. Er wäre dann buchführungspflichtig nach §§ 238 HGB und 140 AO.

Fall 3: Frau Kleinert betreibt keinen Gewerbebetrieb, sondern eine freiberufliche Praxis (Tierärzte sind Freiberufler; sie erzielen Einkünfte aus selbstständiger Arbeit nach § 18 EStG). Sie ist weder nach Handelsrecht noch nach Steuerrecht buchführungspflichtig.

Lösung zu 2:

Peter Sailer ist buchführungspflichtig nach § 238 HGB und § 140 AO. Die lückenhafte Aufzeichnung der Betriebseinnahmen und -ausgaben ist keine Buchführung. Er verstößt also sowohl gegen die Buchführungspflicht des Handelsrechts als auch des Steuerrechts.

Das **Handelsrecht** sieht für diesen Verstoß **keine** unmittelbaren Sanktionen vor. Er kann nach dem Handelsrecht also nicht zur Erfüllung dieser Verpflichtung gezwungen werden.

Eine **Bestrafung kann** jedoch **nach den §§ 283 und 283b StGB erfolgen**, wenn Herr Sailer seine Zahlungen eingestellt hat oder über sein Vermögen das Insolvenzverfahren eröffnet oder der Eröffnungsantrag mangels Masse abgewiesen worden ist.

Das **Steuerrecht** sieht hingegen **direkte Sanktionen** vor, die Herrn Sailer treffen könnten.

Zunächst könnte die Finanzbehörde gegen Herrn Sailer ein **Zwangsgeld** (bzw. Zwangsgelder bei dauerhafter oder wiederholter Nichterfüllung) nach §§ 328 - 329 AO festsetzen. Die Höhe ist auf 25.000 € begrenzt. Eine Androhung des Zwangsgeldes ist zuvor erforderlich (§ 332 AO).

Wenn Herr Sailer dennoch keine Bücher führt, hat das Finanzamt die Besteuerungsgrundlagen (Umsätze, Gewinn) zu **schätzen** (§ 162 AO).

Wenn Herr Sailer durch lückenhafte und/oder fehlerhafte Aufzeichnungen/Angaben die Besteuerung gefährdet oder Steuern verkürzt, können die Tatbestände der **Steuergefährdung** (379 Abs. 1 AO) oder der **leichtfertigen Steuerverkürzung** (§ 378 AO) gegeben sein, die **Ordnungswidrigkeiten** sind und mit einer **Geldbuße** geahndet werden (bei der **Steuergefährdung** bis zu 5.000 € und bei der **leichtfertigen Steuerverkürzung** bis zu 50.000 €).

Sofern Herr Sailer vorsätzlich unrichtige oder unvollständige Angaben macht und dadurch Steuern verkürzt oder für sich oder einen anderen ungerechtfertigte Steuervorteile verschafft, könnte der Tatbestand der **Steuerhinterziehung** gegeben sein. In diesem Fall würde Herrn Sailer eine **Geld- oder Freiheitsstrafe** drohen (§ 370 AO).

Lösung zu 3:

Fall 1: Abkürzungen sind zulässig, wenn diese eindeutig und nachvollziehbar sind (vgl. § 239 Abs. 1 HGB), was im vorliegenden Fall gewährleistet ist. Es liegt kein Verstoß gegen die GoB vor.

Fall 2: Die verwendeten Abkürzungen sind nicht eindeutig. Es liegt somit ein **Verstoß gegen den Grundsatz der Verständlichkeit** vor (Verstoß gegen § 239 Abs. 1 Satz 2 HGB).

Fall 3: Die Eintragungen in den Büchern und die sonst erforderlichen Aufzeichnungen sind zeitnah vorzunehmen (vgl. § 239 Abs. 2 HGB). Die Aufzeichnung der Kassenbewegungen soll hierbei täglich vorgenommen werden (vgl. § 146 Abs. 1 Satz 2 AO). Die Aufzeichnung nur am Monatsende jeweils für den abgelaufenen Monat kann bei Kassenunterlagen somit nicht als zeitgerecht angesehen werden. Es liegt somit ein **Verstoß gegen den Grundsatz der zeitnahen Eintragung** vor.

Die Eintragungen mit Bleistift sind ebenfalls unzulässig (vgl. 239 Abs. 3 HGB). Sie sind ein **Verstoß gegen den Grundsatz der Unveränderlichkeit der Aufzeichnungen**.

Fall 4: Aufzeichnungen und Buchungen erfolgen auf der Grundlage vorliegender Belege (vgl. § 238 Abs. 1 Satz 3 HGB). Da die Buchung der Privateinlagen ohne Belege vorgenommen wird, liegt ein **Verstoß gegen das Belegprinzip** vor. Außerdem könnte auch ein **Verstoß gegen den Grundsatz der Vollständigkeit und Richtigkeit** vorliegen, sofern Sachverhalte erfasst werden, die nicht stattgefunden haben (Verbot fiktiver Buchungen).

Fall 5: Alle buchungsrelevanten Vorgänge müssen in der Buchführung erfasst werden (vgl. § 239 Abs. 2 HGB). Die Nichterfassung der Warenlieferung ist deshalb ein **Verstoß gegen den Grundsatz der Vollständigkeit**. Die Forderung aus der Warenlieferung und die Verbindlichkeit aus dem Warenbezug dürfen im Jahresabschluss auch nicht verrechnet werden (**Verrechnungsverbot** nach § 246 Abs. 2 HGB).

Lösung zu 4:

Fall	Beginn und Enddatum der Aufbewahrungsfrist
1. Buchungsbelege des Kj. 2015	31.12.2015 um 24:00 Uhr + 10 Jahre = **31.12.2025** um 24:00 Uhr
2. Geschäftskorrespondenz März 2016	31.12.2016 um 24:00 Uhr + 6 Jahre = **31.12.2022** um 24:00 Uhr
3. Eröffnungsbilanz des Kj. 2010, aufgestellt am 20.03.2010	31.12.2010 um 24:00 Uhr + 10 Jahre = **31.12.2020** um 24:00 Uhr
4. Ausgangsrechnungen des Monats Oktober 2013	31.12.2013 um 24:00 Uhr + 10 Jahre = **31.12.2023** um 24:00 Uhr
5. Jahresabschluss 2016, aufgestellt am 15.04.2017	31.12.2017 um 24:00 Uhr + 10 Jahre = **31.12.2027** um 24:00 Uhr

Lösung zu 5:

		Menge	Wert
Fallvariante 1:			
	Bestand am 15.11.	234 Stück · 55 € =	12.870 €
+	Zugang 16.11. - 31.12.	300 Stück · 55 € =	16.500 €
-	Abgang 16.11. - 31.12.	355 Stück · 55 € =	19.525 €
=	**Bestand am 31.12.**	**179 Stück · 55 € =**	**9.845 €**
Fallvariante 2:			
	Bestand am 31.01.	157 Stück · 36,10 € =	5.667,70 €
-	Zugang 01.01. - 31.01.	250 Stück · 36,10 € =	9.025,00 €
+	Abgang 01.01. - 31.01.	188 Stück · 36,10 € =	6.786,80 €
=	**Bestand am 31.01.**	**95 Stück · 36,10 € =**	**3.429,50 €**

Lösung zu 6:

Inventar „FahrRad e. K." für den 31. Dezember		
I. Vermögen	Euro	Euro
1. Anlagevermögen		
1.1 Betriebs- und Geschäftsausstattung		
1 Pkw VW Passat	18.500	
1 Ladeneinrichtung	22.350	
Sonstige Betriebs- und Geschäftsausstattung lt. Verzeichnis 1	15.112	55.962
2. Umlaufvermögen		
2.1 Waren		
Fahrräder und Roller lt. Verzeichnis 2	76.897	
Fahrradzubehör und Ersatzteile lt. Verzeichnis 3	4.825	
Fahrradbekleidung lt. Verzeichnis 4	13.463	95.185
2.2 Forderungen		
Forderungen gegenüber Kunden lt. Verzeichnis 5		14.680
2.3 Bankguthaben und Kassenbestand		
Postbank	5.628	
Kassenbestand	535	6.163
Summe des Vermögens		171.990
II. Schulden		
1. Langfristige Schulden		
Darlehensschuld bei der Volksbank Köln		85.300
2. Kurzfristige Schulden		
Schulden bei der Sparkasse Köln (Girokonto)	2.355	
Schulden gegenüber Lieferanten lt. Verzeichnis 6	34.335	36.690
Summe der Schulden		121.990
III. Ermittlung des Reinvermögens		
Summe des Vermögens		171.990
- Summe der Schulden		121.990
= **Reinvermögen (Eigenkapital)**		50.000

Lösung zu 7:

AKTIVA	Bilanz zum 31.12. ...		PASSIVA
	Euro		Euro
I. Anlagevermögen		**I. Eigenkapital**	50.000
1. Betriebs- und Geschäftsausstattung	55.962	**II. Verbindlichkeiten**	
II. Umlaufvermögen		1. Verbindlichkeiten gegenüber Kreditinstituten	87.655
1. Waren	95.185	2. Verbindlichkeiten aus Lieferungen und Leistungen	34.335
2. Forderungen aus Lieferungen und Leistungen	14.680		
3. Bankguthaben und Kassenbestand	6.163		
	171.990		171.990

Lösung zu 8:

1. **Aktiv-Passiv-Mehrung:** Erhöhung des Warenbestandes (Vorräte) und Erhöhung der Verbindlichkeiten aus Lieferungen und Leistungen.
2. **Aktiv-Tausch:** Erhöhung des Anlagevermögens (Betriebs- und Geschäftsausstattung) und Verminderung des Umlaufvermögens (Bankguthaben).
3. **Aktiv-Passiv-Minderung:** Verminderung des Umlaufvermögens (Bankguthaben) und Verminderung der Verbindlichkeiten gegenüber Kreditinstituten.
4. **Aktiv-Tausch:** Verminderung der Forderungen aus Lieferungen und Leistungen und Erhöhung des Kassenbestandes.
5. **Aktiv-Passiv-Minderung:** Verminderung des Umlaufvermögens (Forderungen aus Lieferungen und Leistungen) und Verminderung der Verbindlichkeiten (Verbindlichkeiten aus Lieferungen und Leistungen).

Lösung zu 9:

S	Grund und Boden	H
AB	200.000,00	

S	Gebäude	H
AB	400.000,00	

S	Maschinen	H
AB	100.000,00	

S	BGA	H
AB	50.000,00	

S	Kasse	H
AB	1.000,00	

S	Eigenkapital	H
	AB	161.000,00

S	Verb. gegenüber Kred.	H
	AB	365.000,00

S	Verb. aus LuL	H
	AB	235.000,00

S	Bank	H
AB	10.000,00	

S	Saldenvorträge		H
AB Eigenkapital	161.000,00	AB Grund und Boden	200.000,00
AB Verb. gegenüber Kreditinstituten	365.000,00	AB Gebäude	400.000,00
AB Verb. a LuL	235.000,00	AB Maschinen	100.000,00
		AB BGA	50.000,00
		AB Bank	10.000,00
		AB Kasse	1.000,00
	761.000,00		761.000,00

Lösung zu 10:

S	Grund und Boden		H
AB	200.000,00		

S	Gebäude		H
AB	400.000,00		

S	Maschinen		H
AB	100.000,00		
1)	10.000,00		

S	BGA		H
AB	50.000,00		
3)	1.000,00		

S	Bank		H
AB	10.000,00	2)	1.000,00
5)	5.000,00	4)	600,00

S	Kasse		H
AB	1.000,00	3)	1.000,00
2)	1.000,00		

S	Eigenkapital		H
		AB	161.000,00

S	Verb. gegenüber Kred.		H
		AB	365.000,00
		5)	5.000,00

S	Verb. a LuL		H
4)	600,00	AB	235.000,00
		1)	10.000,00

Lösung zu 11:

S	Grund und Boden		H
AB	200.000,00	SBK	200.000,00

S	Gebäude		H
AB	400.000,00	SBK	400.000,00

S	Maschinen		H
AB	100.000,00	SBK	110.000,00
1)	10.000,00		
	110.000,00		110.000,00

S	BGA		H
AB	50.000,00	SBK	51.000,00
3)	1.000,00		
	51.000,00		51.000,00

S	Bank		H
AB	10.000,00	2)	1.000,00
5)	5.000,00	4)	600,00
		SBK	13.400,00
	15.000,00		15.000,00

S	Kasse		H
AB	1.000,00	3)	1.000,00
2)	1.000,00	SBK	1.000,00
	2.000,00		2.000,00

S	Eigenkapital		H
SBK	161.000,00	AB	161.000,00

S	Verb. gegenüber Kred.		H
SBK	370.000,00	AB	365.000,00
		5)	5.000,00
	370.000,00		370.000,00

S	Verb. aus LuL		H
4)	600,00	AB	235.000,00
SBK	244.400,00	1)	10.000,00
	245.000,00		245.000,00

S	Schlussbilanzkonto (SBK)		H
Grund und Boden	200.000,00	Eigenkapital	161.000,00
Gebäude	400.000,00	Verb. geg. Kreditinst.	370.000,00
Maschinen	110.000,00	Verb. a LuL	244.400,00
BGA	51.000,00		
Bank	13.400,00		
Kasse	1.000,00		
	775.400,00		775.400,00

Lösung zu 12:

1. Maschinen an Verbindl. a LuL 10.000,00 €
2. Kasse an Bank 1.000,00 €
3. Büroeinrichtung an Kasse 1.000,00 €
4. Verbindl. a LuL an Bank 600,00 €
5. Bank an Verbindl. geg. Kreditinst. 5.000,00 €

Nr.	Sollkonto	Betrag (Euro)	Habenkonto
1.	Maschinen	10.000,00	Verbindl. a LuL
2.	Kasse	1.000,00	Bank
3.	Büroeinrichtung	1.000,00	Kasse
4.	Verbindl. a LuL	600,00	Bank
5.	Bank	5.000,00	Verbindl. geg. Kreditinst.

Lösung zu 13:

1. Löhne an Kasse 300,00 €
2. Bank an Zinserträge 100,00 €
3. Kfz-Versicherung an Bank 400,00 €
4. Zinsen an Bank 50,00 €
5. Porto an Kasse 150,00 €
6. Bank an Mieterträge 1.000,00 €

Nr.	Sollkonto	Betrag (Euro)	Habenkonto
1.	Löhne	300,00	Kasse
2.	Bank	100,00	Zinserträge
3.	Kfz-Versicherung	400,00	Bank
4.	Zinsen	50,00	Bank
5.	Porto	150,00	Kasse
6.	Bank	1.000,00	Mieterträge

S	Löhne	H
1) 300,00		

S	Kasse	H
	1)	300,00
	5)	150,00

S	Zinserträge	H
	2)	100,00

S	Zinsen	H
4) 50,00		

S	Bank	H
2) 100,00	3)	400,00
6) 1.000,00	4)	50,00

S	Mieterträge	H
	6)	1.000,00

S	Kfz.-Vers.	H
3) 400,00		

S	Porto	H
5) 150,00		

Lösung zu 14:

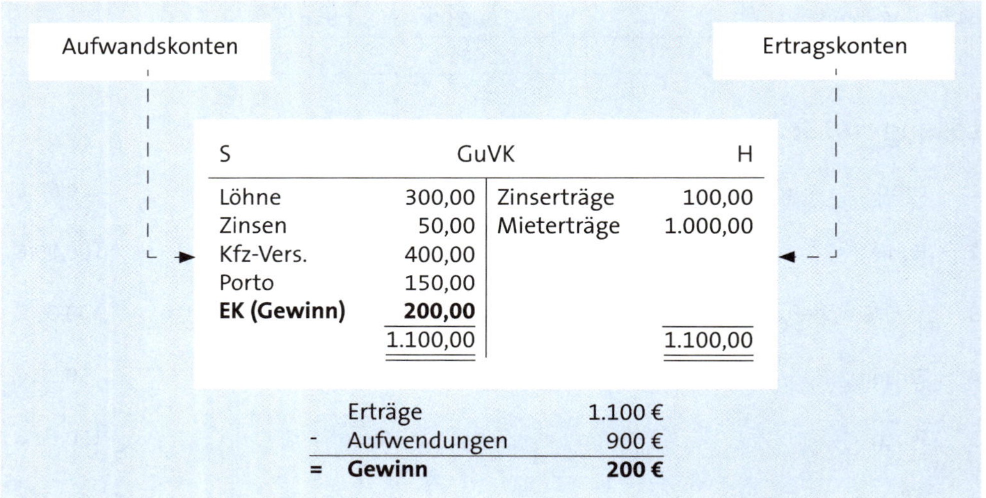

S	GuVK		H
Löhne	300,00	Zinserträge	100,00
Zinsen	50,00	Mieterträge	1.000,00
Kfz-Vers.	400,00		
Porto	150,00		
EK (Gewinn)	**200,00**		
	1.100,00		1.100,00

	Erträge	1.100 €
-	Aufwendungen	900 €
=	**Gewinn**	**200 €**

Lösung zu 15:

Bestandskonten

S	Pkw		H
AB	70.000,00	SBK	84.000,00
f)	14.000,00		
	84.000,00		84.000,00

S	Eigenkapital		H
SBK	63.330,00	AB	62.000,00
		GuVK	1.330,00
	63.330,00		63.330,00

S	Ladeneinrichtung		H
AB	15.000,00	SBK	16.800,00
a)	1.800,00		
	16.800,00		16.800,00

S	Verbindlichkeiten gegenüber Kreditinstituten		H
SBK	28.700,00	AB	28.700,00

S	Bank		H
AB	20.000,00	c)	280,00
b)	3.500,00	SBK	23.330,00
e)	110,00		
	23.610,00		23.610,00

S	Verbindl. a LuL		H
SBK	33.600,00	AB	17.800,00
		a)	1.800,00
		f)	14.000,00
	33.600,00		33.600,00

S	Kasse		H
AB	3.500,00	d)	2.000,00
		SBK	1.500,00
	3.500,00		3.500,00

Erfolgskonten

S	Zinsaufwendungen		H
c)	280,00	GuVK	280,00

S	Zinserträge		H
GuVK	110,00	e)	110,00

S	Gehälter		H
d)	2.000,00	GuVK	2.000,00

S	Provisionserlöse		H
GuVK	3.500,00	b)	3.500,00

Abschlusskonten

S	GuVK	H
	280,00	110,00
	2.000,00	3.500,00
Gewinn	1.330,00	
	3.610,00	3.610,00

S	SBK	H
	84.000,00	63.330,00
	16.800,00	28.700,00
	23.330,00	33.600,00
	1.500,00	
	125.630,00	125.630,00

Buchungssätze

	Sollkonto – SKR 03 (SKR 04)		**Betrag (Euro)**	**Habenkonto** – SKR 03 (SKR 04)	
a)	Ladeneinrichtung	0430 (0640)	1.800,00	Verbindl. a LuL	1600 (3300)
b)	Bank	1200 (1800)	3.500,00	Provisionserlöse	8510 (4560)
c)	Zinsaufwendungen	2110 (7310)	280,00	Bank	1200 (1800)
d)	Gehälter	4120 (6020)	2.000,00	Kasse	1000 (1600)
e)	Bank	1200 (1800)	110,00	Zinserträge	2650 (7110)
f)	Pkw	0320 (0520)	14.000,00	Verbindl. a LuL	1600 (3300)

Gewinnermittlung

Eigenkapital am Ende (SB)	63.330 €
Eigenkapital am Anfang (AB)	62.000 €
Gewinn	**1.330 €**

oder:

Erträge	
► Provisionserlöse	3.500 €
► Zinserträge	110 €
	3.610 €
- Aufwendungen	
► Gehälter	2.000 €
► Zinsaufwendungen	280 €
Gewinn	**1.330 €**

Lösung zu 16:

	SKR 03	SKR 04
Kasse	1000	1600
Bank	1200	1800
Maschinen	0210	0440
Pkw	0320	0520
Forderungen aus Lieferungen und Leistungen	1400	1200
Verbindlichkeiten aus Lieferungen und Leistungen	1600	3300
Unbebaute Grundstücke	0065	0215
Bebaute Grundstücke	0085	0235
Wareneinkauf	3200	5200
Warenbestand	3980	1140
laufende Kfz-Betriebskosten	4530	6530
Werbekosten	4600	6600

Lösung zu 17:

USt-Traglast	Nettoumsatz Getränkeverkauf	8.000 €	
	Nettoumsatz Vermietung Theke	200 €	
	Summe der Umsätze zu 19 % USt	8.200 €	
	· 19 % = USt-Traglast		1.558 €
Vorsteuer	aus Getränkeeinkauf	950 €	
	aus Telefonrechnung	95 €	
		1.045 €	- 1.045 €
USt-Zahllast			**513 €**

Lösung zu 18:

	Sollkonto – SKR 03 (SKR 04)		**Betrag (Euro)**	**Habenkonto** – SKR 03 (SKR 04)	
1.	Forderungen a LuL	1400 (1200)	80,00	Erlöse zu 19 % USt	8400 (4400)
	Forderungen a LuL	1400 (1200)	15,20	Umsatzsteuer 19 %	1776 (3806)
2.	Kasse	1000 (1600)	200,00	Erlöse zu 19 % USt	8400 (4400)
	Kasse	1000 (1600)	38,00	Umsatzsteuer 19 %	1776 (3806)
3.	Bank	1200 (1800)	500,00	Erlöse zu 19 % USt	8400 (4400)
	Bank	1200 (1800)	95,00	Umsatzsteuer 19 %	1776 (3806)

S	Forderungen a LuL		H
1)	95,20		

S	Kasse		H
2)	238,00		

S	Bank		H
3)	595,00		

S	Erlöse zu 19 % USt		H
		1)	80,00
		2)	200,00
		3)	500,00

S	Umsatzsteuer 19 %		H
		1)	15,20
		2)	38,00
		3)	95,00

Lösung zu 19:

Tz.	**Sollkonto** – SKR 03 (SKR 04)		**Betrag (Euro)**	**Habenkonto** – SKR 03 (SKR 04)	
1.	Bürobedarf Vorsteuer 19 %	4930 (6815) 1576 (1406)	100,00 19,00	Kasse Kasse	1000 (1600) 1000 (1600)
2.	Büroeinrichtung Vorsteuer 19 %	0420 (0650) 1576 (1406)	500,00 95,00	Verbindl. a LuL Verbindl. a LuL	1600 (3300) 1600 (3300)
3.	Telefon Vorsteuer 19 %	4920 (6805) 1576 (1406)	200,00 38,00	Verbindl. a LuL Verbindl. a LuL	1600 (3300) 1600 (3300)
4.	Kfz-Reparaturen Vorsteuer 19 %	4540 (6540) 1576 (1406)	600,00 114,00	Bank Bank	1200 (1800) 1200 (1800)
5.	Verbindl. a LuL	1600 (3300)	238,00	Bank	1200 (1800)

S	Bürobedarf		H
1)	100,00		

S	Büroeinrichtung		H
2)	500,00		

S	Telefon		H
3)	200,00		

S	Kfz-Reparaturen		H
4)	600,00		

S	Vorsteuer 19 %		H
1)	19,00		
2)	95,00		
3)	38,00		
4)	114,00		

S	Verb. a LuL		H
5)	238,00	2)	595,00
		3)	238,00

S	Bank		H
		4)	714,00
		5)	238,00

S	Kasse		H
		1)	119,00

Lösung zu 20:

	Sollkonto – SKR 03 (SKR 04)		**Betrag (Euro)**	**Habenkonto** – SKR 03 (SKR 04)	
1.	Bürobedarf Vorsteuer 19 %	4930 (6815) 1576 (1406)	75,00 14,25	Kasse Kasse	1000 (1600) 1000 (1600)
2.	Bank Bank	1200 (1800) 1200 (1800)	1.000,00 190,00	Erlöse zu 19 % USt Umsatzsteuer 19 %	8400 (4400) 1776 (3806)
3.	Bank	1200 (1800)	250,00	Zinserträge	2650 (7110)
4.	BGA Vorsteuer 19 %	0300 (0500) 1576 (1406)	5.000,00 950,00	Verbindl. a LuL Verbindl. a LuL	1600 (3300) 1600 (3300)
5.	Telefon Vorsteuer 19 %	4920 (6805) 1576 (1406)	150,00 28,50	Verbindl. a LuL Verbindl. a LuL	1600 (3300) 1600 (3300)
6.	Bank Bank	1200 (1800) 1200 (1800)	10.000,00 1.900,00	Provisionserlöse Umsatzsteuer 19 %	8510 (4560) 1776 (3806)
7.	Verbindl. a LuL	1600 (3300)	178,50	Bank	1200 (1800)
8.	USt-Vorauszahlungen	1780 (3820)	525,00	Bank	1200 (1800)

Bestandskonten

S — Bebaute Grundstücke — H

S		H	
AB	100.000,00	SBK	100.000,00
	100.000,00		100.000,00

S — Eigenkapital — H

S		H	
SBK	160.075,00	AB	149.050,00
		GuVK	11.025,00
	160.075,00		160.075,00

S — Geschäftsbauten — H

S		H	
AB	200.000,00	SBK	200.000,00
	200.000,00		200.000,00

S — Verbindl. geg. Kreditinst. — H

S		H	
SBK	225.750,00	AB	225.750,00
	225.750,00		225.750,00

S — Betriebs- u. Geschäftsausstattung — H

S		H	
AB	75.000,00	SBK	80.000,00
4)	5.000,00		
	80.000,00		80.000,00

S — Verbindl. a LuL — H

S		H	
7)	178,50	AB	6.350,00
SBK	12.300,00	4)	5.950,00
		5)	178,50
	12.478,50		12.478,50

S — Forderungen a LuL — H

S		H	
AB	5.225,00	SBK	5.225,00
	5.225,00		5.225,00

S — Umsatzsteuer — H

S		H	
Vorsteuer	992,75	AB	–,—
USt-Vorausz.	525,00	2)	190,00
SBK	572,25	6)	1.900,00
	2.090,00		2.090,00

S	Bank		H
AB	575,00	7)	178,50
2)	1.190,00	8)	525,00
3)	250,00	SBK	13.211,50
6)	11.900,00		
	13.915,00		13.915,00

S	USt-Vorauszahlungen		H
8)	525,00	USt	525,00
	525,00		525,00

S	Kasse		H
AB	350,00	1)	89,25
		SBK	260,75
	350,00		350,00

S	Vorsteuer		H
AB	–,—	USt	992,75
1)	14,25		
4)	950,00		
5)	28,50		
	992,75		992,75

Erfolgskonten

S	Telefon		H
5)	150,00	GuVK	150,00
	150,00		150,00

S	Umsatzerlöse		H
GuVK	1.000,00	2)	1.000,00
	1.000,00		1.000,00

S	Bürobedarf		H
1)	75,00	GuVK	75,00
	75,00		75,00

S	Provisionserlöse		H
GuVK	10.000,00	6)	10.000,00
	10.000,00		10.000,00

S	Zinserträge		H
GuVK	250,00	3)	250,00
	250,00		250,00

Abschlusskonten

S	GuVK		H
Telefon	150,00	Umsatzerl.	1.000,00
Bürobedarf	75,00	Provisions-erlöse	10.000,00
Gewinn (EK)	11.025.00	Zinsertr.	250,00
	11.250,00		11.250,00

S	SBK		H
Grund-stücke	100.000,00	EK	160.075,00
Geschäfts-bauten	200.000,00	Verb. Kredit-inst.	225.750,00
BGA	80.000,00	Verbindl. a LuL	12.300,00
Forderungen a LuL	5.225,00	USt	572,25
Bank	13.211,50		
Kasse	260,75		
	398.697,25		398.697,25

Lösung zu 21:

	Sollkonto – SKR 03 (SKR 04)		**Betrag (Euro)**	**Habenkonto** – SKR 03 (SKR 04)	
1.	Wareneingang 19 %	3400 (5400)	6.000,00	Verbindl. a LuL	1600 (3300)
	Vorsteuer 19 %	1576 (1406)	1.140,00	Verbindl. a LuL	1600 (3300)
2.	Bezugsnebenkosten	3800 (5800)	200,00	Verbindl. a LuL	1600 (3300)
	Vorsteuer 19 %	1576 (1406)	38,00	Verbindl. a LuL	1600 (3300)
3.	Verbindl. a LuL	1600 (3300)	400,00	Wareneingang 19 %	3400 (5400)
	Verbindl. a LuL	1600 (3300)	76,00	Vorsteuer 19 %	1576 (1406)
4.	Wareneingang 19 %	3400 (5400)	3.000,00	Verbindl. a LuL	1600 (3300)
	Verbindl. a LuL	1600 (3300)	150,00	Erhaltene Rabatte 19 %	3790 (5790)
	Vorsteuer 19 %	1576 (1406)	541,50	Verbindl. a LuL	1600 (3300)
5.	Wareneingang 19 %	3400 (5400)	3.000,00	Verbindl. a LuL	1600 (3300)
	Vorsteuer 19 %	1576 (1406)	570,00	Verbindl. a LuL	1600 (3300)
6.	Verbindl. a LuL	1600 (3300)	3.498,60	Bank	1200 (1800)
	Verbindl. a LuL	1600 (3300)	60,00	Erhaltene Skonti 19 %	3736 (5736)
	Verbindl. a LuL	1600 (3300)	11,40	Vorsteuer 19 %	1576 (1406)

Lösung zu 22:

	Sollkonto – SKR 03 (SKR 04)		**Betrag (Euro)**	**Habenkonto** – SKR 03 (SKR 04)	
1.	Forderungen a LuL	1400 (1200)	150,00	Erlöse 19 %	8400 (4400)
	Forderungen a LuL	1400 (1200)	28,50	Umsatzsteuer 19 %	1776 (3806)
2.	Verpackungsmat.	4710 (6710)	1.000,00	Verbindl. a LuL	1600 (3300)
	Vorsteuer 19 %	1576 (1406)	190,00	Verbindl. a LuL	1600 (3300)
3.	Forderungen a LuL	1400 (1200)	10.000,00	Erlöse 19 %	8400 (4400)
	Forderungen a LuL	1400 (1200)	1.900,00	Umsatzsteuer 19 %	1776 (3806)
4.	Ausgangsfrachten	4730 (6740)	200,00	Verbindl. a LuL	1600 (3300)
	Vorsteuer 19 %	1576 (1406)	38,00	Verbindl. a LuL	1600 (3300)
5.	Transportvers.	4750 (6760)	100,00	Kasse	1000 (1600)

Lösung zu 23:

	Sollkonto – SKR 03 (SKR 04)		**Betrag (Euro)**	**Habenkonto** – SKR 03 (SKR 04)	
1.	Erlösschm. 19 %	8720 (4720)	80,00	Forderungen a LuL	1400 (1200)
	Umsatzsteuer 19 %	1776 (3806)	15,20	Forderungen a LuL	1400 (1200)
2.	Forderungen a LuL	1400 (1200)	2.000,00	Erlöse 19 %	8400 (4400)
	Gew. Rabatte 19 %	8790 (4790)	100,00	Forderungen a LuL	1400 (1200)
	Forderungen a LuL	1400 (1200)	361,00	Umsatzsteuer 19 %	1776 (3806)
3.	Bank	1200 (1800)	2.215,78	Forderungen a LuL	1400 (1200)
	Gew. Skonti 19 %	8736 (4736)	38,00	Forderungen a LuL	1400 (1200)
	Umsatzsteuer 19 %	1776 (3806)	7,22	Forderungen a LuL	1400 (1200)
4.	Gew. Rabatte 19 %	8790 (4790)	500,00	Forderungen a LuL	1400 (1200)
	Umsatzsteuer 19 %	1776 (3806)	95,00	Forderungen a LuL	1400 (1200)
5.	Verbindl. a LuL	1600 (3300)	340,00	Nachlässe 19 %	3720 (5720)
	Verbindl. a LuL	1600 (3300)	64,60	Vorsteuer 19 %	1576 (1406)
6.	Erlöse 19 %	8400 (4400)	260,00	Forderungen a LuL	1400 (1200)
	Umsatzsteuer 19 %	1776 (3806)	49,40	Forderungen a LuL	1400 (1200)
7.	Wareneingang 19 %	3400 (5400)	5.000,00	Verbindl. a LuL	1600 (3300)
	Verbindl. a LuL	1600 (3300)	250,00	Erh. Rabatte 19 %	3790 (5770)
	Vorsteuer 19 %	1576 (1406)	902,50	Verbindlichkeiten a LuL	1600 (3300)
8.	Verbindl. a LuL	1600 (3300)	5.482,93	Bank	1200 (1800)
	Verbindl. a LuL	1600 (3300)	142,50	Erh. Skonti 19 %	3736 (5736)
	Verbindl. a LuL	1600 (3300)	27,07	Vorsteuer 19 %	1576 (1406)
9.	Forderungen a LuL	1400 (1200)	10.000,00	Erlöse 19 % USt	8400 (4400)
	Gew. Rabatte 19 %	8790 (4790)	1.000,00	Forderungen a LuL	1400 (1200)
	Forderungen a LuL	1400 (1200)	1.710,00	Umsatzsteuer 19 %	1776 (3806)
10.	Bank	1200 (1800)	10.495,80	Forderungen a LuL	1400 (1200)
	Gew. Skonti 19 %	8736 (4736)	180,00	Forderungen a LuL	1400 (1200)
	Umsatzsteuer 19 %	1776 (3806)	34,20	Forderungen a LuL	1400 (1200)

Lösung zu 24:

	Sollkonto – SKR 03 (SKR 04)		**Betrag (Euro)**	**Habenkonto** – SKR 03 (SKR 04)	
1.	Wareneingang 19 % Vorsteuer 19 %	3400 (5400) 1576 (1406)	10.000,00 1.900,00	Verbindl. a LuL Verbindl. a LuL	1600 (3300) 1600 (3300)
2.	Bezugsnebenkosten Vorsteuer 19 %	3800 (5800) 1576 (1406)	200,00 38,00	Kasse Kasse	1000 (1600) 1000 (1600)
3.	Verbindl. a LuL Verbindl. a LuL	1600 (3300) 1600 (3300)	1.000,00 190,00	Wareneingang 19 % Vorsteuer 19 %	3400 (5400) 1576 (1406)
4.	Verbindl. a LuL Verbindl. a LuL Verbindl. a LuL	1600 (3300) 1600 (3300) 1600 (3300)	10.495,80 180,00 34,20	Bank Erhaltene Skonti Vorsteuer 19 %	1200 (1800) 3736 (5736) 1576 (1406)
5.	Forderungen a LuL Gew. Rabatte 19 % Forderungen a LuL	1400 (1200) 8790 (4790) 1400 (1200)	20.000,00 2.000,00 3.420,00	Erlöse 19 % Forderungen a LuL Umsatzsteuer 19 %	8400 (4400) 1400 (1200) 1776 (3806)
6.	Bank Gew. Skonti 19 % Umsatzsteuer 19 %	1200 (1800) 8736 (4736) 1776 (3806)	20.991,60 360,00 68,40	Forderungen a LuL Forderungen a LuL Forderungen a LuL	1400 (1200) 1400 (1200) 1400 (1200)
7.	Verpackungsmaterial Vorsteuer 19 %	4710 (6710) 1576 (1406)	500,00 95,00	Verbindl. a LuL Verbindl. a LuL	1600 (3300) 1600 (3300)
8.	Transport- versicherungen	4750 (6760)	150,00	Kasse	1000 (1600)

S	Betriebs- u. Geschäftsausstattung		H
AB	100.000,00	SBK	100.000,00

S	Eigenkapital		H
SBK	77.470,00	AB	71.500,00
		GuVK	5.970,00
	77.470,00		77.470,00

S	Bestand Waren		H
AB	50.000,00	SBK	48.000,00
		BVW	2.000,00
	50.000,00		50.000,00

S	Verbindlichkeiten geg. Kreditinstituten		H
SBK	80.000,00	AB	80.000,00

S	Forderungen a LuL		H
AB	15.000,00	5)	2.000,00
5)	20.000,00	6)	21.420,00
5)	3.420,00	SBK	15.000,00
	38.420,00		38.420,00

S	Verbindl. a LuL		H
3)	1.190,00	AB	16.000,00
4)	10.710,00	1)	11.900,00
SBK	16.595,00	7)	595,00
	28.495,00		28.495,00

S	Bank		H
AB	2.000,00	4)	10.495,80
6)	20.991,60	SBK	12.495,80
	22.991,60		22.991,60

S	Vorsteuer		H
1)	1.900,00	3)	190,00
2)	38,00	4)	34,20
7)	95,00	USt	1.808,80
	2.033,00		2.033,00

S	Kasse		H
AB	500,00	2)	238,00
		8)	150,00
		SBK	112,00
	500,00		500,00

S	Umsatzsteuer		H
6)	68,40	5)	3.420,00
VoSt	1.808,80		
SBK	1.542,80		
	3.420,00		3.420,00

S	Wareneingang (WE)		H
1)	10.000,00	3)	1.000,00
BVW	2.000,00	Erh.	
Bezugsnk.	200,00	Skonti	180,00
		GuVK	11.020,00
	12.200,00		12.200,00

S	Erlöse		H
Gew.		5)	20.000,00
Rabatte	2.000,00		
Gew.			
Skonti	360,00		
GuVK	17.640,00		
	20.000,00		20.000,00

S	Bezugsnebenkosten		H
2)	200,00	WE	200,00

S	Gewährte Rabatte		H
5)	2.000,00	Erlöse	2.000,00

S	Erhaltene Skonti		H
WE	180,00	4)	180,00

S	Gewährte Skonti		H
6)	360,00	Erlöse	360,00

S	Verpackungsmaterial		H
7)	500,00	GuVK	500,00

S	Transportversicherungen		H
8)	150,00	GuVK	150,00

S	Bestandsveränderungen Waren (BVW)		H
Bestand Waren	2.000,00	WE	2.000,00

S	GuVK		H
WE	11.020,00	Erlöse	17.640,00
Verp.mat.	500,00		
Transp.-vers.	150,00		
Gewinn EK	5.970,00		
	17.640,00		17.640,00

S	SBK		H
BGA	100.000,00	EK	77.470,00
Bestand Waren	48.000,00	Verb. Kredit-inst.	80.000,00
Ford. a LuL	15.000,00	Verb. a LuL	16.595,00
Bank	12.495,80	USt	1.542,80
Kasse	112,00		
	175.607,80		175.607,80

Lösung zu 25:

	Sollkonto – SKR 03 (SKR 04)		**Betrag (Euro)**	**Habenkonto** – SKR 03 (SKR 04)	
1.	Aufw. für Rohst. Vorsteuer 19 %	3030 (5030) 1576 (1406)	10.000,00 1.900,00	Verbindl. a LuL Verbindl. a LuL	1600 (3300) 1600 (3300)
2.	Bezugsnebenkosten Vorsteuer 19 %	3800 (5800) 1576 (1406)	200,00 38,00	Kasse Kasse	1000 (1600) 1000 (1600)
3.	Verbindl. a LuL Verbindl. a LuL	1600 (3300) 1600 (3300)	1.000,00 190,00	Aufw. für Rohst. Vorsteuer 19 %	3030 (5030) 1576 (1406)
4.	Verbindl. a LuL Verbindl. a LuL Verbindl. a LuL	1600 (3300) 1600 (3300) 1600 (3300)	10.495,80 180,00 34,20	Bank Erhaltene Skonti Vorsteuer 19 %	1200 (1800) 3738 (5738) 1576 (1406)
5.	Forderungen a LuL Gew. Rabatte 7 % Forderungen a LuL	1400 (1200) 8780 (4780) 1400 (1200)	20.000,00 2.000,00 1.260,00	Erlöse 7 % Forderungen a LuL Umsatzsteuer 7 %	8300 (4300) 1400 (1200) 1771 (3801)

Lösung zu 26:

	Sollkonto – SKR 03 (SKR 04)		**Betrag (Euro)**	**Habenkonto** – SKR 03 (SKR 04)	
1.	Privatentn. allg.	1800 (2100)	1.190,00	Bank	1200 (1800)
2.	Privatentn. allg.	1800 (2100)	2.000,00	Bank	1200 (1800)
3.	Privatentn. allg.	1800 (2100)	100,00	Kasse	1000 (1600)
4.	Privatsteuern	1810 (2150)	1.600,00	Bank	1200 (1800)

Lösung zu 27:

	Sollkonto – SKR 03 (SKR 04)		**Betrag (Euro)**	**Habenkonto** – SKR 03 (SKR 04)	
1.	 Unentgeltl. Wertabg. Unentgeltl. Wertabg.	 1880 (2130) 1880 (2130)	 50,00 9,50	Entnahme durch den Untern. (Waren) 19 % Umsatzsteuer 19 %	 8910 (4620) 1776 (3806)
2.	Privatentn. allg.	1800 (2100)	178,50	Bank	1200 (1800)
3.	 Unentgeltl. Wertabg. Unentgeltl. Wertabg.	 1880 (2130) 1880 (2130)	 200,00 14,00	Entnahme durch den Untern. (Waren) 7 % Umsatzsteuer 7 %	 8915 (4610) 1771 (3801)

Lösung zu 28:

Berechnung der Nutzungsentnahme:

Bruttolistenpreis 33.333,00 €	Abrundung auf volle 100,00 € ergibt 33.300,00 €
33.300,00 € · 1 % =	333,00 €/Monat
► Privatnutzung, die der USt unterliegt	333,00 € · **80 %** = 266,40 € (netto)
► Umsatzsteuer hierzu	266,40 € · 19 % = 50,62 €
► Privatnutzung, die nicht der USt unterliegt	333,00 € · **20 %** = 66,60 €

Buchung:

	Sollkonto – SKR 03 (SKR 04)	**Betrag (Euro)**	**Habenkonto** – SKR 03 (SKR 04)
1.	Unentgeltl. Wertabgaben 1880 (2130)	266,40	Verwendung von Gegenst. für Zwecke außerhalb des Untern. 19 % USt 8921 (4645)
2.	Unentgeltl. Wertabgaben 1880 (2130)	66,60	Verwendung von Gegenst. für Zwecke außerhalb des Untern. ohne USt 8924 (4639)
3.	Unentgeltl. Wertabgaben 1880 (2130)	50,62	Umsatzsteuer 19 % 1776 (3806)

Lösung zu 29:

	EK am 31.12.20	115.438 €
-	EK am 31.12.19	111.100 €
=	Unterschiedsbetrag	4.338 €
+	Privatentnahmen 2020	33.300 €
-	Privateinlagen 2020	638 €
=	**Gewinn 2020**	**37.000 €**

Lösung zu 30:

	Sollkonto SKR 03 (SKR 04)	**Betrag (Euro)**	**Habenkonto** SKR 03 (SKR 04)	**Aufwand (Euro)**	**Ertrag (Euro)**
1.	Privatentn. allg. 1800 (2100)	1.000,00	Bank 1200 (1800)		
2.	Unentgeltl. Wertabg. 1880 (2130)	125,00	Sachentnahmen 19 % 8910 (4620)		125,00
	Unentgeltl. Wertabg. 1880 (2130)	23,75	Umsatzsteuer 19 % 1776 (3806)		
3.	Telefon 4920 (6805)	207,14	Bank 1200 (1800)	207,14	
	Vorsteuer 19 % 1576 (1406)	39,36	Bank 1200 (1800)		
	Privatentn. allg. 1800 (2100)	43,50	Bank 1200 (1800)		
4.	Unentgeltl. Wertabg. 1880 (2130)	945,00	Nutzungsentn. 19 % 8921 (4645)		945,00
	Unentgeltl. Wertabg. 1880 (2130)	179,55	Umsatzsteuer 19 % 1776 (3806)		
	Unentgeltl. Wertabg. 1880 (2130)	225,00	Nutzungsentn. ohne USt 8924 (4639)		225,00

Zur Tz. 4:

privater Nutzungsanteil:	6.300 km : 42.000 km · 100 = **15 %**
Nutzungsentnahme netto:	gesamte Kfz-Kosten 2020 · priv. Nutzungsanteil in Prozent (1.700 € + 250 € + 1.250 € + 4.600 €) · 15 % = **1.170 €**
davon umsatzsteuerpflichtig:	1.700,00 € + 4.600,00 € = 6.300,00 € 6.300,00 € · 15 % = **945,00 €** (netto) 945,00 €· 19 % = **179,55 €** USt
nicht umsatzsteuerpflichtig:	250,00 € + 1.250,00 € = 1.500,00 € · 15 % = **225,00 €**

Lösung zu 31:

a)

			Euro	Euro
	Bruttogehalt			2.500,00
-	**Steuern**			
	Lohnsteuer (Steuerklasse I ohne Freibeträge)		285,16	
	Solidaritätszuschlag (5,5 % der Lohnsteuer)		15,68	
	Kirchensteuer (9 % der Lohnsteuer)		25,66	326,50
-	**Sozialversicherungsbeiträge (Arbeitnehmeranteile)**			
	Krankenversicherung	(2.500,00 € · 7,75 %*)	193,75	
	Pflegeversicherung			
	► allgemeiner Beitrag	(2.500,00 € · 1,525 %)	38,13	
	► Zuschlag für Kinderlose	(2.500,00 € · 0,25 %)	6,25	
	Rentenversicherung	(2.500,00 € · 9,30 %)	232,50	
	Arbeitslosenversicherung	(2.500,00 € · 1,2 %)	30,00	500,63
=	**Nettogehalt**			**1.672,87**
=	**Auszahlungsbetrag**			**1.672,87**

* (14,6 % + 0,90 % Zuschlag zur KV) · ½

b)

			Euro	Euro
	Bruttogehalt			2.500,00
+	Arbeitgeberanteile zur Sozialversicherung			
	Krankenversicherung	(2.500,00 € · 7,75 %)*	193,75	
	Pflegeversicherung	(2.500,00 € · 1,525 %)	38,13	
	Rentenversicherung	(2.500,00 € · 9,30 %)	232,50	
	Arbeitslosenversicherung	(2.500,00 € · 1,2 %)	30,00	494,38
=	**direkt zurechenbare Personalkosten**			**2.994,38**

* (14,6 % + 0,90 % Zuschlag zur KV) · ½

Lösung zu 32:

a) **Nettomethode (alle Buchungen für Juli 2020)**

	Sollkonto – SKR 03 (SKR 04)		**Betrag (Euro)**	**Habenkonto** – SKR 03 (SKR 04)	
1.	Gehälter	4120 (6020)	1.672,87	Bank	1200 (1800)
2.	Gehälter	4120 (6020)	326,50	Bank	1200 (1800)
3.	Gehälter	4120 (6020)	500,63	Bank	1200 (1800)
4.	Gesetzl. soziale Aufw.	4130 (6110)	494,38	Bank	1200 (1800)

Zu Tz. 3: Arbeitnehmeranteil zur Sozialversicherung
Zu Tz. 4: Arbeitgeberanteil zur Sozialversicherung

b) **Bruttomethode**

Buchungen für Juli 2020:

	Sollkonto – SKR 03 (SKR 04)		**Betrag (Euro)**	**Habenkonto** – SKR 03 (SKR 04)	
1.	Gehälter	4120 (6020)	326,50	Verb. Lohn-/KiSt.	1741 (3730)
2.	Gehälter	4120 (6020)	500,63	Verb. soziale Sich.	1742 (3740)
3.	Gesetzl. soziale Aufw.	4130 (6110)	494,38	Verb. soziale Sich.	1742 (3740)
4.	Gehälter	4120 (6020)	1.672,87	Verb. Lohn/Gehalt	1740 (3720)
5.	Verbindl. soziale Sich.	1742 (3740)	995,01	Bank	1200 (1800)

Zu Tz. 2: Arbeitnehmeranteil zur Sozialversicherung
Zu Tz. 3: Arbeitgeberanteil zur Sozialversicherung
Zu Tz. 5: Arbeitnehmeranteil + Arbeitgeberanteil zur Sozialversicherung

Buchungen für August 2020:

	Sollkonto – SKR 03 (SKR 04)		**Betrag (Euro)**	**Habenkonto** – SKR 03 (SKR 04)	
1.	Verbindl. Lohn/Gehalt	1740 (3720)	1.672,87	Bank	1200 (1800)
2.	Verbindl. Lohn-/KiSt.	1741 (3730)	326,50	Bank	1200 (1800)

Lösung zu 33:

Verrechnungsmethode

Buchungen für Juli 2020:

	Sollkonto – SKR 03 (SKR 04)		**Betrag (Euro)**	**Habenkonto** – SKR 03 (SKR 04)	
1.	Gehälter	4120 (6020)	2.500,00	Lohn-/Gehaltsverr.	1755 (3790)
2.	Lohn-/Gehaltsverr.	1755 (3790)	326,50	Verbindl. Lohn-/KiSt.	1741 (3730)
3.	Lohn-/Gehaltsverr.	1755 (3790)	500,63	Verbindl. soziale Sich.	1742 (3740)
4.	Gesetzl. soziale Aufw.	4130 (6110)	494,38	Verbindl. soziale Sich.	1742 (3740)
5.	Lohn-/Gehaltsverr.	1755 (3790)	1.672,87	Verbindl. Lohn/Gehalt	1740 (3720)
6.	Verbindl. soziale Sich.	1742 (3740)	995,01	Bank	1200 (1800)

Zu Tz. 3: Arbeitnehmeranteil zur Sozialversicherung
Zu Tz. 4: Arbeitgeberanteil zur Sozialversicherung
Zu Tz. 6: Arbeitnehmeranteil + Arbeitgeberanteil zur Sozialversicherung

Buchungen für August 2020:

	Sollkonto – SKR 03 (SKR 04)		**Betrag (Euro)**	**Habenkonto** – SKR 03 (SKR 04)	
1.	Verbindl. Lohn/Gehalt	1740 (3720)	1.672,87	Bank	1200 (1800)
2.	Verbindl. Lohn-/KiSt.	1741 (3730)	326,50	Bank	1200 (1800)

Lösung zu 34:

		Euro
	Bruttogehalt	2.500,00
-	Lohnsteuer, SolZ, KiSt	326,50
-	Sozialversicherungsbeiträge (AN-Anteil)	500,63
=	Nettogehalt	1.672,87
-	vwL	40,00
=	**Auszahlungsbetrag**	**1.632,87**

Buchungen für Juli 2017:

	Sollkonto – SKR 03 (SKR 04)		**Betrag (Euro)**	**Habenkonto** – SKR 03 (SKR 04)	
1.	Gehälter	4120 (6020)	2.500,00	Lohn-/Gehaltsverr	1755 (3790)
2.	Lohn-/Gehaltsverr.	1755 (3790)	326,50	Verbindl. Lohn-/KiSt.	1741 (3730)
3.	Lohn-/Gehaltsverr.	1755 (3790)	500,63	Verbindl. soziale Sich.	1742 (3740)
4.	Gesetzl. soziale Aufw.	4130 (6110)	494,38	Verbindl. soziale Sich.	1742 (3740)
5.	Lohn-/Gehaltsverr.	1755 (3790)	40,00	Verbindl. Vermögensb.	1750 (3770)
6.	Lohn-/Gehaltsverr.	1755 (3790)	1.632,87	Verbindl. Lohn/Gehalt	1740 (3720)
7.	Verbindl. soziale Sich.	1742 (3740)	995,01	Bank	1200 (1800)

Zu Tz. 3: Arbeitnehmeranteil zur Sozialversicherung
Zu Tz. 4: Arbeitgeberanteil zur Sozialversicherung
Zu Tz. 7: Arbeitnehmeranteil + Arbeitgeberanteil zur Sozialversicherung

Lösung zu 35:

			Euro	Euro
	Bruttogehalt			3.100,00
+	vwL			40,00
=	steuer- und sozialversicherungspflichtiges Entgelt			3.140,00
-	**Steuern**			
	Lohnsteuer (Steuerklasse III/1 Kinderfreibetrag)		190,00	
	Solidaritätszuschlag		0,00	
	Kirchensteuer		4,54	194,54
-	**Sozialversicherungsbeiträge (Arbeitnehmeranteile)**			
	Krankenversicherung	(3.140,00 € · 7,75 %)	243,35	
	Pflegeversicherung	(3.140,00 € · 1,525 %)	47,89	
	Rentenversicherung	(3.140,00 € · 9,30 %)	292,02	
	Arbeitslosenversicherung	(3.140,00 € · 1,2 %)	37,68	620,94
=	**Nettogehalt**			**2.324,52**
-	vwL			40,00
=	**Auszahlungsbetrag**			**2.284,52**

KV-Beitrag des Arbeitnehmers: 14,6 % · ½ + 0,90 % · ½ Zusatzbeitrag
KV-Beitrag des Arbeitgebers: 14,6 % · ½ + 0,90 % · ½ Zusatzbeitrag

Buchungen für Juli 2020:

	Sollkonto – SKR 03 (SKR 04)		**Betrag (Euro)**	**Habenkonto** – SKR 03 (SKR 04)	
1.	Gehälter	4120 (6020)	3.100,00	Lohn-/Gehaltsverr.	1755 (3790)
2.	Vermögensw. Leist.	4170 (6080)	40,00	Lohn-/Gehaltsverr.	1755 (3790)
3.	Lohn-/Gehaltsverr	1755 (3790)	194,54	Verbindl. Lohn-/KiSt.	1741 (3730)
4.	Lohn-/Gehaltsverr.	1755 (3790)	620,94	Verbindl. soziale Sich.	1742 (3740)
5.	Gesetzl. soziale Aufw.	4130 (6110)	620,94	Verbindl. soziale Sich.	1742 (3740)
6.	Lohn-/Gehaltsverr.	1755 (3790)	40,00	Verbindl. Vermögensb.	1750 (3770)
7.	Lohn-/Gehaltsverr.	1755 (3790)	2.284,52	Verbindl. Lohn/Gehalt	1740 (3720)
8.	Verbindl. soziale Sich.	1742 (3740)	1.241,88	Bank	1200 (1800)

Zu Tz. 4: Arbeitnehmeranteil Sozialversicherung
Zu Tz. 5: Arbeitgeberanteil Sozialversicherung

Buchungen für August 2020:

	Sollkonto – SKR 03 (SKR 04)		**Betrag (Euro)**	**Habenkonto** – SKR 03 (SKR 04)	
1.	Verbindl. Lohn/Gehalt	1740 (3720)	2.284,52	Bank	1200 (1800)
2.	Verbindl. Lohn-/KiSt.	1741 (3730)	190,54	Bank	1200 (1800)
3.	Verbindl. Vermögensb.	1750 (3770)	40,00	Bank	1200 (1800)

Lösung zu 36:

			Euro	Euro
	Bruttogehalt			2.600,00
+	vwL			40,00
+	Sachbezug Kfz-Gestellung			
	23.130,00 € wird auf 23.100,00 € abgerundet			
	23.100,00 € · 1 % =		231,00	
	23.100,00 € · 0,03 % · 15 km =		103,95	334,95
=	steuer- und sozialversicherungspflichtiges Entgelt			2.974,95
-	**Lohnsteuer, SolZ und KiSt**			159,27
-	**Sozialversicherungsbeiträge (Arbeitnehmeranteile)**			
	Krankenversicherung	(2.974,95 € · 7,75 %)	230,56	
	Pflegeversicherung	(2.974,95 € · 1,525 %)	45,37	
	Rentenversicherumg	(2.974,95 € · 9,30 %)	276,67	
	Arbeitslosenversicherung	(2.974,95 € · 1,20 %)	35,70	588,30
	Nettogehalt			2.227,38
-	Sachbezug			334,95
-	vwL			40,00
=	**Auszahlungsbetrag**			**1.852,43**

KV-Beitrag des Arbeitnehmers: (14,6 % + 0,90 % Zuschlag zur KV) · ½
KV-Beitrag des Arbeitgebers: (14,6 % + 0,90 % Zuschlag zur KV) · ½

Buchungen für Juli 2020:

	Sollkonto – SKR 03 (SKR 04)		**Betrag (Euro)**	**Habenkonto** – SKR 03 (SKR 04)	
1.	Gehälter	4120 (6020)	2.600,00	Lohn-/Gehaltsverr.	1755 (3790)
2.	Gehälter	4120 (6020)	334,95	Lohn-/Gehaltsverr.	1755 (3790)
3.	Vermögensw. Leist.	4170 (6080)	40,00	Lohn-/Gehaltsverr.	1755 (3790)
4.	Lohn-/Gehaltsverr.	1755 (3790)	159,27	Verbindl. Lohn-/KiSt.	1741 (3730)
5.	Lohn-/Gehaltsverr.	1755 (3790)	588,30	Verbindl. soziale Sich.	1742 (3740)
6.	Gesetzl. soziale Aufw.	4130 (6110)	588,30	Verbindl. soziale Sich.	1742 (3740)
7.	Lohn-/Gehaltsverr.	1755 (3790)	40,00	Verbindl. Vermögensb.	1750 (3770)
8.	Lohn-/Gehaltsverr.	1755 (3790)	281,47	Verr. sonst. Sachbez. 19 % USt	8611 (4947)
9.	Lohn-/Gehaltsverr.	1755 (3790)	53,48	Umsatzsteuer 19 %	1776 (3806)
10.	Lohn-/Gehaltsverr.	1755 (3790)	1.852,43	Verbindl. Lohn/Gehalt	1740 (3720)
11.	Verbindl. soziale Sich.	1742 (3740)	1.176,60	Bank	1200 (1800)

Buchungen für August 2020:

	Sollkonto – SKR 03 (SKR 04)		**Betrag (Euro)**	**Habenkonto** – SKR 03 (SKR 04)	
1.	Verbindl. Lohn/Gehalt	1740 (3720)	1.852,43	Bank	1200 (1800)
2.	Verbindl. Lohn-/KiSt.	1741 (3730)	159,27	Bank	1200 (1800)
3.	Verbindl. Vermögensb.	1750 (3770)	40,00	Bank	1200 (1800)

Lösung zu 37:

Bruttolohn = Nettolohn:	**a)**	**b)**	
19 Tage · 2 Std. · 10 € =	**380,00 €**	**380,00 €**	
Pauschalabgaben des Arbeitgebers:			
► Lohnsteuer, KiSt, SolZ	–,–	–,–	
► pauschale LSt (inkl. SolZ und KiSt)	–,–	7,60 €	(2 %)
► RV (pauschal 15 %)	57,00 €	57,00 €	
► KV (pauschal 13 %)	49,40 €	49,40 €	
► U1 + U2 + Insolv.uml. (zus. 1,15 %)	4,37 €	4,37 €	
	110,77 €	**118,37 €**	

Buchungen zu a):

Sollkonto – SKR 03 (SKR 04)		**Betrag (Euro)**	**Habenkonto** – SKR 03 (SKR 04)	
Löhne für Minijobs	4195 (6035)	380,00	Kasse	1000 (1600)
Soziale Abgaben für Minijobber	4144 (6171)	110,77	Bank	1200 (1800)

Buchungen zu b):

Sollkonto – SKR 03 (SKR 04)		**Betrag (Euro)**	**Habenkonto** – SKR 03 (SKR 04)	
Löhne für Minijobs	4195 (6035)	380,00	Kasse	1000 (1600)
Pauschale Steuer	4194 (6036)	7,60	Bank	1200 (1800)
Soziale Abgaben für Minijobber	4144 (6171)	110,77	Bank	1200 (1800)

Lösung zu 38:

- Bruttolohn = Nettolohn (kurzfristige Beschäftigung): 2 Wochen · 6 Tage · 4 Std. · 10 € = **480,00 €**

  ggf. Abwälzung der pauschalen LSt auf die Arbeitnehmerin (dann von den 480 € abzuziehen)

► pauschale LSt:	480,00 € · 25 % =	120,00 €
► SolZ:	120,00 € · 5,5 % =	6,60 €
► pauschale KiSt:	120,00 € · 7 % =	8,40 €
		135,00 €

Die Umlagen U1 - U3 bleiben hier aus Vereinfachungsgründen unberücksichtigt.

Buchungen:

Sollkonto – SKR 03 (SKR 04)		**Betrag (Euro)**	**Habenkonto** – SKR 03 (SKR 04)	
Aushilfslöhne	4190 (6030)	480,00	Kasse	1000 (1600)
Pauschale Steuer	4199 (6040)	135,00	Bank	1200 (1800)

Lösung zu 39:

Ermittlung der AK:

		Euro
a)	Anschaffungspreis, netto	50.000,00
+	Anschaffungsnebenkosten	
	► Transport, netto	500,00
	► Versicherung	150,00
-	Anschaffungspreisminderung, netto (5 % Rabatt von 50.000 €)	2.500,00
=	**Anschaffungskosten**	**48.150,00**
b)	Anschaffungspreis, netto	30.000,00
+	Anschaffungsnebenkosten	
	► Überführung, netto	500,00
	► Nummernschild, netto	30,00
	► Zulassungsgebühr	25,00
-	Anschaffungspreisminderung, netto (4 % Rabatt von 30.000 €)	1.200,00
=	**Anschaffungskosten**	**29.355,00**

c) **Ermittlung der AK:**

	Listenpreis, netto	2.000,00
-	5 % Rabatt	100,00
		1.900,00
-	2 % Skonto von 1.900,00 € =	38,00
+	ANK netto (Fracht)	100,00
=	**AK**	**1.962,00**

Ermittlung des Überweisungsbetrags:

	Listenpreis, netto	2.000,00
-	5 % Rabatt	100,00
		1.900,00
+	19 % USt	361,00
		2.261,00
-	2 % Skonto von 2.261,00 € =	45,22
=	**Überweisungsbetrag**	**2.215,78**

Lösung zu 40:

Grund und Boden: $\frac{\text{Wert des Grund und Bodens (400.000 €)}}{\text{Gesamtkaufpreis (700.000 €)}} \cdot 100 = 57{,}14\ \%$

Gebäude: $\frac{\text{Wert des Gebäudes (300.000 €)}}{\text{Gesamtkaufpreis (700.000 €)}} \cdot 100 = 42{,}86\ \%$

Anschaffungskosten:

	Kaufpreis	+ Anschaffungsnebenkosten	= AK
Grund und Boden	400.000 €	22.170 € (38.800 €[1] · 57,14 %)	422.170 €
Gebäude	300.000 €	16.630 € (38.800 €[1] · 42,86 %)	316.630 €

Lösung zu 41:

a) **Ermittlung der Anschaffungskosten:**

				Euro	Euro
	Anschaffungspreis, netto				60.000
+	Anschaffungsnebenkosten, netto				600
-	Anschaffungspreisminderungen, netto				
	Rabatt	3 % von	60.000 €	1.800	
	Skonto	2 % von	58.200 €	1.164	
		2 % von	600 €	12	2.976
=	**Anschaffungskosten**				**57.624**

b) **Buchungen für März:**

	Sollkonto – SKR 03 (SKR 04)		**Betrag (Euro)**	**Habenkonto** – SKR 03 (SKR 04)	
1.	Sonstige BGA	0490 (0690)	58.200,00	Verbindlichkeiten a LuL	1600 (3300)
	Vorsteuer 19 %	1576 (1406)	11.058,00	Verbindlichkeiten a LuL	1600 (3300)
2.	Sonstige BGA	0490 (0690)	600,00	Verbindlichkeiten a LuL	1600 (3300)
	Vorsteuer 19 %	1576 (1406)	114,00	Verbindlichkeiten a LuL	1600 (3300)

Zu Tz. 1: 60.000 € - 1.800 € Rabatt = 58.200 €
58.200 € · 19 % = 11.058 €

[1] 700.000 € · 5 % = 35.000 € + 2.500 € + 1.300 € = 38.800 €

c) Buchungen für April

	Sollkonto – SKR 03 (SKR 04)		**Betrag (Euro)**	**Habenkonto** – SKR 03 (SKR 04)	
1.	Verbindlichk. a LuL	1600 (3300)	67.872,84	Bank	1200 (1800)
	Verbindlichk. a LuL	1600 (3300)	1.164,00	Sonstige BGA	0490 (0690)
	Verbindlichk. a LuL	1600 (3300)	221,16	Vorsteuer 19 %	1576 (1406)
2.	Verbindlichk. a LuL	1600 (3300)	699,72	Bank	1200 (1800)
	Verbindlichk. a LuL	1600 (3300)	12,00	Sonstige BGA	0490 (0690)
	Verbindlichk. a LuL	1600 (3300)	2,28	Vorsteuer 19 %	1576 (1406)

Nebenrechnungen:

1) 58.200 € + 11.058 € = 69.258 €
   69.258,00 € - 1.385,16 (Skonto) = 67.872,84 €
2) Skontoabzug netto: 1.385,16 € : 1,19 = 1.164,00 €
3) Vorsteuerkorrektur zum Skontoabzug: 1.164 € · 19 %
4) 714,00 € - 14,28 € (2 % Skonto von 714 €) = 699,72 €
5) Skontoabzug netto: 14,28 € : 1,19 = 12,00 €
6) Vorsteuerkorrektur zum Skontoabzug: 12 € · 19 %

Lösung zu 42:

Ermittlung der HK:

			Euro
	Materialeinzelkosten:	2.500 € + 3.500 € =	6.000
+	Materialgemeinkosten:	6.000 € · 20 % =	1.200
+	Fertigungseinzelkosten:	60 Stunden · 18 € =	1.080
+	Fertigungsgemeinkosten:	1.080 € · 60 % =	648
			8.928

Buchungssätze:

Sollkonto – SKR 03 (SKR 04)		**Betrag (Euro)**	**Habenkonto** – SKR 03 (SKR 04)	
Rohstoffe 19 %	3030 (5130)	2.500,00	Verbindl. a LuL	1600 (3300)
Abziehbare VoSt 19 %	1576 (1406)	475,00	Verbindl. a LuL	1600 (3300)
Hof- und Wegbefestigung	0112 (0285)	8.928,00	aktivierte Eigenleist.	8990 (4820)

Alternativ könnten die für die Herstellung eingekauften Rohstoffe anstatt auf dem Konto „Rohstoffe“ direkt auf dem Konto „Hof- und Wegbefestigung“ erfasst werden. In diesem Fall sind dann nur 6.428 € als „aktivierte Eigenleistung“ zu erfassen.

Lösung zu 43:

a) Abschreibung 2020:

$\frac{12.500\ €}{8\ \text{Jahre}}$ = 1.562,50 €, davon 10/12 = 1.302,08 €, aufgerundet **1.303 €**

b) $\frac{12.500\ €}{8\ \text{Jahre}}$ • 2/12 (Nov./Dez.) = 260,42 €, aufgerundet **261 €**

Lösung zu 44:

Abschreibung 2020:
5.000 € : 500.000 Kopien Gesamtleistung • 96.586 Kopien Jahresleistung = 965,86 €, aufgerundet **966 €**

Lösung zu 45:

	AK	2.000 €	
-	planmäßige Abschreibung	84 €	(2.000 € : 4 Jahre • 2/12 = 83,33 €)
-	außerplanm. Abschreibung	1.915 €	
=	**Anlagenabgang**	**1 €**	

Buchungen:

	Sollkonto – SKR 03 (SKR 04)		**Betrag (Euro)**	**Habenkonto** – SKR 03 (SKR 04)	
a)	Büroeinrichtung	0420 (0650)	2.000,00	Bank	1200 (1800)
	Vorsteuer 19 %	1576 (1406)	380,00	Bank	1200 (1800)
b)	Abschreibungen auf Sach.	4830 (6220)	84,00	Büroeinrichtung	0420 (0650)
c)	Außerplanm. Abschreib.	4840 (6230)	1.915,00	Büroeinrichtung	0420 (0650)

Lösung zu 46:

Basic: 153,00 € - 4,59 € (3 % Skontoabzug) = **148,41 €**
→ Sofortabschreibung § 6 Abs. 2a Satz 4 EStG

Sollkonto – SKR 03 (SKR 04)		**Betrag (Euro)**	**Habenkonto** – SKR 03 (SKR 04)	
Sofortabschreibung GWG	4855 (6260)	148,41	Bank	1200 (1800)
Abziehbare VoSt 19 %	1576 (1406)	28,20	Bank	1200 (1800)

Expert: 850,00 € - 25,50 € (3 % Skontoabzug) = **824,50 €**
→ Poolwirtschaftsgut § 6 Abs. 2a EStG

Sollkonto – SKR 03 (SKR 04)		**Betrag (Euro)**	**Habenkonto** – SKR 03 (SKR 04)	
Wirtschaftsgüter (Sammelposten)	0485 (0675)	824,50	Bank	1200 (1800)
Vorsteuer 19 %	1576 (1406)	156,66	Bank	1200 (1800)
Abschreibungen auf den Sammelposten GWG	4862 (6264)	164,90	Wirtschaftsgüter (Sammelposten)	0485 (0675)

Nebenrechnung:
Auflösung (Abschreibung) des Sammelpostens: 824,50 · 20 % = **164,90 €**

Lösung zu 47:

a)

Abschreibung/Jahr: 36.560 € : 4 Jahre = **9.140 €**

zeitanteilige Abschreibung 2020: 9.140 € : 12 Monate · 6 Monate = **4.570 €**

Restbuchwert zum Verkaufszeitpunkt:

	AK	36.560,00 €
-	Abschreibung 2018	9.140,00 €
-	Abschreibung 2019	9.140,00 €
-	Abschreibung 2020 (s. o.)	4.570,00 €
=	**Restbuchwert**	**13.710,00 €**

Ermittlung des Veräußerungserfolgs:

	Verkaufserlös, netto	10.000,00 €
-	Restbuchwert	13.710,00 €
=	**Verlust (Buchverlust)**	**3.710,00 €**

b)

verkürzter Lösungsweg:

	AK	25.000,00 €
-	Abschreibung 2017 - 2019 (5.000 €/Kj.)	15.000,00 €
-	Abschreibung 2020 10/12 von 5.000 €	4.167,00 €
=	Restbuchwert	5.833,00 €
-	Nettoerlös	6.000,00 €
=	**Buchgewinn**	**167,00 €**

Lösung zu 48:

a)

	Sollkonto – SKR 03 (SKR 04)	**Betrag (Euro)**	**Habenkonto** – SKR 03 (SKR 04)
1.	Abschreibungen auf Kfz 4832 (6222)	4.570,00	Pkw 0320 (0520)
2.	Anlagenabgang Sachanl. (bei Buchverlust) 2310 (6895)	13.710,00	Pkw 0320 (0520)
3.	Bank 1200 (1800)	10.000,00	Erlöse aus Verkäufen Sachanl. (bei Buchv.) 8801 (6885)
4.	Bank 1200 (1800)	1.900,00	Umsatzsteuer 19 % 1776 (3806)

b)

	Sollkonto – SKR 03 (SKR 04)	**Betrag (Euro)**	**Habenkonto** – SKR 03 (SKR 04)
1.	Abschreibungen Kfz 4832 (6222)	4.167,00	Pkw 0320 (0520)
2.	Anlagenabgang Sachanl. (bei Buchgewinn) 2315 (4855)	5.833,00	Pkw 0320 (0520)
3.	Bank 1200 (1800)	6.000,00	Erlöse aus Verkäufen Sachanl. (bei Buchgewinn) 8820 (4845)
4.	Bank 1200 (1800)	1.140,00	Umsatzsteuer 19 % 1776 (3806)

Lösung zu 49:

a)

Buchungen für März:

	Sollkonto – SKR 03 (SKR 04)	**Betrag (Euro)**	**Habenkonto** – SKR 03 (SKR 04)
1.	Maschinen 0210 (0440)	20.000,00	Verbindl. a LuL 1600 (3300)
2.	Vorsteuer 19 % 1576 (1406)	3.800,00	Verbindl. a LuL 1600 (3300)
3.	Abschreibungen auf Sachanlagen 4830 (6220)	600,00	Maschinen 0210 (0440)
4.	Anlagenabgang Sachanl. (bei Buchverlust) 2310 (6895)	4.400,00	Maschinen 0210 (0440)
5.	Verbindl. a LuL 1600 (3300)	4.000,00	Erlöse aus Verkäufen Sachanl. (bei Buchv.) 8801 (6885)
6.	Verbindl. a LuL 1600 (3300)	760,00	Umsatzsteuer 19 % 1776 (3806)

Zu Tz. 3: 3.600 € : 12 Monate · 2 Monate (Januar und Februar) = 600 €

Buchung für April:

Sollkonto – SKR 03 (SKR 04)		**Betrag (Euro)**	**Habenkonto** – SKR 03 (SKR 04)	
Verbindl. a LuL	1600 (3300)	19.040,00	Bank	1200 (1800)

b)

	Sollkonto – SKR 03 (SKR 04)		**Betrag (Euro)**	**Habenkonto** – SKR 03 (SKR 04)	
1.	Maschinen	0210 (0440)	90.000,00	Verbindl. a LuL	1600 (3300)
2.	Vorsteuer 19 %	1576 (1406)	17.100,00	Verbindl. a LuL	1600 (3300)
3.	Abschreibungen Sachanl.	4830 (6220)	7.333,00	Maschinen	0210 (0440)
4.	Anlagenabgang (Buchverl.)	2310 (6895)	16.667,00	Maschinen	0210 (0440)
5.	Verbindl. a LuL	1600 (3300)	12.000,00	Erlöse aus Verkäufen Sachanl. (bei Buchverlust)	8801 (6885)
6.	Verbindl. a LuL	1600 (3300)	2.280,00	Umsatzsteuer 19 %	1776 (3806)
7.	Verbindl. a LuL	1600 (3300)	90.678,00	Bank	1200 (1800)
8.	Verbindl. a LuL	1600 (3300)	1.800,00	Maschinen	0210 (0440)
9.	Verbindl. a LuL	1600 (3300)	342,00	Vorsteuer 19 %	1576 (1406)
10.	Maschinen	0210 (0440)	1.500,00	Verbindl. a LuL	1600 (3300)
11.	Vorsteuer 19 %	1576 (1406)	285,00	Verbindl. a LuL	1600 (3300)
12.	Abschreibungen Sachanl.	4830 (6220)	935,00	Maschinen	0210 (0440)

Zu Tz. 3: Abschreibung Maschine alt: $^{11}/_{12}$ von 8.000 € = 7.333 €

Zu Tz. 4: Buchwert 01.01.20 (24.000 €) - Abschreibung 2020 (7.333 €) = 16.667 €

Zu Tz. 7:

	Bruttorechnungsbetrag	107.100 €
-	2 % Skonto	2.142 €
-	Inzahlunggabe brutto	14.280 €
=	**Überweisung**	**90.678 €**

Zu Tz. 8: Skontoabzug netto: 2.142,00 € : 1,19 = 1.800,00 € (Anschaffungspreisminderung)

Zu Tz. 9: Vorsteuerkorrektur zum Skontoabzug

Zu Tz. 10: Spediteurrechnung netto = Anschaffungsnebenkosten

Zu Tz. 12: Abschreibung der neuen Maschine:

	Anschaffungspreis netto	100.000 €
+	ANK netto (Spediteur)	1.500 €
-	Anschaffungspreismind.	
	10 % Rabatt netto	10.000 €
	2 % Skonto netto	1.800 €
=	**AK**	**89.700 €**

89.700,00 € : 8 Jahre ND · $^{1}/_{12}$ (Dez. 2020) = 934,38 €, gerundet **935,00 €**

Lösung zu 50:

a) **Buchung für Juli:**

Sollkonto – SKR 03 (SKR 04)	**Betrag (Euro)**	**Habenkonto** – SKR 03 (SKR 04)
Bank 1200 (1800)	22.500,00	Verbindlichkeiten gegenüber Kreditinst. 0630 (3150)

b) **Buchungen für August:**

Sollkonto – SKR 03 (SKR 04)	**Betrag (Euro)**	**Habenkonto** – SKR 03 (SKR 04)
Zinsaufwendungen für langfristige Verbindlichkeiten 2120 (7320)	75,00	Bank 1200 (1800)
Verbindlichkeiten gegenüber Kreditinst. 0630 (3150)	375,00	Bank 1200 (1800)

Lösung zu 51:

31. Juli 2020:

Sollkonto – SKR 03 (SKR 04)	**Betrag (Euro)**	**Habenkonto** – SKR 03 (SKR 04)
Bank 1200 (1800)	29.400,00	Verbindlichkeiten gegenüber Kreditinst. 0630 (3150)
Damnum/Disagio 0986 (1940)	600,00	Verbindlichkeiten gegenüber Kreditinst. 0630 (3150)

31. Dezember 2020:

Sollkonto – SKR 03 (SKR 04)	**Betrag (Euro)**	**Habenkonto** – SKR 03 (SKR 04)
Zinsaufwendungen 2120 (7320)	500,00	Bank 1200 (1800)
Abschr. auf Disagio zur Finanzierung des AV 2124 (7324)	50,00	Damnum/Disagio 0986 (1940)

Zinsen 2020:

30.000 € · 4 % = 1.200 €; 1.200 € : 360 Tage · 150 Tage = **500 €**

Abschreibung Damnum 2020:

600 € : 5 Jahre = 120 €; 120 € : 360 Tage · 150 Tage = **50 €**

Lösung zu 52:

	Sollkonto – SKR 03 (SKR 04)		**Betrag (€)**	**Habenkonto** – SKR 03 (SKR 04)	
1.	Bank	1200 (1800)	10.000,00	Umsatzerlöse 19 %	8400 (4400)
	Bank	1200 (1800)	1.900,00	Umsatzsteuer 19 %	1776 (3806)
2.	Telefon	4920 (6805)	180,00	Verbindl. a LuL	1600 (3300)
	Vorsteuer 19 %	1576 (1406)	34,20	Verbindl. a LuL	1600 (3300)
	Privatentnahmen	1800 (2100)	23,80	Verbindl. a LuL	1600 (3300)
3.	Büromaterial	4930 (6815)	100,00	Kasse	1000 (1600)
	Vorsteuer 19 %	1576 (1406)	19,00	Kasse	1000 (1600)
4.	Betriebs- und Gesch.aus.	0300 (0500)	25.000,00	Verbindl. a LuL	1600 (3300)
	Vorsteuer 19 %	1576 (1406)	4.750,00	Verbindl. a LuL	1600 (3300)
5.	Bank	1200 (1800)	19.600,00	Verbindl. g. Kreditinst.	0650 (3170)
	Damnum/Disagio	0986 (1940)	400,00	Verbindl. g. Kreditinst.	0650 (3170)
6.	Verbindl. a LuL	1600 (3300)	29.155,00	Bank	1200 (1800)
	Verbindl. a LuL	1600 (3300)	500,00	Betriebs- und Gesch.	0300 (0500)
	Verbindl. a LuL	1600 (3300)	95,00	Vorsteuer 19 %	1576 (1406)
7.	Zinsaufwendungen	2120 (7320)	408,33	Bank	1200 (1800)
8.	Bank	1200 (1800)	2.500,00	Forderungen a LuL	1400 (1200)
9.	Bank	1200 (1800)	20.000,00	Provisionserlöse 19 %	8510 (4560)
	Bank	1200 (1800)	3.800,00	Umsatzsteuer 19 %	1776 (3806)
10.	Verbindl. a LuL	1600 (3300)	238,00	Bank	1200 (1800)
11.	Umsatzsteuer	1770 (3800)	4.650,00	Bank	1200 (1800)
12.	Umatzsteuervorausz.	1780 (3820)	4.525,00	Bank	1200 (1800)
13.	Unentgelt. Wertabg.	1880 (2130)	2.131,20	Verwend. v. Gegenst.	8921 (4645)
	Unentgelt. Wertabg.	1880 (2130)	404,93	Umsatzsteuer 19 %	1776 (3806)
	Unentgelt. Wertabg.	1880 (2130)	532,80	Verwend. v. Gegenst.	8924 (4639)
14.	Gehälter	4120 (6020)	2.500,00	Lohn-/Gehaltsverr.	1755 (3790)
	Gehälter	4120 (6020)	334,95	Lohn-/Gehaltsverr.	1755 (3790)
	Vermögensw. Leist.	4170 (6080)	40,00	Lohn-/Gehaltsverr.	1755 (3790)
	Lohn-/Gehaltsverr.	1755 (3790)	405,46	Verbindl. Lohn-/KiSt.	1741 (3730)
	Lohn-/Gehaltsverr.	1755 (3790)	568,52	Verbindl. soziale Sich.	1742 (3740)
	Gesetzl. soziale Aufw.	4130 (6110)	568,52	Verbindl. soziale Sich.	1742 (3740)
	Lohn-/Gehaltsverr.	1755 (3790)	40,00	Verbindl. Vermögensb.	1750 (3770)
	Lohn-/Gehaltsverr.	1755 (3790)	281,47	Verr. sonst. Sachbez.	8611 (4947)
	Lohn-/Gehaltsverr.	1755 (3790)	53,48	Umsatzsteuer 19 %	1776 (3806)
	Lohn-/Gehaltsverr.	1755 (3790)	1.526,02	Verbindl. Lohn/Gehalt	1740 (3720)
	Verbindl. Lohn/Gehalt	1740 (3720)	1.526,02	Bank	1200 (1800)
	Verbindl. Lohn-/KiSt.	1741 (3730)	405,46	Bank	1200 (1800)
	Verbindl. soziale Sich.	1742 (3740)	1.137,04	Bank	1200 (1800)
	Verbindl. Vermögensb.	1750 (3770)	40,00	Bank	1200 (1800)
15.	Abschreibung Sachanl.	4830 (6220)	43.750,00	Betriebs- u. Geschäfts.	0300 (0500)
	Abschr. Gebäude	4831 (6221)	16.000,00	Geschäftsbauten	0090 (0240)
	Abschreibung Sachanl.	4830 (6220)	1.362,00	Betriebs- u. Geschäfts.	0300 (0500)
	Abschr. auf Disagio	2124 (7324)	19,44	Damnum/Disagio	0986 (1940)

Zu Tz. 13:
22.222 €, Abrundung auf volle 100 € = 22.200 € · 1 % · 12 Monate · 80 % = **2.131,20 €**
2.131,20 € · 19 % = **404,93 €**
22.200 € · 1 % · 12 Monate · 20 % = **532,80 €**

Zu Tz. 14:

			Euro	Euro
	Bruttogehalt			2.500,00
+	vwL			40,00
+	Sachbezug Kfz-Gestellung			
	23.130 € wird auf 23.100 € abgerundet			
	23.100 € • 1 % =		231,00	
	23.100 € • 0,03 % • 15 km =		103,95	334,95
=	steuer- und sozialversicherungspflichtiges Entgelt			2.874,95
-	Lohnsteuer, SolZ und KiSt			405,46
-	Sozialversicherungsbeiträge (Arbeitnehmeranteile)			
	Krankenversicherung	(2.874,95 € • 7,75 %)	222,81	
	Pflegeversicherung	(2.874,95 € • 1,525 %)	43,84	
	Rentenversicherumg	(2.874,95 € • 9,30 %)	267,37	
	Arbeitslosenversicherung	(2.874,95 € • 1,2 %)	34,50	568,52
				1.900,97
-	Sachbezug			334,95
-	vwL			40,00
=	**Auszahlungsbetrag**			**1.526,02**

KV-Beitrag des Arbeitnehmers: 14,6 % • 1/2 plus 0,90 % • 1/2 Zusatzbeitrag
KV-Beitrag des Arbeitgebers: 14,6 % • 1/2 plus 0,90 % • 1/2 Zusatzbeitrag

Kfz-Gestellung netto: 334,95 € : 1,19 = **281,47 €**
19 % USt hierzu: 281,47 € · 19 % = **53,48 €**

Arbeitgeberanteil zur Sozialversicherung:
222,81 € + 43,84 € + 267,37 € + 34,50 € = **568,52 €**

Zu Tz. 15:
Abschreibung des Gabelstaplers: 25.000 € - 500 € (2 % Skonto) = 24.500 € (= AK)
24.500 € : 6 Jahre · 4/12 = **1.362 €** (gerundet)

Abschreibung des Disagios: 400 € : 6 Jahre = 66,67 €/Jahr
66,67 € : 360 Tage • 105 Tage (16.09. - 30.12.) = **19,44 €**

S	Bebaute Grundst. 0085 (0235)		H
AB	100.000,00	SBK	100.000,00
	100.000,00		100.000,00

S	Geschäftsbauten 0090 (0240)		H
AB	240.000,00	15)	16.000,00
		SBK	224.000,00
	240.000,00		240.000,00

S	Betriebs- u. Geschäfts. 0300 (0500)		H
AB	175.000,00	6)	500,00
4)	25.000,00	15)	43.750,00
		15)	1.362,00
		SBK	154.388,00
	200.000,00		200.000,00

S	Forderungen a LuL 1400 (1200)		H
AB	47.250,00	8)	2.500,00
		SBK	44.750,00
	47.250,00		47.250,00

S	Bank 1200 (1800)		H
AB	15.350,00	6)	29.155,00
1)	11.900,00	7)	408,33
5)	19.600,00	10)	238,00
8)	2.500,00	11)	4.650,00
9)	23.800,00	12)	4.525,00
		14)	1.526,02
		14)	405,46
		14)	1.137,04
		14)	40,00
		SBK	31.065,15
	73.150,00		73.150,00

S	Kasse 1000 (1600)		H
AB	1.750,00	3)	119,00
		SBK	1.631,00
	1.750,00		1.750,00

S	Verbindl. geg. Kreditinst. 0650 (3170)		H
SBK	245.750,00	AB	225.750,00
		5)	20.000,00
	245.750,00		245.750,00

S	Verbindl. a LuL 1600 (3300)		H
6)	29.750,00	AB	56.350,00
10)	238,00	2)	238,00
SBK	56.350,00	4)	29.750,00
	86.338,00		86.338,00

S	Umsatzsteuer 1770 (3800)		H
11)	4.650,00	AB	4.650,00
	4.650,00		4.650,00

S	Eigenkapital 0880 (2010)		H
GuVK	32.317,77	AB	292.600,00
1800 (2100)	23,80		
1880 (2130)	3.068,93		
SBK	257.189,50		
	292.600,00		292.600,00

S	Vorsteuer 1576 (1406)		H
2)	34,20	6)	95,00
3)	19,00	1776 (3806)	1.633,41
4)	4.750,00	SBK	3.074,79
	4.803,20		4.803,20

S	Umsatzsteuer 1776 (3806)		H
1780 (3820)	4.525,00	1)	1.900,00
1576 (1406)	1.633,41	9)	3.800,00
		13)	404,93
		14)	53,48
	6.158,41		6.158,41

S	Damnum/Disagio 0986 (1940)		H
5)	400,00	15)	19,44
		SBK	380,56
	400,00		400,00

S	USt-Vorausz. 1780 (3820)		H
12)	4.525,00	1776 (3806)	4.525,00
	4.525,00		4.525,00

S	Lohn-/Gehaltsverr. 1755 (3790)		H
14)	405,46	14)	2.500,00
14)	568,52	14)	334,95
14)	40,00	14)	40,00
14)	281,47		
14)	53,48		
14)	1.526,02		
	2.874,95		2.874,95

S	Verbindl. Lohn/Gehalt 1740 (3720)		H
14)	1.526,02	14)	1.526,02
	1.526,02		1.526,02

S	Verbindl. Lohn-/KiSt 1741 (3730)		H
14)	405,46	14)	405,46
	405,46		405,46

S	Verbindl. soziale Sich. 1742 (3740)		H
14)	1.137,04	14)	568,52
		14)	568,52
	1.137,04		1.137,04

S	Verbindl. Vermögensb. 1750 (3770)		H
14)	40,00	14)	40,00
	40,00		40,00

S	Privatent. allg. 1800 (2100)		H
2)	23,80	0880 (2010)	23,80
	23,80		23,80

S	Unentgelt. Wertabg. 1880 (2130)		H
13)	2.131,20	0880 (2010)	3.068,93
13)	404,93		
13)	532,80		
	3.068,93		3.068,93

S	Zinsaufw. langf. Verb. 2120 (7320)		H
7)	408,33	GuVK	427,77
15)	19,44		
	427,77		427,77

S	Gehälter 4120 (6020)		H
14)	2.500,00	GuVK	2.834,95
14)	334,95		
	2.834,95		2.834,95

S	Gesetzl. soziale Aufw. 4130 (6110)		H
14)	558,46	GuVK)	558,46
	558,46		558,46

S	vwL 4170 (6080)		H
14)	40,00	GuVK	40,00
	40,00		40,00

Abschreibungen Sachanl.

S	4830 (6220)		H
15)	43.750,00	GuVK	45.112,00
15)	1.362,00		
	45.112,00		45.112,00

Abschreibungen Gebäude

S	4831 (6221)		H
15)	16.000,00	GuVK	16.000,00
	16.000,00		16.000,00

S	Telefon 4920 (6805)		H
2)	180,00	GuVK	180,00
	180,00		180,00

S	Bürobedarf 4930 (6815)		H
3)	100,00	GuVK	100,00
	100,00		100,00

S	Erlöse 8400 (4400)		H
GuVK	10.000,00	1)	10.000,00
	10.000,00		10.000,00

S	Provisionserlöse 8510 (4560)		H
GuVK	20.000,00	9)	20.000,00
	20.000,00		20.000,00

Verr. Sachbez. 19 % USt

S	8611 (4947)		H
GuVK	281,47	14)	281,47
	281,47		281,47

Verw. v. Gegenst. 19 % USt

S	8921 (4645)		H
GuVK	2.131,20	13)	2.131,20
	2.131,20		2.131,20

S	Verw. v. Gegenst. o. USt 8924 (4639)		H
GuVK	532,80	13)	532,80
	532,80		532,80

S	GuVK		H
2120 (7320)	427,77	8400 (4400)	10.000,00
4120 (6020)	2.834,95	8510 (4560)	20.000,00
4130 (6110)	568,52	8611 (4947)	281,47
4170 (6080)	40,00	8921 (4645)	2.131,20
4830 (6220)	45.112,00	8924 (4639)	532,80
4831 (6221)	16.000,00	Verlust	
4920 (6805)	180,00	0880 (2010)	32.317,77
4930 (6815)	100,00		
	65.263,24		65.263,24

S	Saldenvorträge 9000 (9000)		H
0650 (3170)	225.750,00	0085 (0235)	100.000,00
1600 (3300)	56.350,00	0090 (0240)	240.000,00
1770 (3800)	4.650,00	0300 (0500)	175.000,00
0880 (2010)	292.600,00	1400 (1200)	47.250,00
		1200 (1800)	15.350,00
		1000 (1600)	1.750,00
	579.350,00		579.350,00

S	SBK		H
0085 (0235)	100.000,00	0880 (2010)	257.189,50
0090 (0240)	224.000,00	0650 (3170)	245.750,00
0300 (0500)	154.388,00	1600 (3300)	56.350,00
1400 (1200)	44.750,00		
1576 (1406)	3.074,79		
1200 (1800)	31.065,15		
1000 (1600)	1.631,00		
0986 (1940)	380,56		
	559.289,50		559.289,50

AKTIVA	Bilanz zum 31. Dezember 2020		PASSIVA		
	Euro	Euro		Euro	Euro
A. Anlagevermögen			**A. Eigenkapital**		
I. Sachanlagen			1. Anfangskapital	292.600,00	
1. Grundstücke, grundstücksgleiche Rechte und Bauten einschließlich der Bauten auf fremden Grundstücken			2. Privatentnahmen	-3.092,73	
Grundstückswert bebauter Grundstücke	100.000,00		3. Jahresfehlbetrag	-32.317,77	257.189,50
Geschäftsbauten	224.000,00	324.000,00	**B. Verbindlichkeiten**		
2. andere Anlagen, Betriebs- und Geschäftsausstattung			1. Verbindlichkeiten gegenüber Kreditinstituten	245.750,00	
Betriebs- und Geschäftsausstattung		154.388,00	2. Verbindlichkeiten aus Lieferungen und Leistungen	56.350,00	302.100,00
B. Umlaufvermögen					
I. Forderungen und sonstige Vermögensgegenstände					
1. Forderungen aus Lieferungen und Leistungen		44.750,00			
2. sonstige Vermögensgegenstände					
Abziehbare Vorsteuer 19 %	4.708,20				
Umsatzsteuer 19 %	-6.158,41				
Umsatzsteuer-vorauszahlungen	4.525,00	3.074,79			
II. Kassenbestand, Bundesbankguthaben, Guthaben bei Kreditinstituten und Schecks					
Kasse	1.631,00				
Bank	31.065,15	32.696,15			
C. Rechnungsabrenzungsposten					
Damnum/Disagio		380,56			
Summe Aktiva		559.289,50	Summe Passiva		559.289,50

Tanja Masselter, Koblenz

Gewinn- und Verlustrechnung vom 01.01. bis 31.12.2020

	Euro	
1. Umsatzerlöse		
Erlöse 19 % USt	10.000,00	
Provisionsumsätze 19 % USt	20.000,00	
2. sonstige betriebliche Erträge		
Verrechn. sonstige Sachbezüge 19 % USt	281,47	
Verwendung von Gegenst. (Kfz) 19 %	2.131,20	
Verwendung von Gegenst. (Kfz) ohne USt	532,80	
3. Personalaufwand		
Löhne und Gehälter		
Gehälter	2.834,95	
Vermögenswirksame Leistungen	40,00	2.874,95
soziale Abgaben und Aufwendungen für Altersversorgung und für Unterstützung		
Gesetzliche Sozialaufwendungen		568,52
4. Abschreibungen		
auf Vermögensgegenstände des Anlagevermögens		
Abschreibungen auf bewegliche Sachanlagen	45.112,00	
Abschreibungen auf Gebäude	16.000,00	61.112,00
5. sonstige betriebliche Aufwendungen		
Telefon	180,00	
Bürobedarf	100,00	280,00
6. Zinsen und ähnliche Aufwendungen		
Zinsaufwendungen für langfristige Verbindlichkeit		427,77
7. Ergebnis der gewöhnlichen Geschäftstätigkeit		-32.317,77
8. Jahresfehlbetrag		
Jahresfehlbetrag (Verlust)		32.317,77

Tanja Masselter, Koblenz

Reinigungs- und Schmiermittel für Maschinen).

Betriebsvermögensvergleich
Gewinnermittlung durch die Gegenüberstellung des Eigenkapitals zum Schluss des Abrechnungszeitraums und des Eigenkapitals zum Schluss des vorangegangenen Abrechnungszeitraums, vermehrt um Privatentnahmen und vermindert um Privateinlagen:

	EK am Ende des Abrechnungszeitraums (z. B. 31.12.)
-	EK am Ende des vorangegangenen Abrechnungszeitraums (z. B. 31.12. Vorjahr)
+	Privatentnahmen des Abrechnungszeitraums
-	Privateinlagen des Abrechnungszeitraums
=	**Gewinn/Verlust**

Bezugsnebenkosten
Aufwendungen, die bei der Beschaffung von Gegenständen (insbesondere beim Wareneinkauf) neben dem Nettoeinkaufspreis durch den Beschaffungsvorgang anfallen. Typische Bezugsnebenkosten sind Verpackungs-, Versand-, Transport- und Versicherungskosten. Sie gehören als Anschaffungsnebenkosten zu den Anschaffungskosten der Gegenstände.

Bilanz
Gegenüberstellung der Aktiva (Vermögensgegenstände und aktive Rechnungsabgrenzungsposten) und der Passiva (Eigenkapital, Schulden und passive Rechnungsabgrenzungsposten) eines Unternehmens zu einem bestimmten Stichtag (z. B. 31.12.). Vom ital. bilancia (= Waage) abgeleitet.

Bilanzstichtag
Zeitpunkt für den die Bilanz (der Jahresabschluss) aufgestellt wird; i.d.R. ist dies der 31.12.; es kann aber auch ein anderer regelmäßiger Stichtag gewählt werden (abweichendes Wirtschaftsjahr).

Bruttomethode der Lohnbuchhaltung
Methode der Lohn-/Gehaltsbuchung, bei der die Bruttolöhne/-gehälter unabhängig von den Zahlungszeitpunkten nach dem Kriterium der wirtschaftlichen Zurechnung im **Soll** auf dem Konto „Löhne" bzw. „Gehälter" erfasst werden. Die Gegenbuchungen erfolgen auf Verbindlichkeitskonten („Verbindlichkeiten Lohn/Kirchensteuer", „Verbindlichkeiten im Rahmen der sozialen Sicherung" usw.) im **Haben**.

Bruttoprinzip
Posten der Aktivseite der Bilanz (z. B. Forderungen) dürfen nicht mit Posten der Passivseite (z. B. Schulden), und Aufwendungen dürfen nicht mit Erträgen verrechnet werden (Verrechnungsverbot nach § 246 Abs. 2 HGB).

Buchführung
Planmäßige und lückenlose Dokumentation der Geschäftsvorfälle eines Unternehmens in zeitlicher Abfolge. Die Inhalte und Werte der Geschäftsvorfälle müssen hierbei zu erkennen sein.

Buchführungspflicht
Verpflichtung, die Geschäftsvorfälle eines Unternehmens nach bestimmten Regeln zu dokumentieren (aufzuzeichnen). Die handelsrechtliche Buchführungspflicht ist in den §§ 238 und 241a HGB, die steuerrechtliche Buchführungspflicht in den §§ 140, 141 AO geregelt.

Buchung
Erfassung eines Geschäftsvorfalls auf den Konten der Buchführung.

Buchungssatz
Die sprachlich ausgedrückte Vorgehensweise bei einer Buchung. Er gibt an, auf welchem Konto im **Soll**, auf welchem Konto im **Haben** und mit welchem **Betrag** zu buchen ist. Zuerst wird das Konto, auf dem im **Soll** und danach das Konto, auf dem im **Haben** gebucht wird, genannt. Beide Konten werden mit dem Wort **„an"** verknüpft. Zusätzlich wird der zu erfassende Betrag genannt.
Beispiel: **„Kasse an Bank 200 €"**.

Buchwert
Wert eines Vermögensgegenstands oder einer Verbindlichkeit in der Buchführung („in den Büchern"). Er ist der aus den ursprünglichen AK/HK abgeleitete Gegenwartswert (fortgeführte AK/HK), der nicht mit dem tatsächlichen Marktwert übereinstimmen muss.

Damnum
Unterschiedsbetrag zwischen dem Nennbetrag eines Darlehens (Rückzahlungsbetrag) und dem tatsächlich ausgezahlten Darlehensbetrag (Auszahlungsbetrag): Darlehensbetrag minus Damnum = Auszahlungsbetrag. Das Damnum wird als vorausgezahlter Zins für einen bestimmten Zeitraum interpretiert (z. B. für eine Festzinsvereinbarung über einen bestimmten Zeitraum). Es wird üblicherweise aktiviert (auf dem aktiven Bestandskonto „Damnum" im Soll erfasst) und über den Zeitraum der Zinsbindung oder die Laufzeit des Darlehens abgeschrieben (zeitanteilige Umbuchung auf das Konto „Zinsaufwendungen").

Disagio
Abgeld, siehe Damnum (anderer Begriff für das Damnum).

Eigenkapital (EK)
Jene Mittel, die von den Eigentümern einer Unternehmung zu deren Finanzierung aufgebracht oder als erwirtschafteter Gewinn im Unternehmen belassen wurden. Buchmäßiges Eigenkapital: Differenz von Vermögen (Aktiva) und Schulden (Passiva ohne Eigenkapital) zu einem bestimmten Zeitpunkt (z. B. 31.12.):

	Vermögen
-	Schulden
=	**Eigenkapital**

Das EK setzt sich zusammen aus bilanziell ausgewiesenen Einzelpositionen (siehe z. B. § 266 Abs. 3 HGB) und bilanziell nicht erkennbaren stillen Reserven (z. B. infolge von Unterbewertungen des Vermögens und Überbewertungen von Schulden).

Eigenverbrauch
Entnahme oder Verwendung von Gegenständen oder Leistungen des Unternehmens für Zwecke, die nicht mit der Unternehmenstätigkeit in Zusammenhang stehen („Privatverbrauch"). Der Begriff „Eigenverbrauch" wurde 1999 aus dem UStG gestrichen und im Umsatzsteuer-Anwendungserlass (UStAE) durch den Begriff **„Unentgeltliche Wertabgaben"** ersetzt. Der Begriff „Eigenverbrauch" existiert in der Literatur aber mit der bisherigen Bedeutung fort. Der Eigenverbrauch unterliegt grundsätzlich der USt (mit bestimmten Ausnahmen).

Einfuhrumsatzsteuer (EUSt)
Die Einfuhr von Gegenständen aus dem Drittlandsgebiet (Gebiet außerhalb der EU) in das Inland und die österreichischen Gebiete Jungholz und Mittelberg unterliegt der USt (§ 1 Abs. 1 Nr. 4 UStG). Für die eingeführten Gegenstände ist EUSt an das jeweilige Zollamt zu entrichten. Die entstandene EUSt ist gleichzeitig als Vorsteuer abziehbar (§ 15 Abs. 1 Nr. 2 UStG).

Einlage
siehe Privateinlage.

Einzelkosten
Kosten, die den Kostenträgern oder Kostenstellen einzeln (unmittelbar) zugerechnet werden können, z. B. das Holz, welches zur Produktion eines Stuhls verwendet wurde. Die Einzelkosten werden deshalb auch als **direkte** Kosten bezeichnet. Arten der Einzelkosten sind **Materialeinzelkosten**, **Fertigungseinzelkosten** (insbesondere Fertigungslöhne) und **Sondereinzelkosten** der Fertigung (z. B. Baupläne oder Modelle).

Entnahme
siehe Privatentnahme.

Erfolg
Ergebnis des Wirtschaftens (positiv oder negativ); Ermittlung durch die **Erfolgsrechnung**.

Erfolgskonten
Konten der Buchführung, auf welchen die Erfolgsvorgänge der Unternehmenstätigkeit erfasst werden. Sie sind Unterkonten des Eigenkapitalkontos und werden in die zwei Gruppen **Aufwandskonten** und Ertragskonten unterteilt. Auf den **Aufwandskonten** (z. B. Gehälter, Miete, Strom) werden die Aufwendungen des Unternehmens im **Soll**, auf den **Ertragskonten** (z.. B. Verkaufserlöse, Zinserträge, Mieterträge) die Erträge des Unternehmens im **Haben** erfasst. Die Erfolgskonten werden in der manuellen Buchführung über das Gewinn- und Verlustkonto (GuVK) abgeschlossen.

Erfolgsrechnung
Wertmäßige Ermittlung des Erfolgs (Gewinn oder Verlust) einer Unternehmung für einen bestimmten Zeitabschnitt (z. B. Wirtschaftsjahr). Die Ermittlung des Erfolgs kann in der Buchführung durch **Betriebsvermögensvergleich** (Eigenkapitalvergleich) oder durch **Gewinn- und Verlustrechnung** erfolgen.

Erlös
Der Gegenwert aus dem Verkauf eines Gegenstandes oder einer Leistung. Die Erfassung eines Erlöses auf einem Erlöskonto erfolgt im **Haben**.

Ertrag
Der von einer Unternehmung in einem bestimmten Abrechnungszeitraum durch die Erstellung von Gütern oder die Erbringung von Dienstleistungen erwirtschaftete Wertzuwachs (positiver Erfolgsbeitrag aus der Unternehmenstätigkeit). Zum Ertrag gehören die **Erlöse** und die **sonstigen Erträge** (z. B. Zuschreibungen auf Anlagegegenstände) einer Abrechnungsperiode.

Ertragskonten
Auf den Ertragskonten werden die Erträge des Abrechnungszeitraums (Wirtschaftsjahr) im **Haben** erfasst. Ertragskonten sind Unterkonten des Eigenkapitalkontos (aus der Habenseite des EK-Kontos abgeleitet). Sie werden über das Gewinn- und Verlustkonto (GuVK) abgeschlossen.

Erzeugnisse
Produkte, die vom eigenen Betrieb hergestellt oder wenigstens teilweise physisch bearbeitet wurden.

Fahrtenbuchmethode
Ermittlung der privaten Kfz-Nutzung (Nutzungsentnahme) mithilfe eines ordnungsgemäß geführten Fahrtenbuchs. Der Wert der Nutzungsentnahme entspricht bei dieser Methode den auf die private Nutzung entfallenden anteiligen Aufwendungen der Privatfahrten.

Forderungen
Schuldrechtlich begründete Ansprüche auf Leistungen gegenüber anderen Personen.

Forderungen a LuL
Ansprüche auf Leistungen (insbesondere Geldzahlungen) gegenüber Kunden aufgrund von Lieferungen (Warenverkäufe etc.) oder Dienstleistungen.

Fremdkapital
Zusammenfassende Bezeichnung für die in der Bilanz ausgewiesenen Schulden der Unternehmung.

Geldentnahme
Die Entnahme von Geld (Bargeld, Buchgeld) aus dem Betriebsvermögen für Zwecke außerhalb des Unternehmens (z. B. private Zwecke).

Gemeinkosten
Kosten, die den Kostenträgern (z. B. hergestellte Produkte) oder Kostenstellen nicht direkt, sondern nur mithilfe von Zuschlagssätzen oder anderen Umlageinstrumenten zuzurechnen sind, weil sie für mehrere Kostenträger oder Kostenstellen gemeinsam anfallen (z. B. Heizkosten des Materiallagers). Sie werden auch als **indirekte** Kosten bezeichnet.

Geometrisch-degressive Abschreibung
Eine Form der Abschreibung mit fallenden jährlichen Abschreibungsbeträgen, die durch Anwendung eines konstanten Abschreibungsprozentsatzes (z. B. 25 %) auf den jeweils verbleibenden Restwert (Buchwert) berechnet wird (Buchwert · Abschreibungsprozentsatz = Abschreibungsbetrag). Steuerlich ist diese Form der Abschreibung in § 7 Abs. 2 EStG geregelt. Der Abschreibungsprozentsatz darf hiernach höchstens das Zweieinhalbfache des linearen Abschreibungsprozentsatzes und höchstens 25 % betragen. Zum 01.01.2011 wurde die degressive Abschreibung für alle nach dem 31.12.2010 angeschafften oder hergestellten Wirtschaftsgüter erneut aufgehoben.

Geringwertige Wirtschaftsgüter (GWG)
Abnutzbare Gegenstände des beweglichen Anlagevermögens, die **einer selbstständigen Nutzung fähig** sind und die Wertgrenzen des § 6 Abs. 2 EStG (netto **800 €**) bzw. § 6 Abs. 2a EStG (netto **250,01 € bis 1.000 €**) nicht übersteigen, dürfen im Jahr der Anschaffung/Herstellung oder Einlage

- entweder voll als Betriebsausgabe abgezogen werden (= Alternative 1 nach § 6 Abs. 2 EStG für Wirtschaftsgüter bis netto **800 €**)
- oder in einem Sammelposten aktiviert und über 5 Jahre gleichmäßig abgeschrieben werden (= Alternative 2 nach § 6 Abs. 2a EStG für Wirtschaftsgüter im Wert von netto **250,01 € bis 1.000 €**)
- oder planmäßig abgeschrieben werden (Wirtschaftsgüter mit einem Wert **über 250 €** netto).

Bei Anwendung der **„Sammelpostenmethode“** nach § 6 Abs. 2a EStG müssen **alle** GWG dieses Kalenderjahres mit einem Wert von mehr als 250 € bis 1.000 € in dem Sammelposten erfasst werden. GWG mit einem Wert bis 250 € müssen dann im Jahr ihrer Anschaffung, Herstellung oder Einlage voll oder alternativ über den Zeitraum ihrer voraussichtlichen Nutzung abgeschrieben werden (vgl. § 6 Abs. 2a Satz 4 EStG).

Innerhalb eines Wirtschaftsjahres darf der Steuerpflichtige für **alle** GWG dieses Wirtschaftsjahres nur **entweder** die Alternative 1 nach § 6 Abs. 2 EStG **oder** die Alternative 2 nach § 6 Abs. 2a EStG anwenden (**wirtschaftsjahrbezogenes Wahlrecht**). Eine „Mischung“ der Alternativen innerhalb eines Wirtschaftsjahres ist nicht möglich.

Gewinn
Anstieg des Eigenkapitals innerhalb eines Abrechnungszeitraums (z. B. Kalenderjahr) infolge der Unternehmenstätigkeit. Die Ermittlung des Gewinns erfolgt durch Betriebsvermögensvergleich oder Gewinn- und Verlustrechnung.

Gewinn- und Verlustkonto (GuVK)
Sammelkonto der manuellen Buchführung, auf dem die Salden der **Aufwandskonten** im **Soll** und die Salden der **Ertragskonten** im **Haben** erfasst werden. Die Sollseite des GuVK weist somit alle Aufwendungen des Wirtschaftsjahres (Wj.) aus, die Habenseite die Erträge dieses Wirtschaftsjahres. Der Saldo des GuVK ist dann der Gewinn/Verlust dieses Wj. Der Abschluss des GuVK erfolgt dann über das Eigenkapitalkonto. Eine EDV-Buchführung hat kein Gewinn- und Verlustkonto.

Gewinn- und Verlustrechnung
Verdichtete (zusammengefasste) Gegenüberstellung der in der Buchführung erfassten Aufwendungen und Erträge eines Wj. in Staffel- oder Kontenform. Sie ist neben der Bilanz der zweite Mindestbestandteil des Jahresabschlusses. Als Saldo weist sie den Gewinn/Verlust des Wj. aus. § 275 HGB schreibt für Kapitalgesellschaften den Aufbau in Staffelform unter Ausweis von Zwischenergebnissen vor.

Grundsätze ordnungsmäßiger Buchführung (GoB)
Durch die Wissenschaft und die Praxis entwickelte Grundregeln, die zu beachten sind, damit eine Buchführung als ordnungsgemäß anerkannt werden kann. Sie sind aus den Zielen des Jahresabschlusses abgeleitet und größtenteils als Einzelvorschriften verstreut in den §§ 238 ff. HGB zu finden. Eine nicht den GoB entsprechende Buchführung kann verworfen werden.

Haben
Die rechte Seite eines Kontos der Buchführung.

Herstellungskosten
Maßstab für die Wertermittlung der von dem Unternehmen selbst hergestellten Vermögensgegenstände. Es handelt sich um Aufwendungen, die durch den Verbrauch von Gütern und die Inanspruchnahme von Diensten für die Herstellung eines Vermögensgegenstandes, seine Erweiterung oder wesentliche Verbesserung anfallen. Sowohl handels- als auch steuerrechtlich gibt es Pflichtbestandteile, Einbeziehungswahlrechte und -verbote. Diese gehen aus § 255 Abs. 2 HGB und R 6.3 EStR hervor.

Hilfsstoffe
Sie werden für die Produktion von Erzeugnissen verwendet und gehen als untergeordnete Bestandteile (Nebenstoffe) in die Produkte ein (z. B. Leim für die Herstellung von Büchern).

Inventar
Mengen- und wertmäßiges Verzeichnis aller Vermögensgegenstände und Schulden des Unternehmens für einen bestimmten Zeitpunkt (z. B. zum 31.12.), ermittelt durch eine Inventur.

Inventur
Vorgang der körperlichen und buchmäßigen Bestandsaufnahme aller Vermögensgegenstände und Schulden einer Unternehmung zur Überprüfung der in den Büchern (insbesondere auf den Konten) verzeichneten Bestände. Hinsichtlich der konkreten Durchführung sind verschiedene Methoden und Verfahren zulässig (vgl. §§ 240 - 241 HGB; R 5.3 und R 5.4 EStR).

Kaufmann
Kaufmann ist, wer die Voraussetzungen der §§ 1, 2, 5 oder 6 HGB erfüllt. Zu unterscheiden sind diesbezüglich

- der **Istkaufmann** (§ 1), der einen Gewerbebetrieb mit erforderlicher kaufmännischer Organisation (= Handelsgewerbe) betreibt,
- der **Kannkaufmann** (§§ 2 und 3), der durch gewählte (berechtigte) Eintragung in das Handelsregister zum Kaufmann wird (Kleingewerbetreibende und Land- und Forstwirte),
- der **Scheinkaufmann** (§ 5), der im Handelsregister als Kaufmann eingetragen ist, obwohl er die Voraussetzungen für die Kaufmannseigenschaft nicht oder nicht mehr erfüllt und
- der **Formkaufmann** (§ 6), der durch die Rechtsform (GmbH, AG, Gen.) Kaufmann ist.

Kleingewerbetreibender
Gewerbetreibender, dessen Gewerbebetrieb **keine** kaufmännische Organisation erfordert. Er ist **kein** Kaufmann im Sinne des § 1 HGB. Nach § 2 HGB kann er eine Eintragung in das HR wählen (Eintragungsoption), wodurch er dann zum Kaufmann wird.

Kontenplan
Systematische Gliederung aller Konten einer Buchführung eines Betriebes (unter Berücksichtigung der betriebsindividuellen Gegebenheiten), abgeleitet aus dem zu Grunde liegenden Kontenrahmen.

Kontenrahmen
Übersichtliches Kontenordnungssystem, das für einen bestimmten Wirtschaftszweig entwickelt wurde (z. B. Industriekontenrahmen IKR, Gemeinschaftskontenrahmen GKR oder DATEV-Standardkontenrahmen SKR 03, SKR 04).

Konto
Eine zur Erfassung und wertmäßigen Dokumentation von Geschäftsvorfällen bestimmte Rechnung. Jedes Konto hat eine Soll- und eine Habenseite. Zu unterscheiden sind **Bestandskonten** (Aktivkonten und Passivkonten), **Erfolgskonten** (Aufwandskonten und Ertragskonten) und **Abschlusskonten** (Gewinn- und Verlustkonto und Schlussbilanzkonto).

Leistungsabschreibung
Abschreibung eines Anlagegegenstandes entsprechend der von diesem in dem Betrachtungszeitraum erbrachten Leistung im Verhältnis zur geplanten Gesamtleistung über die Gesamtnutzungsdauer. Ermittlung des Abschreibungsbetrags für ein Jahr: **Leistungs-Abschreibungsbetrag = AK/HK : geplante Gesamtleistung · tatsächliche Jahresleistung**. Voraussetzung für die Anwendbarkeit dieser Abschreibungsart sind genaue Aufzeichnungen über die jährlichen Leistungen (z. B. Zählerstände von Maschinen).

Lineare Abschreibung
Gleichmäßige Verteilung der AK/HK auf die geplante Nutzungsdauer des Anlagegegenstandes. Ermittlung des Abschreibungsbetrags für ein Jahr:
Abschreibungsbetrag = AK/HK : geplante Nutzungsdauer (Jahre).

Nettomethode der Lohnbuchhaltung
Form der Lohn-/Gehaltsbuchung, bei der die Lohn-/Gehaltsaufwendungen zu den Zeitpunkten in der Buchführung erfasst werden, zu denen sie gezahlt werden (Buchung nach Zahlungszeitpunkten).

Nutzungsdauer
Die (geplante) Nutzungsdauer ist der Zeitraum, in dem ein Vermögensgegenstand des abnutzbaren Anlagevermögens genutzt werden kann bzw. soll (vgl. § 253

Abs. 3 Satz 2 HGB). Sie bildet neben den AK/HK die zweite Berechnungsgrundlage für die Ermittlung der planmäßigen Abschreibung.

Nutzungsentnahme
Entnahme von Nutzungen für Zwecke außerhalb des Unternehmens (z. B. Nutzung eines betrieblichen Kopierers zur Erstellung von Kopien für private Zwecke). Nutzungsentnahmen unterliegen nach § 3 Abs. 9a Nr. 1 i. V. mit § 1 Abs. 1 Nr. 1 UStG grundsätzlich der Umsatzsteuer. In der Buchführung werden sie mit ihren anteiligen Kosten zzgl. USt als Privatentnahmen erfasst.

Passiva
Zusammenfassender Ausdruck für die in der Bilanz aufgeführten Finanzierungsquellen (Eigen- und Fremdkapital); **„rechte" Seite der Bilanz**.

Passivkonten
Passivkonten sind die aus den Passiva abgeleiteten Bestandskonten. Aus jeder Passivposition der Bilanz wird mindestens ein Konto (in der Regel mit zahlreichen Unterkonten) abgeleitet. Passivkonten sind z. B. die folgenden Konten: **„Eigenkapital"**, **„Verbindlichkeiten a LuL"**, **„Verbindlichkeiten gegenüber Kreditinstituten"** usw. Mehrungen werden auf den Passivkonten im **Haben**, Minderungen werden im **Soll** gebucht.

Passiv-Tausch
Bezeichnung für einen Vorgang, durch den eine Passivposition (z. B. Verbindlichkeiten a LuL) vermindert und gleichzeitig eine andere Passivposition (z. B. Verbindlichkeiten gegenüber Kreditinstituten) vermehrt wird.

Preisabzüge
Verminderungen der ursprünglichen Einkaufs- oder Verkaufspreise durch **Abzüge des Käufers** (z. B. Skontoabzug). Im **Einkaufsbereich** vermindern die Nettobeträge der Preisabzüge die AK/HK; die hierauf entfallende USt führt zu einer Vorsteuerkorrektur. Im **Verkaufsbereich** vermindern die Nettobeträge die Umsatzerlöse; die hierauf entfallende USt vermindert die USt-Traglast gegenüber dem Finanzamt.

Preisnachlässe
Verminderungen der ursprünglichen Einkaufs- oder Verkaufspreise durch **Nachlässe des Verkäufers** (z. B. Rabatte). Im Einkaufsbereich vermindern die Nettobeträge der Preisnachlässe die AK/HK und die in Rechnung zu stellende oder bereits berechnete USt (Vorsteuer). Im Verkaufsbereich vermindern die Nettobeträge die Umsatzerlöse; die hierauf entfallende USt vermindert die USt-Traglast gegenüber dem Finanzamt.

Privateinlagen
Übertragung von Vermögensgegenständen oder Nutzungen aus dem Privatvermögen in das Betriebsvermögen (z. B. Privateinlage von Bargeld in die Kasse des Unternehmens oder Nutzung des privaten Pkw für Zwecke des Unternehmens). Privateinlagen werden auf dem jeweiligen aktiven Bestandskonto (z. B. „Kasse") oder dem entsprechenden Aufwandskonto (z. B. „Kfz-Betriebskosten") im **Soll** und auf dem Konto „Privateinlagen" im **Haben** erfasst. Privateinlagen erhöhen das Eigenkapital.

Privatentnahmen
Übertragung von Geld, Sachen, Nutzungen oder Leistungen aus dem betrieblichen Bereich in den Privatbereich des Unternehmers (z. B. Entnahme von Geld aus der Kasse des Unternehmens für private Zwecke). Privatentnahmen werden auf dem Privatkonto „Privatentnahmen" im **Soll** erfasst. Die Gegenbuchung einer Privatent-

nahme hängt davon ab, um welche Art der Privatentnahme es sich handelt. Privatentnahmen vermindern das Eigenkapital.

Privatkonten
Konten der Buchführung, auf welchen Privatentnahmen und -einlagen erfasst werden. Sie sind Unterkonten des EK-Kontos und werden deshalb über das EK-Konto abgeschlossen.

Privatvorgänge
Geschäftsvorfälle, die der Privatsphäre des Unternehmers zuzuordnen sind (Privatentnahmen und -einlagen).

Prozentmethode zur Ermittlung der privaten Kfz-Nutzung
Die Prozentmethode ist die bei der Berechnung der privaten Kfz-Nutzung anzuwendende Berechnungsmethode, sofern kein ordnungsgemäß geführtes Fahrtenbuch vorliegt und der Pkw zu mehr als 50 % betrieblichen Zwecken dient (vgl. § 6 Abs. 1 Nr. 4 EStG). Nach der Prozentmethode beträgt der Wert der privaten Pkw-Nutzung durch den Unternehmer für jeden Monat der Privatnutzung 1 % des auf volle 100 € abgerundeten Bruttolistenpreises des Fahrzeugs zum Zeitpunkt der Erstzulassung (sog. „1 %-Regelung"). Bei bestimmten Elektro- und Elektrohybridfahrzeugen darf der Bruttolistenpreis für lohn- und einkommensteuerliche Zwecke auf die Hälfte bzw. ein Viertel gekürzt werden.

Reinvermögen
Andere Bezeichnung für das Eigenkapital (Vermögen - Schulden = Reinvermögen bzw. Eigenkapital).

Rohgewinn
Praxisüblicher Ausdruck für die Differenz aus Umsatzerlös(en) und Wareneinsatz eines oder aller Warengeschäfte innerhalb eines Abrechnungszeitraums (Umsatzerlös/e - Wareneinsatz = Rohgewinn).

Rohstoffe
Sie gehen bei der Produktion von Erzeugnissen unmittelbar in die Produkte ein und bilden deren Hauptbestandteil (z. B. Papier für die Herstellung von Büchern).

Sachanlagevermögen
Zum Sachanlagevermögen gehören körperliche, greifbare Gegenstände (Sachen). Nach § 266 Abs. 2 HGB gehören hierzu

- Grundstücke, grundstücksgleiche Rechte und Bauten,
- technische Anlagen und Maschinen und
- andere Anlagen, Betriebs- und Geschäftsausstattung.

Sachbezug
Arbeitslohn, der in Form von Wohnung, Kost, Waren, Dienstleistungen oder anderen Sachbezügen (z. B. Überlassung eines betrieblichen Pkw für private Zwecke an einen Arbeitnehmer) gewährt wird. Sachbezüge unterliegen wie der Arbeitslohn in Geld grundsätzlich der Lohnsteuer und der Sozialversicherung.

Sachentnahme
Entnahme einer Sache (eines Gegenstandes) durch den Unternehmer aus dem Unternehmensvermögen für Zwecke außerhalb des Unternehmens (z. B. Entnahme einer Ware für private Zwecke). Sachentnahmen sind als Privatentnahmen mit dem Teilwert (Wiederbeschaffungskosten) als Privatentnahmen zu erfassen. Sie unterliegen nach § 3 Abs. 1b Nr. 1 i. V. mit § 1 Abs. 1 Nr. 1 UStG (unentgeltliche Wertabgaben) der USt.

Saldo
Differenzgröße beim Abschluss eines Kontos (ital. = Rechnungsabschluss). Er wird dadurch ermittelt, dass zunächst für beide Seiten des Kontos die Summe gebildet und dann die kleinere von der größeren

Summe abgezogen wird. Diese Differenz ist der Saldo, der dann auf der Seite mit der bisher kleineren Summe eingetragen wird. Nach dem Eintragen des Saldos sind die Summen beider Seiten gleich groß.

Saldovortrag
Der Eröffnungsbestand auf einem Bestandskonto zu Beginn eines Abrechnungszeitraums (z. B. 01.01.), der aus dem vorangegangenen Abrechnungszeitraum (z. B. 31.12. Vorjahr) übernommen wurde. In der manuellen Buchführung wird er auch als **Anfangsbestand** bezeichnet.

Schlussbilanzkonto (SBK)
Konto der manuellen Buchführung, über das alle Bestandskonten (Aktiv- und Passivkonten) abgeschlossen werden. Es ist inhaltlich und wertmäßig mit der aus ihm entwickelten Bilanz (Schlussbilanz) identisch. In der EDV-Buchführung gibt es kein Schlussbilanzkonto. Die Summen- und Saldenbilanz ersetzt das SBK in seiner Funktion als Kontenübersicht.

Schulden
Verbindlichkeiten, Fremdkapital; auf der Passivseite der Bilanz auszuweisen.

Skonto
Prozentualer Abzug vom Kaufpreis, der dem Käufer vom Verkäufer für schnelles Bezahlen gewährt wird (Preisabzug). Er beträgt i. d. R. 2 oder 3 % und wird normalerweise bei Bezahlung innerhalb von 10 Tagen ab Lieferung gewährt. Auswirkungen in der Buchführung: siehe Stichwort „Preisabzüge“.

Sofortabschreibung geringwertiger Anlagegüter
Abnutzbare Gegenstände des **beweglichen** Anlagevermögens, die einer **selbstständigen Nutzung fähig** sind und die Wertgrenzen des § 6 Abs. 2 Satz 1 EStG (netto **800 €**) bzw. § 6 Abs. 2a Satz 4 EStG (netto **250 €**) nicht übersteigen, dürfen unabhängig von ihrer geplanten Nutzungsdauer **im Jahr der Anschaffung/Herstellung oder Einlage voll als Betriebsausgabe** abgezogen werden („Sofortabschreibung“). Das konkrete Wahlrecht hängt davon ab, ob der Steuerpflichtige die Anwendung von § 6 Abs. 2 oder 2a EStG für das betrachtete Wirtschaftsjahr wählt (**wirtschaftsjahrbezogenes Wahlrecht**); siehe hierzu auch das Stichwort „Geringwertige Wirtschaftsgüter“.

Soll
Die linke Seite eines Kontos.

Sozialversicherungsbeiträge
Arbeitnehmer unterliegen der Sozialversicherung (Pflichtversicherung). Sie müssen Pflichtbeiträge in die gesetzliche **Kranken-, Pflege-, Renten- und Arbeitslosenversicherung** bezahlen, sofern nicht eine besondere Befreiungsvorschrift im Einzelfall vorliegt. Die Sozialversicherungsbeiträge werden anteilig vom Arbeitnehmer (= Arbeitnehmeranteil zum Gesamtsozialversicherungsbeitrag) und Arbeitgeber (= Arbeitgeberanteil zum Gesamtsozialversicherungsbeitrag) getragen (Ausnahme: **gesetzliche Unfallversicherung**, für die der Arbeitgeber die vollen Beiträge allein bezahlen muss). Der Arbeitnehmeranteil wird vom Lohn/Gehalt des Arbeitnehmers einbehalten und zusammen mit dem Arbeitgeberanteil vom Arbeitgeber an die Krankenkasse, bei welcher der Arbeitnehmer versichert ist, gezahlt. Die Krankenkasse leitet den Rentenversicherungsbeitrag an die zuständige Rentenkasse (z. B. Deutsche Rentenversicherung Bund) und den Arbeitslosenversicherungsbeitrag an die Bundesagentur für Arbeit weiter.

Stille Reserven
Eigenkapital, welches durch die Bilanz nicht ausgewiesen wird. Es kommt dadurch zu Stande, dass Vermögensgegen-

stände nicht oder mit einem niedrigeren als ihrem tatsächlichen Wert und Schulden oder andere Passivpositionen ohne Eigenkapital mit einem höheren als ihrem realistischen Wert in der Bilanz ausgewiesen werden (**Unterbewertung von Aktiva und Überbewertung von Passiva**).

Teilwert
Der Teilwert ist ein Bewertungsmaßstab des Steuerrechts. Er ist der Betrag, den ein fiktiver Erwerber des ganzen Unternehmens für das einzelne Wirtschaftsgut im Gesamtkaufpreis ansetzen würde; dabei ist davon auszugehen, dass der Erwerber das Unternehmen fortführt (vgl. § 6 Abs. 1 Nr. 1 Satz 3 EStG).

Umlaufvermögen
Sammelbegriff für diejenigen Vermögensgegenstände des Betriebsvermögens, die dazu bestimmt sind, dem Geschäftsbetrieb nur **kurzfristig** zu dienen (Umkehrschluss aus § 247 Abs. 2 HGB). Zum Umlaufvermögen gehören

- Vorräte
- Forderungen und sonstige Vermögensgegenstände
- Wertpapiere zur kurzfristigen Anlage von Finanzmitteln
- flüssige Mittel (Kassenbestand, Guthaben auf Bankkonten usw.).

Umsatzsteuer-Traglast
Summe der Umsatzsteuerbeträge eines Abrechnungszeitraums, die der Unternehmer vor der Verrechnung mit den abzugsfähigen Vorsteuern dem Finanzamt schuldet.

Umsatzsteuer-Vorauszahlung
Abschlagszahlung auf die Umsatzsteuer-Zahllast eines Kalenderjahres (monatlich oder vierteljährlich) an das Finanzamt. Ob Vorauszahlungen zu leisten und ob diese monatlich oder vierteljährlich zu bezahlen sind, richtet sich nach der gesamten USt-Zahllast des Vorjahres; wenn diese **mehr als 7.500 €** betragen hatte, sind die Vorauszahlungen **monatlich** zu entrichten, wenn sie **zwischen 1.000 € und 7.500 €** betragen hatte, sind die Vorauszahlungen **vierteljährlich** zu entrichten, und wenn sie **0 bis 1.000 €** betragen hatte, sind **keine** Vorauszahlungen zu leisten.

Umsatzsteuer-Zahllast
Die an das Finanzamt für einen bestimmten Zeitraum (Kalendermonat/-vierteljahr/-jahr) zu bezahlende Umsatzsteuer. Sie errechnet sich, indem die abziehbaren Vorsteuern von der USt-Traglast des Betrachtungszeitraums abgezogen werden; der verbleibende Betrag ist die USt-Zahllast.

Unentgeltliche Wertabgaben
Wertabgaben des Unternehmens an den außerunternehmerischen Bereich als **Lieferungen ohne Entgelt** (z. B. Entnahme von Waren für Zwecke außerhalb des Unternehmens) oder **sonstige Leistungen ohne Entgelt** (z. B. Arbeitsleistungen eines Arbeitnehmers des Unternehmens für Zwecke außerhalb des Unternehmens). Unentgeltliche Wertabgaben unterliegen grundsätzlich der Umsatzsteuer. Wenn es sich um Privatentnahmen des Unternehmers handelt, sind die Werte der unentgeltlichen Wertabgaben brutto im **Soll** auf dem Privatkonto zu erfassen. Die Gegenbuchung erfolgt mit dem Nettobetrag im **Haben** auf einem speziellen Ertragskonto und mit der auf den Nettobetrag entfallenden USt im **Haben** auf dem Umsatzsteuerkonto.

Verbindlichkeiten
Zahlungsverpflichtungen gegenüber Dritten, die dem Grund und der Höhe nach feststehen (= Schulden). Sie sind in der Bilanz auf der Passivseite mit ihrem Rückzahlungsbetrag auszuweisen.

Verbindlichkeiten a LuL
Zahlungsverpflichtungen gegenüber Lieferanten aufgrund von erhaltenen Lieferungen oder Leistungen. In der Regel sind es kurzfristig fällige Verbindlichkeiten (innerhalb von 30 - 90 Tagen fällig).

Vereinfachungsregel für die Berechnung der Abschreibung
Sowohl im Jahr des Anlagenzugangs als auch im Jahr des Anlagenabgangs liegt in der Regel kein volles Abschreibungsjahr vor. In diesen Jahren muss der Abschreibungsbetrag zeitanteilig ermittelt werden. Streng genommen müsste hierbei taggenau gerechnet werden. Aus Vereinfachungsgründen ist es aber auch zulässig, die Abschreibung **monatsgenau** zu berechnen. Im **Zugangsjahr** kann der **Zugangsmonat als voller Monat** gerechnet werden (unabhängig vom Anschaffungsdatum in diesem Monat). Im **Abgangsjahr** wird der **Monat des Anlagenabgangs** bei der Ermittlung der zeitanteiligen Abschreibung **außer Betracht** gelassen (es werden nur volle Abschreibungsmonate berücksichtigt).

Vermögen
Zusammenfassender Ausdruck für die im Unternehmen vorhandenen Vermögensgegenstände (Anlagevermögen und Umlaufvermögen).

Vermögenswirksame Leistungen
Sparleistungen, die der Arbeitgeber für den Arbeitnehmer in einer Anlageform anlegt, die vom Vermögensbildungsgesetz gefördert wird (z. B. Bausparvertrag oder Vermögensbeteiligungssparvertrag). Entweder trägt der Arbeitnehmer den Sparbetrag voll selbst (Abzug vom Nettolohn) oder der Arbeitgeber trägt einen Teil oder den gesamten Sparbetrag zusätzlich zum Lohn/Gehalt. Der vom Arbeitgeber getragene Teil ist steuer- und sozialversicherungspflichtiger Arbeitslohn und somit bei der Gehaltsberechnung dem Bruttolohn/-gehalt hinzuzurechnen und wegen der Einbehaltung vom Nettolohn/-gehalt abzuziehen.

Verrechnungsmethode der Lohnbuchhaltung
Methode der Lohn-/Gehaltsbuchung, die aus der Bruttomethode abgeleitet ist. Das Bruttoentgelt (Lohn/Gehalt) wird im **Soll** auf dem entsprechenden Personalkostenkonto und im **Haben** auf dem Konto „Lohn-/Gehaltsverrechnung“ erfasst. Alle Abzüge werden dann schrittweise von dem Verrechnungskonto auf entsprechende Verbindlichkeits-/Zahlungsverkehrskonten umgebucht („Verrechnungskonto an Verbindlichkeitskonto“). Das Verrechnungskonto muss zum Jahresende „auf Null aufgehen“ (Saldo = 0,00 €).

Vertriebskosten
Aufwendungen für den Vertrieb (Verkauf) von Waren oder Erzeugnissen (Verpackungs-, Versand-, Versicherungskosten usw.). Sie werden als sonstige betriebliche Aufwendungen erfasst (Buchung auf dem entsprechenden Aufwandskonto im **Soll**). Bei der Ermittlung der Herstellungskosten dürfen sie **nicht** in die Kalkulation einbezogen werden.

Vorräte
Sammelbegriff für Gegenstände, die im Rahmen der Betriebstätigkeit bearbeitet, verarbeitet oder verkauft werden sollen (Roh-, Hilfs- und Betriebsstoffe, fertige und halbfertige Erzeugnisse und Waren). Sie werden auf der Aktivseite der Bilanz im Umlaufvermögen in der Position „Vorräte“ ausgewiesen.

Vorschuss
Abschlagszahlung im Lohn-/Gehaltsbereich an den Arbeitnehmer vor dem Fälligkeitstag des Lohns/Gehalts. Ein Vorschuss

ist ein kurzfristiges Darlehen, das der Arbeitgeber dem Arbeitnehmer gewährt. Bis zur Verrechnung des Vorschusses mit dem fälligen Nettolohn hat der Arbeitgeber gegenüber dem Arbeitnehmer eine Forderung.

Vorsteuer
Umsatzsteuer, die dem Leistungsempfänger, der Unternehmer ist, von dem Leistenden, der ebenfalls Unternehmer ist, in Rechnung gestellt wurde. Der Leistungsempfänger kann die Vorsteuer – wenn die Voraussetzungen für den Vorsteuerabzug nach § 15 UStG erfüllt sind – von seiner Umsatzsteuer-Traglast abziehen (Verrechnung mit der Umsatzsteuer, die er dem Finanzamt schuldet). Abziehbare Vorsteuerbeträge sind somit Forderungen gegenüber dem Finanzamt.

Waren
Produkte, die von anderen Betrieben hergestellt wurden und zwischen dem Ein- und Verkauf in der Regel keine Veränderung erfahren (Fertigprodukte, die gehandelt werden).

Warenbestand
Wert des Warenvorrats zu einem bestimmten Zeitpunkt. In der Buchführung wird der Warenbestand in der Regel nur einmal im Jahr zum Bilanzstichtag durch Inventur (körperliche Bestandsaufnahme) festgestellt. Ausnahme: Ordnungsgemäße Lagerbuchhaltung in Verbindung mit permanenter Inventur. Dann ist der aktuelle Lagerbestand jederzeit feststellbar (Warenbestand = Saldo des Warenbestandskontos).

Wareneingang
Der Einkauf von Waren, der in der Buchführung im **Soll** auf dem Bestandskonto „Warenbestand" oder dem Aufwandskonto „Wareneingang" erfasst wird. Üblich ist die Erfassung auf dem Konto „Wareneingang". Eine Abstimmung des Wareneingangskontos mit dem Warenbestandskonto erfolgt dann im Rahmen des Jahresabschlusses aufgrund der durch Inventur festgestellten Werte.

Wareneinsatz
Die zur Erzielung des Umsatzes eingesetzte Ware (Warenabgang), bewertet zum Einstandswert (Einkaufspreise netto zzgl. Bezugsnebenkosten netto). Der Wareneinsatz ist Aufwand des Unternehmens zur Erzielung des Erlöses aus dem Verkauf und der Entnahme von Waren.

Wiederbeschaffungskosten
Kosten, die notwendig sind, ein aus dem Betrieb ausgeschiedenes Wirtschaftsgut erneut anzuschaffen. Gegenstände die dem Unternehmen für Zwecke außerhalb des Unternehmens entnommen werden (z. B. für private Zwecke des Unternehmers), sind für die Umsatzsteuer mit deren Wiederbeschaffungskosten zu bewerten (Nettoeinkaufspreis zzgl. Nebenkosten zum Zeitpunkt des Umsatzes).

Zinsen
Der Preis für die Überlassung von Kapital oder Geld. In der Buchführung sind geschuldete Zinsen Aufwand und zu erhaltende Zinsen Ertrag.

A. Grundlagen

Bolin/Stephani/Wyrwa/Grefe, Kompakt-Training Bilanzen, 10. Auflage, Herne 2020

Bornhofen, M., Buchführung 1, 31. Auflage, Wiesbaden 2019

Bundesministerium der Finanzen (Hrsg.), Amtliches Einkommensteuer-Handbuch 2019

Bussiek/Ehrmann, Buchführung, 9. Auflage, Herne 2010

Falterbaum/Bolk/Reiß/Kirchner, Buchführung und Bilanz, Grüne Reihe Bd. 10, 22. Auflage, Achim 2015

Fleischmann, M., Praktische Auswirkungen des Zugriffsrechts der Steuerprüfer auf die EDV des Steuerpflichtigen, in: Bilanz, Buchführung, Kostenrechnung (BBK) Fach 27, S. 2255 - 2262

Kliewer/Zschenderlein/Schneider, Prüfungs-Coach für Steuerfachangestellte, 38. Auflage, Herne 2019

Sorg, P., Buchführung, Landsberg/Lech 1999

B. Inventar und Bilanz

Bilke/Heining/Mann, Lehrbuch Buchführung und Bilanzsteuerrecht, 12. Auflage, Herne 2017

Bolin/Stephani/Wyrwa/Grefe, Kompakt-Training Bilanzen, 10. Auflage, Herne 2020

Bornhofen, M., Buchführung 1, 31. Auflage, Wiesbaden 2019

Bundesministerium der Finanzen (Hrsg.), Amtliches Einkommensteuer-Handbuch 2019

Bussiek/Ehrmann, Buchführung, 9. Auflage, Herne 2010

Falterbaum/Bolk/Reiß/Kirchner, Buchführung und Bilanz, Grüne Reihe Bd. 10, 22. Auflage, Achim 2015

Kliewer/Zschenderlein/Schneider, Prüfungs-Coach für Steuerfachangestellte, 38. Auflage, Herne 2019

Korth, M., Kontierungs-Handbuch, 4. Auflage, München 2003

Sorg, P., Buchführung, Landsberg/Lech 1999

C. Systematik der Finanzbuchführung

Bieg/Waschbusch, Buchführung, 9. Auflage, Herne 2017

Bornhofen, M., Buchführung 1, 31. Auflage, Wiesbaden 2019

Bundesministerium der Finanzen (Hrsg.), Amtliches Einkommensteuer-Handbuch 2019

Bussiek/Ehrmann, Buchführung, 9. Auflage, Herne 2010

Falterbaum/Bolk/Reiß/Kirchner, Buchführung und Bilanz, Grüne Reihe Bd. 10, 22. Auflage, Achim 2015

Kliewer/Zschenderlein/Schneider, Prüfungs-Coach für Steuerfachangestellte, 38. Auflage, Herne 2019

Schmolke/Deitermann, Industrielles Rechnungswesen IKR, 45. Auflage, Darmstadt 2016

Sorg, P., Buchführung, Landsberg/Lech 1999

Zschenderlein, Rechnungswesen für Steuerfachangestellte, 7. Auflage, Herne 2019

D. Umsatzsteuer

Bornhofen, M., Buchführung 1, 31. Auflage, Wiesbaden 2019

Falterbaum/Bolk/Reiß/Kirchner, Buchführung und Bilanz, Grüne Reihe Bd. 10, 22. Auflage, Achim 2015

Kliewer/Zschenderlein/Schneider, Prüfungs-Coach für Steuerfachangestellte, 38. Auflage, Herne 2019

Zschenderlein, O., Rechnungswesen für Steuerfachangestellte, Herne 2019

E. Warenverkehr

Bieg/Waschbusch, Buchführung, 9. Auflage, Herne 2017

Bornhofen, M., Buchführung 1, 31. Auflage, Wiesbaden 2019

Goldstein, E., Kontieren und Buchen, 2. Auflage, Nürnberg 2001

Schmolke/Deitermann, Industrielles Rechnungswesen IKR, 45. Auflage, Darmstadt 2016

F. Roh-, Hilfs- und Betriebsstoffe

Bornhofen, M., Buchführung 1, 31. Auflage, Wiesbaden 2019

Coenenberg, A. G., Jahresabschluß und Jahresabschlußanalyse, 17. Auflage, Landsberg/Lech 2000

Falterbaum/Bolk/Reiß/Kirchner, Buchführung und Bilanz, Grüne Reihe Bd. 10, 22. Auflage, Achim 2015

Goldstein, E., Kontieren und Buchen, 2. Auflage, Nürnberg 2001

Olfert/Rahn/Zschenderlein, Lexikon der Betriebswirtschaftslehre, 9. Auflage, Herne 2020

G. Privatentnahmen und -einlagen

Bornhofen, M., Buchführung 1, 31. Auflage, Wiesbaden 2019

Bornhofen, M., Buchführung 2, 31. Auflage, Wiesbaden 2020

Bundesministerium der Finanzen (Hrsg.), Amtliches Einkommensteuer-Handbuch 2019

Falterbaum/Bolk/Reiß/Kirchner, Buchführung und Bilanz, Grüne Reihe Bd. 10, 22. Auflage, Achim 2015

Kliewer/Zschenderlein/Schneider, Prüfungs-Coach für Steuerfachangestellte, 38. Auflage, Herne 2019

Zschenderlein/Mayer, Private Nutzung betrieblicher Telefonanschlüsse durch Unternehmer, in: Bilanz, Buchführung, Kostenrechnung (BBK), Fach 30, S. 869 - 874, Herne/Berlin 1999

Zschenderlein, O., Rechnungswesen für Steuerfachangestellte, 7. Auflage, Herne 2019

H. Löhne und Gehälter

Bornhofen, M., Buchführung 1, 31. Auflage, Wiesbaden 2019

Kliewer/Zschenderlein/Schneider, Prüfungs-Coach für Steuerfachangestellte, 38. Auflage, Herne 2019

Schmolke/Deitermann, Industrielles Rechnungswesen IKR, 45. Auflage, Darmstadt 2016

I. Sachanlagevermögen

Bolin/Stephani/Wyrwa/Grefe, Kompakt-Training Bilanzen, 10. Auflage, Herne 2020

Bornhofen, M., Buchführung 1, 31. Auflage, Wiesbaden 2019

Bornhofen, M., Buchführung 2, 31. Auflage, Wiesbaden 2020

Bussiek/Ehrmann, Buchführung, 9. Auflage, Herne 2010

Grützner, D., Die Bilanzierung von Grundstücken und Grundstücksteilen (Teil A), in Bilanz, Buchführung, Kostenrechnung (BBK), Fach 13, S. 4445 - 4460, Herne/Berlin 2001

Kliewer/Zschenderlein/Schneider, Prüfungs-Coach für Steuerfachangestellte, 38. Auflage, Herne 2019

Korth, M., Kontierungs-Handbuch, 4. Auflage, München 2003

Kotz, H., Rechnungswesen für Steuerfachangestellte, 5. Auflage, Herne 2012

Schmolke/Deitermann, Industrielles Rechnungswesen IKR, 45. Auflage, Darmstadt 2016

J. Darlehen und Zinsen

Bolin/Stephani/Wyrwa/Grefe, Kompakt-Training Bilanzen, 10. Auflage, Herne 2020

Bornhofen, M., Buchführung 2, 31. Auflage, Wiesbaden 2020

Zschenderlein, O., Rechnungswesen für Steuerfachangestellte, 7. Auflage, Herne 2019

DATEV-Kontenrahmen nach dem Bilanzrichtlinie-Umsetzungsgesetz
Standardkontenrahmen - Prozessgliederungsprinzip (SKR 03)
Gültig für 2020

Bilanz-Posten[2]	Programmverbindung[4] Abschlusszweck[4]	0 Anlage- und Kapitalkonten
		KU 0600-0800 KU 0809 KU 0819-0963 KU 0968-0969 KU 0987-0989 KU 0996-0999
		0005 Rückständige fällige Einzahlungen auf Geschäftsanteile
		Immaterielle Vermögensgegenstände
Entgeltlich erworbene Konzessionen, gewerbliche Schutzrechte und ähnliche Rechte und Werte sowie Lizenzen an solchen Rechten und Werten		**0010 Entgeltlich erworbene Konzessionen, gewerbliche Schutzrechte und ähnliche Rechte und Werte sowie Lizenzen an solchen Rechten und Werten** 0015 Konzessionen 0020 Gewerbliche Schutzrechte 0025 Ähnliche Rechte und Werte 0027 EDV-Software 0030 Lizenzen an gewerblichen Schutzrechten und ähnlichen Rechten und Werten
Geschäfts- oder Firmenwert		**0035 Geschäfts- oder Firmenwert**
Geleistete Anzahlungen		**0038 Anzahlungen auf Geschäfts- oder Firmenwert** **0039 Geleistete Anzahlungen auf immaterielle Vermögensgegenstände**
Geschäfts- oder Firmenwert		**0040 Verschmelzungsmehrwert**
Selbst geschaffene gewerbliche Schutzrechte und ähnliche Rechte und Werte	HB HB HB HB HB HB	**0043 Selbst geschaffene immaterielle Vermögensgegenstände** 0044 EDV-Software 0045 Lizenzen und Franchiseverträge 0046 Konzessionen und gewerbliche Schutzrechte 0047 Rezepte, Verfahren, Prototypen 0048 Immaterielle Vermögensgegenstände in Entwicklung
		Sachanlagen
Grundstücke, grundstücksgleiche Rechte und Bauten einschließlich der Bauten auf fremden Grundstücken		**0050 Grundstücke, grundstücksgleiche Rechte und Bauten einschließlich der Bauten auf fremden Grundstücken** 0059 Grundstücksanteil des häuslichen Arbeitszimmers **0060 Grundstücksgleiche Rechte ohne Bauten** 0065 Unbebaute Grundstücke 0070 Grundstücksgleiche Rechte (Erbbaurecht, Dauerwohnrecht, unbebaute Grundstücke) 0075 Grundstücke mit Substanzverzehr
Geleistete Anzahlungen und Anlagen im Bau		0079 Anzahlungen auf Grundstücke und grundstücksgleiche Rechte ohne Bauten
Grundstücke, grundstücksgleiche Rechte und Bauten einschließlich der Bauten auf fremden Grundstücken		**0080 Bauten auf eigenen Grundstücken und grundstücksgleichen Rechten** 0085 Grundstückswerte eigener bebauter Grundstücke 0090 Geschäftsbauten 0100 Fabrikbauten 0110 Garagen 0111 Außenanlagen für Geschäfts-, Fabrik- und andere Bauten 0112 Hof- und Wegebefestigungen 0113 Einrichtungen für Geschäfts-, Fabrik- und andere Bauten 0115 Andere Bauten
Geleistete Anzahlungen und Anlagen im Bau		0120 Geschäfts-, Fabrik- und andere Bauten im Bau auf eigenen Grundstücken 0129 Anzahlungen auf Geschäfts-, Fabrik- und andere Bauten auf eigenen Grundstücken und grundstücksgleichen Rechten
Grundstücke, grundstücksgleiche Rechte und Bauten einschließlich der Bauten auf fremden Grundstücken		0140 Wohnbauten 0145 Garagen 0146 Außenanlagen 0147 Hof- und Wegebefestigungen 0148 Einrichtungen für Wohnbauten 0149 Gebäudeteil des häuslichen Arbeitszimmers
Geleistete Anzahlungen und Anlagen im Bau		0150 Wohnbauten im Bau auf eigenen Grundstücken 0159 Anzahlungen auf Wohnbauten auf eigenen Grundstücken und grundstücksgleichen Rechten
Grundstücke, grundstücksgleiche Rechte und Bauten einschließlich der Bauten auf fremden Grundstücken		**0160 Bauten auf fremden Grundstücken** 0165 Geschäftsbauten 0170 Fabrikbauten 0175 Garagen 0176 Außenanlagen 0177 Hof- und Wegebefestigungen 0178 Einrichtungen für Geschäfts-, Fabrik-, Wohn- und andere Bauten 0179 Andere Bauten
Geleistete Anzahlungen und Anlagen im Bau		0180 Geschäfts-, Fabrik- und andere Bauten im Bau auf fremden Grundstücken 0189 Anzahlungen auf Geschäfts-, Fabrik- und andere Bauten auf fremden Grundstücken
Grundstücke, grundstücksgleiche Rechte und Bauten einschließlich der Bauten auf fremden Grundstücken		0190 Wohnbauten 0191 Garagen 0192 Außenanlagen 0193 Hof- und Wegebefestigungen 0194 Einrichtungen für Wohnbauten
Geleistete Anzahlungen und Anlagen im Bau		0195 Wohnbauten im Bau auf fremden Grundstücken 0199 Anzahlungen auf Wohnbauten auf fremden Grundstücken

Bilanz-Posten[2]	Programmverbindung[4] Abschlusszweck[4]	0 Anlage- und Kapitalkonten
Technische Anlagen und Maschinen		**0200 Technische Anlagen und Maschinen** 0210 Maschinen 0220 Maschinengebundene Werkzeuge 0240 Technische Anlagen 0260 Transportanlagen und Ähnliches 0280 Betriebsvorrichtungen
Geleistete Anzahlungen und Anlagen im Bau		0290 Technische Anlagen und Maschinen im Bau 0299 Anzahlungen auf technische Anlagen und Maschinen
Andere Anlagen, Betriebs- und Geschäftsausstattung		**0300 Andere Anlagen, Betriebs- und Geschäftsausstattung** 0310 Andere Anlagen 0320 Pkw 0350 Lkw 0380 Sonstige Transportmittel 0400 Betriebsausstattung 0410 Geschäftsausstattung 0420 Büroeinrichtung 0430 Ladeneinrichtung 0440 Werkzeuge 0450 Einbauten in fremde Grundstücke 0460 Gerüst- und Schalungsmaterial 0480 Geringwertige Wirtschaftsgüter 0485 Wirtschaftsgüter (Sammelposten) 0490 Sonstige Betriebs- und Geschäftsausstattung
Geleistete Anzahlungen und Anlagen im Bau		0498 Andere Anlagen, Betriebs- und Geschäftsausstattung im Bau 0499 Anzahlungen auf andere Anlagen, Betriebs- und Geschäftsausstattung
		Finanzanlagen
Anteile an verbundenen Unternehmen		0500 Anteile an verbundenen Unternehmen (Anlagevermögen) 0501 Anteile an verbundenen Unternehmen, Personengesellschaften 0502 Anteile an verbundenen Unternehmen, Kapitalgesellschaften 0503 Anteile an herrschender oder mehrheitlich beteiligter Gesellschaft, Kapitalgesellschaften 0504 Anteile an herrschender oder mehrheitlich beteiligter Gesellschaft
Ausleihungen an verbundene Unternehmen		0505 Ausleihungen an verbundene Unternehmen 0506 Ausleihungen an verbundene Unternehmen, Personengesellschaften 0507 Ausleihungen an verbundene Unternehmen, Kapitalgesellschaften 0508 Ausleihungen an verbundene Unternehmen, Einzelunternehmen
Anteile an verbundenen Unternehmen		0509 Anteile an herrschender oder mehrheitlich beteiligter Gesellschaft, Personengesellschaften
Beteiligungen		0510 Beteiligungen 0513 Typisch stille Beteiligungen 0516 Atypisch stille Beteiligungen 0517 Beteiligungen an Kapitalgesellschaften 0518 Beteiligungen an Personengesellschaften 0519 Beteiligung einer GmbH & Co. KG an einer Komplementär GmbH

Bilanz-Posten[2]	Programmverbindung[4] Abschlusszweck[4]	0 Anlage- und Kapitalkonten
Ausleihungen an Unternehmen, mit denen ein Beteiligungsverhältnis besteht		0520 Ausleihungen an Unternehmen, mit denen ein Beteiligungsverhältnis besteht 0523 Ausleihungen an Unternehmen, mit denen ein Beteiligungsverhältnis besteht, Personengesellschaften 0524 Ausleihungen an Unternehmen, mit denen ein Beteiligungsverhältnis besteht, Kapitalgesellschaften
Wertpapiere des Anlagevermögens		**0525 Wertpapiere des Anlagevermögens** 0530 Wertpapiere mit Gewinnbeteiligungsansprüchen, die dem Teileinkünfteverfahren unterliegen 0535 Festverzinsliche Wertpapiere 0538 Anteile einer GmbH & Co. KG an einer Komplementär-GmbH[1]
Sonstige Ausleihungen		**0540 Sonstige Ausleihungen** 0550 Darlehen
Genossenschaftsanteile		**0570 Genossenschaftsanteile zum langfristigen Verbleib**
Sonstige Ausleihungen		0580 Ausleihungen an Gesellschafter 0582 Ausleihungen an GmbH-Gesellschafter 0583 Ausleihungen an stille Gesellschafter 0584 Ausleihungen an persönlich haftende Gesellschafter 0586 Ausleihungen an Kommanditisten 0590 Ausleihungen an nahe stehende Personen
Rückdeckungsansprüche aus Lebensversicherungen		**0595 Rückdeckungsansprüche aus Lebensversicherungen zum langfristigen Verbleib**
		Verbindlichkeiten
Anleihen		**0600 Anleihen** nicht konvertibel 0601 - Restlaufzeit bis 1 Jahr 0605 - Restlaufzeit 1 bis 5 Jahre 0610 - Restlaufzeit größer 5 Jahre 0615 Anleihen konvertibel 0616 - Restlaufzeit bis 1 Jahr 0620 - Restlaufzeit 1 bis 5 Jahre 0625 - Restlaufzeit größer 5 Jahre
Verbindlichkeiten gegenüber Kreditinstituten oder *Kassenbestand, Bundesbankguthaben, Guthaben bei Kreditinstituten und Schecks*		**0630 Verbindlichkeiten gegenüber Kreditinstituten** 0631 - Restlaufzeit bis 1 Jahr 0640 - Restlaufzeit 1 bis 5 Jahre 0650 - Restlaufzeit größer 5 Jahre 0660 Verbindlichkeiten gegenüber Kreditinstituten aus Teilzahlungsverträgen 0661 - Restlaufzeit bis 1 Jahr 0670 - Restlaufzeit 1 bis 5 Jahre 0680 - Restlaufzeit größer 5 Jahre 0690 -98 Verbindlichkeiten gegenüber Kreditinstituten, für Restlaufzeitdifferenzierung (nur Bilanzierer)[8]
Verbindlichkeiten gegenüber Kreditinstituten		0699 Gegenkonto 0630-0689 bei Aufteilung der Konten 0690-0698

Bilanz-Posten[2]	Programmverbindung[4] Abschlusszweck[4]	**0** Anlage- und Kapitalkonten
Verbindlichkeiten gegenüber verbundenen Unternehmen oder *Forderungen gegen verbundene Unternehmen*		**0700 Verbindlichkeiten gegenüber verbundenen Unternehmen** 0701 - Restlaufzeit bis 1 Jahr 0705 - Restlaufzeit 1 bis 5 Jahre 0710 - Restlaufzeit größer 5 Jahre
Verbindlichkeiten gegenüber Unternehmen, mit denen ein Beteiligungsverhältnis besteht oder *Forderungen gegen Unternehmen, mit denen ein Beteiligungsverhältnis besteht*		**0715 Verbindlichkeiten gegenüber Unternehmen, mit denen ein Beteiligungsverhältnis besteht** 0716 - Restlaufzeit bis 1 Jahr 0720 - Restlaufzeit 1 bis 5 Jahre 0725 - Restlaufzeit größer 5 Jahre
Sonstige Verbindlichkeiten		**0730 Verbindlichkeiten gegenüber Gesellschaftern** 0731 - Restlaufzeit bis 1 Jahr 0740 - Restlaufzeit 1 bis 5 Jahre 0750 - Restlaufzeit größer 5 Jahre 0755 Verbindlichkeiten gegenüber Gesellschaftern für offene Ausschüttungen 0760 Darlehen typisch stiller Gesellschafter 0761 - Restlaufzeit bis 1 Jahr 0764 - Restlaufzeit 1 bis 5 Jahre 0767 - Restlaufzeit größer 5 Jahre 0770 Darlehen atypisch stiller Gesellschafter 0771 - Restlaufzeit bis 1 Jahr 0774 - Restlaufzeit 1 bis 5 Jahre 0777 - Restlaufzeit größer 5 Jahre 0780 Partiarische Darlehen 0781 - Restlaufzeit bis 1 Jahr 0784 - Restlaufzeit 1 bis 5 Jahre 0787 - Restlaufzeit größer 5 Jahre 0790 -98 Sonstige Verbindlichkeiten, für Restlaufzeitdifferenzierung (nur Bilanzierer)[8] 0799 Gegenkonto 0730-0789 und 1665-1678 und 1695-1698 bei Aufteilung der Konten 0790-0798
		Kapital Kapitalgesellschaft
Gezeichnetes Kapital	K	**0800 Gezeichnetes Kapital[17]**
Gezeichnetes Kapital	K	0809 Kapitalerhöhung aus Gesellschaftsmitteln
	K	0810 Geschäftsguthaben der verbleibenden Mitglieder
	K	0811 Geschäftsguthaben der ausscheidenden Mitglieder
	K	0812 Geschäftsguthaben aus gekündigten Geschäftsanteilen
	K	0813 Rückständige fällige Einzahlungen auf Geschäftsanteile, vermerkt
		0815 Gegenkonto Rückständige fällige Einzahlungen auf Geschäftsanteile, vermerkt

Bilanz-Posten[2]	Programmverbindung[4] Abschlusszweck[4]	**0** Anlage- und Kapitalkonten
Eigene Anteile	K	0819 Erworbene eigene Anteile
Nicht eingeforderte ausstehende Einlagen		0820 -29 Ausstehende Einlagen auf das gezeichnete Kapital, nicht eingefordert (Passivausweis, vom gezeichneten Kapital offen abgesetzt; eingeforderte ausstehende Einlagen s. Konten 0830-0838)
Eingeforderte, noch ausstehende Kapitaleinlagen		0830 -38 Ausstehende Einlagen auf das gezeichnete Kapital, eingefordert (Forderungen, nicht eingeforderte ausstehende Einlagen s. Konten 0820-0829)
Nachschüsse		0839 Nachschüsse (Forderungen, Gegenkonto 0845)
		Kapitalrücklage
Kapitalrücklage	K	**0840 Kapitalrücklage[17]**
	K	0841 Kapitalrücklage durch Ausgabe von Anteilen über Nennbetrag[17]
	K	0842 Kapitalrücklage durch Ausgabe von Schuldverschreibungen für Wandlungsrechte und Optionsrechte zum Erwerb von Anteilen[17]
	K	0843 Kapitalrücklage durch Zuzahlungen gegen Gewährung eines Vorzugs für Anteile[17]
	K	0844 Kapitalrücklage durch andere Zuzahlungen in das Eigenkapital[17]
	K	0845 Nachschusskapital (Gegenkonto 0839)[17]
		Gewinnrücklagen
Gesetzliche Rücklage	K	**0846 Gesetzliche Rücklage[17]**
Andere Gewinnrücklagen	K	0848 Andere Gewinnrücklagen aus dem Erwerb eigener Anteile
Rücklage für Anteile an einem herrschenden oder mehrheitlich beteiligten Unternehmen		0849 Rücklage für Anteile an einem herrschenden oder mehrheitlich beteiligten Unternehmen
Satzungsmäßige Rücklagen	K	**0851 Satzungsmäßige Rücklagen[17]**
	K	0852 Andere Ergebnisrücklagen
Andere Gewinnrücklagen	K HB	**0853 Gewinnrücklagen aus den Übergangsvorschriften BilMoG**
	K HB	0854 Gewinnrücklagen aus den Übergangsvorschriften BilMoG (Zuschreibung Sachanlagevermögen)
	K	**0855 Andere Gewinnrücklagen[17]**
	K	0856 Eigenkapitalanteil von Wertaufholungen[17]
	K HB	0857 Gewinnrücklagen aus den Übergangsvorschriften BilMoG (Zuschreibung Finanzanlagevermögen)

Bilanz-Posten[2)]	Programmverbindung[4)] Abschlusszweck[4)]	Konto	0 Anlage- und Kapitalkonten
Andere Gewinnrücklagen	K HB	0858	Gewinnrücklagen aus den Übergangsvorschriften BilMoG (Auflösung der Sonderposten mit Rücklageanteil)
	K HB	0859	Latente Steuern (Gewinnrücklage Haben) aus erfolgsneutralen Verrechnungen
Gewinnvortrag o. *Verlustvortrag*	K	**0860**	**Gewinnvortrag vor Verwendung**[17)]
		F 0865	Gewinnvortrag vor Verwendung (mit Aufteilung für Kapitalkontenentwicklung)
		F 0867	Verlustvortrag vor Verwendung (mit Aufteilung für Kapitalkontenentwicklung)
Gewinnvortrag o. *Verlustvortrag*	K	**0868**	**Verlustvortrag vor Verwendung**[17)]
		R 0869	
			Kapital
			Eigenkapital Vollhafter/Einzelunternehmer
		F 0870	Festkapital
		F 0871 -79	Kapital (fester Anteil, nur Einzelunternehmen)[8)22)]
		F 0880	Variables Kapital
		F 0881 -89	Kapital (variabler Anteil, nur Einzelunternehmen)[8)22)]
			Fremdkapital Vollhafter
		F 0890	Gesellschafter-Darlehen
		R 0891 -99	
			Eigenkapital Teilhafter
		F 0900	Kommandit-Kapital
		R 0901 -09	
		F 0910	Verlustausgleichskonto
		R 0911 -19	
			Fremdkapital Teilhafter
		F 0920	Gesellschafter-Darlehen
		R 0921 -29	
			Sonderposten mit Rücklageanteil
Sonderposten mit Rücklageanteil		0930	Sonderposten mit Rücklageanteil, steuerfreie Rücklagen[6)]
	SB	0931	Steuerfreie Rücklagen nach § 6b EStG[8)]
	SB	0932	Sonderposten mit Rücklageanteil nach R 6.6 EStR
		R 0939	
		0940	Sonderposten mit Rücklageanteil, Sonderabschreibungen[6)]
		R 0943	
	SB	0945	Ausgleichsposten bei Entnahmen § 4g EStG
	SB	0946	Rücklage für Zuschüsse
		0947	Sonderposten mit Rücklageanteil nach § 7g Abs. 5 EStG
Sonderposten für Zuschüsse und Zulagen	HB	0949	Sonderposten für Zuschüsse und Zulagen

Bilanz-Posten[2)]	Programmverbindung[4)] Abschlusszweck[4)]	Konto	0 Anlage- und Kapitalkonten
			Rückstellungen
Rückstellungen für Pensionen und ähnliche Verpflichtungen		**0950**	**Rückstellungen für Pensionen und ähnliche Verpflichtungen**
Rückstellungen für Pensionen und ähnliche Verpflichtungen oder *Aktiver Unterschiedsbetrag aus der Vermögensverrechnung*	HB	0951	Rückstellungen für Pensionen und ähnliche Verpflichtungen zur Saldierung mit Vermögensgegenständen zum langfristigen Verbleib nach § 246 Abs. 2 HGB
Rückstellungen für Pensionen und ähnliche Verpflichtungen		0952	Rückstellungen für Pensionen und ähnliche Verpflichtungen gegenüber Gesellschaftern oder nahe stehenden Personen (10 % Beteiligung am Kapital)
		0953	Rückstellungen für Direktzusagen
		0954	Rückstellungen für Zuschussverpflichtungen für Pensionskassen und Lebensversicherungen
Steuerrückstellungen		**0955**	**Steuerrückstellungen**
		0956	Gewerbesteuerrückstellung nach § 4 Abs. 5b EStG
		R 0957	
Sonstige Rückstellungen		0961	Urlaubsrückstellungen
Steuerrückstellungen		0962	Steuerrückstellung aus Steuerstundung (BStBK)
		0963	Körperschaftsteuerrückstellung
Sonstige Rückstellungen		0964	Rückstellungen für mit der Altersversorgung vergleichbare langfristige Verpflichtungen zum langfristigen Verbleib
		0965	Rückstellungen für Personalkosten
		0966	Rückstellungen zur Erfüllung der Aufbewahrungspflichten
Sonstige Rückstellungen oder *Aktiver Unterschiedsbetrag aus der Vermögensverrechnung*	HB	0967	Rückstellungen für mit der Altersversorgung vergleichbare langfristige Verpflichtungen zur Saldierung mit Vermögensgegenständen zum langfristigen Verbleib nach § 246 Abs. 2 HGB
Passive latente Steuern	HB	0968	Passive latente Steuern
Steuerrückstellungen	HB	0969	Rückstellung für latente Steuern

Bilanz-Posten[2]	Programmverbindung[4] Abschlusszweck[4]	0 Anlage- und Kapitalkonten
Sonstige Rückstellungen		0970 Sonstige Rückstellungen
		0971 Rückstellungen für unterlassene Aufwendungen für Instandhaltung, Nachholung in den ersten drei Monaten
		0973 Rückstellungen für Abraum- und Abfallbeseitigung
		0974 Rückstellungen für Gewährleistungen (Gegenkonto 4790)
	HB	0976 Rückstellungen für drohende Verluste aus schwebenden Geschäften
		0977 Rückstellungen für Abschluss- und Prüfungskosten
	HB	0978 Aufwandsrückstellungen nach § 249 Abs. 2 HGB a. F.
		0979 Rückstellungen für Umweltschutz
		Abgrenzungsposten
Rechnungsabgrenzungsposten (Aktiva)		**0980 Aktive Rechnungsabgrenzung**
Aktive latente Steuern	HB	0983 Aktive latente Steuern
Rechnungsabgrenzungsposten (Aktiva)	SB	0984 Als Aufwand berücksichtigte Zölle und Verbrauchsteuern auf Vorräte
	SB	0985 Als Aufwand berücksichtigte Umsatzsteuer auf Anzahlungen
		0986 Damnum/Disagio
Andere Gewinnrücklagen	HB K	0987 Rechnungsabgrenzungsposten (Gewinnrücklage Soll) aus erfolgsneutralen Verrechnungen
	HB K	0988 Latente Steuern (Gewinnrücklage Soll) aus erfolgsneutralen Verrechnungen
		F 0989 Gesamthänderisch gebundene Rücklagen (mit Aufteilung für Kapitalkontenentwicklung)
Rechnungsabgrenzungsposten (Passiva)		**0990 Passive Rechnungsabgrenzung**
Sonstige Aktiva oder *sonstige Passiva*		0992 Abgrenzungen unterjährig pauschal gebuchter Abschreibungen für BWA
Forderungen aus Lieferungen und Leistungen H-Saldo		0996 Pauschalwertberichtigung auf Forderungen - Restlaufzeit bis zu 1 Jahr
		0997 - Restlaufzeit größer 1 Jahr
		0998 Einzelwertberichtigungen auf Forderungen - Restlaufzeit bis zu 1 Jahr
		0999 - Restlaufzeit größer 1 Jahr

Bilanz-Posten[2]	Programmverbindung[4] Abschlusszweck[4]	1 Finanz- und Privatkonten
		KU 1000-1371 V 1372 KU 1373-1509 V 1510-1511 KU 1512-1517 V 1518 KU 1519-1709 M 1710-1711 KU 1712-1717 M 1718-1724 KU 1725-1868 V 1869[10] KU 1870-1878 M 1879[10] KU 1880-1999
		Kassenbestand, Bundesbank- und Postbankguthaben, Guthaben bei Kreditinstituten und Schecks
Kassenbestand, Bundesbankguthaben, Guthaben bei Kreditinstituten und Schecks		**F 1000 Kasse**
		F 1010 Nebenkasse 1
		F 1020 Nebenkasse 2
Kassenbestand, Bundesbankguthaben, Guthaben bei Kreditinstituten und Schecks oder *Verbindlichkeiten gegenüber Kreditinstituten*		**F 1100 Bank (Postbank)**
		F 1110 Bank (Postbank 1)
		F 1120 Bank (Postbank 2)
		F 1130 Bank (Postbank 3)
		F 1190 LZB-Guthaben
		F 1195 Bundesbankguthaben
		F 1200 Bank
		F 1210 Bank 1
		F 1220 Bank 2
		F 1230 Bank 3
		F 1240 Bank 4
		F 1250 Bank 5
		R 1289
		1290 Finanzmittelanlagen im Rahmen der kurzfristigen Finanzdisposition (nicht im Finanzmittelfonds enthalten)
		1295 Verbindlichkeiten gegenüber Kreditinstituten (nicht im Finanzmittelfonds enthalten)
Forderungen aus Lieferungen und Leistungen oder *sonstige Verbindlichkeiten*		F 1300 Wechsel aus Lieferungen und Leistungen
		F 1301 - Restlaufzeit bis 1 Jahr
		F 1302 - Restlaufzeit größer 1 Jahr
		F 1305 Wechsel aus Lieferungen und Leistungen, bundesbankfähig
Forderungen gegen verbundene Unternehmen oder *Verbindlichkeiten gegenüber verbundenen Unternehmen*		1310 Besitzwechsel gegen verbundene Unternehmen
		1311 - Restlaufzeit bis 1 Jahr
		1312 - Restlaufzeit größer 1 Jahr
		1315 Besitzwechsel gegen verbundene Unternehmen, bundesbankfähig

Bilanz-Posten[2]	Programm-verbindung[4] Abschluss-zweck[4]	1 Finanz- und Privatkonten
Forderungen gegenüber Unternehmen, mit denen ein Beteiligungsverhältnis besteht oder *Verbindlichkeiten gegenüber Unternehmen, mit denen ein Beteiligungsverhältnis besteht*		1320 Besitzwechsel gegen Unternehmen, mit denen ein Beteiligungsverhältnis besteht 1321 - Restlaufzeit bis 1 Jahr 1322 - Restlaufzeit größer 1 Jahr 1325 Besitzwechsel gegen Unternehmen, mit denen ein Beteiligungsverhältnis besteht, bundesbankfähig
Sonstige Wertpapiere		1327 Finanzwechsel 1329 Andere Wertpapiere mit unwesentlichen Wertschwankungen
Kassenbestand, Bundesbankguthaben, Guthaben bei Kreditinstituten und Schecks		**F 1330 Schecks**
		Wertpapiere
Anteile an verbundenen Unternehmen		**1340 Anteile an verbundenen Unternehmen (Umlaufvermögen)** **1344 Anteile an herrschender oder mit Mehrheit beteiligter Gesellschaft**
Sonstige Wertpapiere		**1348 Sonstige Wertpapiere** 1349 Wertpapieranlagen im Rahmen der kurzfristigen Finanzdisposition
		Forderungen und sonstige Vermögensgegenstände
Sonstige Vermögensgegenstände	 SB	1350 GmbH-Anteile zum kurzfristigen Verbleib 1352 Genossenschaftsanteile zum kurzfristigen Verbleib 1353 Vermögensgegenstände zur Erfüllung von mit der Altersversorgung vergleichbaren langfristigen Verpflichtungen
Aktiver Unterschiedsbetrag aus der Vermögensverrechnung oder *sonstige Rückstellungen*	HB	1354 Vermögensgegenstände zur Saldierung mit der Altersversorgung vergleichbaren langfristigen Verpflichtungen nach § 246 Abs. 2 HGB
Sonstige Vermögensgegenstände	 SB	1355 Ansprüche aus Rückdeckungsversicherungen 1356 Vermögensgegenstände zur Erfüllung von Pensionsrückstellungen und ähnlichen Verpflichtungen zum langfristigen Verbleib
Aktiver Unterschiedsbetrag aus der Vermögensverrechnung oder *Rückstellungen für Pensionen und ähnliche Verpflichtungen*	HB	1357 Vermögensgegenstände zur Saldierung mit Pensionsrückstellungen und ähnlichen Verpflichtungen zum langfristigen Verbleib nach § 246 Abs. 2 HGB F 1358 -59
Sonstige Vermögensgegenstände oder *sonstige Verbindlichkeiten*	 EÜR EÜR	F 1360 Geldtransit R 1370 F 1371 Verrechnungskonto Gewinnermittlung § 4 Abs. 3 EStG, nicht ergebniswirksam 1372 Wirtschaftsgüter des Umlaufvermögens nach § 4 Abs. 3 Satz 4 EStG
Sonstige Vermögensgegenstände		1373 Forderungen gegen Kommanditisten und atypisch stille Gesellschafter 1374 - Restlaufzeit bis 1 Jahr 1375 - Restlaufzeit größer 1 Jahr 1376 Forderungen gegen typisch stille Gesellschafter 1377 - Restlaufzeit bis 1 Jahr 1378 - Restlaufzeit größer 1 Jahr R 1379
Sonstige Vermögensgegenstände oder *sonstige Verbindlichkeiten*		F 1380 Überleitungskonto Kostenstelle
Sonstige Vermögensgegenstände		1381 Forderungen gegen GmbH-Gesellschafter 1382 - Restlaufzeit bis 1 Jahr 1383 - Restlaufzeit größer 1 Jahr 1385 Forderungen gegen persönlich haftende Gesellschafter 1386 - Restlaufzeit bis 1 Jahr 1387 - Restlaufzeit größer 1 Jahr 1389 Ansprüche aus betrieblicher Altersversorgung und Pensionsansprüche (Mitunternehmer)[28]
Sonstige Vermögensgegenstände oder *sonstige Verbindlichkeiten*		F 1390 Verrechnungskonto Ist-Versteuerung
	EÜR	F 1391 Neutralisierung ertragswirksamer Sachverhalte für § 4 Abs. 3 EStG
	SB	1394 Forderungen gegen Gesellschaft/Gesamthand[1)28)]
Forderungen aus Lieferungen und Leistungen oder *sonstige Verbindlichkeiten*	 EÜR EÜR EÜR EÜR EÜR	**S 1400 Forderungen aus Lieferungen und Leistungen** R 1401 -06 Forderungen aus Lieferungen und Leistungen F 1410 -44 Forderungen aus Lieferungen und Leistungen ohne Kontokorrent F 1445 Forderungen aus Lieferungen und Leistungen zum allgemeinen Umsatzsteuersatz oder eines Kleinunternehmers (EÜR) F 1446 Forderungen aus Lieferungen und Leistungen zum ermäßigten Umsatzsteuersatz (EÜR) F 1447 Forderungen aus steuerfreien oder nicht steuerbaren Lieferungen und Leistungen (EÜR) F 1448 Forderungen aus Lieferungen und Leistungen nach Durchschnittssätzen nach § 24 UStG (EÜR) F 1449 Gegenkonto 1445-1448 bei Aufteilung der Forderungen nach Steuersätzen (EÜR)

Bilanz-Posten[2]	Programmverbindung[4] Abschlusszweck[4]	1 Finanz- und Privatkonten
Forderungen aus Lieferungen und Leistungen oder *sonstige Verbindlichkeiten*	EÜR	F 1450 Forderungen nach § 11 Abs. 1 Satz 2 EStG für § 4 Abs. 3 EStG F 1451 Forderungen aus Lieferungen und Leistungen ohne Kontokorrent - Restlaufzeit bis 1 Jahr F 1455 - Restlaufzeit größer 1 Jahr F 1460 Zweifelhafte Forderungen F 1461 - Restlaufzeit bis 1 Jahr F 1465 - Restlaufzeit größer 1 Jahr
Forderungen gegen verbundene Unternehmen oder *Verbindlichkeiten gegenüber verbundenen Unternehmen*		F 1470 Forderungen aus Lieferungen und Leistungen gegen verbundene Unternehmen F 1471 - Restlaufzeit bis 1 Jahr F 1475 - Restlaufzeit größer 1 Jahr
Forderungen gegen verbundene Unternehmen H-Saldo		1478 Wertberichtigungen auf Forderungen gegen verbundene Unternehmen - Restlaufzeit bis 1 Jahr 1479 - Restlaufzeit größer 1 Jahr
Forderungen gegen Unternehmen, mit denen ein Beteiligungsverhältnis besteht oder *Verbindlichkeiten gegenüber Unternehmen, mit denen ein Beteiligungsverhältnis besteht*		F 1480 Forderungen aus Lieferungen und Leistungen gegen Unternehmen, mit denen ein Beteiligungsverhältnis besteht F 1481 - Restlaufzeit bis 1 Jahr F 1485 - Restlaufzeit größer 1 Jahr
Forderungen gegen Unternehmen, mit denen ein Beteiligungsverhältnis besteht H-Saldo		1488 Wertberichtigungen auf Forderungen gegen Unternehmen, mit denen ein Beteiligungsverhältnis besteht - Restlaufzeit bis 1 Jahr 1489 - Restlaufzeit größer 1 Jahr
Forderungen aus Lieferungen und Leistungen oder *sonstige Verbindlichkeiten*		F 1490 Forderungen aus Lieferungen und Leistungen gegen Gesellschafter F 1491 - Restlaufzeit bis 1 Jahr F 1495 - Restlaufzeit größer 1 Jahr
Forderungen aus Lieferungen und Leistungen H-Saldo		1498 Gegenkonto zu sonstigen Vermögensgegenständen bei Buchungen über Debitorenkonto
Forderungen aus Lieferungen und Leistungen H-Saldo oder *sonstige Verbindlichkeiten S-Saldo*		1499 Gegenkonto 1451-1497 bei Aufteilung Debitorenkonto
Sonstige Vermögensgegenstände		**1500 Sonstige Vermögensgegenstände** 1501 - Restlaufzeit bis 1 Jahr 1502 - Restlaufzeit größer 1 Jahr 1503 Forderungen gegen Vorstandsmitglieder und Geschäftsführer - Restlaufzeit bis 1 Jahr 1504 - Restlaufzeit größer 1 Jahr

Bilanz-Posten[2]	Programmverbindung[4] Abschlusszweck[4]	1 Finanz- und Privatkonten
Sonstige Vermögensgegenstände		1505 Forderungen gegen Aufsichtsrats- und Beiratsmitglieder - Restlaufzeit bis 1 Jahr 1506 - Restlaufzeit größer 1 Jahr 1507 Forderungen gegen sonstige Gesellschafter - Restlaufzeit bis 1 Jahr 1508 - Restlaufzeit größer 1 Jahr
Geleistete Anzahlungen		**1510 Geleistete Anzahlungen auf Vorräte** AV 1511 Geleistete Anzahlungen, 7 % Vorsteuer R 1512 -17 AV 1518 Geleistete Anzahlungen, 19 % Vorsteuer
Sonstige Vermögensgegenstände		1519 Forderungen gegen Arbeitsgemeinschaften 1520 Forderungen gegenüber Krankenkassen aus Aufwendungsausgleichsgesetz 1521 Agenturwarenabrechnung 1522 Genussrechte 1524 Einzahlungsansprüche zu Nebenleistungen oder Zuzahlungen 1525 Kautionen 1526 - Restlaufzeit bis 1 Jahr 1527 - Restlaufzeit größer 1 Jahr
Sonstige Vermögensgegenstände oder *sonstige Verbindlichkeiten*	U U	F 1528 Nachträglich abziehbare Vorsteuer nach § 15a Abs. 2 UStG F 1529 Zurückzuzahlende Vorsteuer nach § 15a Abs. 2 UStG
Sonstige Vermögensgegenstände		1530 Forderungen gegen Personal aus Lohn- und Gehaltsabrechnung 1531 - Restlaufzeit bis 1 Jahr 1537 - Restlaufzeit größer 1 Jahr R 1538 -39 1540 Forderungen aus Gewerbesteuerüberzahlungen 1542 Steuererstattungsansprüche gegenüber anderen Ländern F 1543 Forderungen an das Finanzamt aus abgeführtem Bauabzugsbetrag 1544 Forderung gegenüber Bundesagentur für Arbeit 1545 Forderungen aus Umsatzsteuer-Vorauszahlungen 1546 Umsatzsteuerforderungen Vorjahr 1547 Forderungen aus entrichteten Verbrauchsteuern
Sonstige Vermögensgegenstände oder *sonstige Verbindlichkeiten*		S 1548 Vorsteuer in Folgeperiode/im Folgejahr abziehbar
Sonstige Vermögensgegenstände		1549 Körperschaftsteuerrückforderung 1550 Darlehen 1551 - Restlaufzeit bis 1 Jahr 1555 - Restlaufzeit größer 1 Jahr

Bilanz-Posten[2]	Programmverbindung[4] Abschlusszweck[4]	1 Finanz- und Privatkonten
Sonstige Vermögensgegenstände oder *sonstige Verbindlichkeiten*	U	F 1556 Nachträglich abziehbare Vorsteuer nach § 15a Abs. 1 UStG, bewegliche Wirtschaftsgüter
	U	F 1557 Zurückzuzahlende Vorsteuer nach § 15a Abs. 1 UStG, bewegliche Wirtschaftsgüter
	U	F 1558 Nachträglich abziehbare Vorsteuer nach § 15a Abs. 1 UStG, unbewegliche Wirtschaftsgüter
	U	F 1559 Zurückzuzahlende Vorsteuer nach § 15a Abs. 1 UStG, unbewegliche Wirtschaftsgüter
		S 1560 Aufzuteilende Vorsteuer
		S 1561 Aufzuteilende Vorsteuer 7 %
		S 1562 Aufzuteilende Vorsteuer aus innergemeinschaftlichem Erwerb
		S 1563 Aufzuteilende Vorsteuer aus innergemeinschaftlichem Erwerb 19 %
		R 1564 -65
		S 1566 Aufzuteilende Vorsteuer 19 %
		S 1567 Aufzuteilende Vorsteuer nach §§ 13a und 13b UStG
		R 1568
		S 1569 Aufzuteilende Vorsteuer nach §§ 13a und 13b UStG 19 %
	U	S 1570 Abziehbare Vorsteuer
	U	S 1571 Abziehbare Vorsteuer 7 %
	U	S 1572 Abziehbare Vorsteuer aus innergemeinschaftlichem Erwerb
	U	S 1573 Vorsteuer aus Erwerb als letzter Abnehmer innerhalb eines Dreiecksgeschäfts
	U	S 1574 Abziehbare Vorsteuer aus innergemeinschaftlichem Erwerb 19 %
		R 1575
	U	S 1576 Abziehbare Vorsteuer 19 %
	U	S 1577 Abziehbare Vorsteuer nach § 13b UStG 19 %
	U	S 1578 Abziehbare Vorsteuer nach § 13b UStG
		R 1579
	EÜR	1580 Gegenkonto Vorsteuer § 4 Abs. 3 EStG
	EÜR	1581 Auflösung Vorsteuer aus Vorjahr § 4 Abs. 3 EStG
	EÜR	1582 Vorsteuer aus Investitionen § 4 Abs. 3 EStG
	EÜR	1583 Gegenkonto für Vorsteuer nach Durchschnittssätzen für § 4 Abs. 3 EStG
	U	S 1584 Abziehbare Vorsteuer aus innergemeinschaftlichem Erwerb von Neufahrzeugen von Lieferanten ohne USt-Id-Nr.
	U	S 1585 Abziehbare Vorsteuer aus der Auslagerung von Gegenständen aus einem Umsatzsteuerlager
	U	F 1587 Vorsteuer nach allgemeinen Durchschnittssätzen UStVA Kz. 63
	U	F 1588 Entstandene Einfuhrumsatzsteuer
		R 1589
		1590 Durchlaufende Posten
		1592 Fremdgeld
Sonstige Verbindlichkeiten S-Saldo		F 1593 Verrechnungskonto erhaltene Anzahlungen bei Buchung über Debitorenkonto

Bilanz-Posten[2]	Programmverbindung[4] Abschlusszweck[4]	1 Finanz- und Privatkonten
Forderungen gegen verbundene Unternehmen oder *Verbindlichkeiten gegenüber verbundenen Unternehmen*		**1594 Forderungen gegen verbundene Unternehmen**
		1595 - Restlaufzeit bis 1 Jahr
		1596 - Restlaufzeit größer 1 Jahr
Forderungen gegen Unternehmen, mit denen ein Beteiligungsverhältnis besteht oder *Verbindlichkeiten gegenüber Unternehmen, mit denen ein Beteiligungsverhältnis besteht*		1597 Forderungen gegen Unternehmen, mit denen ein Beteiligungsverhältnis besteht
		1598 - Restlaufzeit bis 1 Jahr
		1599 - Restlaufzeit größer 1 Jahr
		Verbindlichkeiten
Verbindlichkeiten aus Lieferungen und Leistungen oder *sonstige Vermögensgegenstände*		**S 1600 Verbindlichkeiten aus Lieferungen und Leistungen**
		R 1601 -03 Verbindlichkeiten aus Lieferungen und Leistungen
	EÜR	F 1605 Verbindlichkeiten aus Lieferungen und Leistungen zum allgemeinen Umsatzsteuersatz (EÜR)
	EÜR	F 1606 Verbindlichkeiten aus Lieferungen und Leistungen zum ermäßigten Umsatzsteuersatz (EÜR)
	EÜR	F 1607 Verbindlichkeiten aus Lieferungen und Leistungen ohne Vorsteuerabzug (EÜR)
	EÜR	F 1609 Gegenkonto 1605-1607 bei Aufteilung der Verbindlichkeiten nach Steuersätzen (EÜR)
		F 1610 -23 Verbindlichkeiten aus Lieferungen und Leistungen ohne Kontokorrent
	EÜR	F 1624 Verbindlichkeiten aus Lieferungen und Leistungen für Investitionen für § 4 Abs. 3 EStG
		F 1625 Verbindlichkeiten aus Lieferungen und Leistungen ohne Kontokorrent - Restlaufzeit bis 1 Jahr
		F 1626 - Restlaufzeit 1 bis 5 Jahre
		F 1628 - Restlaufzeit größer 5 Jahre
Verbindlichkeiten gegenüber verbundenen Unternehmen oder *Forderungen gegen verbundene Unternehmen*		F 1630 Verbindlichkeiten aus Lieferungen und Leistungen gegenüber verbundenen Unternehmen
		F 1631 - Restlaufzeit bis 1 Jahr
		F 1635 - Restlaufzeit 1 bis 5 Jahre
		F 1638 - Restlaufzeit größer 5 Jahre
Verbindlichkeiten gegenüber Unternehmen, mit denen ein Beteiligungsverhältnis besteht oder *Forderungen gegen Unternehmen, mit denen ein Beteiligungsverhältnis besteht*		F 1640 Verbindlichkeiten aus Lieferungen und Leistungen gegenüber Unternehmen, mit denen ein Beteiligungsverhältnis besteht
		F 1641 - Restlaufzeit bis 1 Jahr
		F 1645 - Restlaufzeit 1 bis 5 Jahre
		F 1648 - Restlaufzeit größer 5 Jahre

Bilanz-Posten[2)]	Programmverbindung[4)] Abschlusszweck[4)]	1 Finanz- und Privatkonten	
Verbindlichkeiten aus Lieferungen und Leistungen oder *sonstige Vermögensgegenstände*		F 1650	Verbindlichkeiten aus Lieferungen und Leistungen gegenüber Gesellschaftern
		F 1651	- Restlaufzeit bis 1 Jahr
		F 1655	- Restlaufzeit 1 bis 5 Jahre
		F 1658	- Restlaufzeit größer 5 Jahre
Verbindlichkeiten aus Lieferungen und Leistungen S-Saldo oder *sonstige Vermögensgegenstände H-Saldo*		1659	Gegenkonto 1625-1658 bei Aufteilung Kreditorenkonto
Verbindlichkeiten aus der Annahme gezogener Wechsel und aus der Ausstellung eigener Wechsel		**F 1660**	**Wechselverbindlichkeiten**
		F 1661	- Restlaufzeit bis 1 Jahr
		F 1662	- Restlaufzeit 1 bis 5 Jahre
		F 1663	- Restlaufzeit größer 5 Jahre
Sonstige Verbindlichkeiten		1665	Verbindlichkeiten gegenüber GmbH-Gesellschaftern
		1666	- Restlaufzeit bis 1 Jahr
		1667	- Restlaufzeit 1 bis 5 Jahre
		1668	- Restlaufzeit größer 5 Jahre
		1670	Verbindlichkeiten gegenüber persönlich haftenden Gesellschaftern
		1671	- Restlaufzeit bis 1 Jahr
		1672	- Restlaufzeit 1 bis 5 Jahre
		1673	- Restlaufzeit größer 5 Jahre
		1675	Verbindlichkeiten gegenüber Kommanditisten
		1676	- Restlaufzeit bis 1 Jahr
		1677	- Restlaufzeit 1 bis 5 Jahre
		1678	- Restlaufzeit größer 5 Jahre
		1691	Verbindlichkeiten gegenüber Arbeitsgemeinschaften
	EÜR	1692	Neutralisierung aufwandswirksamer Sachverhalte für § 4 Abs. 3 EStG
	EÜR	1693	Ergebnisneutrale Sachverhalte für § 4 Abs. 3 EStG
Sonstige Verbindlichkeiten		1695	Verbindlichkeiten gegenüber stillen Gesellschaftern
		1696	- Restlaufzeit bis 1 Jahr
		1697	- Restlaufzeit 1 bis 5 Jahre
		1698	- Restlaufzeit größer 5 Jahre
		1700	**Sonstige Verbindlichkeiten**
		1701	- Restlaufzeit bis 1 Jahr
		1702	- Restlaufzeit 1 bis 5 Jahre
		1703	- Restlaufzeit größer 5 Jahre
	EÜR	1704	Sonstige Verbindlichkeiten nach § 11 Abs. 2 Satz 2 EStG für § 4 Abs. 3 EStG
		1705	Darlehen
		1706	- Restlaufzeit bis 1 Jahr
		1707	- Restlaufzeit 1 bis 5 Jahre
		1708	- Restlaufzeit größer 5 Jahre
Sonstige Verbindlichkeiten oder *sonstige Vermögensgegenstände*		1709	Gewinnverfügungskonto stille Gesellschafter

Bilanz-Posten[2)]	Programmverbindung[4)] Abschlusszweck[4)]	1 Finanz- und Privatkonten	
Erhaltene Anzahlungen auf Bestellungen (Passiva)		**1710**	**Erhaltene Anzahlungen auf Bestellungen (Verbindlichkeiten)**
	J	AM 1711	Erhaltene, versteuerte Anzahlungen 7 % USt (Verbindlichkeiten)
		R 1712 -17	
	U	AM 1718	Erhaltene, versteuerte Anzahlungen 19 % USt (Verbindlichkeiten)
		1719	Erhaltene Anzahlungen - Restlaufzeit bis 1 Jahr
		1720	- Restlaufzeit 1 bis 5 Jahre
		1721	- Restlaufzeit größer 5 Jahre
Erhaltene Anzahlungen auf Bestellungen (Aktiva)		1722	Erhaltene Anzahlungen auf Bestellungen (von Vorräten offen abgesetzt)
Sonstige Verbindlichkeiten oder *sonstige Vermögensgegenstände*		S 1725	Umsatzsteuer in Folgeperiode fällig (§§ 13 Abs. 1 Nr. 6 und 13b Abs. 2 UStG)
Sonstige Verbindlichkeiten		S 1728	Umsatzsteuer aus im anderen EU-Land steuerpflichtigen elektronischen Dienstleistungen
		1729	Steuerzahlungen aus im anderen EU-Land steuerpflichtigen elektronischen Dienstleistungen an kleine einzige Anlaufstelle (KEA/MOSS)
		1730	Kreditkartenabrechnung
		1731	Agenturwarenabrechnung
		1732	Erhaltene Kautionen
		1733	- Restlaufzeit bis 1 Jahr
		1734	- Restlaufzeit 1 bis 5 Jahre
		1735	- Restlaufzeit größer 5 Jahre
		1736	Verbindlichkeiten aus Steuern und Abgaben
		1737	- Restlaufzeit bis 1 Jahr
		1738	- Restlaufzeit 1 bis 5 Jahre
		1739	- Restlaufzeit größer 5 Jahre
		1740	Verbindlichkeiten aus Lohn und Gehalt
Sonstige Verbindlichkeiten oder *sonstige Vermögensgegenstände*		1741	Verbindlichkeiten aus Lohn- und Kirchensteuer
		1742	Verbindlichkeiten im Rahmen der sozialen Sicherheit
		1743	- Restlaufzeit bis 1 Jahr
		1744	- Restlaufzeit 1 bis 5 Jahre
		1745	- Restlaufzeit größer 5 Jahre
Sonstige Verbindlichkeiten		1746	Verbindlichkeiten aus Einbehaltungen (KapESt und SolZ, KiSt auf KapESt) für offene Ausschüttungen
		1747	Verbindlichkeiten für Verbrauchsteuern
		1748	Verbindlichkeiten für Einbehaltungen von Arbeitnehmern
		1749	Verbindlichkeiten an das Finanzamt aus abzuführendem Bauabzugsbetrag
		1750	Verbindlichkeiten aus Vermögensbildung
		1751	- Restlaufzeit bis 1 Jahr
		1752	- Restlaufzeit 1 bis 5 Jahre
		1753	- Restlaufzeit größer 5 Jahre
		1754	Steuerzahlungen an andere Länder

Bilanz-Posten[2)]	Programmverbindung[4)] Abschlusszweck[4)]	1 Finanz- und Privatkonten
Sonstige Verbindlichkeiten oder *sonstige Vermögensgegenstände*		**1755 Lohn- und Gehaltsverrechnung**
	EÜR	1756 Lohn- und Gehaltsverrechnung nach § 11 Abs. 2 Satz 2 EStG für § 4 Abs. 3 EStG
	SB	1757 Verbindlichkeiten gegenüber Gesellschaft/Gesamthand[1)28)]
		1758 Sonstige Verbindlichkeiten aus genossenschaftlicher Rückvergütung
Sonstige Verbindlichkeiten oder *sonstige Vermögensgegenstände*		1759 Voraussichtliche Beitragsschuld gegenüber den Sozialversicherungsträgern
Steuerrückstellungen oder *sonstige Vermögensgegenstände*		S 1760 Umsatzsteuer nicht fällig
	U	S 1761 Umsatzsteuer nicht fällig 7 %
		S 1762 Umsatzsteuer nicht fällig aus im Inland steuerpflichtigen EU-Lieferungen
		R 1763
	U	S 1764 Umsatzsteuer nicht fällig aus im Inland steuerpflichtigen EU-Lieferungen 19 %
		R 1765
	U	S 1766 Umsatzsteuer nicht fällig 19 %
Sonstige Verbindlichkeiten		S 1767 Umsatzsteuer aus im anderen EU-Land steuerpflichtigen Lieferungen
		S 1768 Umsatzsteuer aus im anderen EU-Land steuerpflichtigen sonstigen Leistungen/Werklieferungen
Sonstige Verbindlichkeiten oder *sonstige Vermögensgegenstände*		S 1769 Umsatzsteuer aus der Auslagerung von Gegenständen aus einem Umsatzsteuerlager
		S 1770 Umsatzsteuer
		S 1771 Umsatzsteuer 7 %
		S 1772 Umsatzsteuer aus innergemeinschaftlichem Erwerb
		R 1773
		S 1774 Umsatzsteuer aus innergemeinschaftlichem Erwerb 19 %
		R 1775
		S 1776 Umsatzsteuer 19 %
		S 1777 Umsatzsteuer aus im Inland steuerpflichtigen EU-Lieferungen
		S 1778 Umsatzsteuer aus im Inland steuerpflichtigen EU-Lieferungen 19 %
		S 1779 Umsatzsteuer aus innergemeinschaftlichem Erwerb ohne Vorsteuerabzug
	U	F 1780 Umsatzsteuer-Vorauszahlungen
	U	F 1781 Umsatzsteuer-Vorauszahlungen 1/11
	U	F 1782 Nachsteuer, UStVA Kz. 65
	U	F 1783 In Rechnung unrichtig oder unberechtigt ausgewiesene Steuerbeträge, UStVA Kz. 69
	U	S 1784 Umsatzsteuer aus innergemeinschaftlichem Erwerb von Neufahrzeugen von Lieferanten ohne Umsatzsteuer-Identifikationsnummer
		S 1785 Umsatzsteuer nach § 13b UStG
		R 1786
		S 1787 Umsatzsteuer nach § 13b UStG 19 %
		1788 Einfuhrumsatzsteuer aufgeschoben bis ...
		1789 Umsatzsteuer laufendes Jahr

Bilanz-Posten[2)]	Programmverbindung[4)] Abschlusszweck[4)]	1 Finanz- und Privatkonten
Sonstige Verbindlichkeiten oder *sonstige Vermögensgegenstände*		1790 Umsatzsteuer Vorjahr
		1791 Umsatzsteuer frühere Jahre
Sonstige Vermögensgegenstände oder *sonstige Verbindlichkeiten*		1792 Sonstige Verrechnungskonten (Interimskonten)
Sonstige Vermögensgegenstände H-Saldo		1793 Verrechnungskonto geleistete Anzahlungen bei Buchung über Kreditorenkonto
Sonstige Verbindlichkeiten oder *sonstige Vermögensgegenstände*		S 1794 Umsatzsteuer aus Erwerb als letzter Abnehmer innerhalb eines Dreiecksgeschäfts
Sonstige Verbindlichkeiten	EÜR	1795 Verbindlichkeiten im Rahmen der sozialen Sicherheit für § 4 Abs. 3 EStG
		1796 Ausgegebene Geschenkgutscheine
		1797 Verbindlichkeiten aus Umsatzsteuer-Vorauszahlungen
		F 1799
		Privat (Eigenkapital) Vollhafter/Einzelunternehmer
		F 1800 Privatentnahmen allgemein
		F 1801 -09 Privatentnahmen allgemein (nur Einzelunternehmen)[8)22)]
		F 1810 Privatsteuern
		F 1811 -19 Privatsteuern (nur Einzelunternehmen)[8)22)]
		F 1820 Sonderausgaben beschränkt abzugsfähig
		F 1821 -29 Sonderausgaben beschränkt abzugsfähig (nur Einzelunternehmen)[8)22)]
		F 1830 Sonderausgaben unbeschränkt abzugsfähig
		F 1831 -39 Sonderausgaben unbeschränkt abzugsfähig (nur Einzelunternehmen)[8)22)]
		F 1840 Zuwendungen, Spenden
		F 1841 -49 Zuwendungen, Spenden (nur Einzelunternehmen)[8)22)]
		F 1850 Außergewöhnliche Belastungen
		F 1851 -59 Außergewöhnliche Belastungen (nur Einzelunternehmen)[8)22)]
		F 1860 Grundstücksaufwand
		F 1861 -68 Grundstücksaufwand (nur Einzelunternehmen)[8)22)]
		1869 Grundstücksaufwand (Umsatzsteuerschlüssel möglich, nur Einzelunternehmen)[8)10)22)]
		F 1870 Grundstücksertrag
		F 1871 -78 Grundstücksertrag (nur Einzelunternehmen)[8)22)]
		1879 Grundstücksertrag (Umsatzsteuerschlüssel möglich, nur Einzelunternehmen)[8)10)22)]
		F 1880 Unentgeltliche Wertabgaben
		F 1881 -89 Unentgeltliche Wertabgaben (nur Einzelunternehmen)[8)22)]
		F 1890 Privateinlagen
		F 1891 -99 Privateinlagen (nur Einzelunternehmen)[8)22)]

Bilanz-Posten[2]	Programmverbindung[4] Abschlusszweck[4]	1 Finanz- und Privatkonten	GuV-Posten[2]	Programmverbindung[4] Abschlusszweck[4]	2 Abgrenzungskonten

1 Finanz- und Privatkonten

Privat (Fremdkapital) Teilhafter

F 1900 Privatentnahmen allgemein (TH), FK
R 1901
-09

F 1910 Privatsteuern (TH), FK
R 1911
-19
F 1920 Sonderausgaben beschränkt abzugsfähig (TH), FK
R 1921
-29
F 1930 Sonderausgaben unbeschränkt abzugsfähig (TH), FK
R 1931
-39
F 1940 Zuwendungen, Spenden (TH), FK
R 1941
-49
F 1950 Außergewöhnliche Belastungen (TH), FK
R 1951
-59
F 1960 Grundstücksaufwand (TH), FK
R 1961
-69
F 1970 Grundstücksertrag (TH), FK
R 1971
-79

F 1980 Unentgeltliche Wertabgaben (TH), FK
R 1981
-89

F 1990 Privateinlagen (TH), FK
R 1991
-99

2 Abgrenzungskonten

KU	2310-2319
V	2350-2374
M	2400-2409
M	2430-2449
KU	2481
KU	2660-2669
M	2707-2712
M	2715
M	2720-2722
M	2725
KU	2727-2729
M	2732-2734
V	2736
KU	2737-2741
M	2750-2752
KU	2841
KU	2865
KU	2867

Sonstige betriebliche Aufwendungen

GuV-Posten	Programmverbindung	Konto
Sonstige betriebliche Aufwendungen		R 2000
		R 2001
	K	2004 Verluste durch Verschmelzung und Umwandlung
		R 2005
		2006 Verluste durch außergewöhnliche Schadensfälle (nur Bilanzierer)[8]
		2007 Aufwendungen für Restrukturierungs- und Sanierungsmaßnahmen
		2008 Verluste aus der Veräußerung oder der Aufgabe von Geschäftsaktivitäten nach Steuern
		Betriebsfremde und periodenfremde Aufwendungen
		2010 Betriebsfremde Aufwendungen
		2020 Periodenfremde Aufwendungen
		Aufwendungen aus der Anwendung von Übergangsvorschriften i. S. d. BilMoG
	HB	2090 Aufwendungen aus der Anwendung von Übergangsvorschriften
	HB	2091 Aufwendungen aus der Anwendung von Übergangsvorschriften (Pensionsrückstellungen)
		R 2092
	HB	2094 Aufwendungen aus der Anwendung von Übergangsvorschriften (Latente Steuern)

Zinsen und ähnliche Aufwendungen

GuV-Posten	Programmverbindung	Konto
Zinsen und ähnliche Aufwendungen	G K	**2100 Zinsen und ähnliche Aufwendungen**
	G K	2102 Steuerlich nicht abzugsfähige andere Nebenleistungen zu Steuern § 4 Abs. 5b EStG
		2103 Steuerlich abzugsfähige andere Nebenleistungen zu Steuern
	G K	2104 Steuerlich nicht abzugsfähige andere Nebenleistungen zu Steuern

GuV-Posten[2]	Programmverbindung[4] Abschlusszweck[4]	2 Abgrenzungskonten
Zinsen und ähnliche Aufwendungen	G K	2105 Zinsaufwendungen § 233a AO nicht abzugsfähig
		2106 Zinsen aus Abzinsung des KSt-Erhöhungsbetrages § 38 KStG[11]
	G K	2107 Zinsaufwendungen § 233a AO abzugsfähig
	G K	2108 Zinsaufwendungen §§ 234 bis 237 AO nicht abzugsfähig
	G K	2109 Zinsaufwendungen an verbundene Unternehmen
	G K	2110 Zinsaufwendungen für kurzfristige Verbindlichkeiten
	G K	2111 Zinsaufwendungen §§ 234 bis 237 AO abzugsfähig
	G	2113 Nicht abzugsfähige Schuldzinsen nach § 4 Abs. 4a EStG (Hinzurechnungsbetrag)
	K	2114 Zinsen für Gesellschafterdarlehen
	G K	2115 Zinsen und ähnliche Aufwendungen §§ 3 Nr. 40 und 3c EStG bzw. § 8b Abs. 1 und 4 KStG[9][16]
	G K	2116 Zinsen und ähnliche Aufwendungen an verbundene Unternehmen §§ 3 Nr. 40 und 3c EStG bzw. § 8b Abs. 1 KStG[9][16]
	K	2117 Zinsen an Gesellschafter mit einer Beteiligung von mehr als 25 % bzw. diesen nahe stehende Personen
	G K	2118 Zinsen auf Kontokorrentkonten
	G K	2119 Zinsaufwendungen für kurzfristige Verbindlichkeiten an verbundene Unternehmen
	G K	2120 Zinsaufwendungen für langfristige Verbindlichkeiten
	G K	2123 Abschreibungen auf Disagio/Damnum zur Finanzierung
	G K	2124 Abschreibungen auf Disagio/Damnum zur Finanzierung des Anlagevermögens
	G K	2125 Zinsaufwendungen für Gebäude, die zum Betriebsvermögen gehören
	G K	2126 Zinsen zur Finanzierung des Anlagevermögens
	G K	2127 Renten und dauernde Lasten
	G	2128 Zinsaufwendungen für Kapitalüberlassung durch Mitunternehmer § 15 EStG (mit Sonderbetriebseinnahme korrespondierend)
	G K	2129 Zinsaufwendungen für langfristige Verbindlichkeiten an verbundene Unternehmen
	G K	2130 Diskontaufwendungen
	G K	2139 Diskontaufwendungen an verbundene Unternehmen
		2140 Zinsähnliche Aufwendungen
		2141 Kreditprovisionen und Verwaltungskostenbeiträge
		2142 Zinsanteil der Zuführungen zu Pensionsrückstellungen
		2143 Zinsaufwendungen aus der Abzinsung von Verbindlichkeiten
		2144 Zinsaufwendungen aus der Abzinsung von Rückstellungen
		2145 Zinsaufwendungen aus der Abzinsung von Pensionsrückstellungen und ähnlichen/vergleichbaren Verpflichtungen

GuV-Posten[2]	Programmverbindung[4] Abschlusszweck[4]	2 Abgrenzungskonten
Zinsen und ähnliche Aufwendungen oder *Sonstige Zinsen und ähnliche Erträge*	HB	2146 Zinsaufwendungen aus der Abzinsung von Pensionsrückstellungen und ähnlichen/vergleichbaren Verpflichtungen zur Verrechnung nach § 246 Abs. 2 HGB
	HB	2147 Aufwendungen aus Vermögensgegenständen zur Verrechnung nach § 246 Abs. 2 HGB
Zinsen und ähnliche Aufwendungen	G K	2148 Steuerlich nicht abzugsfähige Zinsaufwendungen aus der Abzinsung von Rückstellungen
		2149 Zinsähnliche Aufwendungen an verbundene Unternehmen
Sonstige betriebliche Aufwendungen		2150 Aufwendungen aus der Währungsumrechnung
		2151 Aufwendungen aus der Währungsumrechnung (nicht § 256a HGB)
		2166 Aufwendungen aus Bewertung Finanzmittelfonds
		2170 Nicht abziehbare Vorsteuer
		2171 Nicht abziehbare Vorsteuer 7 %
		R 2174 -75
		2176 Nicht abziehbare Vorsteuer 19 %
		Steuern vom Einkommen und Ertrag
Steuern vom Einkommen und Ertrag	K	2200 Körperschaftsteuer
	K	2203 Körperschaftsteuer für Vorjahre
	K	2204 Körperschaftsteuererstattungen für Vorjahre
	K	2208 Solidaritätszuschlag
	K	2209 Solidaritätszuschlag für Vorjahre
	K	2210 Solidaritätszuschlagerstattungen für Vorjahre
	G K	2213 Kapitalertragsteuer 25 %
	G K	2216 Anrechenbarer Solidaritätszuschlag auf Kapitalertragsteuer 25 %
	G K	2218 Ausländische Steuer auf im Inland steuerfreie DBA-Einkünfte
	G K	2219 Anrechnung/Abzug ausländische Quellensteuer
	G K HB	2250 Aufwendungen aus der Zuführung und Auflösung von latenten Steuern
	G K HB	2255 Erträge aus der Zuführung und Auflösung von latenten Steuern
	G K	2260 Aufwendungen aus der Zuführung zu Steuerrückstellungen für Steuerstundung (BStBK)
	G K	2265 Erträge aus der Auflösung von Steuerrückstellungen für Steuerstundung (BStBK)
		R 2280
	G K	2281 Gewerbesteuernachzahlungen und Gewerbesteuererstattungen für Vorjahre nach § 4 Abs. 5b EStG
		R 2282
	G K	2283 Erträge aus der Auflösung von Gewerbesteuerrückstellungen nach § 4 Abs. 5b EStG
		R 2284

GuV-Posten[2]	Programmverbindung[4] Abschlusszweck[4]	2 Abgrenzungskonten	
Sonstige Steuern		2285	Steuernachzahlungen Vorjahre für sonstige Steuern
		2287	Steuererstattungen Vorjahre für sonstige Steuern
		2289	Erträge aus der Auflösung von Rückstellungen für sonstige Steuern
			Sonstige Aufwendungen
Sonstige betriebliche Aufwendungen		**2300**	**Sonstige Aufwendungen**
		2307	Sonstige Aufwendungen betriebsfremd und regelmäßig
	G K	2308	Sonstige nicht abziehbare Aufwendungen
		2309	Sonstige Aufwendungen unregelmäßig
		2310	Anlagenabgänge Sachanlagen (Restbuchwert bei Buchverlust)
		2311	Anlagenabgänge immaterielle Vermögensgegenstände (Restbuchwert bei Buchverlust)
		2312	Anlagenabgänge Finanzanlagen (Restbuchwert bei Buchverlust)
	G K	2313	Anlagenabgänge Finanzanlagen § 3 Nr. 40 EStG bzw. § 8b Abs. 3 KStG (Restbuchwert bei Buchverlust)[9]
Sonstige betriebliche Erträge		2315	Anlagenabgänge Sachanlagen (Restbuchwert bei Buchgewinn)
		2316	Anlagenabgänge immaterielle Vermögensgegenstände (Restbuchwert bei Buchgewinn)
		2317	Anlagenabgänge Finanzanlagen (Restbuchwert bei Buchgewinn)
	G K	2318	Anlagenabgänge Finanzanlagen § 3 Nr. 40 EStG bzw. § 8b Abs. 2 KStG (Restbuchwert bei Buchgewinn)[9]
Sonstige betriebliche Aufwendungen		2320	Verluste aus dem Abgang von Gegenständen des Anlagevermögens
	G K	2323	Verluste aus der Veräußerung von Anteilen an Kapitalgesellschaften (Finanzanlagevermögen) § 3 Nr. 40 EStG bzw. § 8b Abs. 3 KStG[9]
		2325	Verluste aus dem Abgang von Gegenständen des Umlaufvermögens (außer Vorräte)
	G K	2326	Verluste aus dem Abgang von Gegenständen des Umlaufvermögens (außer Vorräte) § 3 Nr. 40 EStG bzw. § 8b Abs. 3 KStG[9]
	EÜR	2327	Abgang von Wirtschaftsgütern des Umlaufvermögens nach § 4 Abs. 3 Satz 4 EStG
	G K EÜR	2328	Abgang von Wirtschaftsgütern des Umlaufvermögens § 3 Nr. 40 EStG bzw. § 8b Abs. 3 KStG nach § 4 Abs. 3 Satz 4 EStG[9]
	SB	2339	Einstellungen in die steuerliche Rücklage nach § 4g EStG
	SB	2342	Einstellungen in die steuerliche Rücklage nach § 6b Abs. 3 EStG
	SB	2343	Einstellungen in die steuerliche Rücklage nach § 6b Abs. 10 EStG
	SB	2344	Einstellungen in die Rücklage für Ersatzbeschaffung nach R 6.6 EStR
	SB	2345	Einstellungen in steuerliche Rücklagen
		2347	Aufwendungen aus dem Erwerb eigener Anteile
		2350	Sonstige Grundstücksaufwendungen (neutral)
Sonstige Steuern		2375	Grundsteuer
Sonstige betriebliche Aufwendungen	G K	2380	Zuwendungen, Spenden, steuerlich nicht abziehbar
	G K	2381	Zuwendungen, Spenden für wissenschaftliche und kulturelle Zwecke
	G K	2382	Zuwendungen, Spenden für mildtätige Zwecke
	G K	2383	Zuwendungen, Spenden für kirchliche, religiöse und gemeinnützige Zwecke
	G K	2384	Zuwendungen, Spenden an politische Parteien
	K	2385	Nicht abziehbare Hälfte der Aufsichtsratsvergütungen
		2386	Abziehbare Aufsichtsratsvergütungen
	G K	2387	Zuwendungen, Spenden in das zu erhaltende Vermögen (Vermögensstock) einer Stiftung für gemeinnützige Zwecke
		R 2388	
	G K	2389	Zuwendungen, Spenden in das zu erhaltende Vermögen (Vermögensstock) einer Stiftung für kirchliche, religiöse und gemeinnützige Zwecke
	G K	2390	Zuwendungen, Spenden an Stiftungen in das zu erhaltende Vermögen (Vermögensstock) für wissenschaftliche, mildtätige, kulturelle Zwecke
		2400	**Forderungsverluste (übliche Höhe)**
	U	AM 2401	Forderungsverluste 7 % USt (übliche Höhe)
	U	AM 2402	Forderungsverluste aus steuerfreien EU-Lieferungen (übliche Höhe)
	U	AM 2403	Forderungsverluste aus im Inland steuerpflichtigen EU-Lieferungen 7 % USt (übliche Höhe)
		R 2404 -05	
	U	AM 2406	Forderungsverluste 19 % USt (übliche Höhe)
		R 2407	
	U	AM 2408	Forderungsverluste aus im Inland steuerpflichtigen EU-Lieferungen 19 % USt (übliche Höhe)
		R 2409	
Abschreibungen auf Vermögensgegenstände des Umlaufvermögens, soweit diese die in der Kapitalgesellschaft üblichen Abschreibungen überschreiten		2430	Forderungsverluste, unüblich hoch
	U	AM 2431	Forderungsverluste 7 % USt (soweit unüblich hoch)
		R 2432 -35	
	U	AM 2436	Forderungsverluste 19 % USt (soweit unüblich hoch)
		R 2437 -38	
	G K	2440	Abschreibungen auf Forderungen gegenüber Kapitalgesellschaften, an denen eine Beteiligung besteht (soweit unüblich hoch), § 3c EStG bzw. § 8b Abs. 3 KStG
	K	2441	Abschreibungen auf Forderungen gegenüber Gesellschaftern und nahe stehenden Personen (soweit unüblich hoch), § 8b Abs. 3 KStG

GuV-Posten[2)]	Programmverbindung[4)] Abschlusszweck[4)]	2 Abgrenzungskonten
Sonstige betriebliche Aufwendungen		2450 Einstellungen in die Pauschalwertberichtigung auf Forderungen 2451 Einstellungen in die Einzelwertberichtigung auf Forderungen
Einstellungen in Gewinnrücklagen in die Rücklage für Anteile an einem herrschenden oder mehrheitlich beteiligten Unternehmen		2480 Einstellungen in die Rücklage für Anteile an einem herrschenden oder mehrheitlich beteiligten Unternehmen
		F 2481 Einstellungen in gesamthänderisch gebundene Rücklagen (mit Aufteilung für Kapitalkontenentwicklung) 2485 Einstellungen in andere Ergebnisrücklagen
Aufwendungen aus Verlustübernahme	G K	2490 Aufwendungen aus Verlustübernahme
Auf Grund einer Gewinngemeinschaft, eines Gewinn- oder Teilgewinnabführungsvertrags abgeführte Gewinne		2492 Abgeführte Gewinne auf Grund einer Gewinngemeinschaft
Auf Grund einer Gewinngemeinschaft, eines Gewinn- oder Teilgewinnabführungsvertrags abgeführte Gewinne oder *Erträge aus Verlustübernahme*	G K	2493 Abgeführte Gewinnanteile (Soll)/ ausgeglichene Verlustanteile (Haben) bei stiller Gesellschaft § 8 GewStG
Auf Grund einer Gewinngemeinschaft, eines Gewinn- oder Teilgewinnabführungsvertrags abgeführte Gewinne	K	2494 Abgeführte Gewinne auf Grund eines Gewinn- oder Teilgewinnabführungsvertrags
Einstellung in die Kapitalrücklage nach den Vorschriften über die vereinfachte Kapitalherabsetzung		2495 Einstellungen in die Kapitalrücklage nach den Vorschriften über die vereinfachte Kapitalherabsetzung
Einstellungen in Gewinnrücklagen in die gesetzliche Rücklage		2496 Einstellungen in die gesetzliche Rücklage

GuV-Posten[2)]	Programmverbindung[4)] Abschlusszweck[4)]	2 Abgrenzungskonten
Einstellungen in Gewinnrücklagen in satzungsmäßige Rücklagen		2497 Einstellungen in satzungsmäßige Rücklagen
Einstellungen in Gewinnrücklagen in die Rücklage für Anteile an einem herrschenden oder mehrheitlich beteiligten Unternehmen		2498 Einstellungen in den Ausgleichsposten für aktivierte eigene Anteile
Einstellungen in Gewinnrücklagen in andere Gewinnrücklagen		2499 Einstellungen in andere Gewinnrücklagen
		Sonstige betriebliche Erträge
Sonstige betriebliche Erträge		R 2500
		R 2501
	K	2504 Erträge durch Verschmelzung und Umwandlung
		R 2505 -07
		2508 Gewinn aus der Veräußerung oder der Aufgabe von Geschäftsaktivitäten nach Steuern
		Betriebsfremde und periodenfremde Erträge
		2510 Sonstige betriebsfremde Erträge
		2520 Periodenfremde Erträge
		Erträge aus der Anwendung von Übergangsvorschriften i. S. d. BilMoG
	HB	2590 Erträge aus der Anwendung von Übergangsvorschriften
		R 2591 -93
	HB	2594 Erträge aus der Anwendung von Übergangsvorschriften (latente Steuern)
		Zinserträge
Erträge aus Beteiligungen		2600 Erträge aus Beteiligungen
	G K	2603 Erträge aus Beteiligungen an Personengesellschaften (verbundene Unternehmen), § 9 GewStG bzw. § 18 EStG[23)]
	G K	2615 Erträge aus Anteilen an Kapitalgesellschaften (Beteiligung) § 3 Nr. 40 EStG bzw. § 8b Abs. 1 KStG[9)]
	G K	2616 Erträge aus Anteilen an Kapitalgesellschaften (verbundene Unternehmen) § 3 Nr. 40 EStG bzw. § 8b Abs. 1 KStG[9)]
	G K	2618 Gewinnanteile aus gewerblichen und selbständigen Mitunternehmerschaften, § 9 GewStG bzw. § 18 EStG[23)]
		2619 Erträge aus Beteiligungen an verbundenen Unternehmen

GuV-Posten[2]	Programmverbindung[4] Abschlusszweck[4]	2 Abgrenzungskonten
Erträge aus anderen Wertpapieren und Ausleihungen des Finanzanlagevermögens		2620 Erträge aus anderen Wertpapieren und Ausleihungen des Finanzanlagevermögens
		2621 Erträge aus Ausleihungen des Finanzanlagevermögens
		2622 Erträge aus Ausleihungen des Finanzanlagevermögens an verbundenen Unternehmen
		2623 Erträge aus Anteilen an Personengesellschaften (Finanzanlagevermögen)
	G K	2625 Erträge aus Anteilen an Kapitalgesellschaften (Finanzanlagevermögen) § 3 Nr. 40 EStG bzw. § 8b Abs. 1 und 4 KStG[9]
	G K	2626 Erträge aus Anteilen an Kapitalgesellschaften (verbundene Unternehmen) § 3 Nr. 40 EStG bzw. § 8b Abs. 1 KStG[9]
		2640 Zins- und Dividendenerträge
		2641 Erhaltene Ausgleichszahlungen (als außenstehender Aktionär)
		2646 Erträge aus Anteilen an Personengesellschaften (verbundene Unternehmen)
		2647 Erträge aus anderen Wertpapieren des Finanzanlagevermögens an Kapitalgesellschaften (verbundene Unternehmen)
		2648 Erträge aus anderen Wertpapieren des Finanzanlagevermögens an Personengesellschaften (verbundene Unternehmen)
		2649 Erträge aus anderen Wertpapieren und Ausleihungen des Finanzanlagevermögens aus verbundenen Unternehmen
Sonstige Zinsen und ähnliche Erträge		**2650 Sonstige Zinsen und ähnliche Erträge**
		R 2652
	G K	2653 Zinserträge § 233a AO und § 4 Abs. 5b EStG, steuerfrei
		2654 Erträge aus anderen Wertpapieren und Ausleihungen des Umlaufvermögens
	G K	2655 Erträge aus Anteilen an Kapitalgesellschaften (Umlaufvermögen) § 3 Nr. 40 EStG bzw. § 8b Abs. 1 und 4 KStG[9]
	G K	2656 Erträge aus Anteilen an Kapitalgesellschaften (verbundene Unternehmen) § 3 Nr. 40 EStG bzw. § 8b Abs. 1 KStG[9]
		2657 Zinserträge § 233a AO, steuerpflichtig
	K	2658 Zinserträge § 233a AO, steuerfrei (Anlage GK KSt)[8]
		2659 Sonstige Zinsen und ähnliche Erträge aus verbundenen Unternehmen
Sonstige betriebliche Erträge		2660 Erträge aus der Währungsumrechnung
		2661 Erträge aus der Währungsumrechnung (nicht § 256a HGB)
		2666 Erträge aus Bewertung Finanzmittelfonds

GuV-Posten[2]	Programmverbindung[4] Abschlusszweck[4]	2 Abgrenzungskonten
Sonstige Zinsen und ähnliche Erträge		2670 Diskonterträge
		2679 Diskonterträge aus verbundenen Unternehmen
		2680 Zinsähnliche Erträge
	G K	2682 Steuerfreie Zinserträge aus der Abzinsung von Rückstellungen
		2683 Zinserträge aus der Abzinsung von Verbindlichkeiten
		2684 Zinserträge aus der Abzinsung von Rückstellungen
		2685 Zinserträge aus der Abzinsung von Pensionsrückstellungen und ähnlichen/vergleichbaren Verpflichtungen
Sonstige Zinsen und ähnliche Erträge oder *Zinsen und ähnliche Aufwendungen*	HB	2686 Zinserträge aus der Abzinsung von Pensionsrückstellungen und ähnlichen/vergleichbaren Verpflichtungen zur Verrechnung nach § 246 Abs. 2 HGB
	HB	2687 Erträge aus Vermögensgegenständen zur Verrechnung nach § 246 Abs. 2 HGB
Sonstige Zinsen und ähnliche Erträge		2688 Zinsertrag aus vorzeitiger Rückzahlung des Körperschaftsteuer-Erhöhungsbetrages § 38 KStG[11]
		2689 Zinsähnliche Erträge aus verbundenen Unternehmen
		Sonstige Erträge
Sonstige betriebliche Erträge		**2700 Andere betriebs- und/oder periodenfremde (neutrale) sonstige Erträge**
		2705 Sonstige betriebliche und regelmäßige Erträge (neutral)
		2707 Sonstige Erträge betriebsfremd und regelmäßig
		2709 Sonstige Erträge unregelmäßig
		2710 Erträge aus Zuschreibungen des Sachanlagevermögens
		2711 Erträge aus Zuschreibungen des immateriellen Anlagevermögens
		2712 Erträge aus Zuschreibungen des Finanzanlagevermögens
	G K	2713 Erträge aus Zuschreibungen des Finanzanlagevermögens § 3 Nr. 40 EStG bzw. § 8b Abs. 3 Satz 8 KStG[9]
	G K	2714 Erträge aus Zuschreibungen § 3 Nr. 40 EStG bzw. § 8b Abs. 2 KStG[9]
		2715 Erträge aus Zuschreibungen des Umlaufvermögens (außer Vorräte)
	G K	2716 Erträge aus Zuschreibungen des Umlaufvermögens § 3 Nr. 40 EStG bzw. § 8b Abs. 3 Satz 8 KStG[9]
		2720 Erträge aus dem Abgang von Gegenständen des Anlagevermögens
	G K	2723 Erträge aus der Veräußerung von Anteilen an Kapitalgesellschaften (Finanzanlagevermögen) § 3 Nr. 40 EStG bzw. § 8b Abs. 2 KStG[9]
		2725 Erträge aus dem Abgang von Gegenständen des Umlaufvermögens (außer Vorräte)
	G K	2726 Erträge aus dem Abgang von Gegenständen des Umlaufvermögens (außer Vorräte) § 3 Nr. 40 EStG bzw. § 8b Abs. 2 KStG[9]
		2727 Erträge aus der Auflösung einer steuerlichen Rücklage nach § 6b Abs. 3 EStG
		2728 Erträge aus der Auflösung einer steuerlichen Rücklage nach § 6b Abs. 10 EStG

GuV-Posten[2]	Programmverbindung[4] Abschlusszweck[4]	2 Abgrenzungskonten
Sonstige betriebliche Erträge	SB	2729 Erträge aus der Auflösung der Rücklage für Ersatzbeschaffung, R 6.6 EStR
		2730 Erträge aus der Herabsetzung der Pauschalwertberichtigung auf Forderungen
		2731 Erträge aus der Herabsetzung der Einzelwertberichtigung auf Forderungen
		2732 Erträge aus abgeschriebenen Forderungen
		2735 Erträge aus der Auflösung von Rückstellungen
		2736 Erträge aus der Herabsetzung von Verbindlichkeiten
	SB	2737 Erträge aus der Auflösung einer steuerlichen Rücklage nach § 4g EStG
		R 2738 -39
		2740 Erträge aus der Auflösung einer steuerlichen Rücklage
		2741 Erträge aus der Auflösung steuerrechtlicher Sonderabschreibungen
		2742 Versicherungsentschädigungen und Schadenersatzleistungen
		2743 Investitionszuschüsse (steuerpflichtig)
	G K	2744 Investitionszulagen (steuerfrei)
Ertrag aus Kapitalherabsetzung	K	2745 Erträge aus Kapitalherabsetzung
Sonstige betriebliche Erträge	G K	2746 Steuerfreie Erträge aus der Auflösung von steuerlichen Rücklagen
	G K	2747 Sonstige steuerfreie Betriebseinnahmen
		2749 Erstattungen Aufwendungsausgleichsgesetz
Umsatzerlöse		2750 Grundstückserträge
	U	AM 2751 Erlöse aus Vermietung und Verpachtung, umsatzsteuerfrei § 4 Nr. 12 UStG
	U	AM 2752 Erlöse aus Vermietung und Verpachtung 19 % USt
		R 2753 -54
Sonstige betriebliche Erträge		2760 Erträge aus der Aktivierung unentgeltlich erworbener Vermögensgegenstände
		2762 Kostenerstattungen, Rückvergütungen und Gutschriften für frühere Jahre
Umsatzerlöse		2764 Erträge aus Verwaltungskostenumlage
Erträge aus Verlustübernahme	K	2790 Erträge aus Verlustübernahme
Auf Grund einer Gewinngemeinschaft, eines Gewinn- oder Teilgewinnabführungsvertrags erhaltene Gewinne		2792 Erhaltene Gewinne auf Grund einer Gewinngemeinschaft
	G K	2794 Erhaltene Gewinne auf Grund eines Gewinn- oder Teilgewinnabführungsvertrags
Entnahmen aus der Kapitalrücklage		2795 Entnahmen aus der Kapitalrücklage

GuV-Posten[2]	Programmverbindung[4] Abschlusszweck[4]	2 Abgrenzungskonten
Entnahmen aus Gewinnrücklagen aus der gesetzlichen Rücklage		2796 Entnahmen aus der gesetzlichen Rücklage
Entnahmen aus Gewinnrücklagen aus satzungsmäßigen Rücklagen		2797 Entnahmen aus satzungsmäßigen Rücklagen
Entnahmen aus Gewinnrücklagen aus der Rücklage für Anteile an einem herrschenden oder mehrheitlich beteiligten Unternehmen		2798 Entnahmen aus dem Ausgleichsposten für aktivierte eigene Anteile
Entnahmen aus Gewinnrücklagen aus anderen Gewinnrücklagen		2799 Entnahmen aus anderen Gewinnrücklagen
Entnahmen aus Gewinnrücklagen aus der Rücklage für Anteile an einem herrschenden oder mehrheitlich beteiligten Unternehmen		2840 Entnahmen aus der Rücklage für Anteile an einem herrschenden oder mehrheitlich beteiligten Unternehmen
		F 2841 Entnahmen aus gesamthänderisch gebundenen Rücklagen (mit Aufteilung für Kapitalkontenentwicklung)
		2850 Entnahmen aus anderen Ergebnisrücklagen
Gewinnvortrag oder *Verlustvortrag*		**2860 Gewinnvortrag nach Verwendung**
		F 2865 Gewinnvortrag nach Verwendung (mit Aufteilung für Kapitalkontenentwicklung)
		F 2867 Verlustvortrag nach Verwendung (mit Aufteilung für Kapitalkontenentwicklung)
Gewinnvortrag oder *Verlustvortrag*		**2868 Verlustvortrag nach Verwendung**
		R 2869
Ausschüttung		2870 Vorabausschüttung

GuV-Posten[2)]	Programmverbindung[4)] Abschlusszweck[4)]	2 Abgrenzungskonten	Bilanz-/GuV-Posten[2)]	Programmverbindung[4)] Abschlusszweck[4)]	3 Wareneingangs- und Bestandskonten
		Verrechnete kalkulatorische Kosten			V 3000-3106 KU 3107 V 3108-3348 KU 3349 V 3350-3599 V 3700-3949 KU 3950-3999
Sonstige betriebliche Aufwendungen		2890 Verrechneter kalkulatorischer Unternehmerlohn			**Materialaufwand**
		2891 Verrechnete kalkulatorische Miete und Pacht	Aufwendungen für Roh-, Hilfs- und Betriebsstoffe und für bezogene Waren		3000 Roh-, Hilfs- und Betriebsstoffe
		2892 Verrechnete kalkulatorische Zinsen			AV 3010-19 Einkauf Roh-, Hilfs- und Betriebsstoffe 7 % Vorsteuer
		2893 Verrechnete kalkulatorische Abschreibungen			R 3020-29
		2894 Verrechnete kalkulatorische Wagnisse			AV 3030-39 Einkauf Roh-, Hilfs- und Betriebsstoffe 19 % Vorsteuer
		2895 Verrechneter kalkulatorischer Lohn für unentgeltliche Mitarbeiter			R 3040-59
		R 2900		U	AV 3060 Einkauf Roh-, Hilfs- und Betriebsstoffe, innergemeinschaftlicher Erwerb 7 % Vorsteuer und 7 % Umsatzsteuer
					R 3061
				U	AV 3062-63 Einkauf Roh-, Hilfs- und Betriebsstoffe, innergemeinschaftlicher Erwerb 19 % Vorsteuer und 19 % Umsatzsteuer
					R 3064-65
				U	AV 3066 Einkauf Roh-, Hilfs- und Betriebsstoffe, innergemeinschaftlicher Erwerb ohne Vorsteuer und 7 % Umsatzsteuer
				U	AV 3067 Einkauf Roh-, Hilfs- und Betriebsstoffe, innergemeinschaftlicher Erwerb ohne Vorsteuer und 19 % Umsatzsteuer
					R 3068-69
					AV 3070 Einkauf Roh-, Hilfs- und Betriebsstoffe 5,5 % Vorsteuer
					AV 3071 Einkauf Roh-, Hilfs- und Betriebsstoffe 10,7 % Vorsteuer
					R 3072-74
				U	AV 3075 Einkauf Roh-, Hilfs- und Betriebsstoffe aus einem USt-Lager § 13a UStG 7 % Vorsteuer und 7 % Umsatzsteuer
				U	AV 3076 Einkauf Roh-, Hilfs- und Betriebsstoffe aus einem USt-Lager § 13a UStG 19 % Vorsteuer und 19 % Umsatzsteuer
					R 3077-88
				U	AV 3089 Erwerb Roh-, Hilfs- und Betriebsstoffe als letzter Abnehmer innerhalb Dreiecksgeschäft 19 % Vorsteuer und 19 % Umsatzsteuer
					3090 Energiestoffe (Fertigung)
					AV 3091 Energiestoffe (Fertigung) 7 % Vorsteuer
					AV 3092 Energiestoffe (Fertigung) 19 % Vorsteuer
					R 3093-98

Bilanz-/GuV-Posten[2]	Programmverbindung[4] Abschlusszweck[4]	Konto	3 Wareneingangs- und Bestandskonten
Aufwendungen für bezogene Leistungen		**3100**	**Fremdleistungen**
		AV 3106	Fremdleistungen 19 % Vorsteuer
		R 3107	
		AV 3108	Fremdleistungen 7 % Vorsteuer
		3109	Fremdleistungen ohne Vorsteuer
			Umsätze, für die als Leistungsempfänger die Steuer nach § 13b UStG geschuldet wird
	U	AV 3110	Bauleistungen eines im Inland ansässigen Unternehmers 7 % Vorsteuer und 7 % Umsatzsteuer
		R 3111 -12	
	U	AV 3113	Sonstige Leistungen eines im anderen EU-Land ansässigen Unternehmers 7 % Vorsteuer und 7 % Umsatzsteuer
		R 3114	
	U	AV 3115	Leistungen eines im Ausland ansässigen Unternehmers 7 % Vorsteuer und 7 % Umsatzsteuer
		R 3116 -19	
	U	AV 3120 -21	Bauleistungen eines im Inland ansässigen Unternehmers 19 % Vorsteuer und 19 % Umsatzsteuer
		R 3122	
	U	AV 3123	Sonstige Leistungen eines im anderen EU-Land ansässigen Unternehmers 19 % Vorsteuer und 19 % Umsatzsteuer
		R 3124	
	U	AV 3125 -26	Leistungen eines im Ausland ansässigen Unternehmers 19 % Vorsteuer und 19 % Umsatzsteuer
		R 3127 -29	
	U	AV 3130	Bauleistungen eines im Inland ansässigen Unternehmers ohne Vorsteuer und 7 % Umsatzsteuer
		R 3131 -32	
	U	AV 3133	Sonstige Leistungen eines im anderen EU-Land ansässigen Unternehmers ohne Vorsteuer und 7 % Umsatzsteuer
		R 3134	
	U	AV 3135	Leistungen eines im Ausland ansässigen Unternehmers ohne Vorsteuer und 7 % Umsatzsteuer
		R 3136 -39	
	U	AV 3140 -41	Bauleistungen eines im Inland ansässigen Unternehmers ohne Vorsteuer und 19 % Umsatzsteuer
		R 3142	
	U	AV 3143	Sonstige Leistungen eines im anderen EU-Land ansässigen Unternehmers ohne Vorsteuer und 19 % Umsatzsteuer
		R 3144	
	U	AV 3145 -46	Leistungen eines im Ausland ansässigen Unternehmers ohne Vorsteuer und 19 % Umsatzsteuer
		R 3147 -49	

Bilanz-/GuV-Posten[2]	Programmverbindung[4] Abschlusszweck[4]	Konto	3 Wareneingangs- und Bestandskonten
Aufwendungen für bezogene Leistungen		S/AV 3150	Erhaltene Skonti aus Leistungen, für die als Leistungsempfänger die Steuer nach § 13b UStG geschuldet wird
	U	S/AV 3151	Erhaltene Skonti aus Leistungen, für die als Leistungsempfänger die Steuer nach § 13b UStG geschuldet wird 19 % Vorsteuer und 19 % Umsatzsteuer
		R 3152	
		S/AV 3153	Erhaltene Skonti aus Leistungen, für die als Leistungsempfänger die Steuer nach § 13b UStG geschuldet wird ohne Vorsteuer aber mit Umsatzsteuer
	U	S/AV 3154	Erhaltene Skonti aus Leistungen, für die als Leistungsempfänger die Steuer nach § 13b UStG geschuldet wird ohne Vorsteuer, mit 19 % Umsatzsteuer
		R 3155 -59	
		3160	Leistungen nach § 13b UStG mit Vorsteuerabzug[21]
		3165	Leistungen nach § 13b UStG ohne Vorsteuerabzug[21]
	G K	3170	Fremdleistungen (Miet- und Pachtzinsen bewegliche Wirtschaftsgüter)
	G K	3175	Fremdleistungen (Miet- und Pachtzinsen unbewegliche Wirtschaftsgüter)
	G K	3180	Fremdleistungen (Entgelte für Rechte und Lizenzen)
	G	3185	Fremdleistungen (Vergütungen für die Überlassung von Wirtschaftsgütern - mit Sonderbetriebseinnahme korrespondierend)
Aufwendungen für Roh-, Hilfs- und Betriebsstoffe und für bezogene Waren		**3200**	**Wareneingang**
		AV 3300 -09	Wareneingang 7 % Vorsteuer
		R 3310 -48	
		3349	Wareneingang ohne Vorsteuerabzug
		AV 3400 -09	Wareneingang 19 % Vorsteuer
		R 3410 -19	
	U	AV 3420 -24	Innergemeinschaftlicher Erwerb 7 % Vorsteuer und 7 % Umsatzsteuer
	U	AV 3425 -29	Innergemeinschaftlicher Erwerb 19 % Vorsteuer und 19 % Umsatzsteuer
	U	AV 3430	Innergemeinschaftlicher Erwerb ohne Vorsteuer und 7 % Umsatzsteuer
		R 3431 -34	
	U	AV 3435	Innergemeinschaftlicher Erwerb ohne Vorsteuer und 19 % Umsatzsteuer
		R 3436 -39	
	U	AV 3440	Innergemeinschaftlicher Erwerb von Neufahrzeugen von Lieferanten ohne USt-Id-Nr. 19 % Vorsteuer und 19 % Umsatzsteuer
		R 3441 -49	
		R 3500 -04	

Bilanz-/GuV-Posten[2]	Programmverbindung[4] Abschlusszweck[4]		3 Wareneingangs- und Bestandskonten
Aufwendungen für Roh-, Hilfs- und Betriebsstoffe und für bezogene Waren		AV 3505	Wareneingang 5,5 % Vorsteuer
		-09	
		R 3510	
		-39	
		AV 3540	Wareneingang 10,7 % Vorsteuer
		-49	
	U	AV 3550	Steuerfreier innergemeinschaftlicher Erwerb
		3551	Wareneingang im Drittland steuerbar
		3552	Erwerb 1. Abnehmer innerhalb eines Dreiecksgeschäftes
	U	AV 3553	Erwerb Waren als letzter Abnehmer innerhalb Dreiecksgeschäft 19 % Vorsteuer und 19 % Umsatzsteuer
		R 3554	
		-57	
		3558	Wareneingang im anderen EU-Land steuerbar
		3559	Steuerfreie Einfuhren
	U	AV 3560	Waren aus einem Umsatzsteuerlager, § 13a UStG 7 % Vorsteuer und 7 % Umsatzsteuer
		R 3561	
		-64	
	U	AV 3565	Waren aus einem Umsatzsteuerlager, § 13a UStG 19 % Vorsteuer und 19 % Umsatzsteuer
		R 3566	
		-69	
		3600	Nicht abziehbare Vorsteuer
		-09	
		3610	Nicht abziehbare Vorsteuer 7 %
		-19	
		R 3620	
		-29	
		R 3650	
		-59	
		3660	Nicht abziehbare Vorsteuer 19 %
		-69	
		3700	Nachlässe
		3701	Nachlässe aus Einkauf Roh-, Hilfs- und Betriebsstoffe
		AV 3710	Nachlässe 7 % Vorsteuer
		-11	
		R 3712	
		-13	
		AV 3714	Nachlässe aus Einkauf Roh-, Hilfs- und Betriebsstoffe 7 % Vorsteuer
		AV 3715	Nachlässe aus Einkauf Roh-, Hilfs- und Betriebsstoffe 19 % Vorsteuer
		R 3716	
	U	AV 3717	Nachlässe aus Einkauf Roh-, Hilfs- und Betriebsstoffe, innergemeinschaftlicher Erwerb 7 % Vorsteuer und 7 % Umsatzsteuer
	U	AV 3718	Nachlässe aus Einkauf Roh-, Hilfs- und Betriebsstoffe, innergemeinschaftlicher Erwerb 19 % Vorsteuer und 19 % Umsatzsteuer
		R 3719	
		AV 3720	Nachlässe 19 % Vorsteuer
		-21	
		R 3722	
		-23	
	U	AV 3724	Nachlässe aus innergemeinschaftlichem Erwerb 7 % Vorsteuer und 7 % Umsatzsteuer
	U	AV 3725	Nachlässe aus innergemeinschaftlichem Erwerb 19 % Vorsteuer und 19 % Umsatzsteuer
		R 3726	
		-29	

Bilanz-/GuV-Posten[2]	Programmverbindung[4] Abschlusszweck[4]		3 Wareneingangs- und Bestandskonten
Aufwendungen für Roh-, Hilfs- und Betriebsstoffe und für bezogene Waren		S/AV 3730	Erhaltene Skonti
		S/AV 3731	Erhaltene Skonti 7 % Vorsteuer
		R 3732	
		S/AV 3733	Erhaltene Skonti aus Einkauf Roh-, Hilfs- und Betriebsstoffe
		S/AV 3734	Erhaltene Skonti aus Einkauf Roh-, Hilfs- und Betriebsstoffe 7 % Vorsteuer
		R 3735	
		S/AV 3736	Erhaltene Skonti 19 % Vorsteuer
		R 3737	
		S/AV 3738	Erhaltene Skonti aus Einkauf Roh-, Hilfs- und Betriebsstoffe 19 % Vorsteuer
		R 3739	
		-40	
	U	S/AV 3741	Erhaltene Skonti aus Einkauf Roh-, Hilfs- und Betriebsstoffe aus steuerpflichtigem innergemeinschaftlichem Erwerb 19 % Vorsteuer und 19 % Umsatzsteuer
		R 3742	
	U	S/AV 3743	Erhaltene Skonti aus Einkauf Roh-, Hilfs- und Betriebsstoffe aus steuerpflichtigem innergemeinschaftlichem Erwerb 7 % Vorsteuer und 7 % Umsatzsteuer
		S/AV 3744	Erhaltene Skonti aus Einkauf Roh-, Hilfs- und Betriebsstoffe aus steuerpflichtigem innergemeinschaftlichem Erwerb
		S/AV 3745	Erhaltene Skonti aus steuerpflichtigem innergemeinschaftlichem Erwerb
	U	S/AV 3746	Erhaltene Skonti aus steuerpflichtigem innergemeinschaftlichem Erwerb 7 % Vorsteuer und 7 % Umsatzsteuer
		R 3747	
	U	S/AV 3748	Erhaltene Skonti aus steuerpflichtigem innergemeinschaftlichem Erwerb 19 % Vorsteuer und 19 % Umsatzsteuer
		R 3749	
		AV 3750	Erhaltene Boni 7 % Vorsteuer
		-51	
		R 3752	
		3753	Erhaltene Boni aus Einkauf Roh-, Hilfs- und Betriebsstoffe
		AV 3754	Erhaltene Boni aus Einkauf Roh-, Hilfs- und Betriebsstoffe 7 % Vorsteuer
		AV 3755	Erhaltene Boni aus Einkauf Roh-, Hilfs- und Betriebsstoffe 19 % Vorsteuer
		R 3756	
		-59	
		AV 3760	Erhaltene Boni 19 % Vorsteuer
		-61	
		R 3762	
		-68	
		3769	Erhaltene Boni
		3770	Erhaltene Rabatte
		AV 3780	Erhaltene Rabatte 7 % Vorsteuer
		-81	
		R 3782	

Bilanz-/GuV-Posten[2]	Programmverbindung[4] Abschlusszweck[4]	3 Wareneingangs- und Bestandskonten
Aufwendungen für Roh-, Hilfs- und Betriebsstoffe und für bezogene Waren		3783 Erhaltene Rabatte aus Einkauf Roh-, Hilfs- und Betriebsstoffe
		AV 3784 Erhaltene Rabatte aus Einkauf Roh-, Hilfs- und Betriebsstoffe 7 % Vorsteuer
		AV 3785 Erhaltene Rabatte aus Einkauf Roh-, Hilfs- und Betriebsstoffe 19 % Vorsteuer
		R 3786 -87
		S/AV 3788 Erhaltene Skonti aus Einkauf Roh-, Hilfs- und Betriebsstoffe 10,7 % Vorsteuer
		R 3789
		AV 3790 -91 Erhaltene Rabatte 19 % Vorsteuer
	U	AV 3792 Erhaltene Skonti aus Erwerb Roh-, Hilfs- und Betriebsstoffe als letzter Abnehmer innerhalb Dreiecksgeschäft 19 % Vorsteuer und 19 % Umsatzsteuer
	U	AV 3793 Erhaltene Skonti aus Erwerb Waren als letzter Abnehmer innerhalb Dreiecksgeschäft 19 % Vorsteuer und 19 % Umsatzsteuer
		S/AV 3794 Erhaltene Skonti 5,5 % Vorsteuer
		R 3795
		S/AV 3796 Erhaltene Skonti 10,7 % Vorsteuer
		R 3797
		S/AV 3798 Erhaltene Skonti aus Einkauf Roh-, Hilfs- und Betriebsstoffe 5,5 % Vorsteuer
		R 3799
		3800 Bezugsnebenkosten
		3830 Leergut
		3850 Zölle und Einfuhrabgaben
		3950 -54 Bestandsveränderungen Waren
		3955 -59 Bestandsveränderungen Roh-, Hilfs- und Betriebsstoffe
		3960 -69 Bestandsveränderungen Roh-, Hilfs- und Betriebsstoffe sowie bezogene Waren
		Bestand an Vorräten
Roh-, Hilfs- und Betriebsstoffe		3970 -79 Roh-, Hilfs- und Betriebsstoffe (Bestand)
Fertige Erzeugnisse und Waren		3980 -89 Waren (Bestand)
		Verrechnete Stoffkosten
Aufwendungen für Roh-, Hilfs- und Betriebsstoffe und für bezogene Waren		3990 -99 Verrechnete Stoffkosten (Gegenkonto zu 4000-99)

GuV-Posten[2]	Programmverbindung[4] Abschlusszweck[4]	4 Betriebliche Aufwendungen
		V 4000-4099 V 4200-4299 V 4400-4509 KU 4510-4519 V 4520-4821 V 4900-4983 V 4985-4989
		Material- und Stoffverbrauch
Aufwendungen für Roh-, Hilfs- und Betriebsstoffe und für bezogene Waren		4000 -99 Material- und Stoffverbrauch
		Personalaufwendungen
Löhne und Gehälter		4100 Löhne und Gehälter
		4110 Löhne
		4120 Gehälter
		4124 Geschäftsführergehälter der GmbH-Gesellschafter
		4125 Ehegattengehalt
	K	4126 Tantiemen Gesellschafter-Geschäftsführer
		4127 Geschäftsführergehälter
	G	4128 Vergütungen an angestellte Mitunternehmer § 15 EStG (mit Sonderbetriebseinnahme korrespondierend)
	K	4129 Tantiemen Arbeitnehmer
Soziale Abgaben und Aufwendungen für Altersversorgung und für Unterstützung		4130 Gesetzliche soziale Aufwendungen
	G	4137 Gesetzliche soziale Aufwendungen für Mitunternehmer § 15 EStG (mit Sonderbetriebseinnahme korrespondierend)
		4138 Beiträge zur Berufsgenossenschaft
Sonstige betriebliche Aufwendungen		4139 Ausgleichsabgabe nach dem Schwerbehindertengesetz
Soziale Abgaben und Aufwendungen für Altersversorgung und für Unterstützung		4140 Freiwillige soziale Aufwendungen, lohnsteuerfrei
		4141 Sonstige soziale Abgaben
		4144 Soziale Abgaben für Minijobber
Löhne und Gehälter		4145 Freiwillige soziale Aufwendungen, lohnsteuerpflichtig
		4146 Freiwillige Zuwendungen an Minijobber
		4147 Freiwillige Zuwendungen an Gesellschafter-Geschäftsführer
	G	4148 Freiwillige Zuwendungen an angestellte Mitunternehmer § 15 EStG (mit Sonderbetriebseinnahme korrespondierend)
		4149 Pauschale Steuer auf sonstige Bezüge (z. B. Fahrtkostenzuschüsse)
		4150 Krankengeldzuschüsse
		4151 Sachzuwendungen und Dienstleistungen an Minijobber
		4152 Sachzuwendungen und Dienstleistungen an Arbeitnehmer
		4153 Sachzuwendungen und Dienstleistungen an Gesellschafter-Geschäftsführer

GuV-Posten[2]	Programmverbindung[4] Abschlusszweck[4]	4 Betriebliche Aufwendungen	
Löhne und Gehälter	G	4154	Sachzuwendungen und Dienstleistungen an angestellte Mitunternehmer § 15 EStG (mit Sonderbetriebseinnahme korrespondierend)
		4155	Zuschüsse der Agenturen für Arbeit (Haben)
		4156	Aufwendungen aus der Veränderung von Urlaubsrückstellungen
		4157	Aufwendungen aus der Veränderung von Urlaubsrückstellungen für Gesellschafter-Geschäftsführer
	G	4158	Aufwendungen aus der Veränderung von Urlaubsrückstellungen für angestellte Mitunternehmer § 15 EStG (mit Sonderbetriebseinnahme korrespondierend)
		4159	Aufwendungen aus der Veränderung von Urlaubsrückstellungen für Minijobber
Soziale Abgaben und Aufwendungen für Altersversorgung und für Unterstützung		4160	Versorgungskassen
		4165	Aufwendungen für Altersversorgung
		4166	Aufwendungen für Altersversorgung für Gesellschafter-Geschäftsführer
		4167	Pauschale Steuer auf sonstige Bezüge (z. B. Direktversicherungen)
	G	4168	Aufwendungen für Altersversorgung für Mitunternehmer § 15 EStG (mit Sonderbetriebseinnahme korrespondierend)
		4169	Aufwendungen für Unterstützung
Löhne und Gehälter		4170	Vermögenswirksame Leistungen
		4175	Fahrtkostenerstattung - Wohnung/Arbeitsstätte
		4180	Bedienungsgelder
		4190	Aushilfslöhne
		4194	Pauschale Steuer für Minijobber
		4195	Löhne für Minijobs
		4196	Pauschale Steuer für Gesellschafter-Geschäftsführer
	G	4197	Pauschale Steuer für angestellte Mitunternehmer § 15 EStG (mit Sonderbetriebseinnahme korrespondierend)
		4198	Pauschale Steuer für Arbeitnehmer
		4199	Pauschale Steuer für Aushilfen
			Sonstige betriebliche Aufwendungen und Abschreibungen
Sonstige betriebliche Aufwendungen		4200	Raumkosten
	G K	4210	Miete (unbewegliche Wirtschaftsgüter)
	G K	4211	Aufwendungen für gemietete oder gepachtete unbewegliche Wirtschaftsgüter, die gewerbesteuerlich hinzuzurechnen sind
		4212	Miete/Aufwendungen für doppelte Haushaltsführung Unternehmer
	G K	4215	Leasing (unbewegliche Wirtschaftsgüter)
	G	4219	Vergütungen an Mitunternehmer für die mietweise Überlassung ihrer unbeweglichen Wirtschaftsgüter § 15 EStG (mit Sonderbetriebseinnahme korrespondierend)
	G K	4220	Pacht (unbewegliche Wirtschaftsgüter)
	K	4222	Vergütungen an Gesellschafter für die miet- oder pachtweise Überlassung ihrer unbeweglichen Wirtschaftsgüter

GuV-Posten[2]	Programmverbindung[4] Abschlusszweck[4]	4 Betriebliche Aufwendungen	
Sonstige betriebliche Aufwendungen		4228	Miet- und Pachtnebenkosten, die gewerbesteuerlich nicht hinzuzurechnen sind
	G	4229	Vergütungen an Mitunternehmer für die pachtweise Überlassung ihrer unbeweglichen Wirtschaftsgüter § 15 EStG (mit Sonderbetriebseinnahme korrespondierend)
		4230	Heizung
		4240	Gas, Strom, Wasser
		4250	Reinigung
		4260	Instandhaltung betrieblicher Räume
		4270	Abgaben für betrieblich genutzten Grundbesitz
		4280	Sonstige Raumkosten
		4288	Aufwendungen für ein häusliches Arbeitszimmer (abziehbarer Anteil)
	G	4289	Aufwendungen für ein häusliches Arbeitszimmer (nicht abziehbarer Anteil)
		4290	Grundstücksaufwendungen betrieblich
		4300	Nicht abziehbare Vorsteuer
		4301	Nicht abziehbare Vorsteuer 7 %
		R 4304 -05	
		4306	Nicht abziehbare Vorsteuer 19 %
Steuern vom Einkommen und Ertrag	G K	4320	Gewerbesteuer
Sonstige Steuern		4340	Sonstige Betriebssteuern
		4350	Verbrauchsteuer (sonstige Steuern)
		4355	Ökosteuer
Sonstige betriebliche Aufwendungen		4360	Versicherungen
		4366	Versicherungen für Gebäude
		4370	Netto-Prämie für Rückdeckung künftiger Versorgungsleistungen
		4380	Beiträge
		4390	Sonstige Abgaben
		4396	Steuerlich abzugsfähige Verspätungszuschläge und Zwangsgelder
	G K	4397	Steuerlich nicht abzugsfähige Verspätungszuschläge und Zwangsgelder
		4400 -99	(zur freien Verfügung)
		4500	Fahrzeugkosten[18]
Sonstige Steuern		4510	Kfz-Steuer
Sonstige betriebliche Aufwendungen		4520	Kfz-Versicherungen
		4530	Laufende Kfz-Betriebskosten
		4540	Kfz-Reparaturen
	G K	4550	Garagenmiete
		4560	Mautgebühren
	G K	4570	Mietleasing Kfz
		4575	Mietleasingaufwendungen für Elektrofahrzeuge, die gewerbesteuerlich hinzuzurechnen sind[1]
		4580	Sonstige Kfz-Kosten
		4590	Kfz-Kosten für betrieblich genutzte zum Privatvermögen gehörende Kraftfahrzeuge
		4595	Fremdfahrzeugkosten
		4600	Werbekosten
		4605	Streuartikel
		4630	Geschenke abzugsfähig ohne § 37b EStG
		4631	Geschenke abzugsfähig mit § 37b EStG

GuV-Posten[2]	Programmverbindung[4] Abschlusszweck[4]	4 Betriebliche Aufwendungen
Sonstige betriebliche Aufwendungen		4632 Pauschale Steuer für Geschenke und Zuwendungen abzugsfähig
	G K	4635 Geschenke nicht abzugsfähig ohne § 37b EStG
	G K	4636 Geschenke nicht abzugsfähig mit § 37b EStG
	G K	4637 Pauschale Steuer für Geschenke und Zuwendungen nicht abzugsfähig
		4638 Geschenke ausschließlich betrieblich genutzt
		4639 Zugaben mit § 37b EStG
		4640 Repräsentationskosten
		4650 Bewirtungskosten
		4651 Sonstige eingeschränkt abziehbare Betriebsausgaben (abziehbarer Anteil)
	G K	4652 Sonstige eingeschränkt abziehbare Betriebsausgaben (nicht abziehbarer Anteil)
		4653 Aufmerksamkeiten
	G K	4654 Nicht abzugsfähige Bewirtungskosten
	G K	4655 Nicht abzugsfähige Betriebsausgaben aus Werbe- und Repräsentationskosten
		4660 Reisekosten Arbeitnehmer
		4663 Reisekosten Arbeitnehmer Fahrtkosten
		4664 Reisekosten Arbeitnehmer Verpflegungsmehraufwand
		4666 Reisekosten Arbeitnehmer Übernachtungsaufwand
		R 4667
		4668 Kilometergelderstattung Arbeitnehmer
		4670 Reisekosten Unternehmer[18]
	G	4672 Reisekosten Unternehmer (nicht abziehbarer Anteil)
		4673 Reisekosten Unternehmer Fahrtkosten
		4674 Reisekosten Unternehmer Verpflegungsmehraufwand
		R 4675
		4676 Reisekosten Unternehmer Übernachtungsaufwand und Reisenebenkosten
		R 4677
		4678 Fahrten zwischen Wohnung und Betriebsstätte und Familienheimfahrten (abziehbarer Anteil)
	G	4679 Fahrten zwischen Wohnung und Betriebsstätte und Familienheimfahrten (nicht abziehbarer Anteil)
		4680 Fahrten zwischen Wohnung und Betriebsstätte und Familienheimfahrten (Haben)
		4681 Verpflegungsmehraufwendungen im Rahmen der doppelten Haushaltsführung Unternehmer
		R 4685
		4700 Kosten der Warenabgabe
		4710 Verpackungsmaterial
		4730 Ausgangsfrachten
		4750 Transportversicherungen
		4760 Verkaufsprovisionen
		4780 Fremdarbeiten (Vertrieb)
		4790 Aufwand für Gewährleistungen
		4800 Reparaturen und Instandhaltungen von technischen Anlagen und Maschinen
		4801 Reparaturen und Instandhaltung von Bauten

GuV-Posten[2]	Programmverbindung[4] Abschlusszweck[4]	4 Betriebliche Aufwendungen
Sonstige betriebliche Aufwendungen		4805 Reparaturen und Instandhaltungen von anderen Anlagen und Betriebs- und Geschäftsausstattung
		4806 Wartungskosten für Hard- und Software
		4808 Zuführung zu Aufwandsrückstellungen
		4809 Sonstige Reparaturen und Instandhaltungen
	G K	4810 Mietleasing bewegliche Wirtschaftsgüter für technische Anlagen und Maschinen
		4815 Kaufleasing
Abschreibungen auf immaterielle Vermögensgegenstände des Anlagevermögens und Sachanlagen		4822 Abschreibungen auf immaterielle Vermögensgegenstände
	HB	4823 Abschreibungen auf selbst geschaffene immaterielle Vermögensgegenstände
		4824 Abschreibungen auf den Geschäfts- oder Firmenwert
		4825 Außerplanmäßige Abschreibungen auf den Geschäfts- oder Firmenwert
		4826 Außerplanmäßige Abschreibungen auf immaterielle Vermögensgegenstände
	HB	4827 Außerplanmäßige Abschreibungen auf selbst geschaffene immaterielle Vermögensgegenstände
		4830 Abschreibungen auf Sachanlagen (ohne AfA auf Kfz und Gebäude)
		4831 Abschreibungen auf Gebäude
		4832 Abschreibungen auf Kfz
		4833 Abschreibungen auf Gebäudeanteil des häuslichen Arbeitszimmers
		4840 Außerplanmäßige Abschreibungen auf Sachanlagen
		4841 Absetzung für außergewöhnliche technische und wirtschaftliche Abnutzung der Gebäude
		4842 Absetzung für außergewöhnliche technische und wirtschaftliche Abnutzung des Kfz
		4843 Absetzung für außergewöhnliche technische und wirtschaftliche Abnutzung sonstiger Wirtschaftsgüter
	SB	4850 Abschreibungen auf Sachanlagen auf Grund steuerlicher Sondervorschriften
	SB	4851 Sonderabschreibungen nach § 7g Abs. 5 EStG (ohne Kfz)
	SB	4852 Sonderabschreibungen nach § 7g Abs. 5 EStG (für Kfz)
	SB	4853 Kürzung der Anschaffungs- oder Herstellungskosten nach § 7g Abs. 2 EStG (ohne Kfz)
	SB	4854 Kürzung der Anschaffungs- oder Herstellungskosten nach § 7g Abs. 2 EStG (für Kfz)
		4855 Sofortabschreibung geringwertiger Wirtschaftsgüter
	SB	4856 Sonderabschreibungen nach § 7b EStG (Mietwohnungsneubau)[1]
		4860 Abschreibungen auf aktivierte, geringwertige Wirtschaftsgüter
		4862 Abschreibungen auf den Sammelposten Wirtschaftsgüter
		4865 Außerplanmäßige Abschreibungen auf aktivierte, geringwertige Wirtschaftsgüter

GuV-Posten[2)]	Programmverbindung[4)] Abschlusszweck[4)]	4 Betriebliche Aufwendungen
Abschreibungen auf Finanzanlagen und auf Wertpapiere des Umlaufvermögens	HB	4866 Abschreibungen auf Finanzanlagen (nicht dauerhaft)
		4870 Abschreibungen auf Finanzanlagen (dauerhaft)
	G K	4871 Abschreibungen auf Finanzanlagen § 3 Nr. 40 EStG bzw. § 8b Abs. 3 KStG (dauerhaft)[9)]
	G K	4872 Aufwendungen auf Grund von Verlustanteilen an gewerblichen und selbständigen Mitunternehmerschaften, § 8 GewStG bzw. § 18 EStG[23)]
	G K SB	4873 Abschreibungen auf Finanzanlagen auf Grund § 6b EStG-Rücklage, § 3 Nr. 40 EStG bzw. § 8b Abs. 3 KStG[9)]
	SB	4874 Abschreibungen auf Finanzanlagen auf Grund § 6b EStG-Rücklage
		4875 Abschreibungen auf Wertpapiere des Umlaufvermögens
	G K	4876 Abschreibungen auf Wertpapiere des Umlaufvermögens § 3 Nr. 40 EStG bzw. § 8b Abs. 3 KStG[9)]
		4877 Abschreibungen auf Finanzanlagen - verbundene Unternehmen
		4878 Abschreibungen auf Wertpapiere des Umlaufvermögens - verbundene Unternehmen
Abschreibungen auf Vermögensgegenstände des Umlaufvermögens, soweit diese die in der Kapitalgesellschaft üblichen Abschreibungen überschreiten		4880 Abschreibungen auf sonstige Vermögensgegenstände des Umlaufvermögens (soweit unüblich hoch)
	SB	4882 Abschreibungen auf Umlaufvermögen, steuerrechtlich bedingt (soweit unüblich hoch)
Sonstige betriebliche Aufwendungen		4886 Abschreibungen auf Umlaufvermögen außer Vorräte und Wertpapiere des Umlaufvermögens (übliche Höhe)
	SB	4887 Abschreibungen auf Umlaufvermögen außer Vorräte und Wertpapiere des Umlaufvermögens, steuerrechtlich bedingt (übliche Höhe)
Abschreibungen auf Vermögensgegenstände des Umlaufvermögens, soweit diese die in der Kapitalgesellschaft üblichen Abschreibungen überschreiten		4892 Abschreibungen auf Roh-, Hilfs- und Betriebsstoffe/Waren (soweit unübliche Höhe)
		4893 Abschreibungen auf fertige und unfertige Erzeugnisse (soweit unübliche Höhe)
Sonstige betriebliche Aufwendungen		4900 Sonstige betriebliche Aufwendungen
		4902 Interimskonto für Aufwendungen in einem anderen Land, bei denen eine Vorsteuervergütung möglich ist
		4905 Sonstige Aufwendungen betrieblich und regelmäßig
		4909 Fremdleistungen/Fremdarbeiten
		4910 Porto
		4920 Telefon
		4925 Telefax und Internetkosten

GuV-Posten[2)]	Programmverbindung[4)] Abschlusszweck[4)]	4 Betriebliche Aufwendungen
Sonstige betriebliche Aufwendungen		4930 Bürobedarf
		4940 Zeitschriften, Bücher (Fachliteratur)
		4945 Fortbildungskosten
		4946 Freiwillige Sozialleistungen
	G	4948 Vergütungen an Mitunternehmer § 15 EStG (mit Sonderbetriebseinnahme korrespondierend)
	G	4949 Haftungsvergütung an Mitunternehmer § 15 EStG (mit Sonderbetriebseinnahme korrespondierend)
		4950 Rechts- und Beratungskosten
		4955 Buchführungskosten
		4957 Abschluss- und Prüfungskosten
	K	4958 Vergütungen an Gesellschafter für die miet- oder pachtweise Überlassung ihrer beweglichen Wirtschaftsgüter
	G	4959 Vergütungen an Mitunternehmer für die miet- oder pachtweise Überlassung ihrer beweglichen Wirtschaftsgüter § 15 EStG (mit Sonderbetriebseinnahme korrespondierend)
	G K	4960 Mieten für Einrichtungen (bewegliche Wirtschaftsgüter)
	G K	4961 Pacht (bewegliche Wirtschaftsgüter)
	G K	4963 Aufwendungen für gemietete oder gepachtete bewegliche Wirtschaftsgüter, die gewerbesteuerlich hinzuzurechnen sind
	G K	4964 Aufwendungen für die zeitlich befristete Überlassung von Rechten (Lizenzen, Konzessionen)
	G K	4965 Mietleasing bewegliche Wirtschaftsgüter für Betriebs- und Geschäftsausstattung
		4969 Aufwendungen für Abraum- und Abfallbeseitigung
		4970 Nebenkosten des Geldverkehrs
	G K	4975 Aufwendungen aus Anteilen an Kapitalgesellschaften §§ 3 Nr. 40 und 3c EStG bzw. § 8b Abs. 1 und 4 KStG[9)16)]
	G K	4976 Veräußerungskosten § 3 Nr. 40 EStG bzw. § 8b Abs. 2 KStG
		4980 Sonstiger Betriebsbedarf
		4984 Genossenschaftliche Rückvergütung an Mitglieder
Sonstige betriebliche Aufwendungen		4985 Werkzeuge und Kleingeräte
		Kalkulatorische Kosten
Sonstige betriebliche Aufwendungen		4990 Kalkulatorischer Unternehmerlohn
		4991 Kalkulatorische Miete und Pacht
		4992 Kalkulatorische Zinsen
		4993 Kalkulatorische Abschreibungen
		4994 Kalkulatorische Wagnisse
		4995 Kalkulatorischer Lohn für unentgeltliche Mitarbeiter
		Kosten bei Anwendung des Umsatzkostenverfahrens
Sonstige betriebliche Aufwendungen		4996 Herstellungskosten
		4997 Verwaltungskosten
		4998 Vertriebskosten
		4999 Gegenkonto 4996-4998

GuV-Posten[2]	Programmverbindung[4] Abschlusszweck[4]	5
Sonstige betriebliche Aufwendungen		**5000 -5999**

GuV-Posten[2]	Programmverbindung[4] Abschlusszweck[4]	6
Sonstige betriebliche Aufwendungen		**6000 -6999**

Bilanz-Posten[2]	Programmverbindung[4] Abschlusszweck[4]	7 Bestände an Erzeugnissen
		KU 7000-7999
Unfertige Erzeugnisse, unfertige Leistungen		**7000 Unfertige Erzeugnisse, unfertige Leistungen (Bestand)**
		7050 Unfertige Erzeugnisse (Bestand)
		7080 Unfertige Leistungen (Bestand)
In Ausführung befindliche Bauaufträge		7090 In Ausführung befindliche Bauaufträge
In Arbeit befindliche Aufträge		7095 In Arbeit befindliche Aufträge
Fertige Erzeugnisse und Waren		**7100 Fertige Erzeugnisse und Waren (Bestand)**
		7110 Fertige Erzeugnisse (Bestand)
		7140 Waren (Bestand)

GuV-Posten[2]	Programmverbindung[4] Abschlusszweck[4]	8 Erlöskonten
		M 8000-8191 KU 8192-8193 M 8194-8603 KU 8604 M 8605-8613 KU 8614 M 8615-8904 KU 8905-8906 M 8907-8917 KU 8918-8919 M 8920-8923 KU 8924 M 8925-8928 KU 8929 M 8930-8938 KU 8939 M 8940-8948 KU 8949-8999
		Umsatzerlöse
Umsatzerlöse		8000 Umsatzerlöse -99 (Zur freien Verfügung)
	U	AM 8100 Steuerfreie Umsätze -04 § 4 Nr. 8 ff. UStG
	U	AM 8105 Steuerfreie Umsätze nach § 4 Nr. 12 UStG (Vermietung und Verpachtung)
	U	AM 8110 Sonstige steuerfreie Umsätze Inland
	U	AM 8120 Steuerfreie Umsätze nach § 4 Nr. 1a UStG
	U	AM 8125 Steuerfreie innergemeinschaftliche Lieferungen nach § 4 Nr. 1b UStG
		R 8128
	U	AM 8130 Lieferungen des ersten Abnehmers bei innergemeinschaftlichen Dreiecksgeschäften § 25b Abs. 2 UStG
	U	AM 8135 Steuerfreie innergemeinschaftliche Lieferungen von Neufahrzeugen an Abnehmer ohne USt-Id-Nr.
	U	AM 8140 Steuerfreie Umsätze Offshore usw.
	U	AM 8150 Sonstige steuerfreie Umsätze (z. B. § 4 Nr. 2 bis 7 UStG)
	U	AM 8160 Steuerfreie Umsätze ohne Vorsteuerabzug zum Gesamtumsatz gehörend, § 4 UStG
	U	AM 8165 Steuerfreie Umsätze ohne Vorsteuerabzug zum Gesamtumsatz gehörend
		8190 Erlöse, die mit den Durchschnittssätzen des § 24 UStG versteuert werden
	U	AM 8191 Umsatzerlöse nach §§ 25 und 25a UStG 19 % USt
		R 8192
		8193 Umsatzerlöse nach §§ 25 und 25a UStG ohne USt
	U	AM 8194 Umsatzerlöse aus Reiseleistungen § 25 Abs. 2 UStG, steuerfrei
	U	8195 Erlöse als Kleinunternehmer nach § 19 Abs. 1 UStG
	U	AM 8196 Erlöse aus Geldspielautomaten 19 % USt
		R 8197 -98
		8200 Erlöse
	U	AM 8300 Erlöse 7 % USt -09
	U	AM 8310 Erlöse aus im Inland steuerpflichti- -14 gen EU-Lieferungen 7 % USt
	U	AM 8315 Erlöse aus im Inland steuerpflichti- -19 gen EU-Lieferungen 19 % USt

GuV-Posten[2]	Programmverbindung[4] Abschlusszweck[4]	8 Erlöskonten	
Umsatzerlöse		8320 -29	Erlöse aus im anderen EU-Land steuerpflichtigen Lieferungen[3]
		R 8330	
	U	8331	Erlöse aus im anderen EU-Land steuerpflichtigen elektronischen Dienstleistungen[5]
		R 8332 -34	
	U	AM 8335	Erlöse aus Lieferungen von Mobilfunkgeräten, Tablet-Computern, Spielekonsolen und integrierten Schaltkreisen, für die der Leistungsempfänger die Umsatzsteuer nach § 13b UStG schuldet
	U	AM 8336	Erlöse aus im anderen EU-Land steuerpflichtigen sonstigen Leistungen, für die der Leistungsempfänger die Umsatzsteuer schuldet
	U	AM 8337	Erlöse aus Leistungen, für die der Leistungsempfänger die Umsatzsteuer nach § 13b UStG schuldet
	U	AM 8338	Erlöse aus im Drittland steuerbaren Leistungen, im Inland nicht steuerbare Umsätze
	U	AM 8339	Erlöse aus im anderen EU-Land steuerbaren Leistungen, im Inland nicht steuerbare Umsätze
	U	AM 8340 -49	Erlöse 16 % USt
	U	AM 8400 -09	Erlöse 19 % USt
	U	AM 8410	Erlöse 19 % USt
		R 8411 -48	
	U	AM 8449	Erlöse aus im Inland steuerpflichtigen elektronischen Dienstleistungen 19 % USt
		8499	Nebenerlöse (Bezug zu Materialaufwand)
			Konten für die Verbuchung von Sonderbetriebseinnahmen
		8500	Sonderbetriebseinnahmen, Tätigkeitsvergütung[28]
		8501	Sonderbetriebseinnahmen, Miet-/Pachteinnahmen[28]
		8502	Sonderbetriebseinnahmen, Zinseinnahmen[28]
		8503	Sonderbetriebseinnahmen, Haftungsvergütung[28]
		8504	Sonderbetriebseinnahmen, Pensionszahlungen[28]
		8505	Sonderbetriebseinnahmen, sonstige Sonderbetriebseinnahmen[28]
Umsatzerlöse		8510	Provisionsumsätze
		R 8511 -13	
	U	AM 8514	Provisionsumsätze, steuerfrei § 4 Nr. 8 ff. UStG
	U	AM 8515	Provisionsumsätze, steuerfrei § 4 Nr. 5 UStG
	U	AM 8516	Provisionsumsätze 7 % USt
		R 8517 -18	
	U	AM 8519	Provisionsumsätze 19 % USt
		8520	Erlöse Abfallverwertung
		8540	Erlöse Leergut
		8570	Sonstige Erträge aus Provisionen, Lizenzen und Patenten
Umsatzerlöse		R 8571 -73	
	U	AM 8574	Sonstige Erträge aus Provisionen, Lizenzen und Patenten, steuerfrei § 4 Nr. 8 ff. UStG
	U	AM 8575	Sonstige Erträge aus Provisionen, Lizenzen und Patenten, steuerfrei § 4 Nr. 5 UStG
	U	AM 8576	Sonstige Erträge aus Provisionen, Lizenzen und Patenten 7 % USt
		R 8577 -78	
	U	AM 8579	Sonstige Erträge aus Provisionen, Lizenzen und Patenten 19 % USt
			Statistische Konten EÜR[15]
	EÜR	8580	Statistisches Konto Erlöse zum allgemeinen Umsatzsteuersatz (EÜR)[15]
	EÜR	8581	Statistisches Konto Erlöse zum ermäßigten Umsatzsteuersatz (EÜR)[15]
	EÜR	8582	Statistisches Konto Erlöse steuerfrei und nicht steuerbar (EÜR)[15]
	EÜR	8589	Gegenkonto 8580-8582 bei Aufteilung der Erlöse nach Steuersätzen (EÜR)
Sonstige betriebliche Erträge		8590	Verrechnete sonstige Sachbezüge (keine Waren)
	U	AM 8591	Sachbezüge 7 % USt (Waren)
		R 8594	
	U	AM 8595	Sachbezüge 19 % USt (Waren)
		R 8596 -97	
		8600	Sonstige Erlöse betrieblich und regelmäßig
		8603	Sonstige betriebliche Erträge
		8604	Erstattete Vorsteuer anderer Länder
		8605	Sonstige Erträge betrieblich und regelmäßig
		8606	Sonstige betriebliche Erträge von verbundenen Unternehmen
Umsatzerlöse		8607	Andere Nebenerlöse
Sonstige betriebliche Erträge	U	AM 8609	Sonstige Erträge betrieblich und regelmäßig, steuerfrei § 4 Nr. 8 ff. UStG
		8610	Verrechnete sonstige Sachbezüge
	U	AM 8611	Verrechnete sonstige Sachbezüge aus Kfz-Gestellung 19 % USt
		R 8612	
	U	AM 8613	Verrechnete sonstige Sachbezüge 19 % USt
		8614	Verrechnete sonstige Sachbezüge ohne Umsatzsteuer
	U	AM 8625 -29	Sonstige betriebliche Erträge, steuerfrei z. B. § 4 Nr. 2 bis 7 UStG
	U	AM 8630 -34	Sonstige Erträge betrieblich und regelmäßig 7 % USt
		R 8635 -39	
	U	AM 8640 -44	Sonstige Erträge betrieblich und regelmäßig 19 % USt
		R 8645 -48	
	U	AM 8649	Sonstige Erträge betrieblich und regelmäßig 16 % USt

GuV-Posten[2]	Programmverbindung[4] Abschlusszweck[4]	8 Erlöskonten	
Sonstige Zinsen und ähnliche Erträge		8650	Erlöse Zinsen und Diskontspesen
		8660	Erlöse Zinsen und Diskontspesen aus verbundenen Unternehmen
Umsatzerlöse		8700	Erlösschmälerungen
	U	AM 8701	Erlösschmälerungen für steuerfreie Umsätze nach § 4 Nr. 8 ff. UStG
	U	AM 8702	Erlösschmälerungen für steuerfreie Umsätze nach § 4 Nr. 2 bis 7 UStG
	U	AM 8703	Erlösschmälerungen für sonstige steuerfreie Umsätze ohne Vorsteuerabzug
	U	AM 8704	Erlösschmälerungen für sonstige steuerfreie Umsätze mit Vorsteuerabzug
	U	AM 8705	Erlösschmälerungen aus steuerfreien Umsätzen § 4 Nr. 1a UStG
	U	AM 8706	Erlösschmälerungen für steuerfreie innergemeinschaftliche Dreiecksgeschäfte nach § 25b Abs. 2 und 4 UStG
	U	AM 8710	Erlösschmälerungen 7 % USt
		-11	
		R 8712	
		-19	
	U	AM 8720	Erlösschmälerungen 19 % USt
		-21	
		R 8722	
		-23	
	U	AM 8724	Erlösschmälerungen aus steuerfreien innergemeinschaftlichen Lieferungen
	U	AM 8725	Erlösschmälerungen aus im Inland steuerpflichtigen EU-Lieferungen 7 % USt
	U	AM 8726	Erlösschmälerungen aus im Inland steuerpflichtigen EU-Lieferungen 19 % USt
		8727	Erlösschmälerungen aus im anderen EU-Land steuerpflichtigen Lieferungen[3]
		R 8728	
		-29	
		S 8730	Gewährte Skonti
	U	S/AM 8731	Gewährte Skonti 7 % USt
		R 8732	
		-35	
	U	S/AM 8736	Gewährte Skonti 19 % USt
		R 8737	
	U	S/AM 8738	Gewährte Skonti aus Lieferungen von Mobilfunkgeräten etc., für die der Leistungsempfänger die Umsatzsteuer nach § 13b Abs. 2 Nr. 10 UStG schuldet
	U	S/AM 8741	Gewährte Skonti aus Leistungen, für die der Leistungsempfänger die Umsatzsteuer nach § 13b UStG schuldet
	U	S/AM 8742	Gewährte Skonti aus Erlösen aus im anderen EU-Land steuerpflichtigen sonstigen Leistungen, für die der Leistungsempfänger die Umsatzsteuer schuldet
	U	S/AM 8743	Gewährte Skonti aus steuerfreien innergemeinschaftlichen Lieferungen § 4 Nr. 1b UStG
		R 8744	
		S 8745	Gewährte Skonti aus im Inland steuerpflichtigen EU-Lieferungen
	U	S/AM 8746	Gewährte Skonti aus im Inland steuerpflichtigen EU-Lieferungen 7 % USt

GuV-Posten[2]	Programmverbindung[4] Abschlusszweck[4]	8 Erlöskonten	
Umsatzerlöse		R 8747	
	U	S/AM 8748	Gewährte Skonti aus im Inland steuerpflichtigen EU-Lieferungen 19 % USt
		R 8749	
	U	AM 8750	Gewährte Boni 7 % USt
		-51	
		R 8752	
		-59	
	U	AM 8760	Gewährte Boni 19 % USt
		-61	
		R 8762	
		-68	
		8769	Gewährte Boni
		8770	Gewährte Rabatte
	U	AM 8780	Gewährte Rabatte 7 % USt
		-81	
		R 8782	
		-89	
	U	AM 8790	Gewährte Rabatte 19 % USt
		-91	
		R 8792	
		-99	
Sonstige betriebliche Aufwendungen		8800	Erlöse aus Verkäufen Sachanlagevermögen (bei Buchverlust)
	U	AM 8801	Erlöse aus Verkäufen Sachanlage-
		-06	vermögen 19 % USt (bei Buchverlust)
	U	AM 8807	Erlöse aus Verkäufen Sachanlagevermögen steuerfrei § 4 Nr. 1a UStG (bei Buchverlust)
	U	AM 8808	Erlöse aus Verkäufen Sachanlagevermögen steuerfrei § 4 Nr. 1b UStG (bei Buchverlust)
		R 8809	
		-16	
		8817	Erlöse aus Verkäufen immaterieller Vermögensgegenstände (bei Buchverlust)
		8818	Erlöse aus Verkäufen Finanzanlagen (bei Buchverlust)
	G K	8819	Erlöse aus Verkäufen Finanzanlagen § 3 Nr. 40 EStG bzw. § 8b Abs. 3 KStG (bei Buchverlust)[9]
Sonstige betriebliche Erträge	U	AM 8820	Erlöse aus Verkäufen Sachanlage-
		-25	vermögen 19 % USt (bei Buchgewinn)
		R 8826	
	U	AM 8827	Erlöse aus Verkäufen Sachanlagevermögen steuerfrei § 4 Nr. 1a UStG (bei Buchgewinn)
	U	AM 8828	Erlöse aus Verkäufen Sachanlagevermögen steuerfrei § 4 Nr. 1b UStG (bei Buchgewinn)
		8829	Erlöse aus Verkäufen Sachanlagevermögen (bei Buchgewinn)
		R 8830	
		-36	
		8837	Erlöse aus Verkäufen immaterieller Vermögensgegenstände (bei Buchgewinn)
		8838	Erlöse aus Verkäufen Finanzanlagen (bei Buchgewinn)
	G K	8839	Erlöse aus Verkäufen Finanzanlagen § 3 Nr. 40 EStG bzw. § 8b Abs. 2 KStG (bei Buchgewinn)[9]
	U EÜR	AM 8850	Erlöse aus Verkäufen von Wirtschaftsgütern des Umlaufvermögens 19 % USt für § 4 Abs. 3 Satz 4 EStG

GuV-Posten[2)]	Programmverbindung[4)] Abschlusszweck[4)]	8 Erlöskonten
Sonstige betriebliche Erträge	U EÜR	AM 8851 Erlöse aus Verkäufen von Wirtschaftsgütern des Umlaufvermögens, umsatzsteuerfrei § 4 Nr. 8 ff. UStG i. V. m. § 4 Abs. 3 Satz 4 EStG
	U G K EÜR	AM 8852 Erlöse aus Verkäufen von Wirtschaftsgütern des Umlaufvermögens, umsatzsteuerfrei § 4 Nr. 8 ff. UStG i. V. m. § 4 Abs. 3 Satz 4 EStG und § 3 Nr. 40 EStG bzw. § 8b Abs. 2 KStG[9)]
	EÜR	8853 Erlöse aus Verkäufen von Wirtschaftsgütern des Umlaufvermögens nach § 4 Abs 3 Satz 4 EStG
		8900 Unentgeltliche Wertabgaben
		8905 Entnahme von Gegenständen ohne USt
		8906 Verwendung von Gegenständen für Zwecke außerhalb des Unternehmens ohne USt
		R 8908 -09
	U	AM 8910 -13 Entnahme durch den Unternehmer für Zwecke außerhalb des Unternehmens (Waren) 19 % USt
		R 8914
	U	AM 8915 -17 Entnahme durch den Unternehmer für Zwecke außerhalb des Unternehmens (Waren) 7 % USt
		8918 Verwendung von Gegenständen für Zwecke außerhalb des Unternehmens ohne USt (Telefon-Nutzung)
		8919 Entnahme durch den Unternehmer für Zwecke außerhalb des Unternehmens (Waren) ohne USt
	U	AM 8920 Verwendung von Gegenständen für Zwecke außerhalb des Unternehmens 19 % USt
	U	AM 8921 Verwendung von Gegenständen für Zwecke außerhalb des Unternehmens 19 % USt (Kfz-Nutzung)
	U	AM 8922 Verwendung von Gegenständen für Zwecke außerhalb des Unternehmens 19 % USt (Telefon-Nutzung)
		R 8923
		8924 Verwendung von Gegenständen für Zwecke außerhalb des Unternehmens ohne USt (Kfz-Nutzung)
	U	AM 8925 -27 Unentgeltliche Erbringung einer sonstigen Leistung 19 % USt
		R 8928
		8929 Unentgeltliche Erbringung einer sonstigen Leistung ohne USt
	U	AM 8930 -31 Verwendung von Gegenständen für Zwecke außerhalb des Unternehmens 7 % USt
	U	AM 8932 -33 Unentgeltliche Erbringung einer sonstigen Leistung 7 % USt
		R 8934
	U	AM 8935 -37 Unentgeltliche Zuwendung von Gegenständen 19 % USt
		R 8938
		8939 Unentgeltliche Zuwendung von Gegenständen ohne USt
	U	AM 8940 -43 Unentgeltliche Zuwendung von Waren 19 % USt
		R 8944

GuV-Posten[2)]	Programmverbindung[4)] Abschlusszweck[4)]	8 Erlöskonten
Sonstige betriebliche Erträge	U	AM 8945 -47 Unentgeltliche Zuwendung von Waren 7 % USt
		R 8948
		8949 Unentgeltliche Zuwendung von Waren ohne USt
Umsatzerlöse		8950 Nicht steuerbare Umsätze (Innenumsätze)
		8955 Umsatzsteuervergütungen, z. B. nach § 24 UStG
		8959 Direkt mit dem Umsatz verbundene Steuern
Erhöhung des Bestands an fertigen und unfertigen Erzeugnissen oder *Verminderung des Bestands an fertigen und unfertigen Erzeugnissen*		**8960 Bestandsveränderungen - unfertige Erzeugnisse**
		8970 Bestandsveränderungen - unfertige Leistungen
Erhöhung des Bestands in Ausführung befindlicher Bauaufträge oder *Verminderung des Bestands in Ausführung befindlicher Bauaufträge*		**8975 Bestandsveränderungen - in Ausführung befindliche Bauaufträge**
Erhöhung des Bestands in Arbeit befindlicher Aufträge oder *Verminderung des Bestands in Arbeit befindlicher Aufträge*		**8977 Bestandsveränderungen - in Arbeit befindliche Aufträge**
Erhöhung des Bestands an fertigen und unfertigen Erzeugnissen oder *Verminderung des Bestands an fertigen und unfertigen Erzeugnissen*		**8980 Bestandsveränderungen - fertige Erzeugnisse**
Andere aktivierte Eigenleistungen		**8990 Andere aktivierte Eigenleistungen**
	G K	8994 Aktivierte Eigenleistungen (den Herstellungskosten zurechenbare Fremdkapitalzinsen)
	HB	8995 Aktivierte Eigenleistungen zur Erstellung von selbst geschaffenen immateriellen Vermögensgegenständen

Bilanz-Posten[2]	Programmverbindung[4] Abschlusszweck[4]	9 Vortrags-, Kapital-, Korrektur- und statistische Konten	
		KU	9000-9998
			Vortragskonten
		S 9000	Saldenvorträge, Sachkonten
		F 9001 -07	Saldenvorträge, Sachkonten
		S 9008	Saldenvorträge, Debitoren
		S 9009	Saldenvorträge, Kreditoren
		F 9050	**Offene Posten aus 2020[1]**
		R 9051 -59	
		R 9060	
		R 9069	
		F 9070	Offene Posten aus 2000
		F 9071	Offene Posten aus 2001
		F 9072	Offene Posten aus 2002
		F 9073	Offene Posten aus 2003
		F 9074	Offene Posten aus 2004
		F 9075	Offene Posten aus 2005
		F 9076	Offene Posten aus 2006
		F 9077	Offene Posten aus 2007
		F 9078	Offene Posten aus 2008
		F 9079	Offene Posten aus 2009
		F 9080	Offene Posten aus 2010
		F 9081	Offene Posten aus 2011
		F 9082	Offene Posten aus 2012
		F 9083	Offene Posten aus 2013
		F 9084	Offene Posten aus 2014
		F 9085	Offene Posten aus 2015
		F 9086	Offene Posten aus 2016
		F 9087	Offene Posten aus 2017
		F 9088	Offene Posten aus 2018
		F 9089	Offene Posten aus 2019
		F 9090	**Summenvortragskonto**
		R 9091 -98	
			Statistische Konten für Betriebswirtschaftliche Auswertungen (BWA)
		F 9101	Verkaufstage
		F 9102	Anzahl der Barkunden
		F 9103	Beschäftigte Personen
		F 9104	Unbezahlte Personen
		F 9105	Verkaufskräfte
		F 9106	Geschäftsraum qm
		F 9107	Verkaufsraum qm
		F 9116	Anzahl Rechnungen
		F 9117	Anzahl Kreditkunden monatlich
		F 9118	Anzahl Kreditkunden aufgelaufen
		9120	Erweiterungsinvestitionen
		F 9130[7] -31	
		9135	Auftragseingang im Geschäftsjahr
		9140	Auftragsbestand
			Variables Kapital Teilhafter
		F 9141	Variables Kapital TH
		F 9142	Variables Kapital - Anteil Teilhafter
			Sammelposten anrechenbare Privatsteuern
		9143	Privatsteuern Kapitalertragsteuer (Sammelposten)
		9144	Privatsteuern Solidaritätszuschlag (Sammelposten)
		9145	Privatsteuern Kirchensteuer (Sammelposten)

Bilanz-Posten[2]	Programmverbindung[4] Abschlusszweck[4]	9 Vortrags-, Kapital-, Korrektur- und statistische Konten	
			Kapitaländerungen durch Übertragung einer § 6b EStG Rücklage
	SB	F 9146	Variables Kapital Vollhafter - Übertragung einer § 6b EStG-Rücklage
	SB	F 9147	Variables Kapital Teilhafter - Übertragung einer § 6b EStG-Rücklage
		R 9148 - 49	
			Andere Kapitalkontenanpassungen: Vollhafter
		F 9150	Festkapital - andere Kapitalkontenanpassungen VH
		F 9151	Variables Kapital - andere Kapitalkontenanpassungen VH
		F 9152	Verlust-/Vortragskonto - andere Kapitalkontenanpassungen VH
		F 9153	Kapitalkonto III - andere Kapitalkontenanpassungen VH
		F 9154	Ausstehende Einlagen auf das Komplementär-Kapital, nicht eingefordert - andere Kapitalkontenanpassungen VH
		F 9155	Verrechnungskonto für Einzahlungsverpflichtungen - andere Kapitalkontenanpassungen VH
		R 9156	
			Anrechenbare Privatsteuern Vollhafter, Eigenkapital
		F 9157	Privatsteuern Kapitalertragsteuer (VH)
		F 9158	Privatsteuern Solidaritätszuschlag (VH)
		F 9159	Privatsteuern Kirchensteuer (VH)
			Andere Kapitalkontenanpassungen: Teilhafter
		F 9160	Kommandit-Kapital - andere Kapitalkontenanpassungen TH
		F 9161	Variables Kapital - andere Kapitalkontenanpassungen TH
		F 9162	Verlustausgleichskonto - andere Kapitalkontenanpassungen TH
		F 9163	Kapitalkonto III - andere Kapitalkontenanpassungen TH
		F 9164	Ausstehende Einlagen auf das Kommandit-Kapital, nicht eingefordert - andere Kapitalkontenanpassungen TH
		F 9165	Verrechnungskonto für Einzahlungsverpflichtungen - andere Kapitalkontenanpassungen TH
		R 9166	
			Anrechenbare Privatsteuern Teilhafter, Eigenkapital
		F 9167	Privatsteuern Kapitalertragsteuer (TH), EK
		F 9168	Privatsteuern Solidaritätszuschlag (TH), EK
		F 9169	Privatsteuern Kirchensteuer (TH), EK
			Umbuchungen auf andere Kapitalkonten: Vollhafter
		F 9170	Festkapital - Umbuchungen VH
		F 9171	Variables Kapital - Umbuchungen VH
		F 9172	Verlust-/Vortragskonto - Umbuchungen VH
		F 9173	Kapitalkonto III - Umbuchungen VH

Bilanz-Posten[2]	Programmverbindung[4] Abschlusszweck[4]	9 Vortrags-, Kapital-, Korrektur- und statistische Konten	
		F 9174	Ausstehende Einlagen auf das Komplementär-Kapital, nicht eingefordert - Umbuchungen VH
		F 9175	Verrechnungskonto für Einzahlungsverpflichtungen - Umbuchungen VH
		R 9176 - 79	
			Umbuchungen auf andere Kapitalkonten: Teilhafter
		F 9180	Kommandit-Kapital - Umbuchungen TH
		F 9181	Variables Kapital - Umbuchungen TH
		F 9182	Verlustausgleichskonto - Umbuchungen TH
		F 9183	Kapitalkonto III - Umbuchungen TH
		F 9184	Ausstehende Einlagen auf das Kommandit-Kapital, nicht eingefordert - Umbuchungen TH
		F 9185	Verrechnungskonto für Einzahlungsverpflichtungen - Umbuchungen TH
			Anrechenbare Privatsteuern Teilhafter, Fremdkapital
		F 9186	Privatsteuern Kapitalertragsteuer (TH), FK
		F 9187	Privatsteuern Solidaritätszuschlag (TH), FK
		F 9188	Privatsteuern Kirchensteuer (TH), FK
		9189	Verrechnungskonto für Umbuchungen zwischen Gesellschafter-Eigenkapitalkonten
			Gegenkonten zu statistischen Konten für Betriebswirtschaftliche Auswertungen
		F 9190	Gegenkonto für statistische Mengeneinheiten Konten 9101-9107 und Konten 9116-9118
		9199	Gegenkonto zu Konten 9120, 9135-9140
			Statistische Konten für den Kennziffernteil der Bilanz
		F 9200	Beschäftigte Personen
		F 9201 -08	[7]
		F 9209	Gegenkonto zu 9200
		9210	Produktive Löhne
		9219	Gegenkonto zu 9210
			Statistische Konten zur informativen Angabe des gezeichneten Kapitals in anderer Währung
Gezeichnetes Kapital in DM	HB	F 9220	Gezeichnetes Kapital in DM (Art. 42 Abs. 3 Satz 1 EGHGB)
Gezeichnetes Kapital in Euro	HB	F 9221	Gezeichnetes Kapital in Euro (Art. 42 Abs. 3 Satz 2 EGHGB)
	HB	F 9229	Gegenkonto zu 9220-9221
		R 9230	
		R 9232	
		R 9234	
		R 9239	

Bilanz-Posten[2]	Programmverbindung[4] Abschlusszweck[4]	9 Vortrags-, Kapital-, Korrektur- und statistische Konten	
			Statistische Konten für die Kapitalflussrechnung
		9240	Investitionsverbindlichkeiten bei den Leistungsverbindlichkeiten
		9241	Investitionsverbindlichkeiten aus Sachanlagekäufen bei Leistungsverbindlichkeiten
		9242	Investitionsverbindlichkeiten aus Käufen von immateriellen Vermögensgegenständen bei Leistungsverbindlichkeiten
		9243	Investitionsverbindlichkeiten aus Käufen von Finanzanlagen bei Leistungsverbindlichkeiten
		9244	Gegenkonto zu Konten 9240-9243
		9245	Forderungen aus Sachanlageverkäufen bei sonstigen Vermögensgegenständen
		9246	Forderungen aus Verkäufen immaterieller Vermögensgegenstände bei sonstigen Vermögensgegenständen
		9247	Forderungen aus Verkäufen von Finanzanlagen bei sonstigen Vermögensgegenständen
		9249	Gegenkonto zu Konten 9245-9247
		R 9250	
		R 9255	
		R 9259	
			Aufgliederung der Rückstellungen für die Programme der Wirtschaftsberatung
		9260	Kurzfristige Rückstellungen
		9262	Mittelfristige Rückstellungen
		9264	Langfristige Rückstellungen, außer Pensionen
		9269	Gegenkonto zu Konten 9260-9268
			Statistische Konten für in der Bilanz auszuweisende Haftungsverhältnisse
		9270	Gegenkonto zu 9271-9279 (Soll-Buchung)
		9271	Verbindlichkeiten aus der Begebung und Übertragung von Wechseln
		9272	Verbindlichkeiten aus der Begebung und Übertragung von Wechseln gegenüber verbundenen/assoziierten Unternehmen
		9273	Verbindlichkeiten aus Bürgschaften, Wechsel- und Scheckbürgschaften
		9274	Verbindlichkeiten aus Bürgschaften, Wechsel- und Scheckbürgschaften gegenüber verbundenen/assoziierten Unternehmen
		9275	Verbindlichkeiten aus Gewährleistungsverträgen
		9276	Verbindlichkeiten aus Gewährleistungsverträgen gegenüber verbundenen/assoziierten Unternehmen
		9277	Haftung aus der Bestellung von Sicherheiten für fremde Verbindlichkeiten
		9278	Haftung aus der Bestellung von Sicherheiten für fremde Verbindlichkeiten gegenüber verbundenen/assoziierten Unternehmen
		9279	Verpflichtungen aus Treuhandvermögen

Bilanz-Posten[2]	Programmverbindung[4] Abschlusszweck[4]	9 Vortrags-, Kapital-, Korrektur- und statistische Konten
		Statistische Konten für die im Anhang anzugebenden sonstigen finanziellen Verpflichtungen
		9280 Gegenkonto zu 9281-9284
		9281 Verpflichtungen aus Miet- und Leasingverträgen
		9282 Verpflichtungen aus Miet- und Leasingverträgen gegenüber verbundenen Unternehmen
		9283 Andere Verpflichtungen nach § 285 Nr. 3a HGB
		9284 Andere Verpflichtungen nach § 285 Nr. 3a HGB gegenüber verbundenen Unternehmen
		Unterschiedsbetrag aus der Abzinsung von Altersversorgungsverpflichtungen nach § 253 Abs. 6 HGB
	HB	9285 Unterschiedsbetrag aus der Abzinsung von Altersversorgungsverpflichtungen nach § 253 Abs. 6 HGB (Haben)
	HB	9286 Gegenkonto zu 9285
		Statistische Konten für § 4 Abs. 3 EStG
	EÜR	9287 Zinsen bei Buchungen über Debitoren bei § 4 Abs. 3 EStG
	EÜR	9288 Mahngebühren bei Buchungen über Debitoren bei § 4 Abs. 3 EStG
	EÜR	9289 Gegenkonto zu 9287 und 9288
		9290 Statistisches Konto steuerfreie Auslagen
		9291 Gegenkonto zu 9290
		9292 Statistisches Konto Fremdgeld
		9293 Gegenkonto zu 9292
Einlagen stiller Gesellschafter	G K	9295 Einlagen stiller Gesellschafter
Steuerrechtlicher Ausgleichsposten	SB	9297 Steuerrechtlicher Ausgleichsposten
		F 9300 [7] -20
		F 9326 [7] -43
		F 9346 [7] -49
		F 9357 [7] -60
		F 9365 [7] -67
		F 9371 [7] -72
		9390 (Zur freien Verfügung)[24] -94
		F 9395 (Zur freien Verfügung)[7] -99
		Privat Teilhafter (Eigenkapital, für Verrechnung mit Kapitalkonto III - Konto 9840)
		F 9400 Privatentnahmen allgemein (TH), EK
		R 9401 -09
		F 9410 Privatsteuern (TH), EK
		R 9411 -19

Bilanz-Posten[2]	Programmverbindung[4] Abschlusszweck[4]	9 Vortrags-, Kapital-, Korrektur- und statistische Konten
		F 9420 Sonderausgaben beschränkt abzugsfähig (TH), EK
		R 9421 -29
		F 9430 Sonderausgaben unbeschränkt abzugsfähig (TH), EK
		R 9431 -39
		F 9440 Zuwendungen, Spenden (TH), EK
		R 9441 -49
		F 9450 Außergewöhnliche Belastungen (TH), EK
		R 9451 -59
		F 9460 Grundstücksaufwand (TH), EK
		R 9461 -69
		F 9470 Grundstücksertrag (TH), EK
		R 9471 -79
		F 9480 Unentgeltliche Wertabgaben (TH), EK
		R 9481 -89
		F 9490 Privateinlagen (TH), EK
		R 9491 -99
		Statistische Konten für die Kapitalkontenentwicklung
		F 9500 Anteil für Konto 0900 Teilhafter
		R 9501 -09
		F 9510 Anteil für Konto 0910 Teilhafter
		R 9511 -19
	HB	F 9520 Anteil für Konto 0920 Teilhafter
		R 9521 -29
	HB	F 9530 Anteil für Konto 9950 Teilhafter
		R 9531 -39
	HB	F 9540 Anteil für Konto 9930 Vollhafter
		R 9541 -49
		F 9550 Anteil für Konto 9810 Vollhafter
		R 9551 -59
		F 9560 Anteil für Konto 9820 Vollhafter
		R 9561 -69
		F 9570 Anteil für Konto 0870 Vollhafter
		R 9571 -79
		F 9580 Anteil für Konto 0880 Vollhafter
		R 9581 -89
	HB	F 9590 Anteil für Konto 0890 Vollhafter
		R 9591 -99
		F 9600 Name des Gesellschafters Vollhafter
		R 9601 -09
		F 9610 Tätigkeitsvergütung Vollhafter
		R 9611 -19
		F 9620 Tantieme Vollhafter
		R 9621 -29
		F 9630 Darlehensverzinsung Vollhafter
		R 9631 -39

Bilanz-Posten[2]	Programmverbindung[4] Abschlusszweck[4]	9 Vortrags-, Kapital-, Korrektur- und statistische Konten
		F 9640 Gebrauchsüberlassung Vollhafter
		R 9641 -49
		F 9650 Sonstige Vergütungen Vollhafter
		R 9651 -59
		F 9660 Sonstige Vergütungen Vollhafter
		R 9661 -69
		F 9670 Sonstige Vergütungen Vollhafter
		R 9671 -79
		F 9680 Sonstige Vergütungen Vollhafter
		R 9681 -89
		F 9690 Restanteil Vollhafter
		R 9691 -99
		F 9700 Name des Gesellschafters Teilhafter
		R 9701 -09
		F 9710 Tätigkeitsvergütung Teilhafter
		R 9711 -19
		F 9720 Tantieme Teilhafter
		R 9721 -29
		F 9730 Darlehensverzinsung Teilhafter
		R 9731 -39
		F 9740 Gebrauchsüberlassung Teilhafter
		R 9741 -49
		F 9750 Sonstige Vergütungen Teilhafter
		R 9751 -59
		F 9760 Sonstige Vergütungen Teilhafter
		R 9761 -69
		F 9770 Sonstige Vergütungen Teilhafter
		R 9771 -79
		F 9780 Anteil für Konto 9840 Teilhafter
		R 9781 -89
		F 9790 Restanteil Teilhafter
		R 9791 -99
		R 9800
		Rücklagen, Gewinn-, Verlustvortrag
		F 9802 Gesamthänderisch gebundene Rücklagen - andere Kapitalkontenanpassungen
		F 9803 Gewinnvortrag/Verlustvortrag - andere Kapitalkontenanpassungen
		F 9804 Gesamthänderisch gebundene Rücklagen - Umbuchungen
		F 9805 Gewinnvortrag/Verlustvortrag - Umbuchungen
		Statistische Anteile an den Posten Jahresüberschuss/-fehlbetrag bzw. Bilanzgewinn/-verlust
	SB	F 9806 Zuzurechnender Anteil am Jahresüberschuss/Jahresfehlbetrag - je Gesellschafter
	SB	F 9807 Zuzurechnender Anteil am Bilanzgewinn/Bilanzverlust - je Gesellschafter

Bilanz-Posten[2]	Programmverbindung[4] Abschlusszweck[4]	9 Vortrags-, Kapital-, Korrektur- und statistische Konten
	SB	F 9808 Gegenkonto für zuzurechnenden Anteil am Jahresüberschuss/Jahresfehlbetrag
	SB	F 9809 Gegenkonto für zuzurechnenden Anteil am Bilanzgewinn/Bilanzverlust
		Kapital Personenhandelsgesellschaft Vollhafter
		F 9810 Kapitalkonto III
		R 9811 -19
		F 9820 Verlust-/Vortragskonto
		R 9821 -29
		F 9830 Verrechnungskonto für Einzahlungsverpflichtungen
		R 9831 -39
		Kapital Personenhandelsgesellschaft Teilhafter
		F 9840 Kapitalkonto III
		R 9841 -49
		F 9850 Verrechnungskonto für Einzahlungsverpflichtungen
		R 9851 -59
		Einzahlungsverpflichtungen im Bereich der Forderungen
		F 9860 Einzahlungsverpflichtungen persönlich haftender Gesellschafter
		R 9861 -69
		F 9870 Einzahlungsverpflichtungen Kommanditisten
		R 9871 -79
		Ausgleichsposten für aktivierte eigene Anteile
		9880 Ausgleichsposten für aktivierte eigene Anteile
		Nicht durch Vermögenseinlagen gedeckte Entnahmen
		F 9883 Nicht durch Vermögenseinlagen gedeckte Entnahmen persönlich haftender Gesellschafter
		F 9884 Nicht durch Vermögenseinlagen gedeckte Entnahmen Kommanditisten
		Verrechnungskonto für nicht durch Vermögenseinlagen gedeckte Entnahmen
		F 9885 Verrechnungskonto für nicht durch Vermögenseinlagen gedeckte Entnahmen persönlich haftender Gesellschafter
		F 9886 Verrechnungskonto für nicht durch Vermögenseinlagen gedeckte Entnahmen Kommanditisten
		Steueraufwand der Gesellschafter
		9887 Steueraufwand der Gesellschafter
		9889 Gegenkonto zu 9887

Bilanz-Posten[2)]	Programmverbindung[4)] Abschlusszweck[4)]	9 Vortrags-, Kapital-, Korrektur- und statistische Konten
		Statistische Konten für Gewinnzuschlag
	SB	9890 Statistisches Konto für den Gewinnzuschlag nach §§ 6b und 6c EStG (Haben)
	G K SB	9891 Statistisches Konto für den Gewinnzuschlag nach §§ 6b und 6c EStG (Soll) - Gegenkonto zu 9890
		Veränderung der gesamthänderisch gebundenen Rücklagen (Einlagen/Entnahmen)
		F 9892 Veränderung der gesamthänderisch gebundenen Rücklagen (Einlagen/ Entnahmen
		Vorsteuer-/Umsatzsteuerkonten zur Korrektur der Forderungen/ Verbindlichkeiten (EÜR)
	EÜR	9893 Umsatzsteuer in den Forderungen zum allgemeinen Umsatzsteuersatz (EÜR)
	EÜR	9894 Umsatzsteuer in den Forderungen zum ermäßigten Umsatzsteuersatz (EÜR)
	EÜR	9895 Gegenkonto 9893-9894 für die Aufteilung der Umsatzsteuer (EÜR)
	EÜR	9896 Vorsteuer in den Verbindlichkeiten zum allgemeinen Umsatzsteuersatz (EÜR)
	EÜR	9897 Vorsteuer in den Verbindlichkeiten zum ermäßigten Umsatzsteuersatz (EÜR)
	EÜR	9899 Gegenkonto 9896-9897 für die Aufteilung der Vorsteuer (EÜR)
		Statistische Konten zu § 4 Abs. 4a EStG
	EÜR	9910 Gegenkonto zur Minderung der Entnahmen § 4 Abs. 4a EStG
	EÜR	9911 Minderung der Entnahmen § 4 Abs. 4a EStG (Haben)
	EÜR	9912 Erhöhung der Entnahmen § 4 Abs. 4a EStG
	EÜR	9913 Gegenkonto zur Erhöhung der Entnahmen § 4 Abs. 4a EStG (Haben)
		Statistische Konten für den außerhalb der Bilanz zu berücksichtigenden Investitionsabzugsbetrag nach § 7g EStG
	G K SB	9916 Hinzurechnung Investitionsabzugsbetrag § 7g Abs. 2 EStG aus dem 2. vorangegangenen Wirtschaftsjahr, außerbilanziell (Haben)
	G K SB	9917 Hinzurechnung Investitionsabzugsbetrag § 7g Abs. 2 EStG aus dem 3. vorangegangenen Wirtschaftsjahr, außerbilanziell (Haben)
	SB	9918 Rückgängigmachung Investitionsabzugsbetrag § 7g Abs. 3 und 4 EStG im 2. vorangegangenen Wirtschaftsjahr
	SB	9919 Rückgängigmachung Investitionsabzugsbetrag § 7g Abs. 3 und 4 EStG im 3. vorangegangenen Wirtschaftsjahr

Bilanz-Posten[2)]	Programmverbindung[4)] Abschlusszweck[4)]	9 Vortrags-, Kapital-, Korrektur- und statistische Konten
		Ausstehende Einlagen
		F 9920 Ausstehende Einlagen auf das Komplementär-Kapital, nicht eingefordert
		R 9921 -29
		F 9930 Ausstehende Einlagen auf das Komplementär-Kapital, eingefordert
		R 9931 -39
		F 9940 Ausstehende Einlagen auf das Kommandit-Kapital, nicht eingefordert
		R 9941 -49
		F 9950 Ausstehende Einlagen auf das Kommandit-Kapital, eingefordert
		R 9951 -59
		Konten zu Bewertungskorrekturen
Forderungen aus Lieferungen und Leistungen		9960 Bewertungskorrektur zu Forderungen aus Lieferungen und Leistungen
Sonstige Verbindlichkeiten		9961 Bewertungskorrektur zu sonstigen Verbindlichkeiten
Kassenbestand, Bundesbankguthaben, Guthaben bei Kreditinstituten und Schecks		9962 Bewertungskorrektur zu Guthaben bei Kreditinstituten
Verbindlichkeiten gegenüber Kreditinstituten		9963 Bewertungskorrektur zu Verbindlichkeiten gegenüber Kreditinstituten
Verbindlichkeiten aus Lieferungen und Leistungen		9964 Bewertungskorrektur zu Verbindlichkeiten aus Lieferungen und Leistungen
Sonstige Vermögensgegenstände		9965 Bewertungskorrektur zu sonstigen Vermögensgegenständen
		Statistische Konten für den außerhalb der Bilanz zu berücksichtigenden Investitionsabzugsbetrag nach § 7g EStG
	G K SB	9970 Investitionsabzugsbetrag § 7g Abs. 1 EStG, außerbilanziell (Soll)
	SB	9971 Investitionsabzugsbetrag § 7g Abs. 1 EStG, außerbilanziell (Haben) - Gegenkonto zu 9970
	G K SB	9972 Hinzurechnung Investitionsabzugsbetrag § 7g Abs. 2 EStG aus dem vorangegangenen Wirtschaftsjahr, außerbilanziell (Haben)

Bilanz-Posten[2]	Programmverbindung[4] Abschlusszweck[4]	9 Vortrags-, Kapital-, Korrektur- und statistische Konten
	SB	9973 Hinzurechnung Investitionsabzugsbetrag § 7g Abs. 2 EStG aus den vorangegangenen Wirtschaftsjahren, außerbilanziell (Soll) - Gegenkonto zu 9972, 9916, 9917
	SB	9974 Rückgängigmachung Investitionsabzugsbetrag § 7g Abs. 3 und 4 EStG im vorangegangenen Wirtschaftsjahr
	SB	9975 Rückgängigmachung Investitionsabzugsbetrag § 7g Abs. 3 und 4 EStG in den vorangegangenen Wirtschaftsjahren - Gegenkonto zu 9974, 9918, 9919
		Statistische Konten für die Zinsschranke § 4h EStG bzw. § 8a KStG
	G SB	9976 Nicht abzugsfähige Zinsaufwendungen nach § 4h EStG (Haben)
	SB	9977 Nicht abzugsfähige Zinsaufwendungen nach § 4h EStG (Soll) - Gegenkonto zu 9976
	G SB	9978 Abziehbare Zinsaufwendungen aus Vorjahren nach § 4h EStG (Soll)
	SB	9979 Abziehbare Zinsaufwendungen aus Vorjahren nach § 4h EStG (Haben) - Gegenkonto zu 9978
		Statistische Konten für den GuV-Ausweis in „Gutschrift bzw. Belastung auf Verbindlichkeitskonten" bei den Zuordnungstabellen für PersHG nach KapCoRiLiG
		9980 Anteil Belastung auf Verbindlichkeitskonten
		9981 Verrechnungskonto für Anteil Belastung auf Verbindlichkeitskonten
		9982 Anteil Gutschrift auf Verbindlichkeitskonten
		9983 Verrechnungskonto für Anteil Gutschrift auf Verbindlichkeitskonten
		Statistische Konten für die Gewinnkorrektur nach § 60 Abs. 2 EStDV
	G K HB	9984 Gewinnkorrektur nach § 60 Abs. 2 EStDV - Erhöhung handelsrechtliches Ergebnis durch Habenbuchung - Minderung handelsrechtliches Ergebnis durch Sollbuchung
	HB	9985 Gegenkonto zu 9984
		Statistische Konten für Korrekturbuchungen in der Überleitungsrechnung
		9986 Ergebnisverteilung auf Fremdkapital
		9987 Bilanzberichtigung
		9989 Gegenkonto zu 9986-9988

Bilanz-Posten[2]	Programmverbindung[4] Abschlusszweck[4]	9 Vortrags-, Kapital-, Korrektur- und statistische Konten
		Statistische Konten für außergewöhnliche und aperiodische Geschäftsvorfälle für Anhangsangabe nach § 285 Nr. 31 und Nr. 32 HGB
		9990 Erträge von außergewöhnlicher Größenordnung oder Bedeutung
		9991 Erträge (aperiodisch)
		9992 Erträge von außergewöhnlicher Größenordnung oder Bedeutung (aperiodisch)
		9993 Aufwendungen von außergewöhnlicher Größenordnung oder Bedeutung
		9994 Aufwendungen (aperiodisch)
		9995 Aufwendungen von außergewöhnlicher Größenordnung oder Bedeutung (aperiodisch)
		9998 Gegenkonto zu 9990-9997
		Personenkonten
Sollsalden: Forderungen aus Lieferungen und Leistungen *Habensalden: Sonstige Verbindlichkeiten*		10000 -69999 Debitoren
Habensalden: Verbindlichkeiten aus Lieferungen und Leistungen *Sollsalden: Sonstige Vermögensgegenstände*		70000 -99999 Kreditoren

Erläuterungen zu den Kontenfunktionen:
Zusatzfunktionen (über einer Kontenklasse):

KU Keine Errechnung der Umsatzsteuer möglich
V Zusatzfunktion „Vorsteuer"
M Zusatzfunktion „Umsatzsteuer"

Hauptfunktionen (vor einem Konto)

AV Automatische Errechnung der Vorsteuer
AM Automatische Errechnung der Umsatzsteuer
S Sammelkonten
F Konten mit allgemeiner Funktion
R Diese Konten dürfen erst dann bebucht werden, wenn ihnen eine andere Funktion zugeteilt wurde.

Hinweise zu den Konten sind durch Fußnoten gekennzeichnet:

[1] Konto für das Buchungsjahr 2020 neu eingeführt.
[2] Bilanz- und GuV-Posten große Kapitalgesellschaft GuV-Gesamtkostenverfahren Tabelle S4003.
[3] Diese Konten können mit BU-Schlüssel 10 bebucht werden. Das EU-Land und der ausländische Steuersatz werden über das EU-Fenster eingegeben.
[4] Kontenbezogene Kennzeichnung der Programmverbindung in Rechnungswesen-Programmen zu Umsatzsteuererklärung (U), Gewerbesteuer (G) und Körperschaftsteuer (K).
Da bei Erstellung des SKR-Formulars die Steuererklärungsformulare noch nicht vorlagen, können sich Abweichungen zwischen den in der Programmverbindung berücksichtigten Konten und den Programmverbindungskennzeichen ergeben.
Abschlusszweck:
HB Diese Konten sollten ausschließlich für die Handelsbilanz gebucht werden.
SB Diese Konten sollten ausschließlich für die Steuerbilanz gebucht werden.
EÜR Diese Konten sollten ausschließlich für die Gewinnermittlung nach § 4 Abs. 3 EStG gebucht werden.
[5] Dieses Konto kann mit BU-Schlüssel 44 bebucht werden. Das EU-Land und der ausländische Steuersatz werden über das EU-Fenster eingegeben.
[6] Das Konto gilt als Hauptkonto für Sachverhalte, die in diesen Kontenbereichen nicht als spezieller Sachverhalt auf Einzelkonten dargestellt sind.
[7] Diese Konten werden für die BWA-Form 10 sowie Branchen-BWA-Formen mit statistischen Mengeneinheiten bebucht und wurden mit der Umrechnungssperre, Funktion 18000, belegt.
[8] Kontenbeschriftung in 2020 geändert.
[9] An der Schnittstelle zu GewSt werden ab VAZ 2009 die Erträge zu 40 % als steuerfrei und die Aufwendungen zu 40 % als nicht abziehbar behandelt. An der Schnittstelle zur KSt werden die Erträge zu 100 % als steuerfrei und die Aufwendungen zu 100 % als nicht abziehbar behandelt.
Siehe §§ 3 Nr. 40 und 3c EStG bzw. § 8b KStG.
[10] Diese Konten haben ab Buchungsjahr 2005 nicht mehr die Zusatzfunktion KU. Bitte verwenden Sie diese Konten nur noch in Verbindung mit einem Gegenkonto mit Geldkontenfunktion.
[11] Das Konto wird nur noch für Auswertungen mit Vorjahresvergleich benötigt und wird im folgenden Jahr gelöscht.
[12] frei
[13] frei
[14] frei
[15] Das Konto wurde zur Aufteilung nach Steuersätzen am Jahresende eingerichtet und sollte unterjährig nicht bebucht werden. Beachten Sie die Buchungsregeln im Dokument 0906057.
[16] Das Konto wird in KSt nur bei Organgesellschaften berücksichtigt.
[17] Das Konto wird in Körperschaftsteuer ausschließlich in die Positionen „Eigen-/Nennkapital zum Schluss des vorangegangenen Wirtschaftsjahres" übernommen.
[18] Da das EÜR-Formular einen differenzierten Ausweis der Reisekosten und Fahrzeugkosten fordert, darf dieses Konto von EÜR-Anwendern nicht genutzt werden.
[19] frei
[20] frei
[21] Diese Konten können mit BU-Schlüssel 94 (Konto mit Vorsteuerabzug) bzw. mit BU-Schlüssel 95 (Konto ohne Vorsteuerabzug) gebucht werden. Der Tatbestand des § 13b UStG ist anschließend zu erfassen.
[22] Ab dem Buchungsjahr 2019 dürfen die Konten nur noch für Einzelunternehmer verwendet werden. Mehr Infos dazu finden Sie im Dokument 1000273.
[23] Diese Konten fließen im EÜR-Formular in die Zeile Ergebnisanteile aus Beteiligungen an Personengesellschaften.
[24] Diese Konten werden für die BWA-Formen der Branchenlösung bebucht.
[25] frei
[26] frei
[27] frei
[28] Das Konto wird in Bilanz/GuV nur in den Zuordnungstabellen für Sonderbilanzen abgefragt.
[29] frei

Eine Übersicht aller Steuer-/Buchungsschlüssel erhalten Sie im Rechnungswesen-Programm über die Tastenkombination **Umschalt + F3** im Feld **BU/Gegenkonto** in der Buchungszeile. Weitere Informationen finden Sie im Dokument 9231347 in der Info-Datenbank.

Bedeutung der Steuerschlüssel:

1 Umsatzsteuerfrei (mit Vorsteuerabzug)
2 Umsatzsteuer 7 %
3 Umsatzsteuer 19 %
4 gesperrt
5 Umsatzsteuer 16 %
6 gesperrt
7 Vorsteuer 16 %
8 Vorsteuer 7 %
9 Vorsteuer 19 %

Bedeutung der Berichtigungsschlüssel:

1 Steuerschlüssel bei Buchungen mit einem EU-Tatbestand ab Buchungsjahr 1993
4 Aufhebung der Automatik
5 Individueller Umsatzsteuer-Schlüssel
9 Aufzuteilende Vorsteuer

Bedeutung der Steuerschlüssel bei Buchungen mit einem EU-Tatbestand (6. und 7. Stelle des Gegenkontos):

10 nicht steuerbarer Umsatz in Deutschland (Steuerpflicht im anderen EU-Land)
11 Umsatzsteuerfrei (mit Vorsteuerabzug)
12 Umsatzsteuer 7 %
13 Umsatzsteuer 19 %
15 Umsatzsteuer 16 %
17 Umsatzsteuer 16 % Vorsteuer 16 %
18 Umsatzsteuer 7 % Vorsteuer 7 %
19 Umsatzsteuer 19 % Vorsteuer 19 %

Bedeutung der Steuerschlüssel 91/92/94/95 und 46 (6. und 7. Stelle des Gegenkontos)

Umsatzsteuerschlüssel für die Verbuchung von Umsätzen, für die der Leistungsempfänger die Steuer nach § 13b UStG schuldet.

Bedeutung der Steuerschlüssel beim Leistungsempfänger:

91 7 % Vorsteuer und 7 % Umsatzsteuer
92 ohne Vorsteuer und 7 % Umsatzsteuer
94 19 % Vorsteuer und 19 % Umsatzsteuer
95 ohne Vorsteuer und 19 % Umsatzsteuer

Die Unterscheidung der verschiedenen Sachverhalte nach § 13b UStG erfolgt nach Eingabe des Steuerschlüssels direkt bei der Erfassung des Buchungssatzes. Hier erfolgt auch die Eingabe, falls Sie ab Buchungsjahr 2007 noch die Steuerrechnung mit 16 % benötigen.

Beim Leistenden:

46 Ausweis Kennzahl 60 oder 68 der UStVA

Bedeutung des Steuerschlüssels 47

Umsatzsteuerschlüssel für die Verbuchung von Erlösen aus im anderen EU-Land steuerpflichtigen sonstigen Leistungen, für die der Leistungsempfänger die Umsatzsteuer schuldet.

47 Ausweis ZM und Kennzahl 21 der UStVA

Art.-Nr. 11174 2020-01-01

Bedeutung des Steuerschlüssels 44

Umsatzsteuerschlüssel für die Verbuchung von im anderen EU-Land steuerpflichtigen elektronischen Dienstleistungen.

44 Ausweis MOSS und Kennzahl 45 der UStVA

Erläuterungen zur Kennzeichnung von Konten für die Programmverbindung zwischen Rechnungswesen-Programmen und Steuerprogrammen:

Die Erweiterung des Standardkontenrahmens um zusätzliche Konten und besondere Kennzeichen verbessert weiter die Integration der DATEV-Programme und erleichtert die Arbeit für Anwender von Rechnungswesen-Programmen, die gleichzeitig DATEV-Steuerprogramme nutzen. Steuerliche Belange können bereits während des Kontierens stärker berücksichtigt werden.

In der Spalte Programmverbindung werden die Konten gekennzeichnet, die über die Schnittstelle in Rechnungswesen-Programmen an das entsprechende Steuerprogramm Umsatzsteuererklärung (U), Gewerbesteuer (G) und Körperschaftsteuer (K) weitergegeben und an entsprechender Stelle der Steuerberechnung zu Grunde gelegt werden.

Die Kennzeichnung „G" und „K" an Standardkonten umfasst für die Weitergabe an Gewerbesteuer und Körperschaftsteuer auch die nachfolgenden Konten bis zum nächsten standardmäßig belegten Konto. Die Kennzeichnung "U" an Standardkonten steht für die Weitergabe an das Programm Umsatzsteuererklärung. Kontenbereiche werden nur weitergegeben, wenn sie im Standardkontenrahmen ausgewiesen sind (z. B. AM 8400-09).

Nicht gekennzeichnet sind solche Konten, die lediglich eine rechnerische Hilfsfunktion im steuerlichen Sinne ausüben wie Löhne und Gehälter sowie Umsätze für die Berechnung des zulässigen Spendenabzugs im Rahmen von Gewerbesteuer und Körperschaftsteuer.

Abgebildet wird mit den Kennzeichen die Programmverbindung, nicht der steuerliche Ursprung. Die Gewerbesteuer-Berechnung für Körperschaften ist in das Produkt Körperschaftsteuer integriert. Daher ist an Konten mit gewerbesteuerlichem Merkmal auch ein „K" für diese Programmverbindung zu finden.

DATEV-Kontenrahmen nach dem Bilanzrichtlinie-Umsetzungsgesetz
Standardkontenrahmen - Abschlussgliederungsprinzip (SKR 04)
Gültig für 2020

Bilanz-Posten[2]	Programmverbindung[4] Abschlusszweck[4]	0 Anlagevermögenskonten
		KU 0050-0089
Sonstige Aktiva oder *sonstige Passiva*		F 0050 Ausstehende Einlagen auf das Komplementär-Kapital, nicht eingefordert R 0051 -59 F 0060 Ausstehende Einlagen auf das Komplementär-Kapital, eingefordert R 0061 -69 F 0070 Ausstehende Einlagen auf das Kommandit-Kapital, nicht eingefordert R 0071 -79 F 0080 Ausstehende Einlagen auf das Kommandit-Kapital, eingefordert R 0081 -89
		0090 Rückständige fällige Einzahlungen auf Geschäftsanteile
		Anlagevermögen
		Immaterielle Vermögensgegenstände
Entgeltlich erworbene Konzessionen, gewerbliche Schutzrechte und ähnliche Rechte und Werte sowie Lizenzen an solchen Rechten und Werten		**0100 Entgeltlich erworbene Konzessionen, gewerbliche Schutzrechte und ähnliche Rechte und Werte sowie Lizenzen an solchen Rechten und Werten** 0110 Konzessionen 0120 Gewerbliche Schutzrechte 0130 Ähnliche Rechte und Werte 0135 EDV-Software 0140 Lizenzen an gewerblichen Schutzrechten und ähnlichen Rechten und Werten
Selbst geschaffene gewerbliche Schutzrechte und ähnliche Rechte und Werte	HB HB HB HB HB HB	**0143 Selbst geschaffene immaterielle Vermögensgegenstände** 0144 EDV-Software 0145 Lizenzen und Franchiseverträge 0146 Konzessionen und gewerbliche Schutzrechte 0147 Rezepte, Verfahren, Prototypen 0148 Immaterielle Vermögensgegenstände in Entwicklung
Geschäfts- oder Firmenwert		**0150 Geschäfts- oder Firmenwert** **0160 Verschmelzungsmehrwert**
Geleistete Anzahlungen		**0170 Geleistete Anzahlungen auf immaterielle Vermögensgegenstände** **0179 Anzahlungen auf Geschäfts- oder Firmenwert**

Bilanz-Posten[2]	Programmverbindung[4] Abschlusszweck[4]	0 Anlagevermögenskonten
		Sachanlagen
Grundstücke, grundstücksgleiche Rechte und Bauten einschließlich der Bauten auf fremden Grundstücken		**0200 Grundstücke, grundstücksgleiche Rechte und Bauten einschließlich der Bauten auf fremden Grundstücken** 0210 Grundstücksgleiche Rechte ohne Bauten 0215 Unbebaute Grundstücke 0220 Grundstücksgleiche Rechte (Erbbaurecht, Dauerwohnrecht, unbebaute Grundstücke) 0225 Grundstücke mit Substanzverzehr 0229 Grundstücksanteil des häuslichen Arbeitszimmers 0230 Bauten auf eigenen Grundstücken und grundstücksgleichen Rechten 0235 Grundstückswerte eigener bebauter Grundstücke 0240 Geschäftsbauten 0250 Fabrikbauten 0260 Andere Bauten 0270 Garagen 0280 Außenanlagen für Geschäfts-, Fabrik- und andere Bauten 0285 Hof- und Wegebefestigungen 0290 Einrichtungen für Geschäfts-, Fabrik- und andere Bauten 0300 Wohnbauten 0305 Garagen 0310 Außenanlagen 0315 Hof- und Wegebefestigungen 0320 Einrichtungen für Wohnbauten 0329 Gebäudeteil des häuslichen Arbeitszimmers 0330 Bauten auf fremden Grundstücken 0340 Geschäftsbauten 0350 Fabrikbauten 0360 Wohnbauten 0370 Andere Bauten 0380 Garagen 0390 Außenanlagen 0395 Hof- und Wegebefestigungen 0398 Einrichtungen für Geschäfts-, Fabrik-, Wohn- und andere Bauten
Technische Anlagen und Maschinen		**0400 Technische Anlagen und Maschinen** 0420 Technische Anlagen 0440 Maschinen 0450 Transportanlagen und Ähnliches 0460 Maschinengebundene Werkzeuge 0470 Betriebsvorrichtungen
Andere Anlagen, Betriebs- und Geschäftsausstattung		**0500 Andere Anlagen, Betriebs- und Geschäftsausstattung** 0510 Andere Anlagen 0520 Pkw 0540 Lkw 0560 Sonstige Transportmittel 0620 Werkzeuge 0630 Betriebsausstattung 0635 Geschäftsausstattung 0640 Ladeneinrichtung 0650 Büroeinrichtung 0660 Gerüst- und Schalungsmaterial 0670 Geringwertige Wirtschaftsgüter 0675 Wirtschaftsgüter (Sammelposten) 0680 Einbauten in fremde Grundstücke 0690 Sonstige Betriebs- und Geschäftsausstattung

Bilanz-Posten[2]	Programmverbindung[4] Abschlusszweck[4]	0 Anlagevermögenskonten
Geleistete Anzahlungen und Anlagen im Bau		**0700 Geleistete Anzahlungen und Anlagen im Bau** 0705 Anzahlungen auf Grundstücke und grundstücksgleiche Rechte ohne Bauten 0710 Geschäfts-, Fabrik- und andere Bauten im Bau auf eigenen Grundstücken 0720 Anzahlungen auf Geschäfts-, Fabrik- und andere Bauten auf eigenen Grundstücken und grundstücksgleichen Rechten 0725 Wohnbauten im Bau auf eigenen Grundstücken 0735 Anzahlungen auf Wohnbauten auf eigenen Grundstücken und grundstücksgleichen Rechten 0740 Geschäfts-, Fabrik- und andere Bauten im Bau auf fremden Grundstücken 0750 Anzahlungen auf Geschäfts-, Fabrik- und andere Bauten auf fremden Grundstücken 0755 Wohnbauten im Bau auf fremden Grundstücken 0765 Anzahlungen auf Wohnbauten auf fremden Grundstücken 0770 Technische Anlagen und Maschinen im Bau 0780 Anzahlungen auf technische Anlagen und Maschinen 0785 Andere Anlagen, Betriebs- und Geschäftsausstattung im Bau 0795 Anzahlungen auf andere Anlagen, Betriebs- und Geschäftsausstattung
		Finanzanlagen
Anteile an verbundenen Unternehmen		0800 Anteile an verbundenen Unternehmen (Anlagevermögen) 0803 Anteile an verbundenen Unternehmen, Personengesellschaften 0804 Anteile an verbundenen Unternehmen, Kapitalgesellschaften 0805 Anteile an herrschender oder mehrheitlich beteiligter Gesellschaft, Personengesellschaften 0806 Anteile einer GmbH & Co. KG an einer Komplementär-GmbH[1] 0808 Anteile an herrschender oder mehrheitlich beteiligter Gesellschaft, Kapitalgesellschaften 0809 Anteile an herrschender oder mehrheitlich beteiligter Gesellschaft
Ausleihungen an verbundene Unternehmen		0810 Ausleihungen an verbundene Unternehmen 0813 Ausleihungen an verbundene Unternehmen, Personengesellschaften 0814 Ausleihungen an verbundene Unternehmen, Kapitalgesellschaften 0815 Ausleihungen an verbundene Unternehmen, Einzelunternehmen
Beteiligungen		0820 Beteiligungen 0829 Beteiligung einer GmbH & Co. KG an einer Komplementär-GmbH 0830 Typisch stille Beteiligungen 0840 Atypisch stille Beteiligungen 0850 Beteiligungen an Kapitalgesellschaften 0860 Beteiligungen an Personengesellschaften
Ausleihungen an Unternehmen, mit denen ein Beteiligungsverhältnis besteht		0880 Ausleihungen an Unternehmen, mit denen ein Beteiligungsverhältnis besteht 0883 Ausleihungen an Unternehmen, mit denen ein Beteiligungsverhältnis besteht, Personengesellschaften 0885 Ausleihungen an Unternehmen, mit denen ein Beteiligungsverhältnis besteht, Kapitalgesellschaften
Wertpapiere des Anlagevermögens		**0900 Wertpapiere des Anlagevermögens** 0910 Wertpapiere mit Gewinnbeteiligungsansprüchen, die dem Teileinkünfteverfahren unterliegen 0920 Festverzinsliche Wertpapiere
Sonstige Ausleihungen		**0930 Sonstige Ausleihungen** 0940 Darlehen 0960 Ausleihungen an Gesellschafter 0961 Ausleihungen an GmbH-Gesellschafter 0962 Ausleihungen an persönlich haftende Gesellschafter 0963 Ausleihungen an Kommanditisten 0964 Ausleihungen an stille Gesellschafter 0970 Ausleihungen an nahe stehende Personen
Genossenschaftsanteile		**0980 Genossenschaftsanteile zum langfristigen Verbleib**
Rückdeckungsansprüche aus Lebensversicherungen		**0990 Rückdeckungsansprüche aus Lebensversicherungen zum langfristigen Verbleib**

Bilanz-Posten[2]	Programm-verbindung[4] Abschluss-zweck[4]	1 Umlaufvermögenskonten
		KU 1000-1179 V 1180-1189 M 1190-1199 KU 1200-1486 V 1487 KU 1488-1899
		Vorräte
Roh-, Hilfs- und Betriebsstoffe		**1000 Roh-, Hilfs- und Betriebsstoffe** **-39 (Bestand)**
Unfertige Erzeugnisse, unfertige Leistungen		**1040 Unfertige Erzeugnisse, unfertige** **-49 Leistungen (Bestand)** 1050 Unfertige Erzeugnisse (Bestand) -79 1080 Unfertige Leistungen (Bestand) -89
In Ausführung befindliche Bauaufträge		1090 In Ausführung befindliche Bauauf- -94 träge
In Arbeit befindliche Aufträge		1095 In Arbeit befindliche Aufträge -99
Fertige Erzeugnisse und Waren		**1100 Fertige Erzeugnisse und Waren** **-09 (Bestand)** **1110 Fertige Erzeugnisse (Bestand)** **-39** **1140 Waren (Bestand)** **-79**
Geleistete Anzahlungen		**1180 Geleistete Anzahlungen auf Vorräte** AV 1181 Geleistete Anzahlungen 7 % Vorsteuer R 1182 -85 AV 1186 Geleistete Anzahlungen 19 % Vorsteuer
Erhaltene Anzahlungen auf Bestellungen		1190 Erhaltene Anzahlungen auf Bestellungen (von Vorräten offen abgesetzt)
		Forderungen und sonstige Vermögensgegenstände
Forderungen aus Lieferungen und Leistungen oder *sonstige Verbindlichkeiten*		**S 1200 Forderungen aus Lieferungen und Leistungen** R 1201 Forderungen aus Lieferungen und -06 Leistungen F 1210 Forderungen aus Lieferungen und -14 Leistungen ohne Kontokorrent
	EÜR	F 1215 Forderungen aus Lieferungen und Leistungen zum allgemeinen Umsatzsteuersatz oder eines Kleinunternehmers (EÜR)
	EÜR	F 1216 Forderungen aus Lieferungen und Leistungen zum ermäßigten Umsatzsteuersatz (EÜR)
	EÜR	F 1217 Forderungen aus steuerfreien oder nicht steuerbaren Lieferungen und Leistungen (EÜR)
	EÜR	F 1218 Forderungen aus Lieferungen und Leistungen nach Durchschnittssätzen nach § 24 UStG (EÜR)
	EÜR	F 1219 Gegenkonto 1215-1218 bei Aufteilung der Forderungen nach Steuersätzen (EÜR)

Bilanz-Posten[2]	Programm-verbindung[4] Abschluss-zweck[4]	1 Umlaufvermögenskonten
Forderungen aus Lieferungen und Leistungen oder *sonstige Verbindlichkeiten*	EÜR	F 1220 Forderungen nach § 11 Abs. 1 Satz 2 EStG für § 4 Abs. 3 EStG F 1221 Forderungen aus Lieferungen und Leistungen ohne Kontokorrent – Restlaufzeit bis 1 Jahr F 1225 – Restlaufzeit größer 1 Jahr F 1230 Wechsel aus Lieferungen und Leistungen F 1231 – Restlaufzeit bis 1 Jahr F 1232 – Restlaufzeit größer 1 Jahr F 1235 Wechsel aus Lieferungen und Leistungen, bundesbankfähig F 1240 Zweifelhafte Forderungen F 1241 – Restlaufzeit bis 1 Jahr F 1245 – Restlaufzeit größer 1 Jahr
Forderungen aus Lieferungen und Leistungen H-Saldo		1246 Einzelwertberichtigungen auf Forderungen mit einer – Restlaufzeit bis 1 Jahr 1247 – Restlaufzeit größer 1 Jahr 1248 Pauschalwertberichtigung auf Forderungen mit einer – Restlaufzeit bis 1 Jahr 1249 – Restlaufzeit größer 1 Jahr
Forderungen aus Lieferungen und Leistungen oder *sonstige Verbindlichkeiten*		F 1250 Forderungen aus Lieferungen und Leistungen gegen Gesellschafter F 1251 – Restlaufzeit bis 1 Jahr F 1255 – Restlaufzeit größer 1 Jahr
Forderungen aus Lieferungen und Leistungen H-Saldo		1258 Gegenkonto zu sonstigen Vermögensgegenständen bei Buchungen über Debitorenkonto
Forderungen aus Lieferungen und Leistungen H-Saldo oder *sonstige Verbindlichkeiten S-Saldo*		1259 Gegenkonto 1221-1229, 1240-1245,1250-1257, 1270-1279, 1290-1297 bei Aufteilung Debitorenkonto
Forderungen gegen verbundene Unternehmen oder *Verbindlichkeiten gegenüber verbundenen Unternehmen*		**1260 Forderungen gegen verbundene Unternehmen** 1261 – Restlaufzeit bis 1 Jahr 1265 – Restlaufzeit größer 1 Jahr 1266 Besitzwechsel gegen verbundene Unternehmen 1267 – Restlaufzeit bis 1 Jahr 1268 – Restlaufzeit größer 1 Jahr 1269 Besitzwechsel gegen verbundene Unternehmen, bundesbankfähig F 1270 Forderungen aus Lieferungen und Leistungen gegen verbundene Unternehmen F 1271 – Restlaufzeit bis 1 Jahr F 1275 – Restlaufzeit größer 1 Jahr
Forderungen gegen verbundene Unternehmen H-Saldo		1276 Wertberichtigungen auf Forderungen gegen verbundene Unternehmen – Restlaufzeit bis 1 Jahr 1277 – Restlaufzeit größer 1 Jahr

Bilanz-Posten[2]	Programmverbindung[4] Abschlusszweck[4]	1 Umlaufvermögenskonten
Forderungen gegen Unternehmen, mit denen ein Beteiligungsverhältnis besteht oder *Verbindlichkeiten gegenüber Unternehmen, mit denen ein Beteiligungsverhältnis besteht*		**1280 Forderungen gegen Unternehmen, mit denen ein Beteiligungsverhältnis besteht** 1281 – Restlaufzeit bis 1 Jahr 1285 – Restlaufzeit größer 1 Jahr 1286 Besitzwechsel gegen Unternehmen, mit denen ein Beteiligungsverhältnis besteht 1287 – Restlaufzeit bis 1 Jahr 1288 – Restlaufzeit größer 1 Jahr 1289 Besitzwechsel gegen Unternehmen, mit denen ein Beteiligungsverhältnis besteht, bundesbankfähig F 1290 Forderungen aus Lieferungen und Leistungen gegen Unternehmen, mit denen ein Beteiligungsverhältnis besteht F 1291 – Restlaufzeit bis 1 Jahr F 1295 – Restlaufzeit größer 1 Jahr
Forderungen gegen Unternehmen, mit denen ein Beteiligungsverhältnis besteht H-Saldo		1296 Wertberichtigungen auf Forderungen gegen Unternehmen, mit denen ein Beteiligungsverhältnis besteht – Restlaufzeit bis 1 Jahr 1297 – Restlaufzeit größer 1 Jahr
Eingeforderte, noch ausstehende Kapitaleinlagen		**1298 Ausstehende Einlagen auf das gezeichnete Kapital, eingefordert (Forderungen, nicht eingeforderte ausstehende Einlagen s. Konto 2910)**
Nachschüsse		**1299 Nachschüsse (Forderungen, Gegenkonto 2929)**
Sonstige Vermögensgegenstände		**1300 Sonstige Vermögensgegenstände** 1301 – Restlaufzeit bis 1 Jahr 1305 – Restlaufzeit größer 1 Jahr 1307 Forderungen gegen GmbH-Gesellschafter 1308 – Restlaufzeit bis 1 Jahr 1309 – Restlaufzeit größer 1 Jahr 1310 Forderungen gegen Vorstandsmitglieder und Geschäftsführer 1311 – Restlaufzeit bis 1 Jahr 1315 – Restlaufzeit größer 1 Jahr 1317 Forderungen gegen persönlich haftende Gesellschafter 1318 – Restlaufzeit bis 1 Jahr 1319 – Restlaufzeit größer 1 Jahr 1320 Forderungen gegen Aufsichtsrats- und Beirats-Mitglieder 1321 – Restlaufzeit bis 1 Jahr 1325 – Restlaufzeit größer 1 Jahr 1327 Forderungen gegen Kommanditisten und atypisch stille Gesellschafter 1328 – Restlaufzeit bis 1 Jahr 1329 – Restlaufzeit größer 1 Jahr 1330 Forderungen gegen sonstige Gesellschafter 1331 – Restlaufzeit bis 1 Jahr 1335 – Restlaufzeit größer 1 Jahr 1337 Forderungen gegen typisch stille Gesellschafter 1338 – Restlaufzeit bis 1 Jahr 1339 – Restlaufzeit größer 1 Jahr

Bilanz-Posten[2]	Programmverbindung[4] Abschlusszweck[4]	1 Umlaufvermögenskonten
Sonstige Vermögensgegenstände		1340 Forderungen gegen Personal aus Lohn- und Gehaltsabrechnung 1341 – Restlaufzeit bis 1 Jahr 1345 – Restlaufzeit größer 1 Jahr 1349 Ansprüche aus betrieblicher Altersversorgung und Pensionsansprüche (Mitunternehmer)[28]
Sonstige Vermögensgegenstände		1350 Kautionen 1351 – Restlaufzeit bis 1 Jahr 1355 – Restlaufzeit größer 1 Jahr 1360 Darlehen 1361 – Restlaufzeit bis 1 Jahr 1365 – Restlaufzeit größer 1 Jahr 1369 Forderungen gegenüber Krankenkassen aus Aufwendungsausgleichsgesetz
Sonstige Vermögensgegenstände oder *sonstige Verbindlichkeiten*		1370 Durchlaufende Posten 1374 Fremdgeld
Sonstige Vermögensgegenstände		1375 Agenturwarenabrechnung
Sonstige Vermögensgegenstände oder *sonstige Verbindlichkeiten*	U U	F 1376 Nachträglich abziehbare Vorsteuer nach § 15a Abs. 2 UStG F 1377 Zurückzuzahlende Vorsteuer nach § 15a Abs. 2 UStG
Sonstige Vermögensgegenstände	 SB	1378 Ansprüche aus Rückdeckungsversicherungen 1380 Vermögensgegenstände zur Erfüllung von Pensionsrückstellungen und ähnlichen Verpflichtungen zum langfristigen Verbleib
Aktiver Unterschiedsbetrag aus der Vermögensverrechnung oder *Rückstellungen für Pensionen und ähnliche Verpflichtungen*	HB	1381 Vermögensgegenstände zur Saldierung mit Pensionsrückstellungen und ähnlichen Verpflichtungen zum langfristigen Verbleib nach § 246 Abs. 2 HGB
Sonstige Vermögensgegenstände	SB	1382 Vermögensgegenstände zur Erfüllung von mit der Altersversorgung vergleichbaren langfristigen Verpflichtungen
Aktiver Unterschiedsbetrag aus Vermögensverrechnung oder *sonstige Rückstellungen*	HB	1383 Vermögensgegenstände zur Saldierung mit der Altersversorgung vergleichbaren langfristigen Verpflichtungen nach § 246 Abs. 2 HGB
Sonstige Vermögensgegenstände		1390 GmbH-Anteile zum kurzfristigen Verbleib 1391 Forderungen gegen Arbeitsgemeinschaften 1393 Genussrechte 1394 Einzahlungsansprüche zu Nebenleistungen oder Zuzahlungen 1395 Genossenschaftsanteile zum kurzfristigen Verbleib

Bilanz-Posten[2]	Programmverbindung[4] Abschlusszweck[4]		1 Umlaufvermögenskonten
Sonstige Vermögensgegenstände oder *sonstige Verbindlichkeiten*	U	F 1396	Nachträglich abziehbare Vorsteuer nach § 15a Abs. 1 UStG, bewegliche Wirtschaftsgüter
	U	F 1397	Zurückzuzahlende Vorsteuer nach § 15a Abs. 1 UStG, bewegliche Wirtschaftsgüter
	U	F 1398	Nachträglich abziehbare Vorsteuer nach § 15a Abs. 1 UStG, unbewegliche Wirtschaftsgüter
	U	F 1399	Zurückzuzahlende Vorsteuer nach § 15a Abs. 1 UStG, unbewegliche Wirtschaftsgüter
	U	S 1400	Abziehbare Vorsteuer
	U	S 1401	Abziehbare Vorsteuer 7 %
	U	S 1402	Abziehbare Vorsteuer aus innergemeinschaftlichem Erwerb
		R 1403	
	U	S 1404	Abziehbare Vorsteuer aus innergemeinschaftlichem Erwerb 19 %
		R 1405	
	U	S 1406	Abziehbare Vorsteuer 19 %
	U	S 1407	Abziehbare Vorsteuer nach § 13b UStG 19 %
	U	S 1408	Abziehbare Vorsteuer nach § 13b UStG
		R 1409	
		S 1410	Aufzuteilende Vorsteuer
		S 1411	Aufzuteilende Vorsteuer 7 %
		S 1412	Aufzuteilende Vorsteuer aus innergemeinschaftlichem Erwerb
		S 1413	Aufzuteilende Vorsteuer aus innergemeinschaftlichem Erwerb 19 %
		R 1414 -15	
		S 1416	Aufzuteilende Vorsteuer 19 %
		S 1417	Aufzuteilende Vorsteuer nach §§ 13a und 13b UStG
		R 1418	
		S 1419	Aufzuteilende Vorsteuer nach §§ 13a und 13b UStG 19 %
Sonstige Vermögensgegenstände		1420	Forderungen aus Umsatzsteuer-Vorauszahlungen
Sonstige Vermögensgegenstände oder *sonstige Verbindlichkeiten*		1421	Umsatzsteuerforderungen laufendes Jahr
Sonstige Vermögensgegenstände		1422	Umsatzsteuerforderungen Vorjahr
		1425	Umsatzsteuerforderungen frühere Jahre
		1427	Forderungen aus entrichteten Verbrauchsteuern
Sonstige Vermögensgegenstände oder *sonstige Verbindlichkeiten*	U	S 1431	Abziehbare Vorsteuer aus der Auslagerung von Gegenständen aus einem Umsatzsteuerlager
	U	S 1432	Abziehbare Vorsteuer aus innergemeinschaftlichem Erwerb von Neufahrzeugen von Lieferanten ohne USt-Identifikationsnummer
	U	F 1433	Entstandene Einfuhrumsatzsteuer
		S 1434	Vorsteuer in Folgeperiode/im Folgejahr abziehbar
Sonstige Vermögensgegenstände		1435	Forderungen aus Gewerbesteuerüberzahlungen

Bilanz-Posten[2]	Programmverbindung[4] Abschlusszweck[4]		1 Umlaufvermögenskonten
Sonstige Vermögensgegenstände oder *sonstige Verbindlichkeiten*	U	S 1436	Vorsteuer aus Erwerb als letzter Abnehmer innerhalb eines Dreiecksgeschäfts
Sonstige Vermögensgegenstände		1440	Steuererstattungsansprüche gegenüber anderen Ländern
		1450	Körperschaftsteuerrückforderung
		R 1452 -53	
		F 1456	Forderungen an das Finanzamt aus abgeführtem Bauabzugsbetrag
		1457	Forderung gegenüber Bundesagentur für Arbeit
Sonstige Vermögensgegenstände oder *sonstige Verbindlichkeiten*		F 1460	Geldtransit
	EÜR	1480	Gegenkonto Vorsteuer § 4 Abs. 3 EStG
	EÜR	1481	Auflösung Vorsteuer aus Vorjahr § 4 Abs. 3 EStG
	EÜR	1482	Vorsteuer aus Investitionen § 4 Abs. 3 EStG
	EÜR	1483	Gegenkonto für Vorsteuer nach Durchschnittssätzen für § 4 Abs. 3 EStG
	U	F 1484	Vorsteuer nach allgemeinen Durchschnittssätzen UStVA Kz. 63
		R 1485	
	EÜR	F 1486	Verrechnungskonto für Gewinnermittlung § 4 Abs. 3 EStG, nicht ergebniswirksam
	EÜR	1487	Wirtschaftsgüter des Umlaufvermögens nach § 4 Abs. 3 Satz 4 EStG
		F 1490	Verrechnungskonto Ist-Versteuerung
	EÜR	F 1491	Neutralisierung ertragswirksamer Sachverhalte für § 4 Abs. 3 EStG
	SB	1494	Forderungen gegen Gesellschaft/Gesamthand[1,28]
Sonstige Verbindlichkeiten S-Saldo		F 1495	Verrechnungskonto erhaltene Anzahlungen bei Buchung über Debitorenkonto
		F 1496 -97	
Sonstige Vermögensgegenstände oder *sonstige Verbindlichkeiten*		F 1498	Überleitungskonto Kostenstellen
			Wertpapiere
Anteile an verbundenen Unternehmen		**1500**	**Anteile an verbundenen Unternehmen (Umlaufvermögen)**
		1504	**Anteile an herrschender oder mehrheitlich beteiligter Gesellschaft**
Sonstige Wertpapiere		**1510**	**Sonstige Wertpapiere**
		1520	Finanzwechsel
		1525	Andere Wertpapiere mit unwesentlichen Wertschwankungen
		1530	Wertpapieranlagen im Rahmen der kurzfristigen Finanzdisposition

Bilanz-Posten[2]	Programmverbindung[4] Abschlusszweck[4]	1 Umlaufvermögenskonten
		Kassenbestand, Bundesbankguthaben, Guthaben bei Kreditinstituten und Schecks
Kassenbestand, Bundesbankguthaben, Guthaben bei Kreditinstituten und Schecks		**F 1550 Schecks**
		F 1600 Kasse
		F 1610 Nebenkasse 1
		F 1620 Nebenkasse 2
Kassenbestand, Bundesbankguthaben, Guthaben bei Kreditinstituten und Schecks oder *Verbindlichkeiten gegenüber Kreditinstituten*		**F 1700 Bank (Postbank)**
		F 1710 Bank (Postbank 1)
		F 1720 Bank (Postbank 2)
		F 1730 Bank (Postbank 3)
		F 1780 LZB-Guthaben
		F 1790 Bundesbankguthaben
		F 1800 Bank
		F 1810 Bank 1
		F 1820 Bank 2
		F 1830 Bank 3
		F 1840 Bank 4
		F 1850 Bank 5
		R 1889
		1890 Finanzmittelanlagen im Rahmen der kurzfristigen Finanzdisposition (nicht im Finanzmittelfonds enthalten)
		1895 Verbindlichkeiten gegenüber Kreditinstituten (nicht im Finanzmittelfonds enthalten)
		Abgrenzungsposten
Rechnungsabgrenzungsposten		**1900 Aktive Rechnungsabgrenzung**
	SB	1920 Als Aufwand berücksichtigte Zölle und Verbrauchsteuern auf Vorräte
	SB	1930 Als Aufwand berücksichtigte Umsatzsteuer auf Anzahlungen
		1940 Damnum/Disagio
Aktive latente Steuern	HB	**1950 Aktive latente Steuern**

Bilanz-Posten[2]	Programmverbindung[4] Abschlusszweck[4]	2 Eigenkapitalkonten/ Fremdkapitalkonten

KU	2000-2308	M	2359[10]
V	2309[10]	KU	2360-2368
KU	2310-2318	M	2369[10]
V	2319[10]	KU	2370-2378
KU	2320-2328	M	2379[10]
V	2329[10]	KU	2380-2388
KU	2330-2338	M	2389[10]
V	2339[10]	KU	2390-2398
KU	2340-2348	M	2399[10]
V	2349[10]	KU	2400-2900
KU	2350-2358	KU	2908-2999

Kapital

Eigenkapital Vollhafter/Einzelunternehmer

F 2000 Festkapital
F 2001 -09 Kapital (fester Anteil nur Einzelunternehmen)[8][22]
F 2010 Variables Kapital
F 2011 -19 Kapital (variabler Anteil, nur Einzelunternehmen)[8][22]

Fremdkapital Vollhafter

F 2020 Gesellschafter-Darlehen
R 2021 -29

Eigenkapital Einzelunternehmer

2030 -49 (zur freien Verfügung)

Eigenkapital Teilhafter

F 2050 Kommandit-Kapital
R 2051 -59

F 2060 Verlustausgleichskonto
R 2061 -69

Fremdkapital Teilhafter

F 2070 Gesellschafter-Darlehen
R 2071 -79

Eigenkapital (keine Abfrage)

R 2080 -99

Privat (Eigenkapital) Vollhafter/Einzelunternehmer

F 2100 Privatentnahmen allgemein
F 2101 -09 Privatentnahmen allgemein (nur Einzelunternehmen)[8][22]
F 2110 Privatentnahmen allgemein
F 2111 -19 Privatentnahmen allgemein (nur Einzelunternehmen)[8][22]
F 2120 Privatentnahmen allgemein
F 2121 -29 Privatentnahmen allgemein (nur Einzelunternehmen)[8][22]
F 2130 Unentgeltliche Wertabgaben
F 2131 -39 Unentgeltliche Wertabgaben (nur Einzelunternehmen)[8][22]
F 2140 Unentgeltliche Wertabgaben
F 2141 -49 Unentgeltliche Wertabgaben (nur Einzelunternehmen)[8][22]

Bilanz-Posten[2)]	Programmverbindung[4)] Abschlusszweck[4)]	2 Eigenkapitalkonten/ Fremdkapitalkonten	
		F 2150	Privatsteuern
		F 2151 -59	Privatsteuern (nur Einzelunternehmen)[8)22)]
		F 2160	Privatsteuern
		F 2161 -69	Privatsteuern (nur Einzelunternehmen)[8)22)]
		F 2170	Privatsteuern
		F 2171 -79	Privatsteuern (nur Einzelunternehmen)[8)22)]
		F 2180	Privateinlagen
		F 2181 -89	Privateinlagen (nur Einzelunternehmen)[8)22)]
		F 2190	Privateinlagen
		F 2191 -99	Privateinlagen (nur Einzelunternehmen)[8)22)]
		F 2200	Sonderausgaben beschränkt abzugsfähig
		F 2201 -09	Sonderausgaben beschränkt abzugsfähig (nur Einzelunternehmen)[8)22)]
		F 2210	Sonderausgaben beschränkt abzugsfähig
		F 2211 -19	Sonderausgaben beschränkt abzugsfähig (nur Einzelunternehmen)[8)22)]
		F 2220	Sonderausgaben beschränkt abzugsfähig
		F 2221 -29	Sonderausgaben beschränkt abzugsfähig (nur Einzelunternehmen)[8)22)]
		F 2230	Sonderausgaben unbeschränkt abzugsfähig
		F 2231 -39	Sonderausgaben unbeschränkt abzugsfähig (nur Einzelunternehmen)[8)22)]
		F 2240	Sonderausgaben unbeschränkt abzugsfähig
		F 2241 -49	Sonderausgaben unbeschränkt abzugsfähig (nur Einzelunternehmen)[8)22)]
		F 2250	Zuwendungen, Spenden
		F 2251 -59	Zuwendungen, Spenden (nur Einzelunternehmen)[8)22)]
		F 2260	Zuwendungen, Spenden
		F 2261 -69	Zuwendungen, Spenden (nur Einzelunternehmen)[8)22)]
		F 2270	Zuwendungen, Spenden
		F 2271 -79	Zuwendungen, Spenden (nur Einzelunternehmen)[8)22)]
		F 2280	Außergewöhnliche Belastungen
		F 2281 -89	Außergewöhnliche Belastungen (nur Einzelunternehmen)[8)22)]
		F 2290	Außergewöhnliche Belastungen
		F 2291 -99	Außergewöhnliche Belastungen (nur Einzelunternehmen)[8)22)]
		F 2300	Grundstücksaufwand
		F 2301 -08	Grundstücksaufwand (nur Einzelunternehmen)[8)22)]
		2309	Grundstücksaufwand (Umsatzsteuerschlüssel möglich, nur Einzelunternehmen)[8)10)22)]
		F 2310	Grundstücksaufwand
		F 2311 -18	Grundstücksaufwand (nur Einzelunternehmen)[8)22)]
		2319	Grundstücksaufwand (Umsatzsteuerschlüssel möglich, nur Einzelunternehmen)[8)10)22)]
		F 2320	Grundstücksaufwand
		F 2321 -28	Grundstücksaufwand (nur Einzelunternehmen)[8)22)]
		2329	Grundstücksaufwand (Umsatzsteuerschlüssel möglich, nur Einzelunternehmen)[8)10)22)]
		F 2330	Grundstücksaufwand
		F 2331 -38	Grundstücksaufwand (nur Einzelunternehmen)[8)22)]
		2339	Grundstücksaufwand (Umsatzsteuerschlüssel möglich, nur Einzelunternehmen)[8)10)22)]
		F 2340	Grundstücksaufwand
		F 2341 -48	Grundstücksaufwand (nur Einzelunternehmen)[8)22)]
		2349	Grundstücksaufwand (Umsatzsteuerschlüssel möglich, nur Einzelunternehmen)[8)10)22)]
		F 2350	Grundstücksertrag
		F 2351 -58	Grundstücksertrag (nur Einzelunternehmen)[8)22)]
		2359	Grundstücksertrag (Umsatzsteuerschlüssel möglich, nur Einzelunternehmen)[8)10)22)]
		F 2360	Grundstücksertrag
		F 2361 -68	Grundstücksertrag (nur Einzelunternehmen)[8)22)]
		2369	Grundstücksertrag (Umsatzsteuerschlüssel möglich, nur Einzelunternehmen)[8)10)22)]
		F 2370	Grundstücksertrag
		F 2371 -78	Grundstücksertrag (nur Einzelunternehmen)[8)22)]
		2379	Grundstücksertrag (Umsatzsteuerschlüssel möglich, nur Einzelunternehmen)[8)10)22)]
		F 2380	Grundstücksertrag
		F 2381 -88	Grundstücksertrag (nur Einzelunternehmen)[8)22)]
		2389	Grundstücksertrag (Umsatzsteuerschlüssel möglich, nur Einzelunternehmen)[8)10)22)]
		F 2390	Grundstücksertrag
		F 2391 -98	Grundstücksertrag (nur Einzelunternehmen)[8)22)]
		2399	Grundstücksertrag (Umsatzsteuerschlüssel möglich, nur Einzelunternehmen)[8)10)22)]
			Privat (Fremdkapital) Teilhafter
		F 2500	Privatentnahmen allgemein (TH), FK
		R 2501 -09	
		F 2510	Privatentnahmen allgemein (TH), FK
		R 2511 -19	
		F 2520	Privatentnahmen allgemein (TH), FK
		R 2521 -29	
		F 2530	Unentgeltliche Wertabgaben (TH), FK
		R 2531 -39	
		F 2540	Unentgeltliche Wertabgaben (TH), FK
		R 2541 -49	
		F 2550	Privatsteuern (TH), FK
		R 2551 -59	
		F 2560	Privatsteuern (TH), FK

Bilanz-Posten[2]	Programmverbindung[4] Abschlusszweck[4]	2 Eigenkapitalkonten/ Fremdkapitalkonten	
		R 2561	
		-69	
		F 2570	Privatsteuern (TH), FK
		R 2571	
		-79	
		F 2580	Privateinlagen (TH), FK
		R 2581	
		-89	
		F 2590	Privateinlagen (TH), FK
		R 2591	
		-99	
		F 2600	Sonderausgaben beschränkt abzugsfähig (TH), FK
		R 2601	
		-09	
		F 2610	Sonderausgaben beschränkt abzugsfähig (TH), FK
		R 2611	
		-19	
		F 2620	Sonderausgaben beschränkt abzugsfähig (TH), FK
		R 2621	
		-29	
		F 2630	Sonderausgaben unbeschränkt abzugsfähig (TH), FK
		R 2631	
		-39	
		F 2640	Sonderausgaben unbeschränkt abzugsfähig (TH), FK
		R 2641	
		-49	
		F 2650	Zuwendungen, Spenden (TH), FK
		R 2651	
		-59	
		F 2660	Zuwendungen, Spenden (TH), FK
		R 2661	
		-69	
		F 2670	Zuwendungen, Spenden (TH), FK
		R 2671	
		-79	
		F 2680	Außergewöhnliche Belastungen (TH), FK
		R 2681	
		-89	
		F 2690	Außergewöhnliche Belastungen (TH), FK
		R 2691	
		-99	
		F 2700	Grundstücksaufwand (TH), FK
		R 2701	
		-09	
		F 2710	Grundstücksaufwand (TH), FK
		R 2711	
		-19	
		F 2720	Grundstücksaufwand (TH), FK
		R 2721	
		-29	
		F 2730	Grundstücksaufwand (TH), FK
		R 2731	
		-39	
		F 2740	Grundstücksaufwand (TH), FK
		R 2741	
		-49	
		F 2750	Grundstücksertrag (TH), FK
		R 2751	
		-59	
		F 2760	Grundstücksertrag (TH), FK
		R 2761	
		-69	
		F 2770	Grundstücksertrag (TH), FK
		R 2771	
		-79	
		F 2780	Grundstücksertrag (TH), FK

Bilanz-Posten[2]	Programmverbindung[4] Abschlusszweck[4]	2 Eigenkapitalkonten/ Fremdkapitalkonten	
		R 2781	
		-89	
		F 2790	Grundstücksertrag (TH), FK
		R 2791	
		-99	
			Gezeichnetes Kapital
Gezeichnetes Kapital	K	**2900**	**Gezeichnetes Kapital[17]**
	K	2901	Geschäftsguthaben der verbleibenden Mitglieder
	K	2902	Geschäftsguthaben der ausscheidenden Mitglieder
	K	2903	Geschäftsguthaben aus gekündigten Geschäftsanteilen
	K	2906	Rückständige fällige Einzahlungen auf Geschäftsanteile, vermerkt
		2907	Gegenkonto Rückständige fällige Einzahlungen auf Geschäftsanteile, vermerkt
Gezeichnetes Kapital	K	2908	Kapitalerhöhung aus Gesellschaftsmitteln
Eigene Anteile	K	2909	Erworbene eigene Anteile
Nicht eingeforderte ausstehende Einlagen		2910	Ausstehende Einlagen auf das gezeichnete Kapital, nicht eingefordert (Passivausweis, vom gezeichneten Kapital offen abgesetzt; eingeforderte ausstehende Einlagen s. Konto 1298)
			Kapitalrücklage
Kapitalrücklage	K	**2920**	**Kapitalrücklage[17]**
	K	2925	Kapitalrücklage durch Ausgabe von Anteilen über Nennbetrag[17]
	K	2926	Kapitalrücklage durch Ausgabe von Schuldverschreibungen für Wandlungsrechte und Optionsrechte zum Erwerb von Anteilen[17]
	K	2927	Kapitalrücklage durch Zuzahlungen gegen Gewährung eines Vorzugs für Anteile[17]
	K	2928	Kapitalrücklage durch Zuzahlungen in das Eigenkapital[17]
	K	2929	Nachschusskapital (Gegenkonto 1299)[17]
			Gewinnrücklagen
Gesetzliche Rücklage	K	**2930**	**Gesetzliche Rücklage[17]**
Rücklage für Anteile an einem herrschenden oder mehrheitlich beteiligten Unternehmen		2935	Rücklage für Anteile an einem herrschenden oder mehrheitlich beteiligten Unternehmen
	K	2937	Andere Ergebnisrücklagen
Satzungsmäßige Rücklagen	K	**2950**	**Satzungsmäßige Rücklagen[17]**
		F 2959	Gesamthänderisch gebundene Rücklagen (mit Aufteilung für Kapitalkontenentwicklung)

Bilanz-Posten[2]	Programmverbindung[4] Abschlusszweck[4]	2 Eigenkapitalkonten/ Fremdkapitalkonten
Andere Gewinnrücklagen	K	**2960 Andere Gewinnrücklagen[17]**
	K	2961 Andere Gewinnrücklagen aus dem Erwerb eigener Anteile
	K	2962 Eigenkapitalanteil von Wertaufholungen[17]
	K HB	2963 Gewinnrücklagen aus den Übergangsvorschriften BilMoG
	K HB	2964 Gewinnrücklagen aus den Übergangsvorschriften BilMoG (Zuschreibung Sachanlagevermögen)
	K HB	2965 Gewinnrücklagen aus den Übergangsvorschriften BilMoG (Zuschreibung Finanzanlagevermögen)
	K HB	2966 Gewinnrücklagen aus den Übergangsvorschriften BilMoG (Auflösung der Sonderposten mit Rücklageanteil)
	K HB	2967 Latente Steuern (Gewinnrücklage Haben) aus erfolgsneutralen Verrechnungen
	K HB	2968 Latente Steuern (Gewinnrücklage Soll) aus erfolgsneutralen Verrechnungen
	K HB	2969 Rechnungsabgrenzungsposten (Gewinnrücklage Soll) aus erfolgsneutralen Verrechnungen
		Gewinnvortrag/Verlustvortrag vor Verwendung
Gewinnvortrag oder *Verlustvortrag*	K	2970 Gewinnvortrag vor Verwendung[17]
		F 2975 Gewinnvortrag vor Verwendung (mit Aufteilung für Kapitalkontenentwicklung)
		F 2977 Verlustvortrag vor Verwendung (mit Aufteilung für Kapitalkontenentwicklung)
Gewinnvortrag oder *Verlustvortrag*	K	2978 Verlustvortrag vor Verwendung[17]
		R 2979
		Sonderposten mit Rücklageanteil
Sonderposten mit Rücklageanteil		2980 Sonderposten mit Rücklageanteil, steuerfreie Rücklagen[6]
	SB	2981 Steuerfreie Rücklagen nach § 6b EStG[8]
	SB	2982 Sonderposten mit Rücklageanteil nach R 6.6 EStR
	SB	2988 Rücklage für Zuschüsse
		R 2989
		2990 Sonderposten mit Rücklageanteil, Sonderabschreibungen[6]
		R 2993
	SB	2995 Ausgleichsposten bei Entnahmen § 4g EStG
		2997 Sonderposten mit Rücklageanteil nach § 7g Abs. 5 EStG
Sonderposten für Zuschüsse und Zulagen	HB	2999 Sonderposten für Zuschüsse und Zulagen

Bilanz-Posten[2]	Programmverbindung[4] Abschlusszweck[4]	3 Fremdkapitalkonten
		KU 3000-3069 KU 3079-3084 KU 3100-3249 M 3250-3299 KU 3300-3899
		Rückstellungen
Rückstellungen für Pensionen und ähnliche Verpflichtungen		**3000 Rückstellungen für Pensionen und ähnliche Verpflichtungen**
		3005 Rückstellungen für Pensionen und ähnliche Verpflichtungen gegenüber Gesellschaftern oder nahe stehenden Personen (10 % Beteiligung am Kapital)
Rückstellungen für Pensionen und ähnliche Verpflichtungen oder *Aktiver Unterschiedsbetrag aus der Vermögensverrechnung*	HB	3009 Rückstellungen für Pensionen und ähnliche Verpflichtungen zur Saldierung mit Vermögensgegenständen zum langfristigen Verbleib nach § 246 Abs. 2 HGB
Rückstellungen für Pensionen und ähnliche Verpflichtungen		3010 Rückstellungen für Direktzusagen
		3011 Rückstellungen für Zuschussverpflichtungen für Pensionskassen und Lebensversicherungen
		3015 Rückstellungen für pensionsähnliche Verpflichtungen
Steuerrückstellungen		**3020 Steuerrückstellungen**
		R 3030
		3035 Gewerbesteuerrückstellung nach § 4 Abs. 5b EStG
		3040 Körperschaftsteuerrückstellung
		3050 Steuerrückstellung aus Steuerstundung (BStBK)
	HB	3060 Rückstellung für latente Steuern
Passive latente Steuern	HB	3065 Passive latente Steuern
Sonstige Rückstellungen		**3070 Sonstige Rückstellungen**
		3074 Rückstellungen für Personalkosten
		3075 Rückstellungen für unterlassene Aufwendungen für Instandhaltung, Nachholung in den ersten drei Monaten
		3076 Rückstellungen für mit der Altersversorgung vergleichbare langfristige Verpflichtungen zum langfristigen Verbleib
Sonstige Rückstellungen oder *Aktiver Unterschiedsbetrag aus der Vermögensverrechnung*	HB	3077 Rückstellungen für mit der Altersversorgung vergleichbare langfristige Verpflichtungen zur Saldierung mit Vermögensgegenständen zum langfristigen Verbleib nach § 246 Abs. 2 HGB
Sonstige Rückstellungen		3079 Urlaubsrückstellungen
		3085 Rückstellungen für Abraum- und Abfallbeseitigung
		3090 Rückstellungen für Gewährleistungen (Gegenkonto 6790)
	HB	3092 Rückstellungen für drohende Verluste aus schwebenden Geschäften
		3095 Rückstellungen für Abschluss- und Prüfungskosten
		3096 Rückstellungen zur Erfüllung der Aufbewahrungspflichten

Bilanz-Posten[2]	Programmverbindung[4] Abschlusszweck[4]	3 Fremdkapitalkonten
Sonstige Rückstellungen	HB	3098 Aufwandsrückstellungen nach § 249 Abs. 2 HGB a. F.
		3099 Rückstellungen für Umweltschutz
		Verbindlichkeiten
Anleihen		**3100 Anleihen**, nicht konvertibel
		3101 – Restlaufzeit bis 1 Jahr
		3105 – Restlaufzeit 1 bis 5 Jahre
		3110 – Restlaufzeit größer 5 Jahre
		3120 Anleihen, konvertibel
		3121 – Restlaufzeit bis 1 Jahr
		3125 – Restlaufzeit 1 bis 5 Jahre
		3130 – Restlaufzeit größer 5 Jahre
Verbindlichkeiten gegenüber Kreditinstituten oder *Kassenbestand, Bundesbankguthaben, Guthaben bei Kreditinstituten und Schecks*		**3150 Verbindlichkeiten gegenüber Kreditinstituten**
		3151 – Restlaufzeit bis 1 Jahr
		3160 – Restlaufzeit 1 bis 5 Jahre
		3170 – Restlaufzeit größer 5 Jahre
		3180 Verbindlichkeiten gegenüber Kreditinstituten aus Teilzahlungsverträgen
		3181 – Restlaufzeit bis 1 Jahr
		3190 – Restlaufzeit 1 bis 5 Jahre
		3200 – Restlaufzeit größer 5 Jahre
		3210 -48 Verbindlichkeiten gegenüber Kreditinstituten, für Restlaufzeitdifferenzierung (nur Bilanzierer)[8]
Verbindlichkeiten gegenüber Kreditinstituten		3249 Gegenkonto 3150-3209 bei Aufteilung der Konten 3210-3248
Erhaltene Anzahlungen auf Bestellungen		**3250 Erhaltene Anzahlungen auf Bestellungen (Verbindlichkeiten)**
	U	AM 3260 Erhaltene, versteuerte Anzahlungen 7 % USt (Verbindlichkeiten)
		R 3261 -64
		R 3270 -71
	U	AM 3272 Erhaltene, versteuerte Anzahlungen 19 % USt (Verbindlichkeiten)
		R 3273 -74
		3280 Erhaltene Anzahlungen – Restlaufzeit bis 1 Jahr
		3284 – Restlaufzeit 1 bis 5 Jahre
		3285 – Restlaufzeit größer 5 Jahre
Verbindlichkeiten aus Lieferungen und Leistungen oder *sonstige Vermögensgegenstände*		**S 3300 Verbindlichkeiten aus Lieferungen und Leistungen**
		R 3301 -03 Verbindlichkeiten aus Lieferungen und Leistungen
	EÜR	F 3305 Verbindlichkeiten aus Lieferungen und Leistungen zum allgemeinen Umsatzsteuersatz (EÜR)
	EÜR	F 3306 Verbindlichkeiten aus Lieferungen und Leistungen zum ermäßigten Umsatzsteuersatz (EÜR)
	EÜR	F 3307 Verbindlichkeiten aus Lieferungen und Leistungen ohne Vorsteuer (EÜR)
	EÜR	F 3309 Gegenkonto 3305-3307 bei Aufteilung der Verbindlichkeiten nach Steuersätzen (EÜR)
		F 3310 -33 Verbindlichkeiten aus Lieferungen und Leistungen ohne Kontokorrent

Bilanz-Posten[2]	Programmverbindung[4] Abschlusszweck[4]	3 Fremdkapitalkonten
Verbindlichkeiten aus Lieferungen und Leistungen oder *sonstige Vermögensgegenstände*	EÜR	F 3334 Verbindlichkeiten aus Lieferungen und Leistungen für Investitionen für § 4 Abs. 3 EStG
		F 3335 Verbindlichkeiten aus Lieferungen und Leistungen ohne Kontokorrent – Restlaufzeit bis 1 Jahr
		F 3337 – Restlaufzeit 1 bis 5 Jahre
		F 3338 – Restlaufzeit größer 5 Jahre
		F 3340 Verbindlichkeiten aus Lieferungen und Leistungen gegenüber Gesellschaftern
		F 3341 – Restlaufzeit bis 1 Jahr
		F 3345 – Restlaufzeit 1 bis 5 Jahre
		F 3348 – Restlaufzeit größer 5 Jahre
Verbindlichkeiten aus Lieferungen und Leistungen S-Saldo oder *sonstige Vermögensgegenstände H-Saldo*		3349 Gegenkonto 3335-3348, 3420-3449, 3470-3499 bei Aufteilung Kreditorenkonto
Verbindlichkeiten aus der Annahme gezogener Wechsel und aus der Ausstellung eigener Wechsel		**F 3350 Wechselverbindlichkeiten**
		F 3351 – Restlaufzeit bis 1 Jahr
		F 3380 – Restlaufzeit 1 bis 5 Jahre
		F 3390 – Restlaufzeit größer 5 Jahre
Verbindlichkeiten gegenüber verbundenen Unternehmen oder *Forderungen gegen verbundene Unternehmen*		**3400 Verbindlichkeiten gegenüber verbundenen Unternehmen**
		3401 – Restlaufzeit bis 1 Jahr
		3405 – Restlaufzeit 1 bis 5 Jahre
		3410 – Restlaufzeit größer 5 Jahre
		F 3420 Verbindlichkeiten aus Lieferungen und Leistungen gegenüber verbundenen Unternehmen
		F 3421 – Restlaufzeit bis 1 Jahr
		F 3425 – Restlaufzeit 1 bis 5 Jahre
		F 3430 – Restlaufzeit größer 5 Jahre
Verbindlichkeiten gegenüber Unternehmen, mit denen ein Beteiligungsverhältnis besteht oder *Forderungen gegen Unternehmen, mit denen ein Beteiligungsverhältnis besteht*		**3450 Verbindlichkeiten gegenüber Unternehmen, mit denen ein Beteiligungsverhältnis besteht**
		3451 – Restlaufzeit bis 1 Jahr
		3455 – Restlaufzeit 1 bis 5 Jahre
		3460 – Restlaufzeit größer 5 Jahre
		F 3470 Verbindlichkeiten aus Lieferungen und Leistungen gegenüber Unternehmen, mit denen ein Beteiligungsverhältnis besteht
		F 3471 – Restlaufzeit bis 1 Jahr
		F 3475 – Restlaufzeit 1 bis 5 Jahre
		F 3480 – Restlaufzeit größer 5 Jahre
Sonstige Verbindlichkeiten		**3500 Sonstige Verbindlichkeiten**
		3501 – Restlaufzeit bis 1 Jahr
		3504 – Restlaufzeit 1 bis 5 Jahre
		3507 – Restlaufzeit größer 5 Jahre
	EÜR	3509 Sonstige Verbindlichkeiten nach § 11 Abs. 2 Satz 2 EStG für § 4 Abs. 3 EStG
		3510 Verbindlichkeiten gegenüber Gesellschaftern
		3511 – Restlaufzeit bis 1 Jahr
		3514 – Restlaufzeit 1 bis 5 Jahre
		3517 – Restlaufzeit größer 5 Jahre
		3519 Verbindlichkeiten gegenüber Gesellschaftern für offene Ausschüttungen

Bilanz-Posten[2]	Programmverbindung[4] Abschlusszweck[4]	3 Fremdkapitalkonten
Sonstige Verbindlichkeiten		3520 Darlehen typisch stiller Gesellschafter
		3521 – Restlaufzeit bis 1 Jahr
		3524 – Restlaufzeit 1 bis 5 Jahre
		3527 – Restlaufzeit größer 5 Jahre
		3530 Darlehen atypisch stiller Gesellschafter
		3531 – Restlaufzeit bis 1 Jahr
		3534 – Restlaufzeit 1 bis 5 Jahre
		3537 – Restlaufzeit größer 5 Jahre
		3540 Partiarische Darlehen
		3541 – Restlaufzeit bis 1 Jahr
		3544 – Restlaufzeit 1 bis 5 Jahre
		3547 – Restlaufzeit größer 5 Jahre
		3550 Erhaltene Kautionen
		3551 – Restlaufzeit bis 1 Jahr
		3554 – Restlaufzeit 1 bis 5 Jahre
		3557 – Restlaufzeit größer 5 Jahre
		3560 Darlehen
		3561 – Restlaufzeit bis 1 Jahr
		3564 – Restlaufzeit 1 bis 5 Jahre
		3567 – Restlaufzeit größer 5 Jahre
		3570 -98 Sonstige Verbindlichkeiten, für Restlaufzeitdifferenzierung (nur Bilanzierer)[8]
		3599 Gegenkonto 3500-3569 und 3640-3658 bei Aufteilung der Konten 3570-3598
		3600 Agenturwarenabrechnungen
		3610 Kreditkartenabrechnung
		3611 Verbindlichkeiten gegenüber Arbeitsgemeinschaften
	EÜR	3612 Neutralisierung aufwandswirksamer Sachverhalte für § 4 Abs. 3 EStG
	EÜR	3613 Ergebnisneutrale Sachverhalte für § 4 Abs. 3 EStG
Sonstige Vermögensgegenstände oder *sonstige Verbindlichkeiten*		3620 Gewinnverfügungskonto stille Gesellschafter
		3630 Sonstige Verrechnungskonten (Interimskonto)
	SB	3634 Verbindlichkeiten gegenüber Gesellschaft/Gesamthand[1][28]
		3635 Sonstige Verbindlichkeiten aus genossenschaftlicher Rückvergütung
Sonstige Verbindlichkeiten		3640 Verbindlichkeiten gegenüber GmbH-Gesellschaftern
		3641 – Restlaufzeit bis 1 Jahr
		3642 – Restlaufzeit 1 bis 5 Jahre
		3643 – Restlaufzeit größer 5 Jahre
		3645 Verbindlichkeiten gegenüber persönlich haftenden Gesellschaftern
		3646 – Restlaufzeit bis 1 Jahr
		3647 – Restlaufzeit 1 bis 5 Jahre
		3648 – Restlaufzeit größer 5 Jahre
		3650 Verbindlichkeiten gegenüber Kommanditisten
		3651 – Restlaufzeit bis 1 Jahr
		3652 – Restlaufzeit 1 bis 5 Jahre
		3653 – Restlaufzeit größer 5 Jahre
		3655 Verbindlichkeiten gegenüber stillen Gesellschaftern
		3656 – Restlaufzeit bis 1 Jahr
		3657 – Restlaufzeit 1 bis 5 Jahre
		3658 – Restlaufzeit größer 5 Jahre
Sonstige Vermögensgegenstände H-Saldo		3695 Verrechnungskonto geleistete Anzahlungen bei Buchung über Kreditorenkonto

Bilanz-Posten[2]	Programmverbindung[4] Abschlusszweck[4]	3 Fremdkapitalkonten
Sonstige Verbindlichkeiten		3700 Verbindlichkeiten aus Steuern und Abgaben
		3701 – Restlaufzeit bis 1 Jahr
		3710 – Restlaufzeit 1 bis 5 Jahre
		3715 – Restlaufzeit größer 5 Jahre
		3720 Verbindlichkeiten aus Lohn und Gehalt
		3725 Verbindlichkeiten für Einbehaltungen von Arbeitnehmern
		3726 Verbindlichkeiten an das Finanzamt aus abzuführendem Bauabzugsbetrag
Sonstige Verbindlichkeiten oder *sonstige Vermögensgegenstände*		3730 Verbindlichkeiten aus Lohn- und Kirchensteuer
		3740 Verbindlichkeiten im Rahmen der sozialen Sicherheit
		3741 – Restlaufzeit bis 1 Jahr
		3750 – Restlaufzeit 1 bis 5 Jahre
		3755 – Restlaufzeit größer 5 Jahre
		3759 Voraussichtliche Beitragsschuld gegenüber den Sozialversicherungsträgern
Sonstige Verbindlichkeiten		3760 Verbindlichkeiten aus Einbehaltungen (KapESt und SolZ, KiSt auf KapESt) für offene Ausschüttungen
		3761 Verbindlichkeiten für Verbrauchsteuern
		3770 Verbindlichkeiten aus Vermögensbildung
		3771 – Restlaufzeit bis 1 Jahr
		3780 – Restlaufzeit 1 bis 5 Jahre
		3785 – Restlaufzeit größer 5 Jahre
		3786 Ausgegebene Geschenkgutscheine
Sonstige Verbindlichkeiten oder *sonstige Vermögensgegenstände*		**3790 Lohn- und Gehaltsverrechnungskonto**
	EÜR	3791 Lohn- und Gehaltsverrechnung nach § 11 Abs. 2 Satz 2 EStG für § 4 Abs. 3 EStG
Sonstige Verbindlichkeiten	EÜR	3796 Verbindlichkeiten im Rahmen der sozialen Sicherheit für § 4 Abs. 3 EStG
		S 3798 Umsatzsteuer aus im anderen EU-Land steuerpflichtigen elektronischen Dienstleistungen
		3799 Steuerzahlungen aus im anderen EU-Land steuerpflichtigen elektronischen Dienstleistungen an kleine einzige Anlaufstelle (KEA/MOSS)
Sonstige Verbindlichkeiten oder *sonstige Vermögensgegenstände*		S 3800 Umsatzsteuer
		S 3801 Umsatzsteuer 7 %
		S 3802 Umsatzsteuer aus innergemeinschaftlichem Erwerb
		R 3803
		S 3804 Umsatzsteuer aus innergemeinschaftlichem Erwerb 19 %
		R 3805
		S 3806 Umsatzsteuer 19 %
		S 3807 Umsatzsteuer aus im Inland steuerpflichtigen EU-Lieferungen
		S 3808 Umsatzsteuer aus im Inland steuerpflichtigen EU-Lieferungen 19 %
		S 3809 Umsatzsteuer aus innergemeinschaftlichem Erwerb ohne Vorsteuerabzug

Bilanz-Posten[2)]	Programmverbindung[4)] Abschlusszweck[4)]	3 Fremdkapitalkonten
Steuerrückstellungen oder *sonstige Vermögensgegenstände*		S 3810 Umsatzsteuer nicht fällig
	U	S 3811 Umsatzsteuer nicht fällig 7 %
		S 3812 Umsatzsteuer nicht fällig aus im Inland steuerpflichtigen EU-Lieferungen
		R 3813
	U	S 3814 Umsatzsteuer nicht fällig aus im Inland steuerpflichtigen EU-Lieferungen 19 %
		R 3815
	U	S 3816 Umsatzsteuer nicht fällig 19 %
Sonstige Verbindlichkeiten		S 3817 Umsatzsteuer aus im anderen EU-Land steuerpflichtigen Lieferungen
		S 3818 Umsatzsteuer aus im anderen EU-Land steuerpflichtigen sonstigen Leistungen/Werklieferungen
Sonstige Verbindlichkeiten oder *sonstige Vermögensgegenstände*		S 3819 Umsatzsteuer aus Erwerb als letzter Abnehmer innerhalb eines Dreiecksgeschäfts
	U	F 3820 Umsatzsteuer-Vorauszahlungen
	U	F 3830 Umsatzsteuer-Vorauszahlungen 1/11
		R 3831
	U	F 3832 Nachsteuer, UStVA Kz. 65
		R 3833
	U	S 3834 Umsatzsteuer aus innergemeinschaftlichem Erwerb von Neufahrzeugen von Lieferanten ohne Umsatzsteuer-Identifikationsnummer
		S 3835 Umsatzsteuer nach § 13b UStG
		R 3836
		S 3837 Umsatzsteuer nach § 13b UStG 19 %
		R 3838
		S 3839 Umsatzsteuer aus der Auslagerung von Gegenständen aus einem Umsatzsteuerlager
		3840 Umsatzsteuer laufendes Jahr
		3841 Umsatzsteuer Vorjahr
		3845 Umsatzsteuer frühere Jahre
		3850 Einfuhrumsatzsteuer aufgeschoben bis ...
	U	F 3851 In Rechnung unrichtig oder unberechtigt ausgewiesene Steuerbeträge, UStVA Kz. 69
Sonstige Verbindlichkeiten		3854 Steuerzahlungen an andere Länder
		3860 Verbindlichkeiten aus Umsatzsteuer-Vorauszahlungen
Sonstige Verbindlichkeiten oder *sonstige Vermögensgegenstände*		S 3865 Umsatzsteuer in Folgeperiode fällig (§§ 13 Abs. 1 Nr. 6 und 13b Abs. 2 UStG)
		Rechnungsabgrenzungsposten
Rechnungsabgrenzungsposten		**3900 Passive Rechnungsabgrenzung**
Sonstige Passiva oder *sonstige Aktiva*		3950 Abgrenzung unterjährig pauschal gebuchter Abschreibungen für BWA

GuV-Posten[2)]	Programmverbindung[4)] Abschlusszweck[4)]	4 Betriebliche Erträge
		M 4000-4136 / KU 4137-4138 / M 4139-4604 / KU 4605 / M 4606-4618 / KU 4619 / M 4620-4636 / KU 4637-4639 / M 4640-4658 / KU 4659 / M 4660-4678 / KU 4679 / M 4680-4688 / KU 4689-4699 / M 4700-4799 / KU 4800-4829 / M 4830-4837 / KU 4838 / M 4839 / KU 4840 / M 4841-4842 / KU 4843 / M 4844-4845 / KU 4846-4847 / M 4848-4854 / KU 4855-4859 / M 4860-4926 / KU 4927-4929 / V 4932-4934 / KU 4935-4939 / M 4940-4948 / KU 4949 / M 4950-4959
		Umsatzerlöse
Umsatzerlöse		4000 Umsatzerlöse
		-99 (Zur freien Verfügung)
	U	AM 4100 Steuerfreie Umsätze
		-04 § 4 Nr. 8 ff. UStG
	U	AM 4105 Steuerfreie Umsätze nach § 4 Nr. 12 UStG (Vermietung und Verpachtung)
	U	AM 4110 Sonstige steuerfreie Umsätze Inland
	U	AM 4120 Steuerfreie Umsätze nach § 4 Nr. 1a UStG
	U	AM 4125 Steuerfreie innergemeinschaftliche Lieferungen nach § 4 Nr. 1b UStG
	U	AM 4130 Lieferungen des ersten Abnehmers bei innergemeinschaftlichen Dreiecksgeschäften § 25b Abs. 2 UStG
	U	AM 4135 Steuerfreie innergemeinschaftliche Lieferungen von Neufahrzeugen an Abnehmer ohne Umsatzsteuer-Identifikationsnummer
	U	AM 4136 Umsatzerlöse nach §§ 25 und 25a UStG 19 % USt
		R 4137
		4138 Umsatzerlöse nach §§ 25 und 25a UStG ohne USt
	U	AM 4139 Umsatzerlöse aus Reiseleistungen § 25 Abs. 2 UStG, steuerfrei
	U	AM 4140 Steuerfreie Umsätze Offshore etc.
	U	AM 4150 Sonstige steuerfreie Umsätze (z. B. § 4 Nr. 2 bis 7 UStG)
	U	AM 4160 Steuerfreie Umsätze ohne Vorsteuerabzug zum Gesamtumsatz gehörend, § 4 UStG
	U	AM 4165 Steuerfreie Umsätze ohne Vorsteuerabzug zum Gesamtumsatz gehörend
		4180 Erlöse, die mit den Durchschnittssätzen des § 24 UStG versteuert werden
		R 4182
		-83
	U	4185 Erlöse als Kleinunternehmer nach § 19 Abs. 1 UStG
	U	AM 4186 Erlöse aus Geldspielautomaten 19 % USt
		R 4187
		-88
		4200 Erlöse
	U	AM 4300 Erlöse 7 % USt
		-09

GuV-Posten[2]	Programmverbindung[4] Abschlusszweck[4]	4 Betriebliche Erträge	
Umsatzerlöse	U	AM 4310 -14	Erlöse aus im Inland steuerpflichtigen EU-Lieferungen 7 % USt
	U	AM 4315 -19	Erlöse aus im Inland steuerpflichtigen EU-Lieferungen 19 % USt
		4320 -29	Erlöse aus im anderen EU-Land steuerpflichtigen Lieferungen[3]
		R 4330	
	U	4331	Erlöse aus im anderen EU-Land steuerpflichtigen elektronischen Dienstleistungen[5]
		R 4332 -34	
	U	AM 4335	Erlöse aus Lieferungen von Mobilfunkgeräten, Tablet-Computern, Spielekonsolen und integrierten Schaltkreisen, für die der Leistungsempfänger die Umsatzsteuer nach § 13b UStG schuldet
	U	AM 4336	Erlöse aus im anderen EU-Land steuerpflichtigen sonstigen Leistungen, für die der Leistungsempfänger die Umsatzsteuer schuldet
	U	AM 4337	Erlöse aus Leistungen, für die der Leistungsempfänger die Umsatzsteuer nach § 13b UStG schuldet
	U	AM 4338	Erlöse aus im Drittland steuerbaren Leistungen, im Inland nicht steuerbare Umsätze
	U	AM 4339	Erlöse aus im anderen EU-Land steuerbaren Leistungen, im Inland nicht steuerbare Umsätze
	U	AM 4340 -49	Erlöse 16 % USt
	U	AM 4400 -09	Erlöse 19 % USt
	U	AM 4410	Erlöse 19 % USt
		R 4411 -48	
	U	AM 4449	Erlöse aus im Inland steuerpflichtigen elektronischen Dienstleistungen 19 % USt
		4499	Nebenerlöse (Bezug zu Materialaufwand)
			Konten für die Verbuchung von Sonderbetriebseinnahmen
		4500	Sonderbetriebseinnahmen, Tätigkeitsvergütung[28]
		4501	Sonderbetriebseinnahmen, Miet-/Pachteinnahmen[28]
		4502	Sonderbetriebseinnahmen, Zinseinnahmen[28]
		4503	Sonderbetriebseinnahmen, Haftungsvergütung[28]
		4504	Sonderbetriebseinnahmen, Pensionszahlungen[28]
		4505	Sonderbetriebseinnahmen, sonstige Sonderbetriebseinnahmen[28]
Umsatzerlöse		4510	Erlöse Abfallverwertung
		4520	Erlöse Leergut
		4560	Provisionsumsätze
		R 4561 -63	
	U	AM 4564	Provisionsumsätze, steuerfrei § 4 Nr. 8 ff. UStG
	U	AM 4565	Provisionsumsätze, steuerfrei § 4 Nr. 5 UStG
	U	AM 4566	Provisionsumsätze 7 % USt
		R 4567 -68	
	U	AM 4569	Provisionsumsätze 19 % USt

GuV-Posten[2]	Programmverbindung[4] Abschlusszweck[4]	4 Betriebliche Erträge	
Umsatzerlöse		4570	Sonstige Erträge aus Provisionen, Lizenzen und Patenten
		R 4571 -73	
	U	AM 4574	Sonstige Erträge aus Provisionen, Lizenzen und Patenten, steuerfrei § 4 Nr. 8 ff. UStG
	U	AM 4575	Sonstige Erträge aus Provisionen, Lizenzen und Patenten, steuerfrei § 4 Nr. 5 UStG
	U	AM 4576	Sonstige Erträge aus Provisionen, Lizenzen und Patenten 7 % USt
		R 4577 -78	
	U	AM 4579	Sonstige Erträge aus Provisionen, Lizenzen und Patenten 19 % USt
			Statistische Konten EÜR[15]
	EÜR	4580	Statistisches Konto Erlöse zum allgemeinen Umsatzsteuersatz (EÜR)[15]
	EÜR	4581	Statistisches Konto Erlöse zum ermäßigten Umsatzsteuersatz (EÜR)[15]
	EÜR	4582	Statistisches Konto Erlöse steuerfrei und nicht steuerbar (EÜR)[15]
	EÜR	4589	Gegenkonto 4580-4582 bei Aufteilung der Erlöse nach Steuersätzen (EÜR)
Sonstige betriebliche Erträge		4600	Unentgeltliche Wertabgaben
		4605	Entnahme von Gegenständen ohne USt
		R 4608 -09	
	U	AM 4610 -16	Entnahme durch Unternehmer für Zwecke außerhalb des Unternehmens (Waren) 7 % USt
		R 4617 -18	
		4619	Entnahme durch Unternehmer für Zwecke außerhalb des Unternehmens (Waren) ohne USt
	U	AM 4620 -26	Entnahme durch Unternehmer für Zwecke außerhalb des Unternehmens (Waren) 19 % USt
		R 4627 -29	
	U	AM 4630 -36	Verwendung von Gegenständen für Zwecke außerhalb des Unternehmens 7 % USt
		4637	Verwendung von Gegenständen für Zwecke außerhalb des Unternehmens ohne USt
		4638	Verwendung von Gegenständen für Zwecke außerhalb des Unternehmens ohne USt (Telefon-Nutzung)
		4639	Verwendung von Gegenständen für Zwecke außerhalb des Unternehmens ohne USt (Kfz-Nutzung)
	U	AM 4640 -44	Verwendung von Gegenständen für Zwecke außerhalb des Unternehmens 19 % USt
	U	AM 4645	Verwendung von Gegenständen für Zwecke außerhalb des Unternehmens 19 % USt (Kfz-Nutzung)
	U	AM 4646	Verwendung von Gegenständen für Zwecke außerhalb des Unternehmens 19 % USt (Telefon-Nutzung)

GuV-Posten[2]	Programmverbindung[4] Abschlusszweck[4]	4 Betriebliche Erträge	GuV-Posten[2]	Programmverbindung[4] Abschlusszweck[4]	4 Betriebliche Erträge
Sonstige betriebliche Erträge		R 4647 -49	Umsatzerlöse		R 4728 -29
	U	AM 4650 -56 Unentgeltliche Erbringung einer sonstigen Leistung 7 % USt			S 4730 Gewährte Skonti
		R 4657 -58		U	S/AM 4731 Gewährte Skonti 7 % USt
		4659 Unentgeltliche Erbringung einer sonstigen Leistung ohne USt			R 4732 -35
	U	AM 4660 -66 Unentgeltliche Erbringung einer sonstigen Leistung 19 % USt		U	S/AM 4736 Gewährte Skonti 19 % USt
		R 4667 -69			R 4737
	U	AM 4670 -76 Unentgeltliche Zuwendung von Waren 7 % USt		U	S/AM 4738 Gewährte Skonti aus Lieferungen von Mobilfunkgeräten etc., für die der Leistungsempfänger die Umsatzsteuer nach § 13b Abs. 2 Nr. 10 UStG schuldet
		R 4677 -78		U	S/AM 4741 Gewährte Skonti aus Leistungen, für die der Leistungsempfänger die Umsatzsteuer nach § 13b UStG schuldet
		4679 Unentgeltliche Zuwendung von Waren ohne USt		U	S/AM 4742 Gewährte Skonti aus Erlösen aus im anderen EU-Land steuerpflichtigen sonstigen Leistungen, für die der Leistungsempfänger die Umsatzsteuer schuldet
	U	AM 4680 -84 Unentgeltliche Zuwendung von Waren 19 % USt		U	S/AM 4743 Gewährte Skonti aus steuerfreien innergemeinschaftlichen Lieferungen § 4 Nr. 1b UStG
		R 4685			R 4744
	U	AM 4686 -87 Unentgeltliche Zuwendung von Gegenständen 19 % USt			S 4745 Gewährte Skonti aus im Inland steuerpflichtigen EU-Lieferungen
		R 4688		U	S/AM 4746 Gewährte Skonti aus im Inland steuerpflichtigen EU-Lieferungen 7 % USt
		4689 Unentgeltliche Zuwendung von Gegenständen ohne USt			R 4747
Umsatzerlöse		4690 Nicht steuerbare Umsätze (Innenumsätze)		U	S/AM 4748 Gewährte Skonti aus im Inland steuerpflichtigen EU-Lieferungen 19 % USt
		4695 Umsatzsteuervergütungen, z. B. nach § 24 UStG			R 4749
		4699 Direkt mit dem Umsatz verbundene Steuern		U	AM 4750 -51 Gewährte Boni 7 % USt
		4700 Erlösschmälerungen			R 4752 -59
	U	AM 4701 Erlösschmälerungen für steuerfreie Umsätze nach § 4 Nr. 8 ff. UStG		U	AM 4760 -61 Gewährte Boni 19 % USt
	U	AM 4702 Erlösschmälerungen für steuerfreie Umsätze nach § 4 Nr. 2 bis 7 UStG			R 4762 -68
	U	AM 4703 Erlösschmälerungen für sonstige steuerfreie Umsätze ohne Vorsteuerabzug			4769 Gewährte Boni
	U	AM 4704 Erlösschmälerungen für sonstige steuerfreie Umsätze mit Vorsteuerabzug			4770 Gewährte Rabatte
	U	AM 4705 Erlösschmälerungen aus steuerfreien Umsätzen § 4 Nr. 1a UStG		U	AM 4780 -81 Gewährte Rabatte 7 % USt
	U	AM 4706 Erlösschmälerungen für steuerfreie innergemeinschaftliche Dreiecksgeschäfte nach § 25b Abs. 2 und 4 UStG			R 4782 -89
	U	AM 4710 -11 Erlösschmälerungen 7 % USt		U	AM 4790 -91 Gewährte Rabatte 19 % USt
		R 4712 -19			R 4792 -99
	U	AM 4720 -21 Erlösschmälerungen 19 % USt			**Erhöhung oder Verminderung des Bestands an fertigen und unfertigen Erzeugnissen**
		R 4722 -23	Erhöhung des Bestands an fertigen und unfertigen Erzeugnissen oder *Verminderung des Bestands an fertigen und unfertigen Erzeugnissen*		4800 Bestandsveränderungen - fertige Erzeugnisse
	U	AM 4724 Erlösschmälerungen aus steuerfreien innergemeinschaftlichen Lieferungen			4810 Bestandsveränderungen - unfertige Erzeugnisse
	U	AM 4725 Erlösschmälerungen aus im Inland steuerpflichtigen EU-Lieferungen 7 % USt			4815 Bestandsveränderungen - unfertige Leistungen
	U	AM 4726 Erlösschmälerungen aus im Inland steuerpflichtigen EU-Lieferungen 19 % USt			
		4727 Erlösschmälerungen aus im anderen EU-Land steuerpflichtigen Lieferungen[3]			

GuV-Posten[2)]	Programmverbindung[4)] Abschlusszweck[4)]	4 Betriebliche Erträge
Erhöhung des Bestands in Ausführung befindlicher Bauaufträge oder *Verminderung des Bestands in Ausführung befindlicher Bauaufträge*		4816 Bestandsveränderungen in Ausführung befindlicher Bauaufträge
Erhöhung des Bestands in Arbeit befindlicher Aufträge oder *Verminderung des Bestands in Arbeit befindlicher Aufträge*		4818 Bestandsveränderungen in Arbeit befindlicher Aufträge
		Andere aktivierte Eigenleistungen
Andere aktivierte Eigenleistungen		**4820 Andere aktivierte Eigenleistungen**
	G K	4824 Aktivierte Eigenleistungen (den Herstellungskosten zurechenbare Fremdkapitalzinsen)
	HB	4825 Aktivierte Eigenleistungen zur Erstellung von selbst geschaffenen immateriellen Vermögensgegenständen
		Sonstige betriebliche Erträge
Sonstige betriebliche Erträge		4830 Sonstige betriebliche Erträge
		4832 Sonstige betriebliche Erträge von verbundenen Unternehmen
Umsatzerlöse		4833 Andere Nebenerlöse
Sonstige betriebliche Erträge	U	AM 4834 Sonstige Erträge betrieblich und regelmäßig 16 % USt
		4835 Sonstige Erträge betrieblich und regelmäßig
	U	AM 4836 Sonstige Erträge betrieblich und regelmäßig 19 % USt
		4837 Sonstige Erträge betriebsfremd und regelmäßig
		4838 Erstattete Vorsteuer anderer Länder
		4839 Sonstige Erträge unregelmäßig
		4840 Erträge aus der Währungsumrechnung
	U	AM 4841 Sonstige Erträge betrieblich und regelmäßig, steuerfrei § 4 Nr. 8 ff. UStG
	U	AM 4842 Sonstige betriebliche Erträge, steuerfrei z. B. § 4 Nr. 2 bis 7 UStG
		4843 Erträge aus Bewertung Finanzmittelfonds
	U	AM 4844 Erlöse aus Verkäufen Sachanlagevermögen steuerfrei § 4 Nr. 1a UStG (bei Buchgewinn)
	U	AM 4845 Erlöse aus Verkäufen Sachanlagevermögen 19 % USt (bei Buchgewinn)
		R 4846
		4847 Erträge aus der Währungsumrechnung (nicht § 256a HGB)
	U	AM 4848 Erlöse aus Verkäufen Sachanlagevermögen steuerfrei § 4 Nr. 1b UStG (bei Buchgewinn)
		4849 Erlöse aus Verkäufen Sachanlagevermögen (bei Buchgewinn)
Sonstige betriebliche Erträge		4850 Erlöse aus Verkäufen immaterieller Vermögensgegenstände (bei Buchgewinn)
		4851 Erlöse aus Verkäufen Finanzanlagen (bei Buchgewinn)
	G K	4852 Erlöse aus Verkäufen Finanzanlagen § 3 Nr. 40 EStG bzw. § 8b Abs. 2 KStG (bei Buchgewinn)[9)]
		4855 Anlagenabgänge Sachanlagen (Restbuchwert bei Buchgewinn)
		4856 Anlagenabgänge immaterielle Vermögensgegenstände (Restbuchwert bei Buchgewinn)
		4857 Anlagenabgänge Finanzanlagen (Restbuchwert bei Buchgewinn)
	G K	4858 Anlagenabgänge Finanzanlagen § 3 Nr. 40 EStG bzw. § 8b Abs. 2 KStG (Restbuchwert bei Buchgewinn)[9)]
Umsatzerlöse		4860 Grundstückserträge
	U	AM 4861 Erlöse aus Vermietung und Verpachtung, umsatzsteuerfrei § 4 Nr. 12 UStG
	U	AM 4862 Erlöse aus Vermietung und Verpachtung 19 % USt
		R 4863 -64
Sonstige betriebliche Erträge	U EÜR	AM 4865 Erlöse aus Verkäufen von Wirtschaftsgütern des Umlaufvermögens 19 % USt für § 4 Abs. 3 Satz 4 EStG
	U EÜR	AM 4866 Erlöse aus Verkäufen von Wirtschaftsgütern des Umlaufvermögens, umsatzsteuerfrei § 4 Nr. 8 ff. UStG i. V. m. § 4 Abs. 3 Satz 4 EStG
	U G K EÜR	AM 4867 Erlöse aus Verkäufen von Wirtschaftsgütern des Umlaufvermögens, umsatzsteuerfrei § 4 Nr. 8 ff. UStG i. V. m. § 4 Abs. 3 Satz 4 EStG, § 3 Nr. 40 EStG bzw. § 8b Abs. 2 KStG[9)]
	EÜR	4869 Erlöse aus Verkäufen von Wirtschaftsgütern des Umlaufvermögens nach § 4 Abs. 3 Satz 4 EStG
		4900 Erträge aus dem Abgang von Gegenständen des Anlagevermögens
	G K	4901 Erträge aus der Veräußerung von Anteilen an Kapitalgesellschaften (Finanzanlagevermögen) § 3 Nr. 40 EStG bzw. § 8b Abs. 2 KStG[9)]
		4905 Erträge aus dem Abgang von Gegenständen des Umlaufvermögens außer Vorräte
	G K	4906 Erträge aus dem Abgang von Gegenständen des Umlaufvermögens (außer Vorräte) § 3 Nr. 40 EStG bzw. § 8b Abs. 2 KStG[9)]
		4910 Erträge aus Zuschreibungen des Sachanlagevermögens
		4911 Erträge aus Zuschreibungen des immateriellen Anlagevermögens
		4912 Erträge aus Zuschreibungen des Finanzanlagevermögens
	G K	4913 Erträge aus Zuschreibungen des Finanzanlagevermögens § 3 Nr. 40 EStG bzw. § 8b Abs. 3 Satz 8 KStG[9)]
	G K	4914 Erträge aus Zuschreibungen § 3 Nr. 40 EStG bzw. § 8b Abs. 2 KStG[9)]

GuV-Posten[2]	Programmverbindung[4] Abschlusszweck[4]	4 Betriebliche Erträge
Sonstige betriebliche Erträge		4915 Erträge aus Zuschreibungen des Umlaufvermögens (außer Vorräte)
	G K	4916 Erträge aus Zuschreibungen des Umlaufvermögens § 3 Nr. 40 EStG bzw. § 8b Abs. 3 Satz 8 KStG[9]
		4920 Erträge aus der Herabsetzung der Pauschalwertberichtigung auf Forderungen
		4923 Erträge aus der Herabsetzung der Einzelwertberichtigung auf Forderungen
		4925 Erträge aus abgeschriebenen Forderungen
		4927 Erträge aus der Auflösung einer steuerlichen Rücklage nach § 6b Abs. 3 EStG
		4928 Erträge aus der Auflösung einer steuerlichen Rücklage nach § 6b Abs. 10 EStG
	SB	4929 Erträge aus der Auflösung der Rücklage für Ersatzbeschaffung, R 6.6 EStR
		4930 Erträge aus der Auflösung von Rückstellungen
		4932 Erträge aus der Herabsetzung von Verbindlichkeiten
		4935 Erträge aus der Auflösung einer steuerlichen Rücklage
		R 4936
	SB	4937 Erträge aus der Auflösung steuerrechtlicher Sonderabschreibungen
		4938 Erträge aus der Auflösung einer steuerlichen Rücklage nach § 4g EStG
		R 4939
		4940 Verrechnete sonstige Sachbezüge (keine Waren)
	U	AM 4941 Sachbezüge 7 % USt (Waren)
		R 4942 -44
	U	AM 4945 Sachbezüge 19 % USt (Waren)
		4946 Verrechnete sonstige Sachbezüge
	U	AM 4947 Verrechnete sonstige Sachbezüge aus Kfz-Gestellung 19 % USt
	U	AM 4948 Verrechnete sonstige Sachbezüge 19 % USt
		4949 Verrechnete sonstige Sachbezüge ohne Umsatzsteuer
		4960 Periodenfremde Erträge
		4970 Versicherungsentschädigungen und Schadenersatzleistungen
		4972 Erstattungen Aufwendungsausgleichsgesetz
		4975 Investitionszuschüsse (steuerpflichtig)
	G K	4980 Investitionszulagen (steuerfrei)
	G K	4981 Steuerfreie Erträge aus der Auflösung von steuerlichen Rücklagen
	G K	4982 Sonstige steuerfreie Betriebseinnahmen
		4987 Erträge aus der Aktivierung unentgeltlich erworbener Vermögensgegenstände
		4989 Kostenerstattungen, Rückvergütungen und Gutschriften für frühere Jahre
Umsatzerlöse		4992 Erträge aus Verwaltungskostenumlagen

GuV-Posten[2]	Programmverbindung[4] Abschlusszweck[4]	5 Betriebliche Aufwendungen
		V 5000-5348 KU 5349 V 5350-5599 V 5700-5859 KU 5860-5899 V 5900-5908 KU 5909 V 5910-5999
		Material- und Stoffverbrauch
Aufwendungen für Roh-, Hilfs- und Betriebsstoffe und für bezogene Waren		5000 -99 Aufwendungen für Roh-, Hilfs- und Betriebsstoffe und für bezogene Waren
		Materialaufwand
		5100 Einkauf Roh-, Hilfs- und Betriebsstoffe
		AV 5110 -19 Einkauf Roh-, Hilfs- und Betriebsstoffe 7 % Vorsteuer
		R 5120 -29
		AV 5130 -39 Einkauf Roh-, Hilfs- und Betriebsstoffe 19 % Vorsteuer
		R 5140 -59
	U	AV 5160 Einkauf Roh-, Hilfs- und Betriebsstoffe, innergemeinschaftlicher Erwerb 7 % Vorsteuer und 7 % Umsatzsteuer
		R 5161
	U	AV 5162 -63 Einkauf Roh-, Hilfs- und Betriebsstoffe, innergemeinschaftlicher Erwerb 19 % Vorsteuer und 19 % Umsatzsteuer
		R 5164 -65
	U	AV 5166 Einkauf Roh-, Hilfs- und Betriebsstoffe, innergemeinschaftlicher Erwerb ohne Vorsteuer und 7 % Umsatzsteuer
	U	AV 5167 Einkauf Roh-, Hilfs- und Betriebsstoffe, innergemeinschaftlicher Erwerb ohne Vorsteuer und 19 % Umsatzsteuer
		R 5168 -69
		AV 5170 Einkauf Roh-, Hilfs- und Betriebsstoffe 5,5 % Vorsteuer
		AV 5171 Einkauf Roh-, Hilfs- und Betriebsstoffe 10,7 % Vorsteuer
		R 5172 -74
	U	AV 5175 Einkauf Roh-, Hilfs- und Betriebsstoffe aus einem USt-Lager § 13a UStG 7 % Vorsteuer und 7 % Umsatzsteuer
	U	AV 5176 Einkauf Roh-, Hilfs- und Betriebsstoffe aus einem USt-Lager § 13a UStG 19 % Vorsteuer und 19 % Umsatzsteuer
		R 5177 -88
	U	AV 5189 Erwerb Roh-, Hilfs- und Betriebsstoffe als letzter Abnehmer innerhalb Dreiecksgeschäft 19 % Vorsteuer und 19 % Umsatzsteuer
		5190 Energiestoffe (Fertigung)
		AV 5191 Energiestoffe (Fertigung) 7 % Vorsteuer
		AV 5192 Energiestoffe (Fertigung) 19 % Vorsteuer
		R 5193 -98

GuV-Posten[2]	Programmverbindung[4] Abschlusszweck[4]		5 Betriebliche Aufwendungen
Aufwendungen für Roh-, Hilfs- und Betriebsstoffe und für bezogene Waren		5200	**Wareneingang**
		AV 5300	Wareneingang 7 % Vorsteuer
		-09	
		R 5310	
		-48	
		5349	Wareneingang ohne Vorsteuerabzug
		AV 5400	Wareneingang 19 % Vorsteuer
		-09	
		R 5410	
		-19	
	U	AV 5420	Innergemeinschaftlicher Erwerb
		-24	7 % Vorsteuer und 7 % Umsatzsteuer
	U	AV 5425	Innergemeinschaftlicher Erwerb
		-29	19 % Vorsteuer und 19 % Umsatzsteuer
	U	AV 5430	Innergemeinschaftlicher Erwerb ohne Vorsteuerabzug 7 % Umsatzsteuer
		R 5431	
		-34	
	U	AV 5435	Innergemeinschaftlicher Erwerb ohne Vorsteuerabzug und 19 % Umsatzsteuer
		R 5436	
		-39	
	U	AV 5440	Innergemeinschaftlicher Erwerb von Neufahrzeugen von Lieferanten ohne Umsatzsteuer-Identifikationsnummer 19 % Vorsteuer und 19 % Umsatzsteuer
		R 5441	
		-49	
		R 5500	
		-04	
		AV 5505	Wareneingang 5,5 % Vorsteuer
		-09	
		R 5510	
		-39	
		AV 5540	Wareneingang 10,7 % Vorsteuer
		-49	
	U	AV 5550	Steuerfreier innergemeinschaftlicher Erwerb
		5551	Wareneingang im Drittland steuerbar
		5552	Erwerb 1. Abnehmer innerhalb eines Dreiecksgeschäftes
	U	AV 5553	Erwerb Waren als letzter Abnehmer innerhalb Dreiecksgeschäft 19 % Vorsteuer und 19 % Umsatzsteuer
		R 5554	
		-57	
		5558	Wareneingang im anderen EU-Land steuerbar
		5559	Steuerfreie Einfuhren
	U	AV 5560	Waren aus einem Umsatzsteuerlager, § 13a UStG 7 % Vorsteuer und 7 % Umsatzsteuer
		R 5561	
		-64	
	U	AV 5565	Waren aus einem Umsatzsteuerlager, § 13a UStG 19 % Vorsteuer und 19 % Umsatzsteuer
		R 5566	
		-69	
		5600	Nicht abziehbare Vorsteuer
		-09	
		5610	Nicht abziehbare Vorsteuer 7 %
		-19	

GuV-Posten[2]	Programmverbindung[4] Abschlusszweck[4]		5 Betriebliche Aufwendungen
Aufwendungen für Roh-, Hilfs- und Betriebsstoffe und für bezogene Waren		R 5650	
		-59	
		5660	Nicht abziehbare Vorsteuer 19 %
		-69	
		5700	Nachlässe
		5701	Nachlässe aus Einkauf Roh-, Hilfs- und Betriebsstoffe
		AV 5710	Nachlässe 7 % Vorsteuer
		-11	
		R 5712	
		-13	
		AV 5714	Nachlässe aus Einkauf Roh-, Hilfs- und Betriebsstoffe 7 % Vorsteuer
		AV 5715	Nachlässe aus Einkauf Roh-, Hilfs- und Betriebsstoffe 19 % Vorsteuer
		R 5716	
	U	AV 5717	Nachlässe aus Einkauf Roh-, Hilfs- und Betriebsstoffe, innergemeinschaftlicher Erwerb 7 % Vorsteuer und 7 % Umsatzsteuer
	U	AV 5718	Nachlässe aus Einkauf Roh-, Hilfs- und Betriebsstoffe, innergemeinschaftlicher Erwerb 19 % Vorsteuer und 19 % Umsatzsteuer
		R 5719	
		AV 5720	Nachlässe 19 % Vorsteuer
		R 5722	
		-23	
	U	AV 5724	Nachlässe aus innergemeinschaftlichem Erwerb 7 % Vorsteuer und 7 % Umsatzsteuer
	U	AV 5725	Nachlässe aus innergemeinschaftlichem Erwerb 19 % Vorsteuer und 19 % Umsatzsteuer
		R 5726	
		-29	
		S/AV 5730	Erhaltene Skonti
		S/AV 5731	Erhaltene Skonti 7 % Vorsteuer
		R 5732	
		S/AV 5733	Erhaltene Skonti aus Einkauf Roh-, Hilfs- und Betriebsstoffe
		S/AV 5734	Erhaltene Skonti aus Einkauf Roh-, Hilfs- und Betriebsstoffe 7 % Vorsteuer
		R 5735	
		S/AV 5736	Erhaltene Skonti 19 % Vorsteuer
		R 5737	
		S/AV 5738	Erhaltene Skonti aus Einkauf Roh-, Hilfs- und Betriebsstoffe 19 % Vorsteuer
		R 5739	
		-40	
	U	S/AV 5741	Erhaltene Skonti aus Einkauf Roh-, Hilfs- und Betriebsstoffe aus steuerpflichtigem innergemeinschaftlichem Erwerb 19 % Vorsteuer und 19 % Umsatzsteuer
		R 5742	
	U	S/AV 5743	Erhaltene Skonti aus Einkauf Roh-, Hilfs- und Betriebsstoffe aus steuerpflichtigem innergemeinschaftlichem Erwerb 7 % Vorsteuer und 7 % Umsatzsteuer

GuV-Posten[2)]	Programmverbindung[4)] Abschlusszweck[4)]	5 Betriebliche Aufwendungen
Aufwendungen für Roh-, Hilfs- und Betriebsstoffe und für bezogene Waren		S/AV 5744 Erhaltene Skonti aus Einkauf Roh-, Hilfs- und Betriebsstoffe aus steuerpflichtigem innergemeinschaftlichem Erwerb
		S/AV 5745 Erhaltene Skonti aus steuerpflichtigem innergemeinschaftlichem Erwerb
	U	S/AV 5746 Erhaltene Skonti aus steuerpflichtigem innergemeinschaftlichem Erwerb 7 % Vorsteuer und 7 % Umsatzsteuer
		R 5747
	U	S/AV 5748 Erhaltene Skonti aus steuerpflichtigem innergemeinschaftlichem Erwerb 19 % Vorsteuer und 19 % Umsatzsteuer
		R 5749
		AV 5750 Erhaltene Boni 7 % Vorsteuer
		-51
		R 5752
		5753 Erhaltene Boni aus Einkauf Roh-, Hilfs- und Betriebsstoffe
		AV 5754 Erhaltene Boni aus Einkauf Roh-, Hilfs- und Betriebsstoffe 7 % Vorsteuer
		AV 5755 Erhaltene Boni aus Einkauf Roh-, Hilfs- und Betriebsstoffe 19 % Vorsteuer
		R 5756
		-59
		AV 5760 Erhaltene Boni 19 % Vorsteuer
		-61
		R 5762
		-68
		5769 Erhaltene Boni
		5770 Erhaltene Rabatte
		AV 5780 Erhaltene Rabatte 7 % Vorsteuer
		-81
		R 5782
		5783 Erhaltene Rabatte aus Einkauf Roh-, Hilfs- und Betriebsstoffe
		AV 5784 Erhaltene Rabatte aus Einkauf Roh-, Hilfs- und Betriebsstoffe 7 % Vorsteuer
		AV 5785 Erhaltene Rabatte aus Einkauf Roh-, Hilfs- und Betriebsstoffe 19 % Vorsteuer
		R 5786
		-87
		S/AV 5788 Erhaltene Skonti aus Einkauf Roh-, Hilfs- und Betriebsstoffe 10,7 % Vorsteuer
		R 5789
		AV 5790 -91 Erhaltene Rabatte 19 % Vorsteuer
	U	AV 5792 Erhaltene Skonti aus Erwerb Roh-, Hilfs- und Betriebsstoffe als letzter Abnehmer innerhalb Dreiecksgeschäft 19 % Vorsteuer und 19 % Umsatzsteuer
	U	AV 5793 Erhaltene Skonti aus Erwerb Waren als letzter Abnehmer innerhalb Dreiecksgeschäft 19 % Vorsteuer und 19 % Umsatzsteuer
		S/AV 5794 Erhaltene Skonti 5,5 % Vorsteuer
		R 5795
		S/AV 5796 Erhaltene Skonti 10,7 % Vorsteuer
		R 5797

GuV-Posten[2)]	Programmverbindung[4)] Abschlusszweck[4)]	5 Betriebliche Aufwendungen
Aufwendungen für Roh-, Hilfs- und Betriebsstoffe und für bezogene Waren		S/AV 5798 Erhaltene Skonti aus Einkauf Roh-, Hilfs- und Betriebsstoffe 5,5 % Vorsteuer
		R 5799
		5800 Bezugsnebenkosten
		5820 Leergut
		5840 Zölle und Einfuhrabgaben
		5860 Verrechnete Stoffkosten (Gegenkonto 5000-99)
		5880 Bestandsveränderungen Roh-, Hilfs- und Betriebsstoffe sowie bezogene Waren
		5881 Bestandsveränderungen Waren
		5885 Bestandsveränderungen Roh-, Hilfs- und Betriebsstoffe
		Aufwendungen für bezogene Leistungen
Aufwendungen für bezogene Leistungen		5900 Fremdleistungen
		AV 5906 Fremdleistungen 19 % Vorsteuer
		R 5907
		AV 5908 Fremdleistungen 7 % Vorsteuer
		5909 Fremdleistungen ohne Vorsteuer
		Umsätze, für die als Leistungsempfänger die Steuer nach § 13b UStG geschuldet wird
	U	AV 5910 Bauleistungen eines im Inland ansässigen Unternehmers 7 % Vorsteuer und 7 % Umsatzsteuer
		R 5911
		-12
	U	AV 5913 Sonstige Leistungen eines im anderen EU-Land ansässigen Unternehmers 7 % Vorsteuer und 7 % Umsatzsteuer
		R 5914
	U	AV 5915 Leistungen eines im Ausland ansässigen Unternehmers 7 % Vorsteuer und 7 % Umsatzsteuer
		R 5916
		-19
	U	AV 5920 -21 Bauleistungen eines im Inland ansässigen Unternehmers 19 % Vorsteuer und 19 % Umsatzsteuer
		R 5922
	U	AV 5923 Sonstige Leistungen eines im anderen EU-Land ansässigen Unternehmers 19 % Vorsteuer und 19 % Umsatzsteuer
		R 5924
	U	AV 5925 -26 Leistungen eines im Ausland ansässigen Unternehmers 19 % Vorsteuer und 19 % Umsatzsteuer
		R 5927
		-29
	U	AV 5930 Bauleistungen eines im Inland ansässigen Unternehmers ohne Vorsteuer und 7 % Umsatzsteuer
		R 5931
		-32
	U	AV 5933 Sonstige Leistungen eines im anderen EU-Land ansässigen Unternehmers ohne Vorsteuer und 7 % Umsatzsteuer
		R 5934
	U	AV 5935 Leistungen eines im Ausland ansässigen Unternehmers ohne Vorsteuer und 7 % Umsatzsteuer

Art.-Nr. 11175 2020-01-01

GuV-Posten[2]	Programmverbindung[4] Abschlusszweck[4]	5 Betriebliche Aufwendungen	
Aufwendungen für bezogene Leistungen		R 5936-39	
	U	AV 5940-41	Bauleistungen eines im Inland ansässigen Unternehmers ohne Vorsteuer und 19 % Umsatzsteuer
		R 5942	
	U	AV 5943	Sonstige Leistungen eines im anderen EU-Land ansässigen Unternehmers ohne Vorsteuer und 19 % Umsatzsteuer
		R 5944	
	U	AV 5945-46	Leistungen eines im Ausland ansässigen Unternehmers ohne Vorsteuer und 19 % Umsatzsteuer
		R 5947-49	
		S/AV 5950	Erhaltene Skonti aus Leistungen, für die als Leistungsempfänger die Steuer nach § 13b UStG geschuldet wird
	U	S/AV 5951	Erhaltene Skonti aus Leistungen, für die als Leistungsempfänger die Steuer nach § 13b UStG geschuldet wird 19 % Vorsteuer und 19 % Umsatzsteuer
		R 5952	
		S/AV 5953	Erhaltene Skonti aus Leistungen, für die als Leistungsempfänger die Steuer nach § 13b UStG geschuldet wird ohne Vorsteuer aber mit Umsatzsteuer
	U	S/AV 5954	Erhaltene Skonti aus Leistungen, für die als Leistungsempfänger die Steuer nach § 13b UStG geschuldet wird ohne Vorsteuer, mit 19 % Umsatzsteuer
		R 5955-59	
		5960	Leistungen nach § 13b UStG mit Vorsteuerabzug[21]
		5965	Leistungen nach § 13b UStG ohne Vorsteuerabzug[21]
	G K	5970	Fremdleistungen (Miet- und Pachtzinsen bewegliche Wirtschaftsgüter)
	G K	5975	Fremdleistungen (Miet- und Pachtzinsen unbewegliche Wirtschaftsgüter)
	G K	5980	Fremdleistungen (Entgelte für Rechte und Lizenzen)
	G	5985	Fremdleistungen (Vergütungen für die Überlassung von Wirtschaftsgütern - mit Sonderbetriebseinnahme korrespondierend)

GuV-Posten[2]	Programmverbindung[4] Abschlusszweck[4]	6 Betriebliche Aufwendungen	
			V 6250-6259 M 6280-6299 V 6300-6389 V 6450-6853 V 6855-6859 M 6884-6894 KU 6895-6899 M 6930-6939
			Personalaufwand
Löhne und Gehälter		**6000**	**Löhne und Gehälter**
		6010	Löhne
		6020	Gehälter
		6024	Geschäftsführergehälter der GmbH-Gesellschafter
	K	6026	Tantiemen Gesellschafter-Geschäftsführer
		6027	Geschäftsführergehälter
	G	6028	Vergütungen an angestellte Mitunternehmer § 15 EStG (mit Sonderbetriebseinnahme korrespondierend)
	K	6029	Tantiemen Arbeitnehmer
		6030	Aushilfslöhne
		6035	Löhne für Minijobs
		6036	Pauschale Steuer für Minijobber
		6037	Pauschale Steuer für Gesellschafter-Geschäftsführer
	G	6038	Pauschale Steuer für angestellte Mitunternehmer § 15 EStG (mit Sonderbetriebseinnahme korrespondierend)
		6039	Pauschale Steuer für Arbeitnehmer
		6040	Pauschale Steuer für Aushilfen
		6045	Bedienungsgelder
		6050	Ehegattengehalt
		6060	Freiwillige soziale Aufwendungen, lohnsteuerpflichtig
		6066	Freiwillige Zuwendungen an Minijobber
		6067	Freiwillige Zuwendungen an Gesellschafter-Geschäftsführer
	G	6068	Freiwillige Zuwendungen an angestellte Mitunternehmer § 15 EStG (mit Sonderbetriebseinnahme korrespondierend)
		6069	Pauschale Steuer auf sonstige Bezüge (z. B. Fahrtkostenzuschüsse)
		6070	Krankengeldzuschüsse
		6071	Sachzuwendungen und Dienstleistungen an Minijobber
		6072	Sachzuwendungen und Dienstleistungen an Arbeitnehmer
		6073	Sachzuwendungen und Dienstleistungen an Gesellschafter-Geschäftsführer
	G	6074	Sachzuwendungen und Dienstleistungen an angestellte Mitunternehmer § 15 EStG (mit Sonderbetriebseinnahme korrespondierend)
		6075	Zuschüsse der Agenturen für Arbeit (Haben)
		6076	Aufwendungen aus der Veränderung von Urlaubsrückstellungen
		6077	Aufwendungen aus der Veränderung von Urlaubsrückstellungen für Gesellschafter-Geschäftsführer

GuV-Posten[2]	Programmverbindung[4] Abschlusszweck[4]	6 Betriebliche Aufwendungen
Löhne und Gehälter	G	6078 Aufwendungen aus der Veränderung von Urlaubsrückstellungen für angestellte Mitunternehmer § 15 EStG (mit Sonderbetriebseinnahme korrespondierend)
		6079 Aufwendungen aus der Veränderung von Urlaubsrückstellungen für Minijobber
		6080 Vermögenswirksame Leistungen
		6090 Fahrtkostenerstattung Wohnung/Arbeitsstätte
Soziale Abgaben und Aufwendungen für Altersversorgung und für Unterstützung		**6100 Soziale Abgaben und Aufwendungen für Altersversorgung und für Unterstützung**
		6110 Gesetzliche soziale Aufwendungen
	G	6118 Gesetzliche soziale Aufwendungen für Mitunternehmer § 15 EStG (mit Sonderbetriebseinnahme korrespondierend)
		6120 Beiträge zur Berufsgenossenschaft
		6130 Freiwillige soziale Aufwendungen, lohnsteuerfrei
		6140 Aufwendungen für Altersversorgung
		6147 Pauschale Steuer auf sonstige Bezüge (z. B. Direktversicherungen)
	G	6148 Aufwendungen für Altersversorgung für Mitunternehmer § 15 EStG (mit Sonderbetriebseinnahme korrespondierend)
		6149 Aufwendungen für Altersversorgung für Gesellschafter-Geschäftsführer
		6150 Versorgungskassen
		6160 Aufwendungen für Unterstützung
		6170 Sonstige soziale Abgaben
		6171 Soziale Abgaben für Minijobber
		Abschreibungen auf immaterielle Vermögensgegenstände des Anlagevermögens und Sachanlagen
Abschreibungen auf immaterielle Vermögensgegenstände des Anlagevermögens und Sachanlagen		6200 Abschreibungen auf immaterielle Vermögensgegenstände
	HB	6201 Abschreibungen auf selbst geschaffene immaterielle Vermögensgegenstände
		6205 Abschreibungen auf den Geschäfts- oder Firmenwert
		6209 Außerplanmäßige Abschreibungen auf den Geschäfts- oder Firmenwert
		6210 Außerplanmäßige Abschreibungen auf immaterielle Vermögensgegenstände
	HB	6211 Außerplanmäßige Abschreibungen auf selbst geschaffene immaterielle Vermögensgegenstände
		6220 Abschreibungen auf Sachanlagen (ohne AfA auf Kfz und Gebäude)
		6221 Abschreibungen auf Gebäude
		6222 Abschreibungen auf Kfz
		6223 Abschreibungen auf Gebäudeteil des häuslichen Arbeitszimmers
		6230 Außerplanmäßige Abschreibungen auf Sachanlagen
		6231 Absetzung für außergewöhnliche technische und wirtschaftliche Abnutzung der Gebäude
Abschreibungen auf immaterielle Vermögensgegenstände des Anlagevermögens und Sachanlagen		6232 Absetzung für außergewöhnliche technische und wirtschaftliche Abnutzung des Kfz
		6233 Absetzung für außergewöhnliche technische und wirtschaftliche Abnutzung sonstiger Wirtschaftsgüter
	SB	6240 Abschreibungen auf Sachanlagen auf Grund steuerlicher Sondervorschriften
	SB	6241 Sonderabschreibungen nach § 7g Abs. 5 EStG (ohne Kfz)
	SB	6242 Sonderabschreibungen nach § 7g Abs. 5 EStG (für Kfz)
	SB	6243 Kürzung der Anschaffungs- oder Herstellungskosten nach § 7g Abs. 2 EStG (ohne Kfz)
	SB	6244 Kürzung der Anschaffungs- oder Herstellungskosten nach § 7g Abs. 2 EStG (für Kfz)
	SB	6245 Sonderabschreibungen nach § 7b EStG (Mietwohnungsneubau)[1]
		6250 Kaufleasing
		6260 Sofortabschreibungen geringwertiger Wirtschaftsgüter
		6262 Abschreibungen auf aktivierte, geringwertige Wirtschaftsgüter
		6264 Abschreibungen auf den Sammelposten Wirtschaftsgüter
		6266 Außerplanmäßige Abschreibungen auf aktivierte, geringwertige Wirtschaftsgüter
		Abschreibungen auf Vermögensgegenstände des Umlaufvermögens, soweit diese die in der Kapitalgesellschaft üblichen Abschreibungen überschreiten
Abschreibungen auf Vermögensgegenstände des Umlaufvermögens, soweit diese die in der Kapitalgesellschaft üblichen Abschreibungen überschreiten		6270 Abschreibungen auf sonstige Vermögensgegenstände des Umlaufvermögens (soweit unüblich hoch)
	SB	6272 Abschreibungen auf Umlaufvermögen, steuerrechtlich bedingt (soweit unüblich hoch)
		6278 Abschreibungen auf Roh-, Hilfs- und Betriebsstoffe/Waren (soweit unüblich hoch)
		6279 Abschreibungen auf fertige und unfertige Erzeugnisse (soweit unüblich hoch)
		6280 Forderungsverluste (soweit unüblich hoch)
	U	AM 6281 Forderungsverluste 7 % USt (soweit unüblich hoch)
		R 6282 -85
	U	AM 6286 Forderungsverluste 19 % USt (soweit unüblich hoch)
		R 6287 -88
	G K	6290 Abschreibungen auf Forderungen gegenüber Kapitalgesellschaften, an denen eine Beteiligung besteht (soweit unüblich hoch), § 3c EStG bzw. § 8b Abs. 3 KStG
	K	6291 Abschreibungen auf Forderungen gegenüber Gesellschaftern und nahe stehenden Personen (soweit unüblich hoch), § 8b Abs. 3 KStG

GuV-Posten[2]	Programmverbindung[4] Abschlusszweck[4]	6 Betriebliche Aufwendungen	
Sonstige betriebliche Aufwendungen			**Sonstige betriebliche Aufwendungen**
		6300	Sonstige betriebliche Aufwendungen
		6302	Interimskonto für Aufwendungen in einem anderen Land, bei denen eine Vorsteuervergütung möglich ist
		6303	Fremdleistungen/Fremdarbeiten
		6304	Sonstige Aufwendungen betrieblich und regelmäßig
		6305	Raumkosten
	G K	6310	Miete (unbewegliche Wirtschaftsgüter)
		6312	Miete/Aufwendungen für doppelte Haushaltsführung Unternehmer
	K	6313	Vergütungen an Gesellschafter für die miet- oder pachtweise Überlassung ihrer unbeweglichen Wirtschaftsgüter
	G	6314	Vergütungen an Mitunternehmer für die mietweise Überlassung ihrer unbeweglichen Wirtschaftsgüter § 15 EStG (mit Sonderbetriebseinnahme korrespondierend)
	G K	6315	Pacht (unbewegliche Wirtschaftsgüter)
	G K	6316	Leasing (unbewegliche Wirtschaftsgüter)
	G K	6317	Aufwendungen für gemietete oder gepachtete unbewegliche Wirtschaftsgüter, die gewerbesteuerlich hinzuzurechnen sind
		6318	Miet- und Pachtnebenkosten, die gewerbesteuerlich nicht hinzuzurechnen sind
	G	6319	Vergütungen an Mitunternehmer für die pachtweise Überlassung ihrer unbeweglichen Wirtschaftsgüter § 15 EStG (mit Sonderbetriebseinnahme korrespondierend)
		6320	Heizung
		6325	Gas, Strom, Wasser
		6330	Reinigung
		6335	Instandhaltung betrieblicher Räume
		6340	Abgaben für betrieblich genutzten Grundbesitz
		6345	Sonstige Raumkosten
		6348	Aufwendungen für ein häusliches Arbeitszimmer (abziehbarer Anteil)
	G	6349	Aufwendungen für ein häusliches Arbeitszimmer (nicht abziehbarer Anteil)
		6350	Grundstücksaufwendungen, betrieblich
		6352	Sonstige Grundstücksaufwendungen (neutral)
	G K	6390	Zuwendungen, Spenden, steuerlich nicht abziehbar
	G K	6391	Zuwendungen, Spenden für wissenschaftliche und kulturelle Zwecke
	G K	6392	Zuwendungen, Spenden für mildtätige Zwecke
	G K	6393	Zuwendungen, Spenden für kirchliche, religiöse und gemeinnützige Zwecke
Sonstige betriebliche Aufwendungen	G K	6394	Zuwendungen, Spenden an politische Parteien
	G K	6395	Zuwendungen, Spenden in das zu erhaltende Vermögen (Vermögensstock) einer Stiftung für gemeinnützige Zwecke
		R 6396	
	G K	6397	Zuwendungen, Spenden in das zu erhaltende Vermögen (Vermögensstock) einer Stiftung für kirchliche, religiöse und gemeinnützige Zwecke
	G K	6398	Zuwendungen, Spenden an Stiftungen in das zu erhaltende Vermögen (Vermögensstock) für wissenschaftliche, mildtätige, kulturelle Zwecke
		6400	Versicherungen
		6405	Versicherungen für Gebäude
		6410	Netto-Prämie für Rückdeckung künftiger Versorgungsleistungen
		6420	Beiträge
		6430	Sonstige Abgaben
		6436	Steuerlich abzugsfähige Verspätungszuschläge und Zwangsgelder
	G K	6437	Steuerlich nicht abzugsfähige Verspätungszuschläge und Zwangsgelder
		6440	Ausgleichsabgabe nach dem Schwerbehindertengesetz
		6450	Reparaturen und Instandhaltung von Bauten
		6460	Reparaturen und Instandhaltung von technischen Anlagen und Maschinen
		6470	Reparaturen und Instandhaltung von anderen Anlagen und Betriebs- und Geschäftsausstattung
		6475	Zuführung zu Aufwandsrückstellungen
		6485	Reparaturen und Instandhaltung von anderen Anlagen
		6490	Sonstige Reparaturen und Instandhaltung
		6495	Wartungskosten für Hard- und Software
	G K	6498	Mietleasing bewegliche Wirtschaftsgüter für technische Anlagen und Maschinen
		6500	Fahrzeugkosten[18]
		6520	Kfz-Versicherungen
		6530	Laufende Kfz-Betriebskosten
		6540	Kfz-Reparaturen
	G K	6550	Garagenmiete
	G K	6560	Mietleasing Kfz
		6565	Mietleasingaufwendungen für Elektrofahrzeuge, die gewerbesteuerlich hinzuzurechnen sind[1]
		6570	Sonstige Kfz-Kosten
		6580	Mautgebühren
		6590	Kfz-Kosten für betrieblich genutzte zum Privatvermögen gehörende Kraftfahrzeuge
		6595	Fremdfahrzeugkosten
		6600	Werbekosten
		6605	Streuartikel

GuV-Posten[2]	Programmverbindung[4] Abschlusszweck[4]	6 Betriebliche Aufwendungen
Sonstige betriebliche Aufwendungen		6610 Geschenke abzugsfähig ohne § 37b EStG
		6611 Geschenke abzugsfähig mit § 37b EStG
		6612 Pauschale Steuer für Geschenke und Zuwendungen abzugsfähig
	G K	6620 Geschenke nicht abzugsfähig ohne § 37b EStG
	G K	6621 Geschenke nicht abzugsfähig mit § 37b EStG
	G K	6622 Pauschale Steuer für Geschenke und Zuwendungen nicht abzugsfähig
		6625 Geschenke ausschließlich betrieblich genutzt
		6629 Zugaben mit § 37b EStG
		6630 Repräsentationskosten
		6640 Bewirtungskosten
		6641 Sonstige eingeschränkt abziehbare Betriebsausgaben (abziehbarer Anteil)
	G K	6642 Sonstige eingeschränkt abziehbare Betriebsausgaben (nicht abziehbarer Anteil)
		6643 Aufmerksamkeiten
	G K	6644 Nicht abzugsfähige Bewirtungskosten
	G K	6645 Nicht abzugsfähige Betriebsausgaben aus Werbe- und Repräsentationskosten
		6650 Reisekosten Arbeitnehmer
		6660 Reisekosten Arbeitnehmer Übernachtungsaufwand
		6663 Reisekosten Arbeitnehmer Fahrtkosten
		6664 Reisekosten Arbeitnehmer Verpflegungsmehraufwand
		R 6665
		6668 Kilometergelderstattung Arbeitnehmer
		6670 Reisekosten Unternehmer[18]
	G	6672 Reisekosten Unternehmer (nicht abziehbarer Anteil)
		6673 Reisekosten Unternehmer Fahrtkosten
		6674 Reisekosten Unternehmer Verpflegungsmehraufwand
		6680 Reisekosten Unternehmer Übernachtungsaufwand und Reisenebenkosten
		R 6685 -86
		6688 Fahrten zwischen Wohnung und Betriebsstätte und Familienheimfahrten (abziehbarer Anteil)
	G	6689 Fahrten zwischen Wohnung und Betriebsstätte und Familienheimfahrten (nicht abziehbarer Anteil)
		6690 Fahrten zwischen Wohnung und Betriebsstätte und Familienheimfahrten (Haben)
		6691 Verpflegungsmehraufwendungen im Rahmen der doppelten Haushaltsführung Unternehmer
		6700 Kosten der Warenabgabe
		6710 Verpackungsmaterial
		6740 Ausgangsfrachten
		6760 Transportversicherungen
		6770 Verkaufsprovisionen
		6780 Fremdarbeiten (Vertrieb)
		6790 Aufwand für Gewährleistung
Sonstige betriebliche Aufwendungen		6800 Porto
		6805 Telefon
		6810 Telefax und Internetkosten
		6815 Bürobedarf
		6820 Zeitschriften, Bücher (Fachliteratur)
		6821 Fortbildungskosten
		6822 Freiwillige Sozialleistungen
	G	6823 Vergütungen an Mitunternehmer § 15 EStG (mit Sonderbetriebseinnahme korrespondierend)
	G	6824 Haftungsvergütung an Mitunternehmer § 15 EStG (mit Sonderbetriebseinnahme korrespondierend)
		6825 Rechts- und Beratungskosten
		6827 Abschluss- und Prüfungskosten
		6830 Buchführungskosten
	K	6833 Vergütungen an Gesellschafter für die miet- oder pachtweise Überlassung ihrer beweglichen Wirtschaftsgüter
	G	6834 Vergütungen an Mitunternehmer für die miet- oder pachtweise Überlassung ihrer beweglichen Wirtschaftsgüter § 15 EStG (mit Sonderbetriebseinnahme korrespondierend)
	G K	6835 Mieten für Einrichtungen (bewegliche Wirtschaftsgüter)
	G K	6836 Pacht (bewegliche Wirtschaftsgüter)
	G K	6837 Aufwendungen für die zeitlich befristete Überlassung von Rechten (Lizenzen, Konzessionen)
	G K	6838 Aufwendungen für gemietete oder gepachtete bewegliche Wirtschaftsgüter, die gewerbesteuerlich hinzuzurechnen sind
	G K	6840 Mietleasing bewegliche Wirtschaftsgüter für Betriebs- und Geschäftsausstattung
		6845 Werkzeuge und Kleingeräte
		6850 Sonstiger Betriebsbedarf
		6854 Genossenschaftliche Rückvergütung an Mitglieder
Sonstige betriebliche Aufwendungen		6855 Nebenkosten des Geldverkehrs
	G K	6856 Aufwendungen aus Anteilen an Kapitalgesellschaften §§ 3 Nr. 40 und 3c EStG bzw. § 8b Abs. 1 und 4 KStG[9][16]
	G K	6857 Veräußerungskosten § 3 Nr. 40 EStG bzw. § 8b Abs. 2 KStG
		6859 Aufwendungen für Abraum- und Abfallbeseitigung
		6860 Nicht abziehbare Vorsteuer
		6865 Nicht abziehbare Vorsteuer 7 %
		6871 Nicht abziehbare Vorsteuer 19 %
	K	6875 Nicht abziehbare Hälfte der Aufsichtsratsvergütungen
		6876 Abziehbare Aufsichtsratsvergütungen
		6880 Aufwendungen aus der Währungsumrechnung
		6881 Aufwendungen aus der Währungsumrechnung (nicht § 256a HGB)
		6883 Aufwendungen aus Bewertung Finanzmittelfonds
	U	AM 6884 Erlöse aus Verkäufen Sachanlagevermögen steuerfrei § 4 Nr. 1a UStG (bei Buchverlust)

GuV-Posten[2]	Programmverbindung[4] Abschlusszweck[4]	6 Betriebliche Aufwendungen
Sonstige betriebliche Aufwendungen	U	AM 6885 Erlöse aus Verkäufen Sachanlagevermögen 19 % USt (bei Buchverlust)
		R 6886 -87
	U	AM 6888 Erlöse aus Verkäufen Sachanlagevermögen steuerfrei § 4 Nr. 1b UStG (bei Buchverlust)
		6889 Erlöse aus Verkäufen Sachanlagevermögen (bei Buchverlust)
		6890 Erlöse aus Verkäufen immaterieller Vermögensgegenstände (bei Buchverlust)
		6891 Erlöse aus Verkäufen Finanzanlagen (bei Buchverlust)
	G K	6892 Erlöse aus Verkäufen Finanzanlagen § 3 Nr. 40 EStG bzw. § 8b Abs. 3 KStG (bei Buchverlust)[9]
		6895 Anlagenabgänge Sachanlagen (Restbuchwert bei Buchverlust)
		6896 Anlagenabgänge immaterielle Vermögensgegenstände (Restbuchwert bei Buchverlust)
		6897 Anlagenabgänge Finanzanlagen (Restbuchwert bei Buchverlust)
	G K	6898 Anlagenabgänge Finanzanlagen § 3 Nr. 40 EStG bzw. § 8b Abs. 3 KStG (Restbuchwert bei Buchverlust)[9]
		6900 Verluste aus dem Abgang von Gegenständen des Anlagevermögens
	G K	6903 Verluste aus der Veräußerung von Anteilen an Kapitalgesellschaften (Finanzanlagevermögen) § 3 Nr. 40 EStG bzw. § 8b Abs. 3 KStG[9]
		6905 Verluste aus dem Abgang von Gegenständen des Umlaufvermögens außer Vorräte
	G K	6906 Verluste aus dem Abgang von Gegenständen des Umlaufvermögens (außer Vorräte) § 3 Nr. 40 EStG bzw. § 8b Abs. 3 KStG[9]
	EÜR	6907 Abgang von Wirtschaftsgütern des Umlaufvermögens nach § 4 Abs. 3 Satz 4 EStG
	G K EÜR	6908 Abgang von Wirtschaftsgütern des Umlaufvermögens § 3 Nr. 40 EStG bzw. § 8b Abs. 3 KStG nach § 4 Abs. 3 Satz 4 EStG[9]
		6910 Abschreibungen auf Umlaufvermögen außer Vorräte und Wertpapiere des Umlaufvermögens (übliche Höhe)
	SB	6912 Abschreibungen auf Umlaufvermögen außer Vorräte und Wertpapiere des Umlaufvermögens, steuerrechtlich bedingt (übliche Höhe)
		6918 Aufwendungen aus dem Erwerb eigener Anteile
		6920 Einstellung in die Pauschalwertberichtigung auf Forderungen
	SB	6922 Einstellungen in die steuerliche Rücklage nach § 6b Abs. 3 EStG
		6923 Einstellung in die Einzelwertberichtigung auf Forderungen
	SB	6924 Einstellungen in die steuerliche Rücklage nach § 6b Abs. 10 EStG

GuV-Posten[2]	Programmverbindung[4] Abschlusszweck[4]	6 Betriebliche Aufwendungen
Sonstige betriebliche Aufwendungen	SB	6927 Einstellungen in steuerliche Rücklagen
	SB	6928 Einstellungen in die Rücklage für Ersatzbeschaffung nach R 6.6 EStR
	SB	6929 Einstellungen in die steuerliche Rücklage nach § 4g EStG
		6930 Forderungsverluste (übliche Höhe)
	U	AM 6931 Forderungsverluste 7 % USt (übliche Höhe)
	U	AM 6932 Forderungsverluste aus steuerfreien EU-Lieferungen (übliche Höhe)
	U	AM 6933 Forderungsverluste aus im Inland steuerpflichtigen EU-Lieferungen 7 % USt (übliche Höhe)
		R 6934 -35
	U	AM 6936 Forderungsverluste 19 % USt (übliche Höhe)
		R 6937
	U	AM 6938 Forderungsverluste aus im Inland steuerpflichtigen EU-Lieferungen 19 % USt (übliche Höhe)
		R 6939
		6960 Periodenfremde Aufwendungen
		6967 Sonstige Aufwendungen betriebsfremd und regelmäßig
	G K	6968 Sonstige nicht abziehbare Aufwendungen
		6969 Sonstige Aufwendungen unregelmäßig
		Kalkulatorische Kosten
		6970 Kalkulatorischer Unternehmerlohn
		6972 Kalkulatorische Miete/Pacht
		6974 Kalkulatorische Zinsen
		6976 Kalkulatorische Abschreibungen
		6978 Kalkulatorische Wagnisse
		6979 Kalkulatorischer Lohn für unentgeltliche Mitarbeiter
		6980 Verrechneter kalkulatorischer Unternehmerlohn
		6982 Verrechnete kalkulatorische Miete/Pacht
		6984 Verrechnete kalkulatorische Zinsen
		6986 Verrechnete kalkulatorische Abschreibungen
		6988 Verrechnete kalkulatorische Wagnisse
		6989 Verrechneter kalkulatorischer Lohn für unentgeltliche Mitarbeiter
		Kosten bei Anwendung des Umsatzkostenverfahrens
		6990 Herstellungskosten
		6992 Verwaltungskosten
		6994 Vertriebskosten
		6999 Gegenkonto 6990-6998

GuV-Posten[2]	Programmverbindung[4] Abschlusszweck[4]	Konto	7 Weitere Erträge und Aufwendungen
			KU 7685-7689 KU 7705 KU 7725 KU 7751 KU 7781 V 7800-7899
			Erträge aus Beteiligungen
Erträge aus Beteiligungen		7000	Erträge aus Beteiligungen
	G K	7004	Erträge aus Beteiligungen an Personengesellschaften (verbundene Unternehmen), § 9 GewStG bzw. § 18 EStG[23]
	G K	7005	Erträge aus Anteilen an Kapitalgesellschaften (Beteiligung) § 3 Nr. 40 EStG bzw. § 8b Abs. 1 KStG[9]
	G K	7006	Erträge aus Anteilen an Kapitalgesellschaften (verbundene Unternehmen) § 3 Nr. 40 EStG bzw. § 8b Abs. 1 KStG[9]
	G K	7008	Gewinnanteile aus gewerblichen und selbständigen Mitunternehmerschaften, § 9 GewStG bzw. § 18 EStG[23]
		7009	Erträge aus Beteiligungen an verbundenen Unternehmen
			Erträge aus anderen Wertpapieren und Ausleihungen des Finanzanlagevermögens
Erträge aus anderen Wertpapieren und Ausleihungen des Finanzanlagevermögens		7010	Erträge aus anderen Wertpapieren und Ausleihungen des Finanzanlagevermögens
		7011	Erträge aus Ausleihungen des Finanzanlagevermögens
		7012	Erträge aus Ausleihungen des Finanzanlagevermögens an verbundenen Unternehmen
		7013	Erträge aus Anteilen an Personengesellschaften (Finanzanlagevermögen)
	G K	7014	Erträge aus Anteilen an Kapitalgesellschaften (Finanzanlagevermögen) § 3 Nr. 40 EStG bzw. § 8b Abs. 1 und 4 KStG[9]
	G K	7015	Erträge aus Anteilen an Kapitalgesellschaften (verbundene Unternehmen) § 3 Nr. 40 EStG bzw. § 8b Abs. 1 KStG[9]
		7016	Erträge aus Anteilen an Personengesellschaften (verbundene Unternehmen)
		7017	Erträge aus anderen Wertpapieren des Finanzanlagevermögens an Kapitalgesellschaften (verbundene Unternehmen)
		7018	Erträge aus anderen Wertpapieren des Finanzanlagevermögens an Personengesellschaften (verbundene Unternehmen)
		7019	Erträge aus anderen Wertpapieren und Ausleihungen des Finanzanlagevermögens aus verbundenen Unternehmen
		7020	Zins- und Dividendenerträge
		7030	Erhaltene Ausgleichszahlungen (als außenstehender Aktionär)

GuV-Posten[2]	Programmverbindung[4] Abschlusszweck[4]	Konto	7 Weitere Erträge und Aufwendungen
			Sonstige Zinsen und ähnliche Erträge
Sonstige Zinsen und ähnliche Erträge		7100	Sonstige Zinsen und ähnliche Erträge
		R 7102	
	G K	7103	Erträge aus Anteilen an Kapitalgesellschaften (Umlaufvermögen) § 3 Nr. 40 EStG bzw. § 8b Abs. 1 und 4 KStG[9]
	G K	7104	Erträge aus Anteilen an Kapitalgesellschaften (verbundene Unternehmen) § 3 Nr. 40 EStG bzw. § 8b Abs. 1 KStG[9]
		7105	Zinserträge § 233a AO, steuerpflichtig
	K	7106	Zinserträge § 233a AO, steuerfrei (Anlage GK KSt)[8]
	G K	7107	Zinserträge § 233a AO und § 4 Abs. 5b EStG, steuerfrei
		7109	Sonstige Zinsen und ähnliche Erträge aus verbundenen Unternehmen
		7110	Sonstige Zinserträge
		7115	Erträge aus anderen Wertpapieren und Ausleihungen des Umlaufvermögens
		7119	Sonstige Zinserträge aus verbundenen Unternehmen
		7120	Zinsähnliche Erträge
		7128	Zinsertrag aus vorzeitiger Rückzahlung des Körperschaftsteuer-Erhöhungsbetrags § 38 KStG[11]
		7129	Zinsähnliche Erträge aus verbundenen Unternehmen
		7130	Diskonterträge
		7139	Diskonterträge aus verbundenen Unternehmen
	G K	7140	Steuerfreie Zinserträge aus der Abzinsung von Rückstellungen
		7141	Zinserträge aus der Abzinsung von Verbindlichkeiten
		7142	Zinserträge aus der Abzinsung von Rückstellungen
		7143	Zinserträge aus der Abzinsung von Pensionsrückstellungen und ähnlichen/vergleichbaren Verpflichtungen
Sonstige Zinsen und ähnliche Erträge oder *Zinsen und ähnliche Aufwendungen*	HB	7144	Zinserträge aus der Abzinsung von Pensionsrückstellungen und ähnlichen/vergleichbaren Verpflichtungen zur Verrechnung nach § 246 Abs. 2 HGB
	HB	7145	Erträge aus Vermögensgegenständen zur Verrechnung nach § 246 Abs. 2 HGB
			Erträge aus Verlustübernahme und auf Grund einer Gewinngemeinschaft, eines Gewinn- oder Teilgewinnabführungsvertrags erhaltene Gewinne
Erträge aus Verlustübernahme	K	7190	Erträge aus Verlustübernahme
Auf Grund einer Gewinngemeinschaft, eines Gewinn- oder Teilgewinnabführungsvertrags erhaltene Gewinne		7192	Erhaltene Gewinne auf Grund einer Gewinngemeinschaft
	G K	7194	Erhaltene Gewinne auf Grund eines Gewinn- oder Teilgewinnabführungsvertrags

GuV-Posten[2]	Programmverbindung[4] Abschlusszweck[4]	7 Weitere Erträge und Aufwendungen
		Abschreibungen auf Finanzanlagen und auf Wertpapiere des Umlaufvermögens
Abschreibungen auf Finanzanlagen und auf Wertpapiere des Umlaufvermögens		7200 Abschreibungen auf Finanzanlagen (dauerhaft)
	HB	7201 Abschreibungen auf Finanzanlagen (nicht dauerhaft)
	G K	7204 Abschreibungen auf Finanzanlagen § 3 Nr. 40 EStG bzw. § 8b Abs. 3 KStG (dauerhaft)[9]
		7207 Abschreibungen auf Finanzanlagen - verbundene Unternehmen
	G K	7208 Aufwendungen auf Grund von Verlustanteilen an gewerblichen und selbständigen Mitunternehmerschaften, § 8 GewStG bzw. § 18 EStG[23]
		7210 Abschreibungen auf Wertpapiere des Umlaufvermögens
	G K	7214 Abschreibungen auf Wertpapiere des Umlaufvermögens § 3 Nr. 40 EStG bzw. § 8b Abs. 3 KStG[9]
		7217 Abschreibungen auf Wertpapiere des Umlaufvermögens - verbundene Unternehmen
	SB	7250 Abschreibungen auf Finanzanlagen auf Grund § 6b EStG-Rücklage
	G K SB	7255 Abschreibungen auf Finanzanlagen auf Grund § 6b EStG-Rücklage, § 3 Nr. 40 EStG bzw. § 8b Abs. 3 KStG[9]
		Zinsen und ähnliche Aufwendungen
Zinsen und ähnliche Aufwendungen	G K	7300 Zinsen und ähnliche Aufwendungen
	G K	7302 Steuerlich nicht abzugsfähige andere Nebenleistungen zu Steuern § 4 Abs. 5b EStG
		7303 Steuerlich abzugsfähige andere Nebenleistungen zu Steuern
	G K	7304 Steuerlich nicht abzugsfähige andere Nebenleistungen zu Steuern
	G K	7305 Zinsaufwendungen § 233a AO abzugsfähig
	G K	7306 Zinsaufwendungen §§ 234 bis 237 AO nicht abzugsfähig
		7307 Zinsen aus Abzinsung des KSt-Erhöhungsbetrags § 38 KStG[11]
	G K	7308 Zinsaufwendungen § 233a AO nicht abzugsfähig
	G K	7309 Zinsaufwendungen an verbundene Unternehmen
	G K	7310 Zinsaufwendungen für kurzfristige Verbindlichkeiten
	G K	7311 Zinsaufwendungen §§ 234 bis 237 AO abzugsfähig
	G	7313 Nicht abzugsfähige Schuldzinsen nach § 4 Abs. 4a EStG (Hinzurechnungsbetrag)
	K	7316 Zinsen für Gesellschafterdarlehen
	K	7317 Zinsen an Gesellschafter mit einer Beteiligung von mehr als 25 % bzw. diesen nahe stehende Personen
Zinsen und ähnliche Aufwendungen	G K	7318 Zinsen auf Kontokorrentkonten
	G K	7319 Zinsaufwendungen für kurzfristige Verbindlichkeiten an verbundene Unternehmen
	G K	7320 Zinsaufwendungen für langfristige Verbindlichkeiten
	G K	7323 Abschreibungen auf Disagio zur Finanzierung
	G K	7324 Abschreibungen auf Disagio zur Finanzierung des Anlagevermögens
	G K	7325 Zinsaufwendungen für Gebäude, die zum Betriebsvermögen gehören
	G K	7326 Zinsen zur Finanzierung des Anlagevermögens
	G K	7327 Renten und dauernde Lasten
	G	7328 Zinsaufwendungen für Kapitalüberlassung durch Mitunternehmer § 15 EStG (mit Sonderbetriebseinnahme korrespondierend)
	G K	7329 Zinsaufwendungen für langfristige Verbindlichkeiten an verbundene Unternehmen
		7330 Zinsähnliche Aufwendungen
		7339 Zinsähnliche Aufwendungen an verbundene Unternehmen
	G K	7340 Diskontaufwendungen
	G K	7349 Diskontaufwendungen an verbundene Unternehmen
	G K	7350 Zinsen und ähnliche Aufwendungen §§ 3 Nr. 40 und 3c EStG bzw. § 8b Abs. 1 und 4 KStG[9][16]
	G K	7351 Zinsen und ähnliche Aufwendungen an verbundene Unternehmen §§ 3 Nr. 40 und 3c EStG bzw. § 8b Abs. 1 KStG[9][16]
		7355 Kreditprovisionen und Verwaltungskostenbeiträge
		7360 Zinsanteil der Zuführungen zu Pensionsrückstellungen
		7361 Zinsaufwendungen aus der Abzinsung von Verbindlichkeiten
		7362 Zinsaufwendungen aus der Abzinsung von Rückstellungen
		7363 Zinsaufwendungen aus der Abzinsung von Pensionsrückstellungen und ähnlichen/vergleichbaren Verpflichtungen
Zinsen und ähnliche Aufwendungen oder *sonstige Zinsen und ähnliche Erträge*	HB	7364 Zinsaufwendungen aus der Abzinsung von Pensionsrückstellungen und ähnlichen/vergleichbaren Verpflichtungen zur Verrechnung nach § 246 Abs. 2 HGB
	HB	7365 Aufwendungen aus Vermögensgegenständen zur Verrechnung nach § 246 Abs. 2 HGB
Zinsen und ähnliche Aufwendungen	G K	7366 Steuerlich nicht abzugsfähige Zinsaufwendungen aus der Abzinsung von Rückstellungen

GuV-Posten[2]	Programmverbindung[4] Abschlusszweck[4]	7 Weitere Erträge und Aufwendungen	
			Aufwendungen aus Verlustübernahme und auf Grund einer Gewinngemeinschaft, eines Gewinn- oder Teilgewinnabführungsvertrags abgeführte Gewinne
Aufwendungen aus Verlustübernahme	G K	7390	Aufwendungen aus Verlustübernahme
Auf Grund einer Gewinngemeinschaft, eines Gewinn- oder Teilgewinnabführungsvertrags abgeführte Gewinne		7392	Abgeführte Gewinne auf Grund einer Gewinngemeinschaft
	K	7394	Abgeführte Gewinne auf Grund eines Gewinn- oder Teilgewinnabführungsvertrags
Auf Grund einer Gewinngemeinschaft, eines Gewinn- oder Teilgewinnabführungsvertrags abgeführte Gewinne oder *Erträge aus Verlustübernahme*	G K	7399	Abgeführte Gewinnanteile (Soll)/ ausgeglichene Verlustanteile (Haben) bei stiller Gesellschaft § 8 GewStG
			Sonstige betriebliche Erträge
Sonstige betriebliche Erträge		R 7400	
		-01	
		R 7450	
	K	7451	Erträge durch Verschmelzung und Umwandlung
		R 7452	
		-53	
		7454	Gewinn aus der Veräußerung oder der Aufgabe von Geschäftsaktivitäten nach Steuern
			Erträge aus der Anwendung von Übergangsvorschriften i. S. d. BilMoG
	HB	7460	Erträge aus der Anwendung von Übergangsvorschriften
		R 7461	
		-63	
	HB	7464	Erträge aus der Anwendung von Übergangsvorschriften (latente Steuern)

GuV-Posten[2]	Programmverbindung[4] Abschlusszweck[4]	7 Weitere Erträge und Aufwendungen	
			Sonstige betriebliche Aufwendungen
Sonstige betriebliche Aufwendungen		R 7500	
		R 7501	
		R 7550	
	K	7551	Verluste durch Verschmelzung und Umwandlung
		7552	Verluste durch außergewöhnliche Schadensfälle (nur Bilanzierer)[8]
		7553	Aufwendungen für Restrukturierungs- und Sanierungsmaßnahmen
		7554	Verluste aus der Veräußerung oder der Aufgabe von Geschäftsaktivitäten nach Steuern
			Aufwendungen aus der Anwendung von Übergangsvorschriften i. S. d. BilMoG
	HB	7560	Aufwendungen aus der Anwendung von Übergangsvorschriften
	HB	7561	Aufwendungen aus der Anwendung von Übergangsvorschriften (Pensionsrückstellungen)
		R 7562	
	HB	7563	Aufwendungen aus der Anwendung von Übergangsvorschriften (Latente Steuern)
			Steuern vom Einkommen und Ertrag
Steuern vom Einkommen und Ertrag	K	7600	Körperschaftsteuer
	K	7603	Körperschaftsteuer für Vorjahre
	K	7604	Körperschaftsteuererstattungen für Vorjahre
	K	7607	Solidaritätszuschlagerstattungen für Vorjahre
	K	7608	Solidaritätszuschlag
	K	7609	Solidaritätszuschlag für Vorjahre
	G K	7610	Gewerbesteuer
	G K	7630	Kapitalertragsteuer 25 %
	G K	7633	Anrechenbarer Solidaritätszuschlag auf Kapitalertragsteuer 25 %
	G K	7638	Ausländische Steuer auf im Inland steuerfreie DBA-Einkünfte
	G K	7639	Anrechnung/Abzug ausländischer Quellensteuer
		R 7640	
	G K	7641	Gewerbesteuernachzahlungen und Gewerbesteuererstattungen für Vorjahre nach § 4 Abs. 5b EStG
		R 7642	
	G K	7643	Erträge aus der Auflösung von Gewerbesteuerrückstellungen nach § 4 Abs. 5b EStG
		R 7644	
	G K HB	7645	Aufwendungen aus der Zuführung und Auflösung von latenten Steuern
	G K	7646	Aufwendungen aus der Zuführung zu Steuerrückstellungen für Steuerstundung (BStBK)
	G K	7648	Erträge aus der Auflösung von Steuerrückstellungen für Steuerstundung (BStBK)
	G K HB	7649	Erträge aus der Zuführung und Auflösung von latenten Steuern

GuV-Posten[2)]	Programmverbindung[4)] Abschlusszweck[4)]	7 Weitere Erträge und Aufwendungen
		Sonstige Steuern
Sonstige Steuern		7650 Sonstige Betriebssteuern
		7675 Verbrauchsteuer (sonstige Steuern)
		7678 Ökosteuer
		7680 Grundsteuer
		7685 Kfz-Steuer
		7690 Steuernachzahlungen Vorjahre für sonstige Steuern
		7692 Steuererstattungen Vorjahre für sonstige Steuern
		7694 Erträge aus der Auflösung von Rückstellungen für sonstige Steuern
Gewinnvortrag oder *Verlustvortrag*		**7700 Gewinnvortrag nach Verwendung**
		F 7705 Gewinnvortrag nach Verwendung (mit Aufteilung für Kapitalkontenentwicklung)
Gewinnvortrag oder *Verlustvortrag*		**7720 Verlustvortrag nach Verwendung**
		F 7725 Verlustvortrag nach Verwendung (mit Aufteilung für Kapitalkontenentwicklung)
Entnahmen aus der Kapitalrücklage		**7730 Entnahmen aus der Kapitalrücklage**
		Entnahmen aus Gewinnrücklagen
Entnahmen aus Gewinnrücklagen aus der gesetzlichen Rücklage		**7735 Entnahmen aus der gesetzlichen Rücklage**
Entnahmen aus Gewinnrücklagen aus der Rücklage für Anteile an einem herrschenden oder mehrheitlich beteiligten Unternehmen		**7740 Entnahmen aus dem Ausgleichsposten für aktivierte eigene Anteile**
		7743 Entnahmen aus der Rücklage für Anteile an einem herrschenden oder mehrheitlich beteiligten Unternehmen
		7744 Entnahmen aus anderen Ergebnisrücklagen
Entnahmen aus Gewinnrücklagen aus satzungsmäßigen Rücklagen		**7745 Entnahmen aus satzungsmäßigen Rücklagen**
Entnahmen aus Gewinnrücklagen aus anderen Gewinnrücklagen		**7750 Entnahmen aus anderen Gewinnrücklagen**
		F 7751 Entnahmen aus gesamthänderisch gebundenen Rücklagen (mit Aufteilung für Kapitalkontenentwicklung)
Ertrag aus Kapitalherabsetzung	K	**7755 Erträge aus Kapitalherabsetzung**

GuV-Posten[2)]	Programmverbindung[4)] Abschlusszweck[4)]	7 Weitere Erträge und Aufwendungen
Einstellung in die Kapitalrücklage nach den Vorschriften über die vereinfachte Kapitalherabsetzung		**7760 Einstellungen in die Kapitalrücklage nach den Vorschriften über die vereinfachte Kapitalherabsetzung**
		Einstellungen in Gewinnrücklagen
Einstellungen in Gewinnrücklagen in die gesetzliche Rücklage		**7765 Einstellungen in die gesetzliche Rücklage**
Einstellungen in Gewinnrücklagen in die Rücklage für Anteile an einem herrschenden oder mehrheitlich beteiligten Unternehmen		**7770 Einstellungen in den Ausgleichsposten für aktivierte eigene Anteile**
		7773 Einstellungen in die Rücklage für Anteile an einem herrschenden oder mehrheitlich beteiligten Unternehmen
Einstellungen in Gewinnrücklagen in satzungsmäßige Rücklagen		**7775 Einstellungen in satzungsmäßige Rücklagen**
Einstellungen in Gewinnrücklagen in andere Gewinnrücklagen		**7780 Einstellungen in andere Gewinnrücklagen**
		F 7781 Einstellungen in gesamthänderisch gebundene Rücklagen (mit Aufteilung für Kapitalkontenentwicklung)
		7785 Einstellungen in andere Ergebnisrücklagen
Ausschüttung		**7790 Vorabausschüttung**
		R 7795
Sonstige betriebliche Aufwendungen		7800 -99 (zur freien Verfügung)
		R 7900 (reserviertes Konto)

GuV-Posten[2]	Programmverbindung[4] Abschlusszweck[4]	8	Bilanz-Posten[2]	Programmverbindung[4] Abschlusszweck[4]	9 Vortrags-, Kapital-, Korrektur- und statistische Konten
Sonstige betriebliche Aufwendungen		**8000 -8999 Zur freien Verfügung**			KU 9000-9998
					Vortragskonten
					S 9000 Saldenvorträge, Sachkonten
					F 9001 -07 Saldenvorträge, Sachkonten
					S 9008 Saldenvorträge, Debitoren
					S 9009 Saldenvorträge, Kreditoren
					F 9050 Offene Posten aus 2020[1]
					R 9051 -59
					R 9060
					R 9069
					F 9070 Offene Posten aus 2000
					F 9071 Offene Posten aus 2001
					F 9072 Offene Posten aus 2002
					F 9073 Offene Posten aus 2003
					F 9074 Offene Posten aus 2004
					F 9075 Offene Posten aus 2005
					F 9076 Offene Posten aus 2006
					F 9077 Offene Posten aus 2007
					F 9078 Offene Posten aus 2008
					F 9079 Offene Posten aus 2009
					F 9080 Offene Posten aus 2010
					F 9081 Offene Posten aus 2011
					F 9082 Offene Posten aus 2012
					F 9083 Offene Posten aus 2013
					F 9084 Offene Posten aus 2014
					F 9085 Offene Posten aus 2015
					F 9086 Offene Posten aus 2016
					F 9087 Offene Posten aus 2017
					F 9088 Offene Posten aus 2018
					F 9089 Offene Posten aus 2019
					F 9090 Summenvortragskonto
					R 9091 -98
					Statistische Konten für Betriebswirtschaftliche Auswertungen (BWA)
					F 9101 Verkaufstage
					F 9102 Anzahl der Barkunden
					F 9103 Beschäftigte Personen
					F 9104 Unbezahlte Personen
					F 9105 Verkaufskräfte
					F 9106 Geschäftsraum qm
					F 9107 Verkaufsraum qm
					F 9116 Anzahl Rechnungen
					F 9117 Anzahl Kreditkunden monatlich
					F 9118 Anzahl Kreditkunden aufgelaufen
					9120 Erweiterungsinvestitionen
					F 9130 -31 [7]
					9135 Auftragseingang im Geschäftsjahr
					9140 Auftragsbestand
					Variables Kapital Teilhafter
					F 9141 Variables Kapital TH
					F 9142 Variables Kapital - Anteil Teilhafter
					Sammelposten anrechenbare Privatsteuern
					9143 Privatsteuern Kapitalertragsteuer (Sammelposten)
					9144 Privatsteuern Solidaritätszuschlag (Sammelposten)
					9145 Privatsteuern Kirchensteuer (Sammelposten)

Bilanz-Posten[2]	Programmverbindung[4] Abschlusszweck[4]	9 Vortrags-, Kapital-, Korrektur- und statistische Konten
		Kapitaländerungen durch Übertragung einer § 6b EStG-Rücklage
	SB	F 9146 Variables Kapital Vollhafter - Übertragung einer § 6b EStG-Rücklage
	SB	F 9147 Variables Kapital Teilhafter - Übertragung einer § 6b EStG-Rücklage
		R 9148 - 49
		Andere Kapitalkontenanpassungen: Vollhafter
		F 9150 Festkapital - andere Kapitalkontenanpassungen VH
		F 9151 Variables Kapital - andere Kapitalkontenanpassungen VH
		F 9152 Verlust-/Vortragskonto - andere Kapitalkontenanpassungen VH
		F 9153 Kapitalkonto III - andere Kapitalkontenanpassungen VH
		F 9154 Ausstehende Einlagen auf das Komplementär-Kapital, nicht eingefordert - andere Kapitalkontenanpassungen VH
		F 9155 Verrechnungskonto für Einzahlungsverpflichtungen - andere Kapitalkontenanpassungen VH
		R 9156
		Anrechenbare Privatsteuern Vollhafter, Eigenkapital
		F 9157 Privatsteuern Kapitalertragsteuer (VH)
		F 9158 Privatsteuern Solidaritätszuschlag (VH)
		F 9159 Privatsteuern Kirchensteuer (VH)
		Andere Kapitalkontenanpassungen: Teilhafter
		F 9160 Kommandit-Kapital - andere Kapitalkontenanpassungen TH
		F 9161 Variables Kapital - andere Kapitalkontenanpassungen TH
		F 9162 Verlustausgleichskonto - andere Kapitalkontenanpassungen TH
		F 9163 Kapitalkonto III - andere Kapitalkontenanpassungen TH
		F 9164 Ausstehende Einlagen auf das Kommandit-Kapital, nicht eingefordert - andere Kapitalkontenanpassungen TH
		F 9165 Verrechnungskonto für Einzahlungsverpflichtungen - andere Kapitalkontenanpassungen TH
		R 9166
		Anrechenbare Privatsteuern Teilhafter, Eigenkapital
		F 9167 Privatsteuern Kapitalertragsteuer (TH), EK
		F 9168 Privatsteuern Solidaritätszuschlag (TH), EK
		F 9169 Privatsteuern Kirchensteuer (TH), EK

Bilanz-Posten[2]	Programmverbindung[4] Abschlusszweck[4]	9 Vortrags-, Kapital-, Korrektur- und statistische Konten
		Umbuchungen auf andere Kapitalkonten: Vollhafter
		F 9170 Festkapital - Umbuchungen VH
		F 9171 Variables Kapital - Umbuchungen VH
		F 9172 Verlust-/Vortragskonto - Umbuchungen VH
		F 9173 Kapitalkonto III - Umbuchungen VH
		F 9174 Ausstehende Einlagen auf das Komplementär-Kapital, nicht eingefordert - Umbuchungen VH
		F 9175 Verrechnungskonto für Einzahlungsverpflichtungen - Umbuchungen VH
		R 9176 -79
		Umbuchungen auf andere Kapitalkonten: Teilhafter
		F 9180 Kommandit-Kapital - Umbuchungen TH
		F 9181 Variables Kapital - Umbuchungen TH
		F 9182 Verlustausgleichskonto - Umbuchungen TH
		F 9183 Kapitalkonto III - Umbuchungen TH
		F 9184 Ausstehende Einlagen auf das Kommandit-Kapital, nicht eingefordert - Umbuchungen TH
		F 9185 Verrechnungskonto für Einzahlungsverpflichtungen - Umbuchungen TH
		Anrechenbare Privatsteuern Teilhafter, Fremdkapital
		F 9186 Privatsteuern Kapitalertragsteuer (TH), FK
		F 9187 Privatsteuern Solidaritätszuschlag (TH), FK
		F 9188 Privatsteuern Kirchensteuer (TH), FK
		9189 Verrechnungskonto für Umbuchungen zwischen Gesellschafter-Eigenkapitalkonten
		Gegenkonten zu Statistischen Konten für Betriebswirtschaftliche Auswertungen
		F 9190 Gegenkonto für statistische Mengeneinheiten Konten 9101-9107 und Konten 9116-9118
		9199 Gegenkonto zu Konten 9120, 9135-9140
		Statistische Konten für den Kennziffernteil der Bilanz
		F 9200 Beschäftigte Personen
		F 9201 -08 [7]
		F 9209 Gegenkonto zu 9200
		9210 Produktive Löhne
		9219 Gegenkonto zu 9210

Bilanz-Posten[2]	Programmverbindung[4] Abschlusszweck[4]	9 Vortrags-, Kapital-, Korrektur- und statistische Konten
		Statistische Konten zur informativen Angabe des gezeichneten Kapitals in anderer Währung
Gezeichnetes Kapital in DM	HB	F 9220 Gezeichnetes Kapital in DM (Art. 42 Abs. 3 Satz 1 EGHGB)
Gezeichnetes Kapital in Euro	HB	F 9221 Gezeichnetes Kapital in Euro (Art. 42 Abs. 3 Satz 2 EGHGB)
	HB	F 9229 Gegenkonto zu 9220-9221
		R 9230
		R 9232
		R 9234
		R 9239
		Statistische Konten für die Kapitalflussrechnung
		9240 Investitionsverbindlichkeiten bei den Leistungsverbindlichkeiten
		9241 Investitionsverbindlichkeiten aus Sachanlagekäufen bei Leistungsverbindlichkeiten
		9242 Investitionsverbindlichkeiten aus Käufen von immateriellen Vermögensgegenständen bei Leistungsverbindlichkeiten
		9243 Investitionsverbindlichkeiten aus Käufen von Finanzanlagen bei Leistungsverbindlichkeiten
		9244 Gegenkonto zu Konto 9240-43
		9245 Forderungen aus Sachanlageverkäufen bei sonstigen Vermögensgegenständen
		9246 Forderungen aus Verkäufen immaterieller Vermögensgegenstände bei sonstigen Vermögensgegenständen
		9247 Forderungen aus Verkäufen von Finanzanlagen bei sonstigen Vermögensgegenständen
		9249 Gegenkonto zu Konto 9245-47
		R 9250
		R 9255
		R 9259
		Aufgliederung der Rückstellungen für die Programme der Wirtschaftsberatung
		9260 Kurzfristige Rückstellungen
		9262 Mittelfristige Rückstellungen
		9264 Langfristige Rückstellungen, außer Pensionen
		9269 Gegenkonto zu Konten 9260-9268
		Statistische Konten für in der Bilanz auszuweisende Haftungsverhältnisse
		9270 Gegenkonto zu 9271-9279 (Soll-Buchung)
		9271 Verbindlichkeiten aus der Begebung und Übertragung von Wechseln
		9272 Verbindlichkeiten aus der Begebung und Übertragung von Wechseln gegenüber verbundenen/assoziierten Unternehmen

Bilanz-Posten[2]	Programmverbindung[4] Abschlusszweck[4]	9 Vortrags-, Kapital-, Korrektur- und statistische Konten
		9273 Verbindlichkeiten aus Bürgschaften, Wechsel- und Scheckbürgschaften
		9274 Verbindlichkeiten aus Bürgschaften, Wechsel- und Scheckbürgschaften gegenüber verbundenen/assoziierten Unternehmen
		9275 Verbindlichkeiten aus Gewährleistungsverträgen
		9276 Verbindlichkeiten aus Gewährleistungsverträgen gegenüber verbundenen/assoziierten Unternehmen
		9277 Haftung aus der Bestellung von Sicherheiten für fremde Verbindlichkeiten
		9278 Haftung aus der Bestellung von Sicherheiten für fremde Verbindlichkeiten gegenüber verbundenen/assoziierten Unternehmen
		9279 Verpflichtungen aus Treuhandvermögen
		Statistische Konten für die im Anhang anzugebenden sonstigen finanziellen Verpflichtungen
		9280 Gegenkonto zu 9281-9284
		9281 Verpflichtungen aus Miet- und Leasingverträgen
		9282 Verpflichtungen aus Miet- und Leasingverträgen gegenüber verbundenen Unternehmen
		9283 Andere Verpflichtungen nach § 285 Nr. 3a HGB
		9284 Andere Verpflichtungen nach § 285 Nr. 3a HGB gegenüber verbundenen Unternehmen
		Unterschiedsbetrag aus der Abzinsung von Altersversorgungsverpflichtungen nach § 253 Abs. 6 HGB
	HB	9285 Unterschiedsbetrag aus der Abzinsung von Altersversorgungsverpflichtungen nach § 253 Abs. 6 HGB (Haben)
	HB	9286 Gegenkonto zu 9285
		Statistische Konten für § 4 Abs. 3 EStG
	EÜR	9287 Zinsen bei Buchungen über Debitoren bei § 4 Abs. 3 EStG
	EÜR	9288 Mahngebühren bei Buchungen über Debitoren bei § 4 Abs. 3 EStG
	EÜR	9289 Gegenkonto zu 9287 und 9288
		9290 Statistisches Konto steuerfreie Auslagen
		9291 Gegenkonto zu 9290
		9292 Statistisches Konto Fremdgeld
		9293 Gegenkonto zu 9292
Einlagen stiller Gesellschafter	G K	9295 Einlagen stiller Gesellschafter
Steuerrechtlicher Ausgleichsposten	SB	9297 Steuerrechtlicher Ausgleichsposten

Bilanz-Posten[2]	Programm-verbindung[4] Abschluss-zweck[4]	9 Vortrags-, Kapital-, Korrektur- und statistische Konten
		F 9300 [7]
		-20
		F 9326 [7]
		-43
		F 9346 [7]
		-49
		F 9357 [7]
		-60
		F 9365 [7]
		-67
		F 9371 [7]
		-72
		9390 (Zur freien Verfügung)[24]
		-94
		F 9395 (Zur freien Verfügung)[7]
		-99
		Privat Teilhafter (Eigenkapital, für Verrechnung mit Kapitalkonto III - Konto 9840)
		F 9400 Privatentnahmen allgemein (TH), EK
		R 9401
		-09
		F 9410 Privatsteuern (TH), EK
		R 9411
		-19
		F 9420 Sonderausgaben beschränkt abzugsfähig (TH), EK
		R 9421
		-29
		F 9430 Sonderausgaben unbeschränkt abzugsfähig (TH), EK
		R 9431
		-39
		F 9440 Zuwendungen, Spenden (TH), EK
		R 9441
		-49
		F 9450 Außergewöhnliche Belastungen (TH), EK
		R 9451
		-59
		F 9460 Grundstücksaufwand (TH), EK
		R 9461
		-69
		F 9470 Grundstücksertrag (TH), EK
		R 9471
		-79
		F 9480 Unentgeltliche Wertabgaben (TH), EK
		R 9481
		-89
		F 9490 Privateinlagen (TH), EK
		R 9491
		-99
		Statistische Konten für die Kapitalkontenentwicklung
		F 9500 Anteil für Konto 2000 Vollhafter
		R 9501
		-09
		F 9510 Anteil für Konto 2010 Vollhafter
		R 9511
		-19
	HB	F 9520 Anteil für Konto 2020 Vollhafter
		R 9521
		-29
		F 9530 Anteil für Konto 9810 Vollhafter
		R 9531
		-39
	HB	F 9540 Anteil für Konto 0060 Vollhafter
		R 9541
		-49

Bilanz-Posten[2]	Programm-verbindung[4] Abschluss-zweck[4]	9 Vortrags-, Kapital-, Korrektur- und statistische Konten
		F 9550 Anteil für Konto 2050 Teilhafter
		R 9551
		-59
		F 9560 Anteil für Konto 2060 Teilhafter
		R 9561
		-69
	HB	F 9570 Anteil für Konto 2070 Teilhafter
		R 9571
		-79
		F 9580 Anteil für Konto 9820 Vollhafter
		R 9581
		-89
	HB	F 9590 Anteil für Konto 0080 Teilhafter
		R 9591
		-99
		F 9600 Name des Gesellschafters Vollhafter
		R 9601
		-09
		F 9610 Tätigkeitsvergütung Vollhafter
		R 9611
		-19
		F 9620 Tantieme Vollhafter
		R 9621
		-29
		F 9630 Darlehensverzinsung Vollhafter
		R 9631
		-39
		F 9640 Gebrauchsüberlassung Vollhafter
		R 9641
		-49
		F 9650 Sonstige Vergütungen Vollhafter
		R 9651
		-59
		F 9660 Sonstige Vergütungen Vollhafter
		R 9661
		-69
		F 9670 Sonstige Vergütungen Vollhafter
		R 9671
		-79
		F 9680 Sonstige Vergütungen Vollhafter
		R 9681
		-89
		F 9690 Restanteil Vollhafter
		R 9691
		-99
		F 9700 Name des Gesellschafters Teilhafter
		R 9701
		-09
		F 9710 Tätigkeitsvergütung Teilhafter
		R 9711
		-19
		F 9720 Tantieme Teilhafter
		R 9721
		-29
		F 9730 Darlehensverzinsung Teilhafter
		R 9731
		-39
		F 9740 Gebrauchsüberlassung Teilhafter
		R 9741
		-49
		F 9750 Sonstige Vergütungen Teilhafter
		R 9751
		-59
		F 9760 Sonstige Vergütungen Teilhafter
		R 9761
		-69
		F 9770 Sonstige Vergütungen Teilhafter
		R 9771
		-79

Bilanz-Posten[2]	Programmverbindung[4] Abschlusszweck[4]	9 Vortrags-, Kapital-, Korrektur- und statistische Konten
		F 9780 Anteil für Konto 9840 Teilhafter
		R 9781 -89
		F 9790 Restanteil Teilhafter
		R 9791 -99
		R 9800
		Rücklagen, Gewinn-, Verlustvortrag
		F 9802 Gesamthänderisch gebundene Rücklagen - andere Kapitalkontenanpassungen
		F 9803 Gewinnvortrag/Verlustvortrag - andere Kapitalkontenanpassungen
		F 9804 Gesamthänderisch gebundene Rücklagen - Umbuchungen
		F 9805 Gewinnvortrag/Verlustvortrag - Umbuchungen
		Statistische Anteile an den Posten Jahresüberschuss/-fehlbetrag bzw. Bilanzgewinn/ -verlust
	SB	F 9806 Zuzurechnender Anteil am Jahresüberschuss/Jahresfehlbetrag - je Gesellschafter
	SB	F 9807 Zuzurechnender Anteil am Bilanzgewinn/Bilanzverlust - je Gesellschafter
	SB	F 9808 Gegenkonto für zuzurechnenden Anteil am Jahresüberschuss/ Jahresfehlbetrag
	SB	F 9809 Gegenkonto für zuzurechnenden Anteil am Bilanzgewinn/Bilanzverlust
		Kapital Personenhandelsgesellschaft Vollhafter
		F 9810 Kapitalkonto III
		R 9811 -19
		F 9820 Verlust-/Vortragskonto
		R 9821 -29
		F 9830 Verrechnungskonto für Einzahlungsverpflichtungen
		R 9831 -39
		Kapital Personenhandelsgesellschaft Teilhafter
		F 9840 Kapitalkonto III
		R 9841 -49
		F 9850 Verrechnungskonto für Einzahlungsverpflichtungen
		R 9851 -59
		Einzahlungsverpflichtungen im Bereich der Forderungen
		F 9860 Einzahlungsverpflichtungen persönlich haftender Gesellschafter
		R 9861 -69
		F 9870 Einzahlungsverpflichtungen Kommanditisten
		R 9871 -79

Bilanz-Posten[2]	Programmverbindung[4] Abschlusszweck[4]	9 Vortrags-, Kapital-, Korrektur- und statistische Konten
		Ausgleichsposten für aktivierte eigene Anteile
		9880 Ausgleichsposten für aktivierte eigene Anteile
		Nicht durch Vermögenseinlagen gedeckte Entnahmen
		F 9883 Nicht durch Vermögenseinlagen gedeckte Entnahmen persönlich haftender Gesellschafter
		F 9884 Nicht durch Vermögenseinlagen gedeckte Entnahmen Kommanditisten
		Verrechnungskonto für nicht durch Vermögenseinlagen gedeckte Entnahmen
		F 9885 Verrechnungskonto für nicht durch Vermögenseinlagen gedeckte Entnahmen persönlich haftender Gesellschafter
		F 9886 Verrechnungskonto für nicht durch Vermögenseinlagen gedeckte Entnahmen Kommanditisten
		Steueraufwand der Gesellschafter
		9887 Steueraufwand der Gesellschafter
		9889 Gegenkonto zu 9887
		Statistische Konten für Gewinnzuschlag
	SB	9890 Statistisches Konto für den Gewinnzuschlag nach §§ 6b und 6c EStG (Haben)
	G K SB	9891 Statistisches Konto für den Gewinnzuschlag nach §§ 6b und 6c EStG (Soll) - Gegenkonto zu 9890
		Veränderung der gesamthänderisch gebundenen Rücklagen (Einlagen/Entnahmen)
		F 9892 Veränderung der gesamthänderisch gebundenen Rücklagen (Einlagen/Entnahmen)
		Vorsteuer-/Umsatzsteuerkonten zur Korrektur der Forderungen/Verbindlichkeiten (EÜR)
	EÜR	9893 Umsatzsteuer in den Forderungen zum allgemeinen Umsatzsteuersatz (EÜR)
	EÜR	9894 Umsatzsteuer in den Forderungen zum ermäßigten Umsatzsteuersatz (EÜR)
	EÜR	9895 Gegenkonto 9893-9894 für die Aufteilung der Umsatzsteuer (EÜR)
	EÜR	9896 Vorsteuer in den Verbindlichkeiten zum allgemeinen Umsatzsteuersatz (EÜR)
	EÜR	9897 Vorsteuer in den Verbindlichkeiten zum ermäßigten Umsatzsteuersatz (EÜR)
	EÜR	9899 Gegenkonto 9896-9897 für die Aufteilung der Vorsteuer (EÜR)

Bilanz-Posten[2)]	Programm-verbindung[4)] Abschluss-zweck[4)]	9 Vortrags-, Kapital-, Korrektur- und statistische Konten
		Statistische Konten zu § 4 Abs. 4a EStG
	EÜR	9910 Gegenkonto zur Minderung der Entnahmen § 4 Abs. 4a EStG
	EÜR	9911 Minderung der Entnahmen § 4 Abs. 4a EStG (Haben)
	EÜR	9912 Erhöhung der Entnahmen § 4 Abs. 4a EStG
	EÜR	9913 Gegenkonto zur Erhöhung der Entnahmen § 4 Abs. 4a EStG (Haben)
		Statistische Konten für den außerhalb der Bilanz zu berücksichtigenden Investitionsabzugsbetrag nach § 7g EStG
	G K SB	9916 Hinzurechnung Investitionsabzugsbetrag § 7g Abs. 2 EStG aus dem 2. vorangegangenen Wirtschaftsjahr, außerbilanziell (Haben)
	G K SB	9917 Hinzurechnung Investitionsabzugsbetrag § 7g Abs. 2 EStG aus dem 3. vorangegangenen Wirtschaftsjahr, außerbilanziell (Haben)
	SB	9918 Rückgängigmachung Investitionsabzugsbetrag § 7g Abs. 3 und 4 EStG im 2. vorangegangenen Wirtschaftsjahr
	SB	9919 Rückgängigmachung Investitionsabzugsbetrag § 7g Abs. 3 und 4 EStG im 3. vorangegangenen Wirtschaftsjahr
		Konten zu Bewertungskorrekturen
Forderungen aus Lieferungen und Leistungen		9960 Bewertungskorrektur zu Forderungen aus Lieferungen und Leistungen
Sonstige Verbindlichkeiten		9961 Bewertungskorrektur zu sonstigen Verbindlichkeiten
Kassenbestand, Bundesbankguthaben, Guthaben bei Kreditinstituten und Schecks		9962 Bewertungskorrektur zu Guthaben bei Kreditinstituten
Verbindlichkeiten gegenüber Kreditinstituten		9963 Bewertungskorrektur zu Verbindlichkeiten gegenüber Kreditinstituten
Verbindlichkeiten aus Lieferungen und Leistungen		9964 Bewertungskorrektur zu Verbindlichkeiten aus Lieferungen und Leistungen
Sonstige Vermögensgegenstände		9965 Bewertungskorrektur zu sonstigen Vermögensgegenständen

Bilanz-Posten[2)]	Programm-verbindung[4)] Abschluss-zweck[4)]	9 Vortrags-, Kapital-, Korrektur- und statistische Konten
		Statistische Konten für den außerhalb der Bilanz zu berücksichtigenden Investitionsabzugsbetrag nach § 7g EStG
	G K SB	9970 Investitionsabzugsbetrag § 7g Abs. 1 EStG, außerbilanziell (Soll)
	SB	9971 Investitionsabzugsbetrag § 7g Abs. 1 EStG, außerbilanziell (Haben) - Gegenkonto zu 9970
	G K SB	9972 Hinzurechnung Investitionsabzugsbetrag § 7g Abs. 2 EStG aus dem vorangegangenen Wirtschaftsjahr, außerbilanziell (Haben)
	SB	9973 Hinzurechnung Investitionsabzugsbetrag § 7g Abs. 2 EStG aus den vorangegangenen Wirtschaftsjahren, außerbilanziell (Soll) - Gegenkonto zu 9972, 9916, 9917
	SB	9974 Rückgängigmachung Investitionsabzugsbetrag § 7g Abs. 3 und 4 EStG im vorangegangenen Wirtschaftsjahr
	SB	9975 Rückgängigmachung Investitionsabzugsbetrag § 7g Abs. 3 und 4 EStG in den vorangegangenen Wirtschaftsjahren - Gegenkonto zu 9974, 9918, 9919
		Statistische Konten für die Zinsschranke § 4h EStG bzw. § 8a KStG
	G SB	9976 Nicht abzugsfähige Zinsaufwendungen nach § 4h EStG (Haben)
	SB	9977 Nicht abzugsfähige Zinsaufwendungen nach § 4h EStG (Soll) - Gegenkonto zu 9976
	G SB	9978 Abziehbare Zinsaufwendungen aus Vorjahren nach § 4h EStG (Soll)
	SB	9979 Abziehbare Zinsaufwendungen aus Vorjahren nach § 4h EStG (Haben) - Gegenkonto zu 9978
		Statistische Konten für den GuV-Ausweis in „Gutschrift bzw. Belastung auf Verbindlichkeitskonten" bei den Zuordnungstabellen für PersHG nach KapCoRiLiG
		9980 Anteil Belastung auf Verbindlichkeitskonten
		9981 Verrechnungskonto für Anteil Belastung auf Verbindlichkeitskonten
		9982 Anteil Gutschrift auf Verbindlichkeitskonten
		9983 Verrechnungskonto für Anteil Gutschrift auf Verbindlichkeitskonten

Bilanz-Posten[2]	Programmverbindung[4] Abschlusszweck[4]	9 Vortrags-, Kapital-, Korrektur- und statistische Konten
		Statistische Konten für die Gewinnkorrektur nach § 60 Abs. 2 EStDV
	G K HB	9984 Gewinnkorrektur nach § 60 Abs. 2 EStDV - Erhöhung handelsrechtliches Ergebnis durch Habenbuchung - Minderung handelsrechtliches Ergebnis durch Sollbuchung
	HB	9985 Gegenkonto zu 9984
		Statistische Konten für Korrekturbuchungen in der Überleitungsrechnung
		9986 Ergebnisverteilung auf Fremdkapital
		9987 Bilanzberichtigung
		9989 Gegenkonto zu 9986-9988
		Statistische Konten für außergewöhnliche und aperiodische Geschäftsvorfälle für Anhangsangabe nach § 285 Nr. 31 und Nr. 32 HGB
		9990 Erträge von außergewöhnlicher Größenordnung oder Bedeutung
		9991 Erträge (aperiodisch)
		9992 Erträge von außergewöhnlicher Größenordnung oder Bedeutung (aperiodisch)
		9993 Aufwendungen von außergewöhnlicher Größenordnung oder Bedeutung
		9994 Aufwendungen (aperiodisch)
		9995 Aufwendungen von außergewöhnlicher Größenordnung oder Bedeutung (aperiodisch)
		9998 Gegenkonto zu 9990-9997
		Personenkonten
Sollsalden: Forderungen aus Lieferungen und Leistungen *Habensalden: Sonstige Verbindlichkeiten*		10000 -69999 = Debitoren
Habensalden: Verbindlichkeiten aus Lieferungen und Leistungen *Sollsalden: Sonstige Vermögensgegenstände*		70000 -99999 = Kreditoren

Erläuterungen zu den Kontenfunktionen:

Zusatzfunktionen (über einer Kontenklasse)**:**

KU Keine Errechnung der Umsatzsteuer möglich
V Zusatzfunktion „Vorsteuer"
M Zusatzfunktion „Umsatzsteuer"

Hauptfunktionen (vor einem Konto)

AV Automatische Errechnung der Vorsteuer
AM Automatische Errechnung der Umsatzsteuer
S Sammelkonten
F Konten mit allgemeiner Funktion
R Diese Konten dürfen erst dann bebucht werden, wenn ihnen eine andere Funktion zugeteilt wurde.

Hinweise zu den Konten sind durch Fußnoten gekennzeichnet:

1) Konto für das Buchungsjahr 2020 neu eingeführt.
2) Bilanz- und GuV-Posten große Kapitalgesellschaft GuV-Gesamtkostenverfahren Tabelle S4004.
3) Diese Konten können mit BU-Schlüssel 10 bebucht werden. Das EU-Land und der ausländische Steuersatz werden über das EU-Fenster eingegeben.
4) Kontenbezogene Kennzeichnung der Programmverbindung in Rechnungswesen-Programmen zu Umsatzsteuererklärung (U), Gewerbesteuer (G) und Körperschaftsteuer (K).
Da bei Erstellung des SKR-Formulars die Steuererklärungsformulare noch nicht vorlagen, können sich Abweichungen zwischen den in der Programmverbindung berücksichtigten Konten und den Programmverbindungskennzeichen ergeben.
Abschlusszweck:
HB Diese Konten sollten ausschließlich für die Handelsbilanz gebucht werden.
SB Diese Konten sollten ausschließlich für die Steuerbilanz gebucht werden.
EÜR Diese Konten sollten ausschließlich für die Gewinnermittlung nach § 4 Abs. 3 EStG gebucht werden.
5) Dieses Konto kann mit BU-Schlüssel 44 bebucht werden. Das EU-Land und der ausländische Steuersatz werden über das EU-Fenster eingegeben.
6) Das Konto gilt als Hauptkonto für Sachverhalte, die in diesen Kontenbereichen nicht als spezieller Sachverhalt auf Einzelkonten dargestellt sind.
7) Diese Konten werden für die BWA-Form 10 sowie Branchen-BWA-Formen mit statistischen Mengeneinheiten bebucht und wurden mit der Umrechnungssperre, Funktion 18000, belegt.
8) Kontenbeschriftung in 2020 geändert.
9) An der Schnittstelle zu GewSt werden ab VAZ 2009 die Erträge zu 40 % als steuerfrei und die Aufwendungen zu 40 % als nicht abziehbar behandelt. An der Schnittstelle zur KSt werden die Erträge zu 100 % als steuerfrei und die Aufwendungen zu 100 % als nicht abziehbar behandelt. Siehe §§ 3 Nr. 40 und 3c EStG bzw. § 8b KStG.
10) Diese Konten haben ab Buchungsjahr 2005 nicht mehr die Zusatzfunktion KU. Bitte verwenden Sie diese Konten nur noch in Verbindung mit einem Gegenkonto mit Geldkontenfunktion.
11) Das Konto wird nur noch für Auswertungen mit Vorjahresvergleich benötigt und wird im folgenden Jahr gelöscht.
12) frei
13) frei
14) frei
15) Das Konto wurde zur Aufteilung nach Steuersätzen am Jahresende eingerichtet und sollte unterjährig nicht bebucht werden. Beachten Sie die Buchungsregeln im Dokument 0906057.
16) Das Konto wird in KSt nur bei Organgesellschaften berücksichtigt.
17) Das Konto wird in Körperschaftsteuer ausschließlich in die Positionen „Eigen-/Nennkapital zum Schluss des vorangegangenen Wirtschaftsjahres" übernommen.
18) Da das EÜR-Formular einen differenzierten Ausweis der Reisekosten und Fahrzeugkosten fordert, darf dieses Konto von EÜR-Anwendern nicht genutzt werden.
19) frei
20) frei
21) Diese Konten können mit BU-Schlüssel 94 (Konto mit Vorsteuerabzug) bzw. mit BU-Schlüssel 95 (Konto ohne Vorsteuerabzug) gebucht werden. Der Tatbestand des § 13b UStG ist anschließend zu erfassen.
22) Ab dem Buchungsjahr 2019 dürfen die Konten nur noch für Einzelunternehmer verwendet werden. Mehr Infos dazu finden Sie im Dokument 1000273.

23) Diese Konten fließen im EÜR-Formular in die Zeile Ergebnisanteile aus Beteiligungen an Personengesellschaften.
24) Diese Konten werden für die BWA-Formen der Branchenlösung bebucht.
25) frei
26) frei
27) frei
28) Das Konto wird in Bilanz/GuV nur in den Zuordnungstabellen für Sonderbilanzen abgefragt.

Eine Übersicht aller Steuer-/Buchungsschlüssel erhalten Sie im Rechnungswesen-Programm über die Tastenkombination **Umschalt + F3** im Feld **BU/Gegenkonto** in der Buchungszeile. Weitere Informationen finden Sie im Dokument 9231347 in der Info-Datenbank.

Bedeutung der Steuerschlüssel:

1 Umsatzsteuerfrei (mit Vorsteuerabzug)
2 Umsatzsteuer 7 %
3 Umsatzsteuer 19 %
4 gesperrt
5 Umsatzsteuer 16 %
6 gesperrt
7 Vorsteuer 16 %
8 Vorsteuer 7 %
9 Vorsteuer 19 %

Bedeutung der Berichtigungsschlüssel:

1 Steuerschlüssel bei Buchungen mit einem EU-Tatbestand ab Buchungsjahr 1993
4 Aufhebung der Automatik
5 Individueller Umsatzsteuer-Schlüssel
9 Aufzuteilende Vorsteuer

Bedeutung der Steuerschlüssel bei Buchungen mit einem EU-Tatbestand (6. und 7. Stelle des Gegenkontos):

10 nicht steuerbarer Umsatz in Deutschland (Steuerpflicht im anderen EU-Land)
11 Umsatzsteuerfrei (mit Vorsteuerabzug)
12 Umsatzsteuer 7 %
13 Umsatzsteuer 19 %
15 Umsatzsteuer 16 %
17 Umsatzsteuer 16 % Vorsteuer 16 %
18 Umsatzsteuer 7 % Vorsteuer 7 %
19 Umsatzsteuer 19 % Vorsteuer 19 %

Bedeutung der Steuerschlüssel 91/92/94/95 und 46 (6. und 7. Stelle des Gegenkontos)

Umsatzsteuerschlüssel für die Verbuchung von Umsätzen, für die der Leistungsempfänger die Steuer nach § 13b UStG schuldet.

Bedeutung der Steuerschlüssel beim Leistungsempfänger:

91 7 % Vorsteuer und 7 % Umsatzsteuer
92 ohne Vorsteuer und 7 % Umsatzsteuer
94 19 % Vorsteuer und 19 % Umsatzsteuer
95 ohne Vorsteuer und 19 % Umsatzsteuer

Die Unterscheidung der verschiedenen Sachverhalte nach § 13b UStG erfolgt nach Eingabe des Steuerschlüssels direkt bei der Erfassung des Buchungssatzes.
Hier erfolgt auch die Eingabe, falls Sie ab Buchungsjahr 2007 noch die Steuerrechnung mit 16 % benötigen.

Beim Leistenden:

46 Ausweis Kennzahl 60 oder 68 der UStVA

Bedeutung des Steuerschlüssels 47

Umsatzsteuerschlüssel für die Verbuchung von Erlösen aus im anderen EU-Land steuerpflichtigen sonstigen Leistungen, für die der Leistungsempfänger die Umsatzsteuer schuldet.

47 Ausweis ZM und Kennzahl 21 der UStVA

Bedeutung des Steuerschlüssels 44

Umsatzsteuerschlüssel für die Verbuchung von im anderen EU-Land steuerpflichtigen elektronischen Dienstleistungen.

44 Ausweis MOSS und Kennzahl 45 der UStVA

Erläuterungen zur Kennzeichnung von Konten für die Programmverbindung zwischen Rechnungswesen-Programmen und Steuerprogrammen:

Die Erweiterung des Standardkontenrahmens um zusätzliche Konten und besondere Kennzeichen verbessert weiter die Integration der DATEV-Programme und erleichtert die Arbeit für Anwender von Rechnungswesen-Programmen, die gleichzeitig DATEV-Steuerprogramme nutzen. Steuerliche Belange können bereits während des Kontierens stärker berücksichtigt werden.

In der Spalte Programmverbindung werden die Konten gekennzeichnet, die über die Schnittstelle in Rechnungswesen-Programmen an das entsprechende Steuerprogramm Umsatzsteuererklärung (U), Gewerbesteuer (G) und Körperschaftsteuer (K) weitergegeben und an entsprechender Stelle der Steuerberechnung zu Grunde gelegt werden.

Die Kennzeichnung „G" und „K" an Standardkonten umfasst für die Weitergabe an Gewerbesteuer und Körperschaftsteuer auch die nachfolgenden Konten bis zum nächsten standardmäßig belegten Konto.

Die Kennzeichnung "U" an Standardkonten steht für die Weitergabe an das Programm Umsatzsteuererklärung. Kontenbereiche werden nur weitergegeben, wenn sie im Standardkontenrahmen ausgewiesen sind (z. B. AM 4300-09).

Nicht gekennzeichnet sind solche Konten, die lediglich eine rechnerische Hilfsfunktion im steuerlichen Sinne ausüben wie Löhne und Gehälter sowie Umsätze für die Berechnung des zulässigen Spendenabzugs im Rahmen von Gewerbesteuer und Körperschaftsteuer.

Abgebildet wird mit den Kennzeichen die Programmverbindung, nicht der steuerliche Ursprung. Die Gewerbesteuer-Berechnung für Körperschaften ist in das Produkt Körperschaftsteuer integriert. Daher ist an Konten mit gewerbesteuerlichem Merkmal auch ein „K" für diese Programmverbindung zu finden.

A

B

D

E

R

S

T

U

V

W

Z